中 国 国 家 标 准 汇 编

2010 年修订-21

中国标准出版社　编

中国质检出版社
中国标准出版社

北　京

图书在版编目（CIP）数据

中国国家标准汇编：2010年修订. 21/中国标准出版社编. —北京：中国标准出版社，2011
ISBN 978-7-5066-6523-0

Ⅰ. ①中… Ⅱ. ①中… Ⅲ. ①国家标准-汇编-中国-2010 Ⅳ. ①T-652.1

中国版本图书馆CIP数据核字(2011)第187875号

中国质检出版社
中国标准出版社 出版发行
北京市朝阳区和平里西街甲2号(100013)
北京市西城区三里河北街16号(100045)
网址:www. spc. net. cn
总编室:(010)64275323 发行中心:(010)51780235
读者服务部:(010)68523946
中国标准出版社秦皇岛印刷厂印刷
各地新华书店经销

*

开本 880×1230 1/16 印张 33.5 字数 957 千字
2011年12月第一版 2011年12月第一次印刷

*

定价 220.00 元

出 版 说 明

1.《中国国家标准汇编》是一部大型综合性国家标准全集。自1983年起，按国家标准顺序号以精装本、平装本两种装帧形式陆续分册汇编出版。它在一定程度上反映了我国建国以来标准化事业发展的基本情况和主要成就，是各级标准化管理机构，工矿企事业单位，农林牧副渔系统，科研、设计、教学等部门必不可少的工具书。

2.《中国国家标准汇编》收入我国每年正式发布的全部国家标准，分为"制定"卷和"修订"卷两种编辑版本。

"制定"卷收入上一年度我国发布的、新制定的国家标准，顺延前年度标准编号分成若干分册，封面和书脊上注明"20××年制定"字样及分册号，分册号一直连续。各分册中的标准是按照标准编号顺序连续排列的，如有标准顺序号缺号的，除特殊情况注明外，暂为空号。

"修订"卷收入上一年度我国发布的、修订的国家标准，视篇幅分设若干分册，但与"制定"卷分册号无关联，仅在封面和书脊上注明"20××年修订-1，-2，-3，……"字样。"修订"卷各分册中的标准，仍按标准编号顺序排列(但不连续)；如有遗漏的，均在当年最后一分册中补齐。需提请读者注意的是，个别非顺延前年度标准编号的新制定的国家标准没有收入在"制定"卷中，而是收入在"修订"卷中。

读者配套购买《中国国家标准汇编》"制定"卷和"修订"卷则可收齐上一年度我国制定和修订的全部国家标准。

3.由于读者需求的变化，自1996年起，《中国国家标准汇编》仅出版精装本。

4.2010年我国制修订国家标准共2846项。本分册为"2010年修订-21"，收入新制修订的国家标准31项。

中国标准出版社

2011年8月

目　　录

ICS 07.060
A 45

中华人民共和国国家标准

GB/T 15921—2010
代替 GB/T 15921—1995

海洋学术语 海洋化学

Oceanographic terminology—Marine chemistry

2011-01-14 发布 2011-06-01 实施

中华人民共和国国家质量监督检验检疫总局
中国国家标准化管理委员会 发布

前　言

本标准代替 GB/T 15921—1995《海洋学术语　海洋化学》。

本次修订与 GB/T 15921—1995 相比主要变化如下：

——调整了标准结构框架，修订了第 1 章“范围”；

——增加了第 2 章“海洋化学”及其术语和定义；

——“化学海洋学”中，将“化学海洋学”及其相应分支学科的术语和定义移入第 2 章“海洋化学”，增加了 23 条术语，修订了 87 条术语，保留了 26 条原术语和定义，删除了“容跃层”、“大洋水”、“缺氧水”、“间隙水”、“海冰盐度”、“原存营养盐”和“黄色物质”等 7 条术语及其定义；

——“海洋生物化学”中，将“海洋生物化学”定义修订后移入第 2 章“海洋化学”，增加了 12 条术语，修订了 2 条术语，保留了“海洋生物地球化学”原术语和定义，删除了“化学营养”术语及其定义；

——“海洋资源化学”中，修订了“海洋资源化学”，并将其移入第 2 章“海洋化学”，保留了 3 条原术语和定义，删除了“海洋生化资源”术语及其定义；

——“海洋环境化学”中，将“海洋环境化学”术语和定义移入第 2 章“海洋化学”，将“质量平衡”、“质量转移”和“质量收支”移到第 3 章“化学海洋学”，增加了“持久性有机污染物”和“放射性污染”2 条术语，修订了 12 条术语，保留了 5 条原术语和定义，删除了“海洋沾污”、“生物移除”和“海洋污染物背景值”3 条术语和定义。

本标准与 GB/T 19834—2005《海洋学术语　海洋资源学》、GB/T 18190—2000《海洋学术语　海洋地质学》、GB/T 15919—2010《海洋学术语　海洋生物学》、GB/T 15920—2010《海洋学术语　物理海洋学》、GB/T 15918—2010《海洋学综合术语》等国家标准在各项海洋工作领域中互相配合使用。

本标准由国家海洋局提出。

本标准由全国海洋标准化技术委员会(SAC/TC 283)归口。

本标准起草单位：国家海洋标准计量中心、中国海洋大学、中国科学院海洋研究所。

本标准主要起草人：姬泓巍、赵卫红、王玉红、王爱军、王聪、郭小勇、李芳、汤海荣、许莉莉、袁玲玲。

本标准所代替标准的历次版本发布情况为：

——GB/T 15921—1995。

海洋学术语 海洋化学

1 范围

本标准规定了化学海洋学、海水化学、海水分析化学、海洋元素地球化学、海洋物理化学、海洋有机化学、海洋同位素化学和河口化学等领域的基本术语和定义。

本标准适用于化学海洋学、海水化学、海水分析化学、海洋元素地球化学、海洋物理化学、海洋有机化学、海洋同位素化学和河口化学等学科领域的科研、教学、管理及相关生产活动。

2 海洋化学

2.1

海洋化学 **marine chemistry**

研究海洋各部分的化学组成、物质分布、化学性质和化学过程，以及化学资源在开发利用中的化学问题的科学。

2.2

化学海洋学 **chemical oceanography**

研究海洋中物质的化学组成、化学结构、化学性质、化学形态、含量范围、时空分布、输送通量和各种化学过程，以及这些过程与海洋生物、海洋地质和海洋物理等领域中各种运动过程的关系的一门学科，是海洋化学的主要部分。

2.3

海水化学 **seawater chemistry**

研究海水中化学物质的来源、含量、分布、形式、形态、转移、通量、分析方法及其利用的一门学科，是海洋化学的一个分支学科。

2.4

海水分析化学 **analytical chemistry of seawater**

研究海水中各种物质、组分的分析测定方法及有关理论的一门学科，是海洋化学的一个分支学科。内容包括：海水样品的采集、预处理、贮存和分析测定方法及各种因素的影响等。

2.5

海洋元素地球化学 **marine element geochemistry**

研究海洋中化学元素的含量、分布、形式、形态、来源、转移和通量的一门学科，是海洋化学的一个分支学科。

2.6

海洋物理化学 **marine physical chemistry**

应用物理化学的理论和方法，研究海水及海洋中化学物质的物理化学性质和存在形式、在海洋中发生的化学过程和平衡及其相互作用规律的一门学科，是海洋化学的一个分支学科。

2.7

海洋有机化学 **marine organic chemistry**

研究海洋中有机物质的形成、化学组成与结构、含量、分布、化学过程、迁移转化、通量及其对海洋生态学、元素地球化学等领域相互影响的一门学科，是海洋化学的一个分支学科。

2.8

海洋同位素化学　marine isotope chemistry

研究海洋中天然放射性的、人源放射性的和稳定同位素的来源、含量、分布、存在形式和迁移变化规律以及应用的一门学科，是海洋化学的一个分支学科。

2.9

河口化学　estuarine chemistry

研究河口区化学物质的性质、形态、河水与海水在交汇过程中各种物质的相互作用、迁移变化过程规律和机理以及迁移通量的一门学科，是海洋化学的一个分支学科。

2.10

海洋生物化学　marine biochemistry

研究海洋生物的化学组成、代谢和生物体与环境之间发生的生物化学过程的一门学科，是海洋化学的一个分支学科。

2.11

海洋资源化学　marine resource chemistry

研究海洋水体、海洋生物体、海洋沉积物以及海洋环境中化学资源的开发和利用的一门学科，是海洋化学的一个分支。

2.12

海洋环境化学　marine environmental chemistry

运用化学理论和方法，研究污染物在海洋环境中的存在形态、迁移转化规律和由其所引起的海洋环境质量变化，以及监测、控制与治理海洋环境的原理方法的一门科学，是海洋化学的一个分支学科。

3　化学海洋学

3.1　化学海洋学

3.1.1

生源硅石　biogenous silica

由硅藻、放射虫等富含硅质的生物残骸的沉积物形成的硅石。

3.1.2

生源硅　biogenic silica (BSi)

生物蛋白石

硅质浮游生物如硅藻、放射虫等在一定的光照、温度和营养物质等物理化学条件下，通过生物吸收水中的可溶性硅酸盐而形成，以遗骸的形式由表层输出并沉积到海底沉积物中的生源无定形硅。

3.1.3

颗粒无机碳　particulate inorganic carbon (PIC)

海水悬浮颗粒中的无机碳，用孔径为 0.45 μm 的滤膜过滤海水时，阻留在滤膜上的无机碳。

3.1.4

溶解无机碳　dissolved inorganic carbon (DIC)

海水中溶解态无机化合物中的碳，通过孔径为 0.45 μm 的滤膜的海水中所含的无机碳。

3.1.5

大气海盐　atmospheric sea salts

存在于大气中来源于海洋的盐类。

3.1.6

化学风化作用　chemical weathering

岩石、矿物等在自然环境条件作用下，经过化学反应转变为新的、稳定的化学物质的过程。

3.1.7

化学成岩作用 chemical diagenesis

沉积物在沉积期间和沉积后固结前所发生的各种化学变化过程。

3.1.8

海-气界面 sea-air interface

海水与大气之间的交界面。

3.1.9

海-陆界面 sea-land interface

海洋和陆地相互作用的地带。它包括遭受波浪为主的海水动力作用的范围。

3.1.10

海-河界面 sea-river interface

河流入海与海水相混合的区域，是河流与海洋的过渡带。

3.1.11

海水-沉积物界面 seawater-sediment interface

海水与海底沉积物表面的交界面。

3.1.12

海水-颗粒物界面 seawater-particle interface

海水与海水中悬浮颗粒物的交界面。

3.1.13

海水-生物界面 seawater-biosphere interface

海水与海水中生物体的交界面。

3.1.14

大气输入 atmospheric input

大气中的物质以气态、液态、固态等形态进入海洋的过程。

3.1.15

大气输送 atmospheric transport

陆地与海洋的物质通过大气搬运的过程。

3.1.16

气体交换速率 air exchange rate

单位时间单位面积内进入或逸出海面的气体分子数。

3.1.17

人源输入 anthropogenic input

由于人类活动导致化学物质直接或间接进入海洋的过程。

3.1.18

生物输入 biological input

由生物活动导致化学物质进入海水和沉积物的过程。

3.1.19

河源物质 riverborne substance

海洋中由河流输入的陆源物质。

3.1.20

气源物质 airborne substance

以气态、液态和固态等形态由大气输入海洋的物质。

3.1.21

热液过程 hydrothermal process

洋中脊附近，海水下渗到岩浆附近，被加热到高温(300 ℃以上)的过程。

3.1.22

输入通量 influx

一定时间内，通过一定截面积进入特定海洋体系的物质的量。

3.1.23

输出通量 efflux

一定时间内，通过一定截面积从特定海洋体系中输出的物质的量。

3.1.24

界面通量 boundary flux

一定时间内，通过某一界面迁移物质的量。

3.1.25

界面交换过程 interface exchange process

通过界面进行物质、能量的迁移的过程。

3.1.26

逗留时间 residence time

停留时间

假定海洋或海洋某区域中处于稳定状态下的某成分，按一定速率输入(或输出)，将该成分全部更新一遍所需的平均时间。

3.1.27

悬浮颗粒物 suspended particulate matter (SPM)

能较稳定地悬浮于海水中的固体颗粒。通常用孔径 0.45 μm 滤膜将其从海水中分离出来。

3.1.28

海洋碎屑 marine detritus

海水中的生物残骸、排泄物、碎片等有机物以及粘土矿物、次生矿物、硅骨架等无机物颗粒。

3.1.29

海洋气溶胶 marine aerosol

液态和固态微粒分散于海洋大气中所形成的胶体，其微粒半径一般为(0.1～10)μm。

3.1.30

海洋微表层 sea surface microlayer

海洋表面微层。

海水-大气间进行物质和能量交换的界面，具有独特物理、化学、生物性质的薄层。

3.1.31

方解石补偿深度 calcite compensation depth (CCD)

海洋中方解石的沉积速率和溶解速率相等时的深度。

3.1.32

碳酸钙饱和深度 calcium carbonate saturation depth

海洋中在碳酸钙由上层过饱和状态过渡到深层不饱和状态的过程中，处于其间的饱和层的深度。

3.1.33

碳酸钙溶跃层 calcium carbonate lysocline

海洋中当水深大于碳酸钙饱和深度时，碳酸钙的溶解速率迅速增加的水层。

3.1.34

贫(低)氧水(区)　hypoxia water/zone

海洋中溶解氧被耗尽或基本被耗尽的水体。

3.1.35

缺氧海盆　anoxic basin

氧的消耗速率大于补充速率而导致缺氧的海盆。

3.1.36

上覆水　overlying water

覆盖于海底沉积物上的水层。

3.1.37

海雪　sea snow

海水中下沉的由悬浮颗粒物生成的类似雪花的絮状物。

3.1.38

再悬浮　resuspension

海底表层沉积物受水动力等的扰动重新悬浮进入水体的现象。

3.1.39

雾状层　nepheloid layer

海底表层沉积物再悬浮而进入水体所形成的悬浮颗粒物含量很高的水层。

3.1.40

质量平衡　mass balance

在稳定状态下海洋与大气、海洋与河流及海水与沉积物间进行化学物质转移时存在的物质质量的平衡。也指海洋某特定体系与外界的平衡。

3.1.41

质量转移　mass transfer

化学物质在大气、江河和海水沉积物中间所进行的质量转移过程。也指海洋某特定体系与外界的转移。

3.1.42

质量收支　mass budget

在稳定状态下，估算化学物质由大气、河流和海底输入海水或由海洋中移除过程的质量收支和平衡情况。也指海洋某特定体系与外界的质量收支和平衡情况。

3.2　海水化学

3.2.1

盐度　salinity

表征海水中溶解盐类多少的量。

注：盐度有绝对盐度和实用盐度之分。如无特别说明，盐度一般指实用盐度。

3.2.2

1978 实用盐标　practical salinity scale 1978

在 15 ℃和 101 325 Pa 条件下，盐度为 35.000‰(氯度为 19.347‰)的标准海水的电导率与质量比为 32.435 6×10^{-3}的氯化钾标准溶液的电导率之比(K_{15})准确为 1。以此条件下的标准氯化钾溶液作为实用盐度的固定参考点。

3.2.3

绝对盐度　absolute salinity

S_A

海水中溶解物质的质量与海水质量比值。

3.2.4

实用盐度　practical salinity

S

以实用盐标定义的盐度值。

注：实用盐度值根据 K_{15} 由下式确定：

$$S=\sum_{i=0}^{5}a_iK_{15}^{i/2}$$

式中，K_{15}——15 ℃和一个标准大气压条件下，海水样品与质量比为 32.435 6×10^{-3} 的氯化钾溶液的电导率比值；

a_i——常数项：

a_0=0.008 0；

a_1=0.169 2；

a_2=25.385 1；

a_3=14.094 1；

a_4=7.026 1；

a_5=2.708 1。

适用范围：2≤*S*≤42。

3.2.5

氯度　chlorinity

1902 年的定义：1 kg 海水中，将溴和碘用氯置换后，所含氯的总克数。以符号 Cl ‰表示，单位为克/千克。

1979 年定义：表示沉淀海水中含有的卤化物所需纯标准银（原子量银）的质量与海水质量之比值的 0.328 523 4 倍。无量纲，用符号 Cl 表示。数值以 10^{-3} 表示。

3.2.6

氯量　chlorosity

氯容

指温度为 20 ℃时，1 dm^3 海水中的氯度值。

注：单位为 g/dm^3。

3.2.7

氯度比值　chlorinity ratio

海水主要化学成分的含量与海水的氯度之比。

3.2.8

碱度　alkalinity

总碱度

A

中和海水中弱酸阴离子所需氢离子的物质的量除以海水的体积。

3.2.9

比碱度　specific alkalinity

海水的碱度与氯度（或盐度）值之比。

3.2.10

硼酸（盐）碱度　borate alkalinity

BA

中和海水中的 $B(OH)_4^-$ 离子所需氢离子的物质的量除以海水的体积。

3.2.11

碳酸（盐）碱度　carbonate alkalinity

CA

中和海水中的 HCO_3^- 和 CO_3^{2-} 离子所需氢离子的物质的量除以海水的体积。

3.2.12

剩余碱度　surplus alkalinity

中和海水中的碳酸、硼酸以外的所有弱酸阴离子所需氢离子的物质的量除以海水的体积。

3.2.13

海水成分恒定性　constancy of composition in seawater

海水中主要成分含量之间的比值基本恒定的性质。

3.2.14

海水保守成分　conservative constituents in seawater

海水中含量分布基本不受生物活动等影响的成分。

3.2.15

海水非保守成分　non-conservative constituents in seawater

海水中含量分布明显受生物活动等影响的成分。

3.2.16

海水主要成分　major constituents of seawater

海水常量元素

海水中含量大于 1 mg/kg 的成分。通常指海水中的钠、镁、钙、钾、锶五种阳离子，氯根、硫酸根、碳酸氢根(包括碳酸根)、溴根和氟根五种阴离子，以及硼酸分子共十一种化学成分。这些成分占海水总溶解成分的 99.9%。

3.2.17

海水微量元素　minor element in seawater

海水中含量小于 1 mg/kg 的元素。

3.2.18

海水痕量元素　trace element in seawater

海水中含量小于 0.05 μmol/kg 的元素。

3.2.19

海水二氧化碳系统　carbon dioxide system in seawater

海水碳酸盐系统

由海水中的二氧化碳、碳酸、碳酸氢根离子和碳酸根离子所构成的系统。

3.2.20

溶解氧　dissolved oxygen (DO)

溶解在海水中的分子态氧。

3.2.21

气体的饱和度　saturation degree of gas

海水中某气体的现场含量与现场条件下的饱和含量之比。用以下公式表示：

$$\sigma_G = \frac{C_G}{C_G'}$$

式中：

σ_G——某气体的饱和度；

C_G——某气体现场测定含量；

C_G'——某气体现场条件下的饱和含量。

3.2.22

饱和度异常　saturation anomaly

相对饱和差

海水中某气体的现场含量偏离饱和含量的量度。用以下公式表示：

$$\Delta\sigma_G=\left(\frac{C_G}{C_G{}'}-1\right)$$

式中：

$\Delta\sigma_G$——饱和度异常；

C_G——某气体现场测定含量；

$C_G{}'$——某气体现场条件下的饱和含量。

3.2.23

溶解氧饱和度　saturation of dissolved oxygen

海水中溶解氧的现场含量与现场条件下的饱和含量之比。用以下公式表示：

$$\sigma(DO)=\frac{C(DO)}{C'(DO)}$$

式中：

$\sigma(DO)$——溶解氧的饱和度；

$C(DO)$——溶解氧的现场测定含量；

$C'(DO)$——溶解氧的现场条件下的饱和含量。

3.2.24

表观耗氧量　apparent oxygen utilization (AOU)

海水中现场条件下溶解氧的饱和含量与现场实际含量之差。用以下公式表示：

$$AOU=C'(DO)-C(DO)$$

式中：

$C'(DO)$——溶解氧现场条件下的饱和含量；

$C(DO)$——溶解氧的现场测定含量。

3.2.25

海水营养盐　nutrients (nutrient salts) in seawater

海洋植物代谢过程中所必需的营养盐类。通常指溶解态的磷酸盐、硝酸盐、亚硝酸盐、铵盐和硅酸盐等。

3.2.26

营养(盐)耗竭　nutrient depletion

海水中的营养盐含量由于生物吸收而降至最低限度，甚至完全耗尽的现象。

3.2.27

微量营养物　micronutrients

海水中植物生长繁殖所必需的微量成分。

3.2.28

活性硅酸盐　reactive silicate

海水中能通过0.45 μm微孔滤膜，在一定条件下可与钼酸铵试剂产生显色反应的低聚合度溶解硅酸盐，这部分硅酸盐易于被海洋植物吸收。

3.2.29

活性磷酸盐　reactive phosphate

海水中能通过0.45 μm微孔滤膜，在一定条件下可与钼酸铵试剂产生显色反应的正磷酸盐，这部分磷酸盐能被海洋中的植物直接同化吸收。

3.2.30

海水硅酸盐化学　silicate chemistry in seawater

研究硅酸盐在海水中的存在形态、时空分布、以不同形态从大气、河流进入海洋的过程、在海洋环境中的迁移变化、海洋植物的吸收与再生，直至埋入海底沉积物等循环过程的科学。

3.3 **海水分析化学**

3.3.1

盐误差　salt error

测定海水成分时，由于海水中存在大量的电解质，对分析结果产生的一种测定误差。

3.3.2

盐误差校正　correction of salt error

分析海水样品时，对盐误差进行的校正。

3.3.3

克努森滴定管　Knudsen's burette

摩尔-克努森(Mohr-Knudsen)氯度滴定法中使用的一种专用滴定管。

3.3.4

克努森移液管　Knudsen's pipette

在摩尔-克努森(Mohr-Knudsen)氯度滴定法中使用的一种专用移液管。

3.3.5

标准海水　standard seawater

其电导率比值 K_{15} 和氯度值经过准确测定的大洋海水。作为标准用于测定海水样品的盐度或氯度。标准海水由国际专门机构制备，封装在安瓿中保存。

3.3.6

副标准海水　sub-standard seawater

根据国际标准海水制备的标准海水。

3.3.7

人工海水　artificial seawater

人造海水

根据马赛特海水组成的恒定性原理，利用化学试剂及蒸馏水，人工配制的与天然海水成分近似的海水。

3.3.8

微表层采样器　surface microlayer sampler

在海洋表面收集微表层中样品所用的仪器或装置。常见的有筛子采样器、转鼓采样器、平板采样器、棱镜采样器等。

3.3.9

现场测定　in situ measurement

利用仪器在海洋现场进行的测定。

3.3.10

沉积物捕集器　sediment trap

收集海水水柱中往海底迁移的沉降颗粒物的设备或装置。通常呈漏斗状或圆筒状，用锚固定于海底或不同深度上。

3.4 **海洋元素地球化学**

3.4.1

再生循环　regeneration cycle

海洋中的营养元素被生物摄取转变成有机物质后，经分解再变为无机物质的循环过程。

3.4.2

碳循环　carbon cycle

以不同途径进入海洋的碳，通过生物、水动力、矿化和化学等过程后，又从海洋中移出的循环过程。

3.4.3

碳循环中的溶解泵　solubility pump in carbon cycle

大气中的二氧化碳溶解于海水中的过程。

3.4.4

碳循环中的物理泵　physical pump in carbon cycle

由于海水的物理混合作用，海水表层的无机碳向海洋深层扩散和传递的过程。

3.4.5

碳循环中的生物泵　biological pump in carbon cycle

海洋中由于生物作用，无机碳和有机碳相互转化，导致碳从表层向深层的转移过程。

3.4.6

氮循环　nitrogen cycle

海水中的无机氮，被植物吸收后，在植物体内转化为有机氮，然后通过复杂的生物、化学过程和矿化作用，又以无机氮的形式返回海水的循环过程。

3.4.7

磷循环　phosphorus cycle

海水中的无机磷被植物吸收后，在植物体内转化为有机磷，然后通过复杂的生物、化学过程和矿化作用，又以无机磷的形式返回海水的循环过程。

3.4.8

硫循环　sulfur cycle

以不同途径进入海洋的硫，通过生物、水动力、矿化和化学等过程后，又从海洋中移出的循环过程。

3.4.9

海底风化　weathering in sea bed

海底岩石在海底自然条件下，暴露在海水中随时间的变化。

3.4.10

海底风化作用　submarine weathering

在沉积作用微弱或完全没有沉积作用的海底所发生的海水与海底各类岩石间的地球化学反应过程。

3.5　海洋物理化学

3.5.1

海水状态参数　parameter of state for seawater

描述海水的一系列物理化学性质，包括密度、比重、比容、压力、温度、盐度等。

3.5.2

海水状态方程　equation of state for seawater

描述海水状态参数(海水温度、盐度、压力、声速、位温、绝热梯度等)之间关系的方程式。

注：最常用的是表达海水的现场密度与温度、盐度和压力之间关系的经验公式。现采用1980年新的国际海水状态方程，包括一个大气压国际海水状态方程和高压国际海水状态方程。

3.5.3

海水离子缔合模型　seawater ion-association model

海水中具有相反电荷的离子，以静电吸引而形成的离子对，称为离子缔合。应用这个概念来研究海水中元素的存在形式的模型称为海水离子缔合模型。

3.5.4

化学形式　chemical species

化学成分在海水中存在的形式。如不同价态的自由离子，无机离子对以及无机和有机络合物，有机配合物等。

3.5.5

化学形态　chemical form

化学成分在海水中存在的状态。如溶解态、胶体态和颗粒态。

3.5.6

化学形式形态模型　chemical speciation model

对海水中化学成分的存在形式、存在形态进行理论计算或实验研究的模型。

3.5.7

箱式模型　box model

研究海洋中元素、物质的分布、迁移和循环规律时，建立的计算模型。该模型将所研究对象分为不同数量的部分，规定每一部分为一个箱子，每个箱子用稳态来描述，从而将要研究的元素迁移变化规律的问题转化为计算各箱子之间的元素交换问题，使所研究问题大为简化。

3.5.8

光化学转化　photochemical transformation

海洋表面和有光层中的物质受日光作用所发生的化学变化，包括氧化、分解、合成等过程。

3.5.9

海洋腐蚀　marine corrosion

金属材料在海洋环境中发生化学过程所引起的破坏。

3.6　海洋有机化学

3.6.1

海洋有机地球化学　marine organic geochemistry

研究海洋中有机物质的来源、含量、分布、形式、形态、迁移、转化和通量的一门学科。

3.6.2

溶解有机物　dissolved organic matter (DOM)

通过孔径为 0.45 μm 滤膜的海水中所含的有机物质。

3.6.3

溶解有机碳　dissolved organic carbon (DOC)

通过孔径为 0.45 μm 滤膜的海水中所含的有机碳。

3.6.4

溶解有机氮　dissolved organic nitrogen (DON)

通过孔径为 0.45 μm 滤膜的海水中所含的有机氮。

3.6.5

溶解有机磷　dissolved organic phosphorus (DOP)

通过孔径为 0.45 μm 滤膜的海水中所含的有机磷。

3.6.6

颗粒有机物　particulate organic matter (POM)

用孔径为 0.45 μm 滤膜过滤海水时，留在滤膜上的有机物。

3.6.7

颗粒有机碳　particulate organic carbon (POC)

用孔径为 0.45 μm 滤膜过滤海水时，留在滤膜上的有机碳。

3.6.8

颗粒有机氮　particulate organic nitrogen (PON)

用孔径为0.45 μm滤膜过滤海水时，留在滤膜上的有机氮。

3.6.9

颗粒有机磷　particulate organic phosphorus (POP)

用孔径为0.45 μm滤膜过滤海水时，留在滤膜上的有机磷。

3.6.10

挥发性有机物[质]　volatile organic matter (VOM)

指海水中蒸汽压高、相对分子质量小、溶解度小、易挥发的有机物质。

3.6.11

挥发性有机碳　volatile organic carbon (VOC)

海水中的挥发性有机物中的碳，在测定溶解有机碳或总有机碳过程中，因挥发而丢失的有机碳。

3.6.12

总有机物　total organic matter (TOM)

单位体积海水所含有机物的量。

3.6.13

总有机碳　total organic carbon (TOC)

单位体积海水所含有机物中碳的量。

3.6.14

总有机氮　total organic nitrogen (TON)

单位体积海水所含有机物中氮的量。

3.6.15

总有机磷　total organic phosphorus (TOP)

单位体积海水所含有机物中磷的量。

3.6.16

总磷　total phosphorus

单位体积海水中存在的无机形态和有机形态磷的量。

3.6.17

总氮　total nitrogen

单位体积海水中存在的全部无机形态和有机形态氮的量。

3.6.18

外源有机物　exogenous organic matter

海洋中来源于径流与大气的有机物。

3.6.19

陆源有机物　terrigenous organic matter

由陆地上的生物和人类活动产生的、通过不同途径进入海洋的有机物。

3.6.20

陆源腐殖质　terrigenous humus

在陆地环境中由生物(主要是植物)死骸经过生物与化学过程而生成并随河流等途径进入海洋的一类含有多官能团、结构复杂、性质稳定、相对分子质量范围较宽的混合有机物质。这些物质的化学结构、性质与海水腐殖质不完全相同。

3.6.21

海洋腐殖质　marine humus

海洋环境中生成的腐殖质。

3.6.22

海水腐殖质　seawater humus

海水中生物(主要是浮游生物)的残骸、代谢物和分解物经微生物作用与化学过程而生成的一类含有多官能团的,结构复杂、性质稳定、相对分子质量范围较宽的混合有机物质。与陆源腐殖质相比,具有较明显的脂肪族有机物的性质。

3.6.23

沉积腐殖质　sediment humus

存在于海洋沉积物中由生物残骸、代谢物和分解物经微生物作用与化学过程而生成的一类含有多官能团的,结构复杂、性质稳定、相对分子质量范围较宽的混合有机物质。其化学结构和性质与海水腐殖质不完全相同。

3.6.24

溶解腐殖质　dissolved humic substance (DHS)

海水溶解有机物中所含的腐殖质。

3.6.25

颗粒腐殖质　particulate humic substance (PHS)

海水颗粒有机物中所含的腐殖质。

3.6.26

腐植化[作用]　humification

在海洋环境中,生物残骸、代谢物和分解物经生物作用和化学反应而生成的结构复杂、性质稳定、相对分子质量范围较宽的混合有机物质(腐殖质)的过程。

3.6.27

海洋生源烃　marine biogenic hydrocarbon

海洋环境中存在的由生物合成的烃类化合物。

3.6.28

人源烃　anthropogenic hydrocarbon

由于人类活动产生的经大气、径流、船舶等途径带入海洋中的烃类。

3.6.29

有机覆盖层　organic coating layer

海水中的悬浮颗粒物因与溶解有机物相互作用而在其表面上所形成的一层有机膜。

3.6.30

海洋萜类　marine terpenoid

海洋生物及其谢产物中的萜类化合物。

3.7　海洋同位素化学

3.7.1

示踪剂　tracer

用于跟踪海水中水体运动或物质迁移转化途径的指示剂,分为人工示踪剂和天然示踪剂。

3.7.2

瞬变示踪剂　transient tracer

人工示踪剂

用于研究海水运动的人为加入的示踪剂。

3.8 河口化学

3.8.1

理论稀释线 theoretical dilution line (TDL)

河水与海水混合过程中,某一溶解成分的含量与盐度或氯度之间应具有的线性关系。

3.8.2

河口水体中溶解物质的保守性质 conservative property of dissolved matter in estuarine water

在河口混合过程中,溶解物质不因某种作用而自溶液中移除或增加。

3.8.3

河口水体溶解物质的非保守性质 non-conservative property of dissolved matter in estuarine water

在河口混合过程中,溶解物质因某种作用而自溶液中移除或增加。

3.8.4

河口化学中的元素分配系数 distribution coefficient of element in estuarine chemistry

元素在河口区不同相态存在的比例。

3.8.5

河口贫氧区 estuarine hypoxia zone

河口水体中溶解氧基本被耗尽的区域。

4 海洋生物化学

4.1

海洋生物地球化学 marine biogeochemistry

研究海洋生物作用下,化学元素在海洋环境中迁移、富集、分散、循环等规律的一门学科。

4.2

海藻化学 seaweed chemistry

研究海藻化学成分的组成、含量、结构、性质、生物合成及其应用的一门学科。

4.3

海洋生药化学 marine bio-medical chemistry

研究利用海洋动植物体或其提取物作为药剂的一门科学。

4.4

生物制约元素 biological limiting elements

营养元素的含量较低,在海洋表层常被海洋浮游生物大量消耗而成为海洋初级生产力的限制元素。

4.5

生物固氮作用 biological nitrogen fixation

分子态氮在海洋某些细菌和蓝藻的作用下转化为 NH_3、NH_4^+ 或有机氮化合物的过程。

4.6

氨的同化作用 ammonia assimilation

无机氮被海洋生物体吸收合成有机氮化合物,构成生物体一部分的过程。

4.7

硝化作用 nitrification

在某些海洋微生物的作用下,NH_3 或 NH_4^+ 氧化为 NO_3^- 或 NO_2^- 的过程。

4.8

同化硝酸盐还原作用 assimilatory nitrate reduction

被浮游生物摄取的 NO_3^- 被还原转化为生物体内有机氮化合物的过程。

4.9

氨化作用　ammoniafication

有机氮化合物经海洋微生物分解产生 NH_3 或 NH_4^+ 的过程。

4.10

反硝化作用　denitrification

NO_3^- 在某些海洋脱氮细菌的作用下，还原为气态氮化合物的过程。

4.11

营养元素的地球化学　geochemistry of nutrient elements

研究海水环境中与生物活动相关营养元素的含量、形态、迁移、循环及分布变化规律的科学。海洋营养元素指海水中包括磷、氮、硫、碳、硅等生源要素和许多微量金属及其他生物生长所需的其他元素。

4.12

营养盐污染　nutrient pollution

由于人类活动使海洋环境中营养盐（主要指氮、磷两种盐）含量过高而引起的环境质量下降。

4.13

营养成分的换算因子　conversion factor for nutrients

海水中各种营养盐浓度的计量单位不同表达方式的换算系数。

4.14

Redfield 比值　Redfield ratio

Redfield 提出满足海洋浮游植物对营养物质生理需求的碳、氮、磷原子比为 106∶16∶1，这一比值被称为 Redfield 比值。

4.15

海洋生物标志物　biomarker of the ocean

被推断为海洋生物成因的化学物。一旦鉴定了化学物质的精确分子结构及其组成，就可以反映其海洋生物本质的特征，即在特定条件下与某种海洋生态系统的生物内在关联。

5　海洋资源化学

5.1

海洋天然产物　marine natural product

海洋生物本身及其产生代谢产物。

5.2

海洋天然产物化学　marine natural product chemistry

研究海洋天然产物的结构、性质、生成、分离、提纯和应用的一门学科。

5.3

海洋化学资源　marine chemical resource

海水、海洋生物、海洋沉积物和海底中具有经济价值的化学物质。

6　海洋环境化学

6.1

非生物移除　abiological removal

海洋特定环境中的化学物质，通过化学和物理作用而被移除的过程。

6.2

生物清除　biological scavenging

海洋特定环境中的化学物质，通过生物作用而被除去的过程。

6.3

化学清除　chemical scavenging

海洋特定环境中的化学物质，通过化学作用而被除去的过程。

6.4

本底值　baseline value

背景值　background value

在一定时期内，未直接受到人类活动影响的情况下海域中化学成分的含量。

6.5

海洋污染　marine pollution

有害物质进入海洋环境而造成的污染。

6.6

海洋污染物　marine pollutants

经由人类活动而直接或间接进入海洋，并能产生有害影响的物质或能量。

注：通常有以下几类：石油及其产品、重金属、农药、有机物、工业和生活污水、放射性物质、热污染及固体碎片等。

[GB/T 15918—2010，定义 5.3.10]

6.7

持久性有机污染物　persistent organic pollutants (POPs)

在海洋环境中难降解或降解缓慢，而且毒性强，具有致癌、致畸和致突变作用的有机污染物。

6.8

放射性污染　radioactive pollution

海洋环境中放射性物质高于天然本底值或超过规定标准的放射性水平。

6.9

海洋环境质量　marine environment quality

海洋环境的总体或它的大气、水质、底质或生物诸要素对人类的生存、繁衍和社会经济发展的适宜程度。

[GB/T 15918—2010，定义 5.3.6]

6.10

海洋环境容量　marine environmental capacity

在充分利用海洋的自净能力和不造成污染损害的前提下，某一特定海域所能容纳污染物质的最大负荷量。

6.11

海洋环境质量评价　marine environment quality assessment

根据不同目的要求和环境质量指标，按规定评价原则和方法，对海域(水质、底质、生物)环境要素的现状、发展趋势和未来可能状况进行评价和预测，并提出相应对策，为海域环境规划、管理以及污染防治提供科学依据。

注：主要评价内容为：陆源污染物入海后，对海洋环境产生的危害程度；海上工程设施和海事活动给海洋环境带来的影响；海洋资源开发过程给海洋环境带来的影响等。指数现状评价程序为：监测数据及调查资料的统计、分析和整理；确定评介因子、评价标准和加权系数；建立评价模式；划分污染等级；绘制评价图；给出评价结论。

[GB/T 15918—2010，定义 5.3.7]

6.12

富营养水体　eutrophic water

营养盐(一般指高浓度的氮和磷)过量，可导致海洋植物快速生长繁殖的海水。

6.13

贫营养水体　oligotrophic water

营养盐(一般指氮、磷和硅)浓度极低,可导致生物生长受到限制的海水。

6.14

富营养化[作用]　eutrophication

由于营养盐过量,使植物大量迅速繁殖,进而引起水生生态系统结构和功能异常的现象。

6.15

海水自净作用　seawater self purification

海水水体通过它自身的物理、化学和生物作用,使污染物的浓度自然地逐渐降低或降解的过程。

6.16

生物净化　biological purification

生物(微生物、藻类等)通过其代谢作用将污染物降解或转化的过程。

6.17

海水水质标准　seawater quality standard

政府或权威机构根据海域的使用功能和管理目标而制定的海水质量要求。

6.18

化学需氧量　chemical oxygen demand (COD)

在规定条件下,海水中能被氧化的物质进行化学氧化过程中所消耗氧的量。

6.19

生化需氧量　biochemical oxygen demand (BOD)

海水中微生物分解有机化合物的过程中所消耗水中溶解氧的量。

注:一般采用将水样在(20±1)℃条件下,培养5天所消耗的溶解氧称为五日生化需氧量,以 BOD_5 表示。

索　引

汉语拼音索引

J

K

L

P

Q

R

S

T

W

X

Y

Z

英文对应词索引

A

B

C

D

E

G

H

I

K

M

S

T

ICS 73.060
D 42

中华人民共和国国家标准

GB/T 15922—2010
代替 GB/T 15922—1995

钴矿石化学分析方法 钴量测定

Method for chemical analysis of cobalt ores—Determination of cobalt content

2010-11-10 发布 2011-02-01 实施

中华人民共和国国家质量监督检验检疫总局
中国国家标准化管理委员会 发布

前 言

本标准代替 GB/T 15922—1995《钴矿石化学分析方法　火焰原子吸收分光光度法测定钴量》。

本标准与 GB/T 15922—1995 相比，主要变化如下：

——修改了标准的中文名称；

——增加了标准的英文名称；

——增加了警示、警告的内容；

——增加了对所用试剂纯度及实验用水的要求；

——增加了对试样粒径及其干燥的要求；

——增加了验证试验内容。

本标准的附录 A 为资料性附录。

本标准由中华人民共和国国土资源部提出。

本标准由全国国土资源标准化技术委员会归口。

本标准负责起草单位：国家地质实验测试中心。

本标准起草单位：湖北省地质实验研究所。

本标准主要起草人：吴俊、方金东、唐兴敏。

本标准所代替标准的历次版本发布情况为：

——GB/T 15922—1995。

钴矿石化学分析方法
钴量测定

警示:使用本标准的人员应有正规实验室工作的实践经验。本标准并未指出所有可能的安全问题。使用者有责任采取适当的安全和健康措施,并保证符合国家有关法规规定的条件。

1 范围

本标准规定了酸溶解或碱熔分离后制备成酸性溶液,原子吸收分光光度法测定钴矿石中钴量的方法。

本标准适用于钴矿石中钴量的测定。

测定范围:0.05%～2.0%的钴。

2 规范性引用文件

下列文件中的条款通过本标准的引用而成为本标准的条款。凡是注日期的引用文件,其随后所有的修改单(不包括勘误的内容)或修订版均不适用于本标准,然而,鼓励根据本标准达成协议的各方研究是否可使用这些文件的最新版本。凡是不注日期的引用文件,其最新版本适用于本标准。

GB/T 6682 分析实验室用水规格和试验方法

3 原理

试料经氢氟酸、王水、高氯酸分解后,用盐酸溶解盐类(或用过氧化钠、氢氧化钠熔矿,水提取、过滤,沉淀用盐酸溶解),在5%盐酸介质中,于原子吸收分光光度计上,波长252.1 nm处,使用空气-乙炔火焰,测定钴的吸光度,计算钴量。

4 试剂

除非另有说明,在分析中均使用分析纯试剂和符合GB/T 6682的蒸馏水或同等纯度的水。

4.1 过氧化钠。

4.2 氢氧化钠。

4.3 盐酸(ρ1.19 g/mL)。

4.4 硝酸(ρ1.40 g/mL)。

4.5 氢氟酸(ρ1.13 g/mL)。**警告:氢氟酸有毒,有腐蚀性,操作时应戴手套,防止与皮肤接触!**

4.6 高氯酸(ρ1.67g/mL)。**警告:易爆品,小心操作!**

4.7 无水乙醇。

4.8 王水:[盐酸(4.3)+硝酸(4.4)]=(3+1),新鲜配制。

4.9 盐酸(1+1)。

4.10 硝酸(1+1)。

4.11 氢氧化钠溶液(20 g/L)。

4.12 钴标准溶液:称取0.100 0 g金属钴(质量分数≥99.99%),置入100 mL烧杯中,盖上表面皿,沿杯壁加入20 mL硝酸(4.10),加热溶解,在水浴上蒸干。用少量水吹洗表面皿,加入5 mL盐酸(4.3),在水浴上蒸干,重复一次。加入10 mL盐酸(4.3)溶解钴盐,冷却,移入1 000 mL容量瓶中,并用水稀释至刻度,摇匀。此溶液钴的质量浓度为0.10 mg/mL。

5 仪器

5.1 原子吸收分光光度计。附钴元素空心阴极灯。

5.2 分析天平:三级,感量 0.1 mg。

6 试样

6.1 试样粒径应小于 74 μm。

6.2 试样在 105 ℃烘箱中烘 2 h~4 h,并置于干燥器中冷却至室温备用。

7 分析步骤

7.1 试料

根据试样中钴的含量,按表 1 称取试料量,精确至 0.1 mg。

表 1 称取试料量

钴的含量/%	试料量/g	测量体积/mL
>0.05~0.1	0.5	50.0
>0.1~0.2	0.2	50.0
>0.2~2	0.1	100.0~200.0

7.2 空白试验

随同实验进行双份空白试验,所用试剂应取同一试剂瓶,加入同等的量。

7.3 验证试验

随同试料分析同矿种、含量相近的标准物质。

7.4 试料分解

7.4.1 一般试料

将试料(7.1)置于聚四氟乙烯坩埚中,用适量水润湿,加入 5 mL 氢氟酸(4.5)、10 mL 王水(4.8)、1 mL 高氯酸(4.6),加盖,于中温电热板上(不高于 200 ℃)上溶解,待样品完全溶解后,去盖继续加热至高氯酸白烟冒尽,取下,冷却。加入 10 mL 盐酸(4.9),温热溶解盐类,取下,冷至室温后,用水移入 50 mL 容量瓶中,并稀释至刻度。摇匀,澄清。

7.4.2 难溶试料

将试料(7.1)置于刚玉坩埚中,加入 4 g 过氧化钠(4.1),混匀,上面覆盖 1 g 氢氧化钠(4.2),置于已升温至 650 ℃高温炉中,并保持此温度至样品全融(约 10 min),取出冷却。将坩埚放入 200 mL 烧杯中,加入 100 mL 温水,盖上表面皿,待激烈反应停止后,加入数滴无水乙醇(4.7),在电炉上加热煮沸 3 min~5 min,取下冷却。沉淀用中速定性滤纸过滤,用热的氢氧化钠溶液(4.11)洗烧杯、坩埚及沉淀(6~8)次。用热盐酸(4.9)溶解沉淀于原烧杯中,洗出坩埚,将溶液放在电热板上蒸干。加入 5 mL 盐酸(4.9)及少许水溶解盐类,用水移入 50 mL 容量瓶中,并稀释至刻度,摇匀。

7.5 校准溶液系列配制

在一系列 50 mL 的容量瓶中,分别加入 0.00 mL、1.00 mL、2.00 mL、4.00 mL、6.00 mL 的钴标准溶液(4.12),加入 10 mL 盐酸(4.9),用水稀释至刻度,摇匀。该系列溶液钴的质量浓度分别为 0.00 μg/mL、2.00 μg/mL、4.00 μg/mL、8.00 μg/mL、12.00 μg/mL。

7.6 测定

警告:应按照原子吸收分光光度仪的使用规定点燃或熄灭空气-乙炔火焰,以避免可能引起的爆炸危险!

使用火焰原子吸收分光光度计,在波长 252.1 nm 处,按仪器工作条件(参见附录 A),分别测量校准溶液系列、空白溶液和试料溶液(7.4.1 和 7.4.2)中钴的吸光度。

7.7 校准曲线绘制

以钴量为横坐标,吸光度为纵坐标,绘制校准曲线,从校准曲线上查得相应的钴量。

8 结果计算

钴量以质量分数 $w(\mathrm{Co})$计,数值以%表示,按式(1)计算:

$$w(\mathrm{Co})=\frac{(\rho_1-\rho_0)V\times10^{-6}}{m}\times100 \qquad (1)$$

式中:

ρ_1——试样溶液中钴的质量浓度的数值,单位为微克每毫升(μg/mL);

ρ_0——空白溶液中钴的质量浓度的数值,单位为微克每毫升(μg/mL);

V——测定溶液体积的数值,单位为毫升(mL);

m——称取试料质量,单位为克(g)。

计算结果保留到小数点后两位。

9 精密度

钴矿石中钴量测定结果精密度见表 2。

表 2 精密度

水平范围 m/(μg/g)	重复性限 r/(μg/g)	再现性限 R/(μg/g)
0.070~0.42	$r=0.0002+0.0466m$	$R=0.1038m^{0.7404}$

附　录　A
（资料性附录）
仪器参考工作条件及干扰消除

A.1　使用原子吸收分光光度计的参考工作条件如表A.1。

表 A.1　原子吸收分光光度计的参考工作条件

波长/nm	灯电流/mA	单色器通带/nm	燃烧器高度/mm	空气压力/MPa	乙炔压力/MPa
252.1	15	0.4	7.5	0.16	0.03

A.2　本法干扰主要表现在大量基体元素钙、镁、铝、铁对钴信号的抑制，以小于3%干扰计，1 000 μg/mL的钙、镁、铝，2 000 μg/mL的铁不影响测定。

A.3　基体浓度大的情况下，加入1 mL镧盐溶液(100 g/L)消除干扰，按小于3%干扰计，2 000 μg/mL的钙、铝，4 000 μg/mL的铁、镁不影响测定。由于加入镧盐后，对钴的信号约降低2%，故标准溶液也加相同量的镧盐。

ICS 73.060
D 42

中华人民共和国国家标准

GB/T 15923—2010
代替 GB/T 15923—1995

镍矿石化学分析方法 镍量测定

Method for chemical analysis of nickel ores—
Determination of nickel content

2010-11-10 发布 2011-02-01 实施

中华人民共和国国家质量监督检验检疫总局
中国国家标准化管理委员会 发布

前　言

本标准代替 GB/T 15923—1995《镍矿石化学分析方法　火焰原子吸收分光光度法测定镍量》。

本标准与 GB/T 15923—1995 相比，主要变化如下：

——修改了标准的中文名称；

——修改了标准的英文名称；

——增加了警示、警告的内容；

——增加了对所用试剂纯度及实验用水的要求；

——增加了对试样粒径及其干燥的要求；

——增加了验证试验内容；

——原标准的滴定度 T 在本标准中改为标准溶液的因子 f。

本标准的附录 A 为资料性附录。

本标准由中华人民共和国国土资源部提出。

本标准由全国国土资源标准化技术委员会归口。

本标准负责起草单位：国家地质实验测试中心。

本标准起草单位：湖北省地质实验研究所。

本标准主要起草人：吴俊、方金东、唐兴敏。

本标准所代替标准的历次版本发布情况为：

——GB/T 15923—1995。

镍矿石化学分析方法
镍量测定

警示：使用本标准的人员应有正规实验室工作的实践经验。本部分并未指出所有可能的安全问题。使用者有责任采取适当的安全和健康措施，并保证符合国家有关法规规定的条件。

1 范围

本标准规定了酸溶解后或碱熔分离后制备成酸性溶液，原子吸收分光光度法测定镍矿石中镍量的方法。

本标准适用于镍矿石中镍量的测定。

测定范围：0.1%～6.0%的镍。

2 规范性引用文件

下列文件中的条款通过本标准的引用而成为本标准的条款。凡是注日期的引用文件，其随后所有的修改单（不包括勘误的内容）或修订版均不适用于本标准，然而，鼓励根据本标准达成协议的各方研究是否可使用这些文件的最新版本。凡是不注日期的引用文件，其最新版本适用于本标准。

GB/T 6682 分析实验室用水规格和试验方法

3 原理

试料经氢氟酸、王水、高氯酸分解后，用盐酸溶解盐类（或用过氧化钠、氢氧化钠熔矿，水提取、过滤，沉淀用盐酸溶解），在 5% 盐酸介质中，使用空气-乙炔火焰，于原子吸收分光光度计上，波长 352.5 nm 处，测定镍的吸光度，计算镍量。

4 试剂

除非另有说明，在分析中均使用分析纯试剂和符合 GB/T 6682 的分析实验室用水。

4.1 过氧化钠。

4.2 氢氧化钠。

4.3 盐酸（ρ1.19 g/mL）。

4.4 硝酸（ρ1.40 g/mL）。

4.5 氢氟酸（ρ1.13 g/mL）。**警告：氢氟酸有毒，有腐蚀性，操作时应戴手套，防止与皮肤接触！**

4.6 高氯酸（ρ1.67 g/mL）。**警告：易爆品，小心操作！**

4.7 无水乙醇。

4.8 王水：[盐酸(4.3)+硝酸(4.4)]=(3+1)，新鲜配制。

4.9 盐酸（1+1）。

4.10 硝酸（1+1）。

4.11 氢氧化钠溶液（20 g/L）。

4.12 镍标准溶液：称取 0.500 0 g 金属镍（质量分数≥99.99%），置入 100 mL 烧杯中，盖上表面皿，沿杯壁加入 20 mL 硝酸(4.10)，加热溶解，低温蒸干。用少量水吹洗表面皿，加入 5 mL 盐酸(4.3)，低温蒸干，重复一次。加入 10 mL 盐酸(4.3)溶解镍盐，冷却，用水移入 1 000 mL 容量瓶中，并稀释至刻度，摇匀。此溶液镍的质量浓度为 0.50 mg/mL。

5 仪器

5.1 原子吸收分光光度计。附镍元素空心阴极灯。

5.2 分析天平:三级,感量 0.1 mg。

6 试样

6.1 试样粒径应小于 74 μm。

6.2 试样在 105 ℃烘箱中烘 2 h～4 h,并置于干燥器中冷却至室温备用。

7 分析步骤

7.1 试料

根据试样中镍的含量,按表 1 称取试料量,精确至 0.1 mg。

表 1 称取试料量

镍的含量/%	试料量/g	测量体积/mL
0.1～0.5	0.5	50.0
>0.5～2	0.2	50.0
>2～6	0.1	100.0

7.2 空白试验

随同实验进行双份空白试验,所用试剂应取同一试剂瓶,加入同等的量。

7.3 验证试验

随同试料分析同矿种、含量相近的标准物质。

7.4 试料分解

7.4.1 一般试料

将试料(7.1)置于聚四氟乙烯坩埚中,用适量水润湿,加入 5 mL 氢氟酸(4.5)、10 mL 王水(4.8)、1 mL 高氯酸(4.6),加盖,于电热板上(低于 200 ℃)溶解,待样品完全溶解,去盖,继续加热至高氯酸白烟冒尽,取下,冷却。加入 10 mL 盐酸(4.9),温热溶解盐类,取下,冷至室温后,用水移入 50 mL 容量瓶中,并稀释至刻度。摇匀,澄清。

7.4.2 难溶试料

将试料(7.1)置于刚玉坩埚中,加入 4 g 过氧化钠(4.1),混匀,上面覆盖 1 g 氢氧化钠(4.2),置于已升温至 650 ℃高温炉中,并保持此温度至全融(约 10 min),取出冷却。将坩埚放入 200 mL 烧杯中,加入 100 mL 温水,盖上表面皿,待激烈反应停止后,加数滴无水乙醇(4.7),在电炉上煮沸 3 min～5 min,取下冷却。过滤,用热的氢氧化钠溶液(4.11)洗烧杯、坩埚及沉淀 6 次～8 次,用热盐酸(4.9)溶解沉淀于原烧杯中,洗出坩埚,将溶液置于电热板上蒸干。加入 5mL 盐酸(4.9)及少许水溶解盐类,用水移入 50 mL 容量瓶中,并稀释至刻度,摇匀。

7.5 校准溶液系列配制

在一系列 50 mL 的容量瓶中,分别加入 0.00 mL、0.50 mL、1.00 mL……10.00 mL 镍标准溶液(4.12),加入 10 mL 盐酸(4.9),用水稀释至刻度,摇匀。该系列溶液镍的质量浓度分别为 0.00 μg/mL、5.00 μg/mL、10.00 μg/mL……100.00 μg/mL。

7.6 测定

警告:应按照原子吸收分光光度仪的使用规定点燃或熄灭空气-乙炔火焰,以避免可能引起的爆炸危险!

使用火焰原子吸收分光光度计,在波长 352.5 nm 处按仪器工,按仪器工作条件(参见附录 A),分别测量校准溶液系列、空白溶液和试料溶液(7.4.1 和 7.4.2)中镍的吸光度。

7.7 校准曲线绘制

以镍量为横坐标,吸光度为纵坐标,绘制校准曲线,从校准曲线上查的相应的镍量。

8 结果计算

镍量以质量分数 $w(\mathrm{Ni})$计,数值以%表示,按式(1)计算:

$$w(\mathrm{Ni}) = \frac{(\rho_1 - \rho_0)V \times 10^{-6}}{m} \times 100 \qquad \cdots\cdots(1)$$

式中:

ρ_1——试样溶液中镍的质量浓度的数值,单位为微克每毫升(μg/mL);

ρ_0——空白溶液中镍的质量浓度的数值,单位为微克每毫升(μg/mL);

V——测定溶液体积的数值,单位为毫升(mL);

m——称取试料质量,单位为克(g)。

计算结果保留到小数点后两位。

9 精密度

镍矿石中镍量测定结果精密度见表 2。

表 2 精密度

水平范围 m/(μg/g)	重复性限 r/(μg/g)	再现性限 R/(μg/g)
0.57～6.51	r=0.002 3+0.027m	R=0.004 4+0.106 3m

附　录　A
（资料性附录）
仪器工作参考条件及干扰消除

A.1　使用原子吸收分光光度计的参考工作条件如表A.1所示。

表A.1　原子吸收分光光度计的参考工作条件

波长/nm	灯电流/mA	单色器通带/nm	燃烧器高度/mm	空气压力/MPa	乙炔压力/MPa
352.5	15	0.4	7.5	0.16	0.025

A.2　本法测定镍时，干扰主要表现在大量基体元素钙、镁、铁、铝对镍信号的抑制，以不大于3%干扰计，1 000 μg/mL的钙、镁、铝，2 000 μg/mL的铁不干扰测定。

ICS 73.060
D 42

中华人民共和国国家标准

GB/T 15924—2010
代替 GB/T 15924—1995

锡矿石化学分析方法 锡量测定

Method for chemical analysis of tin ores—Determination of tin content

2010-11-10 发布 2011-02-01 实施

中华人民共和国国家质量监督检验检疫总局
中国国家标准化管理委员会 发布

前　　言

本标准代替 GB/T 15924—1995《锡矿石化学分析方法　碘量法测定锡量》。

本标准与 GB/T 15924—1995 相比，主要变化如下：

——修改了标准的中文名称；

——修改了标准的英文名称；

——增加了警示、警告的内容；

——增加了对所用试剂纯度及实验用水的要求；

——增加了对试样粒径及其干燥的要求；

——增加了验证试验内容。

本标准的附录 A 为资料性附录。

本标准由中华人民共和国国土资源部提出。

本标准由全国国土资源标准化技术委员会归口。

本标准负责起草单位：国家地质实验测试中心。

本标准起草单位：湖北省地质实验研究所。

本标准主要起草人：唐兴敏、柳建一、方金东。

本标准所代替标准的历次版本发布情况为：

——GB/T 15924—1995。

锡矿石化学分析方法
锡量测定

警示:使用本标准的人员应有正规实验室工作的实践经验。本标准并未指出所有可能的安全问题。使用者有责任采取适当的安全和健康措施,并保证符合国家有关法规规定的条件。

1 范围

本标准规定了锡矿石中锡量的测定方法。

本标准适用于锡矿石中锡量的测定。

测定范围:0.2%以上的锡。

2 规范性引用文件

下列文件中的条款通过本标准的引用而成为本标准的条款。凡是注日期的引用文件,其随后所有的修改单(不包括勘误的内容)或修订版均不适用于本标准,然而,鼓励根据本标准达成协议的各方研究是否可使用这些文件的最新版本。凡是不注日期的引用文件,其最新版本适用于本标准。

GB/T 6682 分析实验室用水规格和试验方法

3 原理

试料用过氧化钠熔融,水浸去,在盐酸介质中,用铝片将锡(Ⅳ)还原为锡(Ⅱ),用碘酸钾标准溶液滴定,计算锡量。当干扰元素超过允许量时,需采取铍共沉淀分离。

4 试剂

除非另有说明,在分析中均使用分析纯试剂和符合 GB/T 6682 的分析实验室用水。

4.1 过氧化钠。

4.2 酒石酸。

4.3 铝片(99.5%纯度),厚 0.1 mm。

4.4 大理石(白色,经检验不含还原物质)。

4.5 盐酸(ρ1.19 g/mL)。

4.6 盐酸(1+1)。

4.7 饱和碳酸氢钠溶液。

4.8 EDTA(乙二胺四乙酸二钠)溶液(100 g/L):溶解 100 g 乙二胺四乙酸二钠于 1 000 mL 水中,滴加氨水(4.9)至溶解并检查 pH 应小于 10。

4.9 氨水(ρ0.8 g/mL)。

4.10 EDTA 洗液(5 g/L):溶解 5.0 g 乙二胺四乙酸二钠 1 000 mL 水中,用氨水调节 pH 值 9～9.5。

4.11 硫酸铍溶液(100 g/L):称取 10 g $BeSO_4 \cdot 4H_2O$ 加水溶解,如混浊则需过滤,定容至 100 mL,摇匀。

4.12 锇溶液(0.2 g/L):称取 0.020 g 四氧化锇,用氢氧化钠(40 g/L)溶解,加水定容至 100 mL,摇匀。

4.13 锡标准储备溶液:称取 1.000 0 g 金属锡(质量分数≥99.99%),置于 1 000 mL 容量瓶中,加入 200 mL 盐酸(4.5),待其完全溶解后(2 天～3 天),用水稀释至刻度,摇匀。此溶液锡的质量浓度为

1.0 mg/mL。

4.14 碘酸钾标准溶液[$c(1/6\ KIO_3)=0.01$ mol/L]：

a) 配制：

称取0.35 g碘酸钾、4 g碘化钾、1 g氢氧化钠，加适量水溶解后移入1 000 mL容量瓶中，用水稀释至刻度，摇匀；

b) 标定：

吸取10.00 mL锡标准储备溶液(4.13)，置于500 mL锥形瓶中，加入45 mL盐酸(4.5)，用水稀释至120 mL～130 mL，加入2.0 g～2.5 g铝片(4.3)，以下按分析步骤(5.4.1.2～5.4.1.3)进行标定。同时标定三份，按式(1)计算碘酸钾标准溶液的因子 f，三份标定所消耗碘酸钾标准溶液的极差值不应超过0.1 mL。并同时进行空白试验。

$$f=\frac{m}{V-V_0} \quad \cdots\cdots(1)$$

式中：

f——碘酸钾标准溶液的因子，单位为克每毫升(g/mL)；

m——锡的质量，单位为克(g)；

V——滴定锡溶液消耗碘酸钾溶液的体积，单位为毫升(mL)；

V_0——滴定空白溶液消耗碘酸钾溶液的体积，单位为毫升(mL)。

4.15 马铃薯淀粉溶液(10 g/L)：称取1 g马铃薯淀粉，加适量水润湿，加沸水溶解，冷却，加入2 g碘化钾，定容100 mL，搅匀(现用现配)。滴定前需做检查，若滴定终点不敏锐或出现终点泛红要另选淀粉配制。

5 试样

5.1 试样粒径应小于74 μm。

5.2 试样在105 ℃烘箱中烘2 h～4 h，并置于干燥器中冷却至室温备用。

6 分析步骤

6.1 试料

按试样中不同含锡量称取0.1 g～0.5 g试料，精确至0.1 mg。

6.2 空白试验

随同试料进行双份空白试验，所取试剂应取自同一试剂瓶，加入同等的量。

6.3 验证试验

随同试料分析同矿种、含量相近的标准物质。

6.4 试料分解与测定

6.4.1 碱熔直接测定

适用于一般含干扰元素少的矿石。

6.4.1.1 将试料(6.1)置于刚玉坩埚中(若试料含硫高，预先在500 ℃灼烧30 min)。加入3 g过氧化钠(4.1)，搅匀，再覆盖约1 g过氧化钠(4.1)，置于已升温700 ℃的高温炉中，保持此温度至刚全熔(约10 min)，(熔融时间过长，中和时易析出硅酸)。取出稍冷，置于250 mL烧杯中，加50 mL水提取，加入5 g酒石酸(4.2)，(与钨形成橙黄色络合物，钨15 mg以下不影响)，搅拌使其溶解，随即迅速加入60 mL盐酸(4.5)，并立即搅拌，用水洗出坩埚。

6.4.1.2 用水将溶液转移至500 mL锥瓶中，溶液体积控制在120 mL～130 mL之间，(酸化后即应还原滴定，不能放置超过12 h)。加入2.0 g～2.5 g折叠成小块的铝片(4.3)，盖上康氏漏斗，在漏斗中加入饱和碳酸氢钠溶液(4.7)，使导管口浸没在溶液中，还原过程中间不断摇动锥形瓶，待铝片溶解后，加热煮沸至溶液清亮(溶液冒大气泡时),取下稍冷,放在流水中冷却,在冷却过程中注意往漏斗中补加饱和碳酸氢钠(4.7)溶液。勿使导管口露出液面。

6.4.1.3 待溶液冷却后,取下康氏漏斗,投入一小块大理石(4.4),加入马铃薯淀粉溶液 2 mL(4.15),立即用碘酸钾标准溶液(4.14)滴定至溶液呈蓝色即为终点。

6.4.2 碱熔铍共沉淀分离

适用于铜、铋、钨、钼、铬、钒高的矿石。其他参见附录 A。

6.4.2.1 将试料(6.1)置于刚玉坩埚中,加入 3 g 过氧化钠(4.1),搅匀,覆盖约 1 g 过氧化钠,置于已升温 700 ℃的高温炉中,保持此温度至刚全熔,取出,稍冷。将坩埚放入 250 mL 烧杯中,加入 120 mL 水,盖上表面皿,待剧烈作用停止熔融物脱落后(需要时可加热),冷却。迅速加入 15 mL～20 mL 盐酸(4.5),搅拌使沉淀完全溶解,吹洗表面皿,用热水及几滴盐酸洗出坩埚。

注:分离铬时,应赶尽过氧化氢。赶过氧化氢步骤如下:酸化前加入 0.5 mL 锇溶液(4.12),加热煮沸 1 min 即可驱赶尽剩余过氧化氢。

6.4.2.2 往烧杯中加入 4 mL 硫酸铍溶液(4.11)及 30 mL EDTA 溶液(4.8),搅匀,盖上表面皿,置于电炉上加热至 50 ℃～60 ℃,洗去表面皿,立即用滴定管加入氨水(4.9)至铍沉淀出现(铁量高时溶液变红),并过量 2 mL～3 mL(此时总体积约 200 mL,检查 pH9～pH9.5),置于流水中冷却(室温高时,应投入冰块降温)。用中速定性滤纸过滤,用 EDTA 洗液(4.10)洗涤烧杯及沉淀 2 次～3 次。用 100 mL 盐酸(4.6)分次洗烧杯,分次溶解沉淀于 500 mL 锥形瓶中,加入 20 mL～30 mL 水,5 g 酒石酸(4.2),以下按分析步骤(6.4.1.2～6.4.1.3)进行测定。

7 结果计算

锡量用质量分数 $w(\mathrm{Sn})$ 计,数值以%表示,按式(2)计算:

$$w(\mathrm{Sn})=\frac{(V_1-V_2)f}{m}\times 100 \qquad \cdots\cdots(2)$$

式中:

V_1——滴定试料溶液消耗的碘酸钾标准溶液的体积,单位为毫升(mL);

V_2——滴定空白溶液的消耗碘酸钾标准溶液的体积,单位为毫升(mL);

f——碘酸钾标准溶液的因子,单位为克每毫升(g/mL);

m——试料称取的质量,单位为克(g)。

计算结果保留到小数点后两位。

8 精密度

锡矿石中锡量测定结果精密度见表 1。

表 1 精密度

水平范围 m/(μg/g)	重复性限 r/(μg/g)	再现性限 R/(μg/g)
0.64～4.51	r=0.034 2+0.011 4m	R=0.182 4+0.026 1m

附　录　A
（资料性附录）
标准的有关说明

A.1　当铜量大于 2 mg、铋大于 10 mg、钨大于 15 mg、钼大于 10 mg、钒大于 1 mg、铬大于 20 mg 时，采用铍共沉淀分离。

A.2　滴定溶液中各存在 10 mg 砷或锑时，对测定结果影响不大。

ICS 73.060
D 42

中华人民共和国国家标准

GB/T 15925—2010
代替 GB/T 15925—1995

锑矿石化学分析方法
锑量测定

Method for chemical analysis of antimony ores—
Determination of antimony content

2010-11-10 发布　　　　2011-02-01 实施

中华人民共和国国家质量监督检验检疫总局
中国国家标准化管理委员会　发布

前　言

本标准代替 GB/T 15925—1995《锑矿石化学分析方法　硫酸铈容量法测定锑量》。

本标准与 GB/T 15925—1995 相比，主要变化如下：

——修改了标准的中文名称；

——增加了标准的英文名称；

——增加了警示、警告的内容；

——增加了对所用试剂纯度及实验用水的要求；

——增加了对试样粒径及其干燥的要求；

——增加了验证试验内容。

本标准由中华人民共和国国土资源部提出。

本标准由全国国土资源标准化技术委员会归口。

本标准负责起草单位：国家地质实验测试中心。

本标准起草单位：湖北省地质实验研究所。

本标准主要起草人：唐兴敏、柳建一、方金东。

本标准所代替标准的历次版本发布情况为：

——GB/T 15925—1995。

锑矿石化学分析方法
锑量测定

警示:使用本标准的人员应有正规实验室工作的实践经验。本标准并未指出所有可能的安全问题。使用者有责任采取适当的安全和健康措施,并保证符合国家有关法规规定的条件。

1 范围

本标准规定了锑矿石中锑量的测定方法。

本标准适用于锑矿石中锑量的测定。

测定范围:0.5%以上的锑。

2 规范性引用文件

下列文件中的条款通过本标准的引用而成为本标准的条款。凡是注日期的引用文件,其随后所有的修改单(不包括勘误的内容)或修订版均不适用于本标准,然而,鼓励根据本标准达成协议的各方研究是否可使用这些文件的最新版本。凡是不注日期的引用文件,其最新版本适用于本标准。

GB/T 6682 分析实验室用水规格和试验方法

3 原理

试料以硫酸分解,加还原剂将Sb(Ⅴ)还原为Sb(Ⅲ),在盐酸介质中,以甲基橙为指示剂,用硫酸铈标准溶液滴定锑,锑(Ⅲ)被硫酸铈还原为锑(Ⅴ),以计算锑量。

4 试剂

除非另有说明,在分析中均使用分析纯试剂和符合GB/T 6682的分析实验室用水。

4.1 硫酸钾。

4.2 硫酸肼。

4.3 硫酸(ρ1.85 g/mL)。

4.4 硫酸(8+92)。**警告:稀释时操作不当易引起烧伤!**

4.5 盐酸[c(HCl)=2.0 mol/L]。

4.6 甲基橙溶液(1 g/L)(一个月内有效,终点明显)。

4.7 硫酸铈标准溶液[$c(Ce(SO_4)_2 \cdot 4H_2O)$=0.05 mol/L]:

a) 配制:

称取20.2 g硫酸铈,置于250 mL烧杯中,用100 mL硫酸(4.4)加热溶解,冷却后,移入1 000 mL容量瓶中,用硫酸(4.4)稀释至刻度,摇匀;

b) 标定:

称取0.050 0 g~0.100 0 g金属锑(质量分数≥99.99%)于250 mL锥形瓶中,加入适量水润湿,加15 mL硫酸(4.3),盖上瓷坩埚盖,加热分解0.5 h,冷却后,加入100 mL盐酸溶液(4.5),将溶液加热至沸,滴入2滴甲基橙溶液(4.6),在不断摇动下,立即用硫酸铈标准溶液(4.7)滴定至溶液红色消失即为终点,同时标定三份,按式(1)计算硫酸铈标准溶液的因子f,其极差值偏差不大于0.4%,若未达到需重新标定,取算术平均值,并同时进行空白试验。

$$f=\frac{m}{V-V_0} \quad \cdots\cdots(1)$$

式中：

f——硫酸铈标准溶液的因子，单位为克每毫升(g/mL)；

m——锑的质量，单位为克(g)；

V——滴定锑溶液消耗硫酸铈溶液的体积，单位为毫升(mL)；

V_0——滴定空白溶液消耗硫酸铈溶液的体积，单位为毫升(mL)。

5 试样

5.1 试样粒径应小于 74 μm。

5.2 试样在 105 ℃烘箱中烘 2 h～4 h，并置于干燥器中冷却至室温备用。

6 分析步骤

6.1 试料

根据试样中锑的含量，按表 1 称取试料量，精确至 0.1 mg。

表 1 称取试料量

锑的含量/%	试料量/g
>0.5～5	1.0
>5～10	0.5
>10～20	0.2
>20	0.1

6.2 空白试验

随同试料做双份空白试验，所取试剂应取自同一试剂瓶。

6.3 验证试验

随同试料分析同矿种、含量相近的标准物质。

6.4 试料分解与测定

6.4.1 将试料(6.1)置于 250 mL 或 500 mL 锥形瓶中，加入 3 g 硫酸钾(4.1)、0.2 g 硫酸肼(4.2)，以适量水润湿，摇匀，加入 15 mL 硫酸(4.3)，盖上瓷坩埚盖置于电炉上加热，在保持溶液煮沸的温度下分解 0.5 h，取下，冷却。

注：试料经硫酸分解后，钨和硅等元素均与锑分离，锡石不溶于硫酸，因此不干扰测定。钒(Ⅴ)在硫酸溶液中长时间蒸发可逐渐转为钒(Ⅳ)，对测定有影响，钒量允许存在 0.5 mg 以下。

6.4.2 沿壁加入 100 mL 盐酸(4.5)，并用少量水冲洗瓷坩埚盖及瓶壁，溶液加热至沸。加入 2 滴甲基橙溶液(4.6)，立即用硫酸铈标准溶液(4.7)滴定至溶液红色消失为终点(硫酸铈滴定三价锑反应较慢，滴定时控制在 80℃ 以上，使反应速度加快，终点明显)。

注：加入指示剂前为青黄色，加入指示剂后为玫瑰红色或红橙色，滴定终点为青黄色。试料、标准、空白、溶液所加指示剂用量要一致。

7 结果计算

锑量用质量分数 $w(Sb)$ 计，数值以%表示，按式(2)计算。

$$w(\mathrm{Sb})=\frac{(V_1-V_2)f}{m_s}\times 100 \qquad (2)$$

式中：

V_1——滴定试料溶液消耗的硫酸铈溶液的体积，单位为毫升(mL)；

V_2——滴定空白溶液消耗硫酸铈标准溶液的体积，单位为毫升(mL)；

f——硫酸铈标准溶液的因子，单位为克每毫升(g/mL)；

m_s——试料称取的质量，单位为克(g)。

计算结果保留到小数点后两位。

8 精密度

锑矿石中锑量测定结果精密度见表 2。

表 2 精密度

水平范围 m/(μg/g)	重复性限 r/(μg/g)	再现性限 R/(μg/g)
1.78～21.76	r=0.112 8+0.011 6m	R=0.169 3+0.021 9m

ICS 73.060
D 42

中华人民共和国国家标准

GB/T 15926—2010
代替 GB/T 15926—1995

铋矿石化学分析方法 铋量测定

Method for chemical analysis of bismuth ores—
Determination of bismuth content

2010-11-10 发布 2011-02-01 实施

中华人民共和国国家质量监督检验检疫总局
中国国家标准化管理委员会 发布

前　言

本标准代替 GB/T 15926—1995《铋矿石化学分析方法　EDTA 容量法测定铋量》。

本标准与 GB/T 15926—1995 相比，主要变化如下：

——修改了标准的中英文名称；

——增加了警示、警告的内容；

——增加了对所用试剂纯度及实验用水的要求；

——增加了对试样粒径及其干燥的要求；

——增加了验证试验内容。

本标准由中华人民共和国国土资源部提出。

本标准由国土资源标准化技术委员会归口。

本标准负责起草单位：国家地质实验测试中心。

本标准起草单位：湖北省地质实验研究所。

本标准主要起草人：熊玉祥、唐兴敏、赵先球。

本标准所代替标准的历次版本发布情况为：

——GB/T 15926—1995。

铋矿石化学分析方法 铋量测定

警示：使用本标准的人员应该有正规实验室工作的实践经验。本标准并未指出所有可能的安全问题。使用者有责任采取适当的安全和健康措施，并保证符合国家有关法规规定的条件。

1 范围

本标准规定了铋矿石中铋量的测定方法。

本标准适用于铋矿石中铋量的测定。

测定范围：0.1%以上的铋。

2 规范性引用文件

下列文件中的条款通过本标准的引用而成为本标准的条款。凡是注日期的引用文件，其随后所有的修改单（不包括勘误的内容）或修订版均不适用于本标准，然而，鼓励根据本标准达成协议的各方研究是否可使用这些文件的最新版本。凡是不注日期的引用文件，其最新版本适用于本标准。

GB/T 6682 分析实验室用水规格和试验方法

3 原理

试料经盐酸、硝酸、高氯酸分解，在 pH 值 1.5～2.0 的硝酸介质中，用抗坏血酸还原钒(V)和铁(Ⅲ)，用硫脲、酒石酸掩蔽铜、锑、锡、钍、锆、铌等的干扰，用二甲酚橙指示剂，以 EDTA 标准溶液进行滴定，由消耗 EDTA 标准溶液的量，计算铋量。

4 试剂

除非另有说明，在分析中均使用分析纯试剂和符合 GB/T 6682 的分析实验室用水。

4.1 抗坏血酸。

4.2 盐酸（ρ1.19 g/mL）。

4.3 硝酸（ρ1.40 g/mL）。

4.4 高氯酸（ρ1.67 g/mL）。**警告：易爆品，小心操作！**

4.5 硝酸（1+1）。

4.6 硝酸（1+99）。

4.7 氨水（1+1）。

4.8 氨水（2+98）。

4.9 硫脲溶液（60 g/L）。

4.10 酒石酸溶液（100 g/L）。

4.11 乙酸钠溶液（200 g/L）。

4.12 铋标准储备溶液：称取 1.000 0 g 金属铋（质量分数≥99.99%），置于 250 mL 烧杯中，加 20 mL 硝酸（4.5），盖上表面皿，低温加热至完全溶解，煮沸赶尽氮的氧化物，取下冷却至室温，将溶液移入 1 000 mL 容量瓶中，用硝酸（4.6）吹洗表面皿及杯壁，并稀释至刻度，摇匀。此溶液中铋的质量浓度为 1.0 mg/mL。

4.13 乙二胺四乙酸二钠（EDTA）标准滴定溶液（0.005 mol/L）：

a) 配制：称取 1.860 g 乙二胺四乙酸二钠置于 400 mL 烧杯中，加水溶解，移入 1 000 mL 容量瓶中，混匀。放置三天后标定。

b) 标定：移取 20.00 mL 铋标准储备溶液(4.12)三份于一组 250 mL 三角烧杯中，加水至 80 mL，加 0.2 g～0.5 g 抗坏血酸(4.1)、10 mL 硫脲溶液(4.9)、5 mL 酒石酸溶液(4.10)，摇匀，用 EDTA 标准滴定溶液[4.13a)]滴定至溶液为浅黄色，加 5 滴二甲酚橙溶液(4.14)，滴加乙酸钠溶液(4.11)调节 pH 值 1.5～1.7(溶液由橙黄色变为橙红色，用精密 pH 试纸检查)，加水至 200 mL，继续用 EDTA 标准溶液[4.13a)]滴定至溶液由紫红色变为亮黄色即为终点。同时标定三份，按式(1)计算 EDTA 标准溶液的因子 f，并同时进行空白试验。

$$f=\frac{m}{V-V_0} \qquad \cdots\cdots(1)$$

式中：

f——EDTA 标准溶液的因子，单位为克每毫升(g/mL)；

m——铋的质量，单位为克(g)；

V——滴定铋溶液消耗 EDTA 标准溶液的体积，单位为毫升(mL)；

V_0——滴定空白溶液消耗 EDTA 标准溶液的体积，单位为毫升(mL)。

4.14 二甲酚橙溶液(1.0 g/L)。

5 试样

5.1 试样粒径应小于 74 μm。

5.2 试样在 105 ℃烘箱中烘 2 h～4 h，并置于干燥器中冷却至室温备用。

6 分析步骤

6.1 试料

根据试样中铋的含量，按表 1 称取试料量，精确至 0.1 mg。

表 1 称取试料量

铋的含量/%	试料量/g	分取溶液/mL
>0.1～1	1.0	全用
>1～3	1.0	25.00
>3～5	0.5	25.00
>5	0.2	25.00

6.2 空白试验

随同试料进行双份空白试验，所用试剂应取自同一试剂瓶，加入同等的量。

6.3 验证试验

随同试料分析同矿种、含量相近的标准物质。

6.4 试料分解与测定

6.4.1 一般矿种

适用于含干扰元素少，铋量较高的试料。

6.4.1.1 将试料(6.1)置于 150 mL 烧杯中，加适量水润湿。加入 15 mL 盐酸(4.2)，盖上表面皿，置于电热板上加热溶解，使硫化氢气体逸出，并蒸至 5 mL 左右，取下，加入 10 mL 硝酸(4.3)、2 mL 高氯酸(4.4)，继续加热至试料分解完全，并蒸发至冒高氯酸浓烟。取下，稍冷，加 8 mL 硝酸(4.3)，放置片刻浸取盐类，加 20 mL 水，加热至沸溶解盐类，冷却，用硝酸(4.6)吹洗表面皿，将溶液移入 100 mL 容量瓶中，并稀释至刻度，摇匀，澄清。

6.4.1.2 分取25.00 mL清液(6.4.1.1)置于250 mL烧杯中,加水至80 mL,加入0.5 g抗坏血酸(4.1),搅拌使其溶解,加入10 mL硫脲溶液(4.9),5 mL酒石酸溶液(4.10),搅匀,用EDTA标准溶液(4.13)滴定至浅黄色,加5滴二甲酚橙溶液(4.14),滴加乙酸钠溶液(4.11)调至pH值1.5～1.7(溶液由橙黄色变为橙红色,用精密pH试纸检查),加水至200 mL,继续用EDTA标准溶液(4.13)滴定至溶液由紫红色变为亮黄色即为终点。

6.4.2 **复杂矿种**

适用于铜、钨、钼含量较高,铋量在1%以下的试料。

6.4.2.1 称取1.000 0 g试料(6.1)置于150 mL烧杯中,加适量水润湿。加入15 mL盐酸(4.2),盖上表面皿,置于电热板上加热溶解,使硫化氢气体逸出,并继续蒸至5 mL左右,取下,加入10 mL硝酸(4.3)、2 mL高氯酸(4.4),继续加热至试料分解完全,并蒸发至冒高氯酸白烟。取下,加5 mL硝酸(4.3),加20 mL水,加热至沸溶解盐类,用定性滤纸过滤,滤液用250 mL烧杯承接,并用硝酸(4.6)吹洗烧杯、漏斗各5次,溶液体积控制在50 mL左右。

6.4.2.2 将溶液(6.4.2.1)加热至沸,稍冷,用氨水(4.7)中和至有明显的氢氧化铁沉淀,再过量5 mL,加热煮沸,趁热用定性滤纸过滤,用氨水(4.8)洗涤沉淀、烧杯各4次。

6.4.2.3 用热硝酸(4.5)溶解沉淀于原烧杯中,并用硝酸(4.6)洗涤滤纸8次,向溶液中加入0.5 mL～0.7 mL高氯酸(4.4),将烧杯置于电热板上蒸发至冒白烟,取下,加入2 mL硝酸(4.5),用少量水吹洗杯壁,加热溶解盐类,加水至80 mL,以下按分析步骤(6.4.1.2)进行滴定。

7 结果计算

铋量以质量分数$w(Bi)$计,数值以%表示,按式(2)计算:

$$w(\mathrm{Bi})=\frac{(V_1-V_0)f}{m}\times 100 \qquad (2)$$

式中:

V_1——滴定试料溶液消耗EDTA标准溶液的体积,单位为毫升(mL);

V_0——滴定空白溶液消耗EDTA标准溶液的体积,单位为毫升(mL);

f——EDTA标准溶液的因子,单位为克每毫升(g/mL);

m——试料称取的质量,单位为克(g)。

计算结果保留到小数点后两位。

8 精密度

铋矿石中铋量测定结果的精密度见表2。

表2 精密度

水平范围 $m/(\mu g/g)$	重复性限 $r/(\mu g/g)$	再现性限 $R/(\mu g/g)$
0.20～5.25	$r=0.022+0.0186m$	$R=0.0432+0.0203m$

ICS 73.080
D 51

中华人民共和国国家标准

GB/T 15927—2010
代替 GB/T 15927—1995

砷矿石化学分析方法 砷量测定

Method for chemical analysis of arsenic ores—
Determination of arsenic content

2010-11-10 发布　　2011-02-01 实施

中华人民共和国国家质量监督检验检疫总局
中国国家标准化管理委员会 发布

前　言

本标准代替 GB/T 15927—1995《砷矿石化学分析方法-碱熔分离-碘量法测定砷量》。

本标准与 GB/T 15927—1995 相比，主要变化如下：

——修改了标准的中英文名称；

——增加了警示、警告的内容；

——增加了对所用试剂纯度及实验用水的要求；

——增加了对试样粒径及其干燥的要求；

——增加了验证试验内容。

本标准由中华人民共和国国土资源部提出。

本标准由全国国土资源标准化技术委员会归口。

本标准负责起草单位：国家地质实验测试中心。

本标准起草单位：湖北省地质实验研究所。

本标准主要起草人：赵先球、熊玉祥、唐兴敏。

本标准所代替标准的历次版本发布情况为：

——GB/T 15927—1995。

砷矿石化学分析方法
砷量测定

警示:使用本标准的人员应有正规实验室工作的实践经验。本标准并未指出所有可能的安全问题。使用者有责任采取适当的安全和健康措施,并保证符合国家有关法规规定的条件。

1 范围

本标准规定了砷矿石中砷量的测定方法。

本标准适用于砷矿石中砷量的测定。

测定范围:0.5%以上的砷。

2 规范性引用文件

下列文件中的条款通过本标准的引用而成为本标准的条款。凡是注日期的引用文件,其随后所有的修改单(不包括勘误的内容)或修订版均不适用于本标准,然而,鼓励根据本标准达成协议的各方研究是否可使用这些文件的最新版本。凡是不注日期的引用文件,其最新版本适用于本标准。

GB/T 6682 分析实验室用水规格和试验方法

3 原理

试料经过过氧化钠和碳酸钠熔融,水提取,溶液用硫酸酸化后,用碘化钾还原,用酒石酸钠络合铅、锡、锌等元素,再用碘标准溶液滴定砷,计算砷量。

4 试剂

除非另有说明,在分析中均使用分析纯试剂和符合 GB/T 6682 的分析实验室用水。

4.1 过氧化钠-碳酸钠混合溶剂(2+1)。

4.2 碳酸氢钠。

4.3 过氧化氢。

4.4 硫酸(1+1)。**警告:稀释时操作不当易引起烧伤!**

4.5 氨水(1+1)。

4.6 氢氧化钠溶液(200 g/L)。

4.7 碘化钾溶液(500 g/L)。

4.8 酒石酸钠溶液(200 g/L)。

4.9 硫代硫酸钠标准溶液[$c(Na_2S_2O_3 \cdot 5H_2O)$=0.01 mol/L]。

4.10 饱和碳酸氢钠溶液(120 g/L)。

4.11 碘片。

4.12 砷标准溶液:称取 1.320 2 g 已在 105 ℃烘 2 h 的光谱纯三氧化二砷,置于 150 mL 烧杯中,加入 20 mL 氢氧化钠溶液(4.6)溶解,加 2 滴酚酞溶液(4.15),用硫酸(4.4)中和溶液至微酸性,冷却后,移入 1 000 mL 容量瓶中,用水稀释至刻度,摇匀。此溶液砷的质量浓度为 1.0 mg/mL。

4.13 碘标准溶液[$c(1/2I_2)$=0.01 mol/L]:

a) 配制:称取碘片(4.11)1.27 g,放入预先加有 40 g 碘化钾及 25 mL 水的带塞锥瓶中,盖紧后摇动至碘全部溶解,移入 1 000 mL 棕色瓶中,用水定容至 1 000 mL,摇匀;

b) 标定：于 500 mL 锥瓶中加入 100 mL 水，再加 3 g 碳酸氢钠(4.2)、5 mL 淀粉溶液(4.14)，用碘标准溶液[4.13a)]滴定至浅蓝色，然后加入 10.00 mL 砷标准溶液(4.12)，再滴定浅蓝色，即为终点。同时标定三份，按式(1)计算碘标准溶液的因子 f，取算数平均值(所消耗的标准溶液体积差值不得超过 0.1 mL，否则重新进行标定)。并同时进行空白试验。

$$f=\frac{m}{V-V_0} \qquad \cdots\cdots(1)$$

式中：

f——碘标准溶液的因子，单位为克每毫升(g/mL)；

m——砷的质量，单位为克(g)；

V——滴定砷溶液消耗碘溶液的体积，单位为毫升(mL)；

V_0——滴定空白溶液消耗碘溶液的体积，单位为毫升(mL)。

4.14 淀粉溶液(5 g/L)。

4.15 酚酞溶液(1 g/L)。

5 试样

5.1 试样粒径应小于 74 μm。

5.2 试样在 105 ℃烘箱中烘 2 h～4 h，并置于干燥器中冷却至室温备用。

6 分析步骤

6.1 试料

根据试样中砷的含量，按表 1 称取试料量，精确至 0.1 mg。

表 1 称取试料量

砷的含量/%	试料量/g	分取溶液/mL
>0.5～2	1.0	25.0
>2～10	0.5	25.0
>10～20	0.2	25.0

6.2 空白试验

随同试料做双份空白试验，所取试剂应取自同一试剂瓶，加入同等的量。

6.3 验证试验

随同试料分析同矿种、含量相近的标准物质。

6.4 试料分解与测定

6.4.1 将试料(6.1)置于镍坩埚中，加入 4 g～6 g 过氧化钠-碳酸钠混合溶剂(4.1)，搅拌均匀，在 650 ℃熔融 5 min，取出冷却，放入盛有 60 mL 水的 250 mL 烧杯中浸取，用水洗出坩埚，如溶液中有高价锰的颜色，则滴加过氧化氢(4.3)消除，煮沸除去过氧化氢，冷却后，将沉淀连同溶液全部移入 100 mL 容量瓶中，用水稀释至刻度，摇匀，放置澄清。

注：碱熔后，钙的碳酸盐沉淀对砷的吸附也很小，50 mg 以内对结果无影响。铁、钙共存时，当 Fe_2O_3>250 mg，CaO>20 mg，使砷的结果偏低。

6.4.2 移取清液(6.4.1)25.00 mL，放入 500 mL 锥瓶中，用水稀释至 100 mL，加入 1 滴酚酞溶液(4.15)，用硫酸(4.4)中和并过量 5 mL，加入 2 mL 碘化钾溶液(4.7)，加热煮沸，除去大部分游离碘，直至溶液呈浅黄色为止，取下，在流水中冷却，加入 25 mL 酒石酸钠溶液(4.8)(可阻止铝、锌在中和时水解吸附砷)，用水稀释至约 120 mL，加入 5 mL 淀粉溶液(4.14)，小心滴加硫代硫酸钠溶液(4.9)至蓝色褪去。

6.4.3 用氨水(4.5)中和酚酞变微红色,滴加硫酸(4.4)至微红色刚消失,再过量2滴~3滴使溶液成微酸性,流水冷却,加入25 mL饱和碳酸氢钠溶液(4.10),用碘标准溶液(4.13)滴定至蓝色出现即为终点(砷还原后,不能久搁,一般在4 h内完成)。

注1:试样溶液中锑含量小于2 mg无影响,高于2 mg时,使结果略有偏高。铜、铅、硅对测定无影响。锡在中和时水解析出沉淀,使结果偏低,当锡量高时,采用王水分解样品,使锡与砷分离或采用其他分析方法。

注2:毫克量的铬、钒、钨、钼对测定无影响,但钼量大于20 mg时,钼被碘化钾还原成钼蓝,使终点无法观察。预先用萃取分离。

7 结果计算

砷量用质量分数$w(As)$计,数值以%表示,按式(2)计算:

$$w(As)=\frac{(V_1-V_0)fV_3}{mV_2}\times 100 \qquad \cdots\cdots(2)$$

式中:

V_1——滴定试料溶液消耗的碘溶液的体积,单位为毫升(mL);

V_0——滴定空白溶液消耗的碘溶液的体积,单位为毫升(mL);

f——碘标准溶液的因子,单位为克每毫升(g/mL);

V_3——溶液总体积,单位为毫升(mL);

m——试料称取的质量,单位为克(g);

V_2——分取试液体积,单位为毫升(mL)。

计算结果保留到小数点后两位。

8 精密度

砷矿石中砷量测定结果精密度见表2。

表2 精密度

水平范围 m/(μg/g)	重复性限 r/(μg/g)	再现性限 R/(μg/g)
0.99~11.51	$r=0.0431+0.0095m$	$R=0.1091m^{0.5001}$

ICS 17.140.50
A 59

中华人民共和国国家标准

GB/T 15952—2010/IEC 61252:2002
代替 GB/T 15952—1995

电声学 个人声暴露计规范

Electroacoustics—Specifications for personal sound exposure meters

(IEC 61252:2002,IDT)

2010-12-01 发布 2011-05-01 实施

中华人民共和国国家质量监督检验检疫总局
中国国家标准化管理委员会 发布

前　言

本标准等同采用 IEC 61252:2002《电声学　个人声暴露计规范》(英文版)。本标准引用的以下国家标准中的相应内容与 IEC 61252:2002《电声学　个人声暴露计规范》(英文版)内容等同:

a) GB/T 3238—1982　声学量的级及其基准值(neq ISO 1683:1983);

b) GB/T 3240—1982　声学测量中的常用频率(neq ISO 266:1975);

c) GB/T 3785—1983　声级计的电、声性能及测试方法(neq IEC 60651:1979);

d) GB/T 14366—1993　声学　职业噪声测量与噪声引起的听力损伤评价(eqv ISO 1999:1990)。

为便于使用,本标准做了下列编辑性修改:

a) 用小数点“.”代替作为小数点的逗号“,”;

b) 用“本标准”代替“本国际标准”;

c) 删除了 IEC 61252:2002 中的前言,并将其中有关个人声暴露计和积分声级计的区别的内容合并在本标准的“引言”中;

d) 规范性引用文件的引导语按 GB/T 1.1—2000 的要求改写;

e) 将 IEC 61252:2002 的“定义”部分中的两段引导语合并,并按 GB/T 1.1—2000 的要求改写;

f) 15.1.2 中的“本修改单发布之前”改为“本版本发布之前”。

本标准代替 GB/T 15952—1995《个人声暴露计技术要求》。

本标准与 GB/T 15952—1995 相比主要变化如下:

a) 标准名称修改为《电声学　个人声暴露计规范》;

b) “前言”部分按 GB/T 1.1—2000 的要求改写;

c) 删除了“IEC 前言”;

d) “引言”中增加了原“IEC 前言”中有关个人声暴露计和积分声级计的区别的内容;

e) 在规范性引用文件一览表中,增加了有关电磁兼容的六项标准和 GB/T 21230—2007(ISO 9612:1997,IDT)等文件;

f) 增加了“(个人声暴露计的)参考方位”的术语和定义;

g) 第 14 章中的 u)项由 1995 年版中的 u)、v)两项的内容合并而成;

h) 在第 14 章“使用说明书”中增加了第 w)至 cc);

i) 增加了第 15 章“静电和电磁兼容要求及试验程序”;

j) 增加了附录 C“发射限值”。

本标准的附录 A、附录 B 和附录 C 为资料性附录。

本标准由中华人民共和国工业和信息化部提出。

本标准由全国电声学标准化技术委员会(SAC/TC 23)归口。

本标准起草单位:衡阳衡仪电气有限公司、中国计量科学研究院、红声器材厂嘉兴分厂、深圳市计量质量检测研究院。

本标准主要起草人:刘湘衡、陈剑林、谭家腾、舒国华、张国庆。

本标准于 1995 年 12 月首次发布,本次为第一次修订。

引　言

按本标准的意图，个人声暴露计用于测量声暴露，即瞬时 A 频率计权声压平方的时间积分。其工作原理是以按 GB/T 17181 测量的声暴露级为基础，也就是“等能量交换率”，恒定声级的积分时间加倍(或减半)将使声暴露加倍(或减半)。同样，对恒定的积分时间，输入声级增加(或减小)3 dB，声暴露将加倍(或减半)。

噪声剂量计通常设计成指示为法定限值百分比的噪声剂量。各国规定的限值及其定义不一，且会改变。为便于用常用量值表示的声暴露记录的国际比较，本标准规定了一种用二次方帕小时指示声暴露的仪器。只要制造者规定了将示值转换为二次方帕小时的方法，则允许用二次方帕小时之外的其他单位指示声暴露，例如，显示为“剂量”——以二次方帕小时为单位的规定声暴露的分数或百分数。

个人声暴露计的主要应用是测量人头部附近的声暴露，例如按 GB/T 14366 等标准评估可能的听力损失。个人声暴露计的传声器可佩带在肩上、衣领上，或其他靠近耳朵的部位。对于许多具体情形，譬如在工厂内，声入射角在工作日内会有很大的变化，佩带于人体的仪器所指示的声暴露可能会与人员不在场时的测量值不同。当估算人体不在场时的声暴露时，应考虑佩带个人声暴露计的人体的影响。

本标准对个人声暴露计的规范与 GB/T 17181—1997 对积分声级计的可比规范在实用范围内是一致的。与 1997 发布的 GB/T 17181 中的规范相比，有以下四个主要的差异：

a) 测量并显示声暴露，而不是等效连续频率计权声压级或声暴露级；
b) 短持续信号的积分和平方的准确度规定用声暴露持续时间为 1 ms～10 ms 的 4 kHz 恒幅的重复猝发音序列测量，而不是测量对持续时间范围从 1 ms～1 s 的单个 4 kHz 变幅猝发音的响应，每个猝发音都伴有各自的连续、同相、低电平的 4 kHz 背景信号；
c) 个人声暴露计的规范包括正向和负向单极脉冲响应的声暴露示值之差的限值；
d) 不规定佩带于人体的声暴露计所用传声器的指向性要求。

电声学 个人声暴露计规范

1 范围

1.1 本标准规定了一个准确度等级的个人声暴露计的电、声性能要求，当A计权声压级量程为80 dB～130 dB、标称频率范围为63 Hz～8 kHz时，此准确度等级与符合GB/T 17181要求的2型积分声级计相当。

1.2 本标准适用于测量稳态的、间断的、波动的、不规则的或脉冲声的A计权声暴露的仪器。符合本标准规范的仪器指定佩带于人体上测量声暴露。工作场所声暴露的测量，对于按GB/T 14366和GB/T 21230测定职业噪声暴露可能是有用的。

1.3 声暴露是在给定位置上，通过瞬时频率计权声压平方对时间积分，计入了声压及其持续时间二者的物理度量。

1.4 仪器的性能偏离规定设计目标的允差代表具体仪器的性能水平。在规定的环境条件范围内，要求个人声暴露计工作于本标准的允差之内。

2 规范性引用文件

下列文件中的条款通过本标准的引用而成为本标准的条款。凡是注日期的引用文件，其随后所有的修改单(不包括勘误的内容)或修改版均不适用于本标准，然而，鼓励根据本标准达成协议的各方研究是否可使用这些文件的最新版本。凡是不注日期的引用文件，其最新版本适用于本标准。

GB/T 3238—1982 声学量的级及其基准值(neq ISO 1683:1983)

GB/T 3240—1982 声学测量中的常用频率(neq ISO 266:1975)

GB/T 3785—1983 声级计的电、声性能及测试方法(neq IEC 60651:1979)

GB 9254—2008 信息技术设备的无线电骚扰限值和测量方法(CISPR 22:2006,IDT)

GB/T 14366—1993 声学 职业噪声测量与噪声引起的听力损伤评价(eqv ISO 1999:1990)

GB/T 15173—1994 声校准器(eqv IEC 60942:1988)

GB/T 17181—1997 积分平均声级计(idt IEC 60804:1985)

GB/T 17626.2—2006 电磁兼容 试验和测量技术 静电放电抗扰度试验(IEC 61000-4-2:2001,IDT)

GB/T 17626.3—2006 电磁兼容 试验和测量技术 射频电磁场辐射抗扰度试验(IEC 61000-4-3:2002,IDT)

GB/T 17799.1—1999 电磁兼容 通用标准 居住、商业和轻工业环境中的抗扰度试验(idt IEC 61000-6-1:1997)

GB/T 17799.2—2003 电磁兼容 通用标准 工业环境中的抗扰度试验(IEC 61000-6-2:1999,IDT)

GB/T 17799.3—2001 电磁兼容 通用标准 居住、商业和轻工业环境中的发射标准(idt CISPR 61000-6-3:1996)

GB/T 21230—2007 声学 工作环境中噪声暴露的测量与评价导则(ISO 9612:1997,IDT)

IEC 60050(801):1984 国际电工词汇的增强版 第801章,声学和电声学

IEC 60801-2:1984 工业过程测量和控制设备的电磁兼容 第2部分:静电放电要求

IEC 60801-3:1984 工业过程测量和控制设备的电磁兼容 第3部分:射频电磁场要求

3 术语和定义

GB/T 17626.2—2006、GB/T 17626.3—2006、GB/T 17799.1—1999、GB/T 17799.2—2003 和 GB/T 17799.3—2001 确立的以及下列术语和定义适用于本标准。

3.1

声暴露 sound exposure

在规定的事件中，例如一个工作日中，瞬时 A 频率计权声压平方的时间积分。

注 1：虽然在国际单位制中声暴露的原级单位为二次方帕秒，但对工作场所的声暴露测量，本标准还是采用较为方便的导出单位二次方帕小时。

注 2：用符号表示，(A 计权)声暴露为：

$$E = \int_{t_1}^{t_2} p_A{}^2(t)\mathrm{d}t \qquad \cdots\cdots(1)$$

式中，$p_A{}^2(t)$为自 t_1 开始至 t_2 结束的积分时间周期内，作为时间 t 的函数的瞬时 A 频率计权声压的平方。若 A 计权声压 p_A 的单位为帕，作用时间 t 的单位为小时，则声暴露 E 的单位为二次方帕小时。

3.2

等效连续 A 计权声压级 equivalent-continuous A-weighted sound pressure level

时间平均声级 time-average sound level

用分贝表示的，在平均时间间隔 T 内，A 频率计权声压的时间均方对基准声压平方之比取以 10 为底的对数的 10 倍。

注 1：等效连续 A 计权声压级或时间平均声级用符号 $L_{\mathrm{Aeq},T}$ 表示，并由式(2)给出：

$$L_{\mathrm{Aeq},T} = 10\ \lg\{[(1/T)\int_0^T p_A{}^2(t)\mathrm{d}t]/p_0{}^2\} \qquad \cdots\cdots(2)$$

式中，作用时间 t 与平均时间 T 用相同的单位表示，$p_A(t)$为以帕为单位的瞬时 A 计权声压，p_0 为 GB/T 3238 规定的基准声压(20 μPa)。

注 2：在平均时间间隔 T 内的等效连续 A 计权声压级与此期间所出现的总声暴露的关系可表示为：

$$E = (p_0{}^2 T)[10^{0.1\times L_{\mathrm{Aeq},T}}] \qquad \cdots\cdots(3)$$

或表示为：

$$L_{\mathrm{Aeq},T} = 10\ \lg[E/(p_0{}^2 T)] \qquad \cdots\cdots(4)$$

式中，声暴露和平均时间所用的时间单位是相同的。

3.3

归一化 8 h 平均声级 normalized 8-h-average sound level

用分贝表示的，发生在不一定为 8 h 的时间间隔内的随时间变化声的总声暴露与归一化时间间隔 T_n为 8 h 时的声暴露相等时所对应的 A 计权声压时间均方级。

注 1：相对于基准声压 p_0 和 8 h 归一化时间间隔 T_n 的归一化 8 h 平均声级用符号 $L_{\mathrm{Aeq,8\,hn}}$ 表示，并由式(5)给出：

$$L_{\mathrm{Aeq,8\,hn}} = 10\ \lg[E/(p_0{}^2 T_n)] \qquad \cdots\cdots(5)$$

注 2：为计算方便，对于用二次方帕小时为单位的声暴露，用 20 μPa 的值代入 p_0，以 8 h 代入 T_n，可得到以分贝表示的归一化 8 h 平均声级式(5)的简化形式：

$$L_{\mathrm{Aeq,8\,hn}} = 10\ \lg[(E\times 10^9)/3.2] \qquad \cdots\cdots(6)$$

注 3：当用等效连续 A 计权声压级 $L_{\mathrm{Aeq},T}$ 间接描述总的声暴露时，对长于或短于归一化时间间隔 8 h 的平均时间 T，归一化 8 h 平均声级可由式(7)确定：

$$L_{\mathrm{Aeq,8\,hn}} = L_{\mathrm{Aeq},T} + 10\ \lg(T/T_n) \qquad \cdots\cdots(7)$$

注 4：附录 A 提供了归一化 8 h 平均声级和对应的声暴露的表格，例如，1 $\mathrm{Pa^2h}$ 的声暴露(不考虑测量的时间间隔)对应于约 85 dB 的归一化 8 h 平均声级，3.2 $\mathrm{Pa^2h}$ 的声暴露正好对应于 90 dB 的归一化 8 h 平均声级。

注 5：式(5)中的归一化 8 h 平均声级等同于“欧共体执委会关于保护工人在工作中噪声危害的 1986 年 5 月 12 日指令”(86/188/EEC 指令)的第 2 章中所定义的“以分贝表示的日个人噪声暴露 $L_{\mathrm{EP,d}}$”。

注 6：式(5)中的归一化 8 h 平均声级与 GB/T 14366 所定义的“归一化至标称的 8 h 工作日的噪声暴露级 $L_{\mathrm{EX,8\,h}}$”也是相同的。

3.4

声级范围　sound level range

由制造者规定的，以分贝表示的，满足本标准线性度要求的未经指数时间计权的时间平均 A 计权声压级的下限和上限。

3.5

声暴露范围　sound exposure range

由制造者规定的、满足本标准要求且可显示在声暴露指示器上的声暴露上限和下限之间的范围。

3.6

参考方向　reference direction

由制造者规定的用于确定绝对声灵敏度和频率响应的声入射方向。

3.7

参考频率　reference frequency

用于确定绝对声灵敏度的频率，为 1 kHz。

3.8

参考声压级　reference sound level

由制造者规定的用于确定绝对声灵敏度的声压级。

3.9

参考积分时间　reference integration time

由制造者规定的用于确定绝对声灵敏度的积分时间。

3.10

参考声暴露　reference sound exposure

对应于参考声压级，在参考频率用参考积分时间计算的声暴露。

3.11

（个人声暴露计的）参考方位　reference orientation (of personal sound exposure meter)

佩带仪器的人员在正常使用中直立面向射频电磁场的发射器或接收器的主方向时，个人声暴露计的方位。

4　通用性能要求

4.1　个人声暴露计由传声器、具有 A 频率计权的放大器、平方频率计权声压信号的装置、时间积分器、声暴露指示器和自锁过载指示器所组成。测量期间所积累的声暴露保留在存贮器中，直至仪器被复位，且不会因自锁过载指示器的触发而清除。

4.2　由于重要的是整体性能，因此实际仪器并不需要分成单独的功能单元。但为便于描述所需的特性，可将仪器看作如图 1 所示的分离单元的组合。

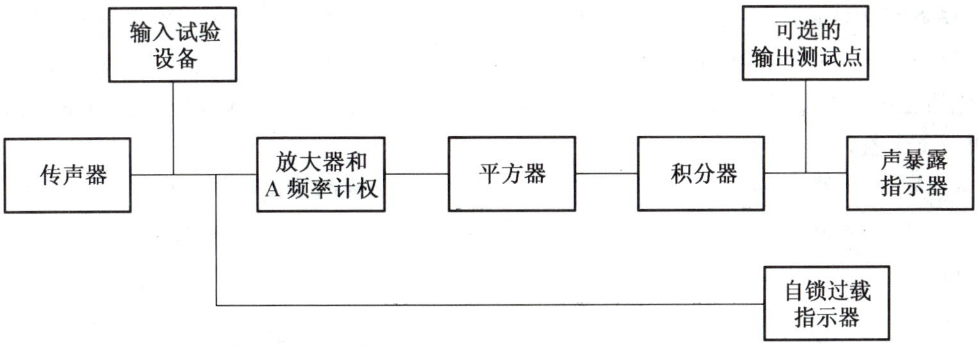

图 1　个人声暴露计的功能单元

4.3 为进行不带传声器的整个仪器的测试，制造者应提供用电输入信号替代传声器的方法。

注：为对仪器进行电试验，制造者可提供易接触的输入测试点，或推荐并提供传声器哑头或等效的输入适配器（电的或非电的）。

4.4 可提供（最好是有）一个供选择的易接触的输出测试点。

4.5 声暴露指示器可内置于仪器的可佩带部分，也可与其分离。所指示的量为声暴露，它可以是声暴露的直接指示，也可以是制造者规定的声暴露的分数或百分数。如不是直接以二次方帕小时（Pa^2h）为单位指示声暴露，制造者应提供适当的方法，以将示值转换成以二次方帕小时为单位的声暴露。

4.6 指示器所显示的声暴露的最小增量不应大于 0.1 Pa^2h。声暴露范围应至少为 0.1 Pa^2h～99.9 Pa^2h。

4.7 声级范围应至少从 80 dB 延伸到 130 dB。

4.8 制造者应在使用说明书中规定声暴露范围和声级范围。

4.9 若制造者规定的声暴露范围和声级范围超过了本标准的最低要求，则所有规范及相关允差应适用于制造者所规定的范围。

4.10 若规定的声级范围的下限小于 80 dB，则声暴露范围的下限应小于 0.1 Pa^2h。

4.11 以下各章中关于个人声暴露计声、电性能的规范适用于第 5 章规定的参考条件。第 12 章提供了环境条件不同于参考条件时，对个人声暴露计灵敏度改变量的限值的要求。

4.12 制造者所推荐的电源类型，应使个人声暴露计能在制造者规定范围内的任何温度上，在本标准的所有规范内至少工作 8 h。若个人声暴露计采用电池供电，制造者应提供检验电池电压足以使仪器在检查时刻能在规范要求内工作的方法。检查电池状态时应不干扰声暴露的测量。

5 参考条件

个人声暴露计的参考条件为：

——大气压力为 101.3 kPa；

——空气温度为 20 ℃；

——相对湿度为 65%；

——没有由环境声、传声器上的气流、振动、磁场、电磁场或静电场所引起的显著干扰。

注：显著干扰是指对所指示的声暴露的影响超过适用允差限值的 10%。

6 绝对声灵敏度

6.1 应为使用者提供检查并维持个人声暴露计的灵敏度的方法，使其在参考条件下满足 6.2 中对参考声暴露的允差。如采用声校准器方法，声校准器应满足 GB/T 15173—1994 的要求。

注 1：最好采用满足 GB/T 15173—1994 要求的 1 级声校准器。

注 2：检查绝对声灵敏度所用积分时间间隔不宜超过 2 min。

注 3：若能显示其他量如声压级，也可用于检查仪器的校准。

6.2 应检查个人声暴露计，必要时按制造者的说明进行调节。在第 5 章的参考环境条件下，对从参考方向入射至传声器的平面行波，在参考频率 1 kHz 时，所指示的声暴露应在参考声暴露的 −21%～+26% 的范围之内。此要求应适用于个人声暴露计的传声器按制造者的规定安装，但不是佩带于人体上，且观测者不干扰声场。

注：个人声暴露计的绝对声灵敏度的校准可采用耦合腔声压校准装置，结合由制造者规定的，适用于个人声暴露计上所用传声器类型的自由场响应修正值。

7 频率计权

7.1 在第 5 章规定的参考环境条件下，平面行波由参考方向并以参考声压级入射至传声器，传声器按制造者的规定安装，但不佩带在人体上和观察者不干扰声场时，整个个人声暴露计对恒幅正弦信号应具有表1所规定的相对A频率计权特性。设计目标A频率计权是GB/T 3785—1983中规定的平滑且连续的频率的函数。在表1中的每个标称频率上，测得的声暴露与1 kHz时的声暴露之比应在规定的声暴露允差之内。在中间频率上，适用的允差为表1给出的以分贝为单位的A计权允差中较宽的限值。

表1 适用于整个个人声暴露计性能的相对于1 kHz响应的设计目标A频率计权及允差ΔA

标称频率 Hz	A dB	ΔA dB	声暴露比		
			最小	设计目标ε	最大
63	−26.2	±2.0	0.001 5	0.002 4	0.003 8
125	−16.1	±1.5	0.017 4	0.024 5	0.034 7
250	−8.6	±1.5	0.098	0.138	0.195
500	−3.2	±1.5	0.339	0.479	0.676
1 000	0.0	—	—	1.000	—
2 000	1.2	±2.0	0.832	1.318	2.089
4 000	1.0	±3.0	0.631	1.259	2.512
8 000	−1.1	±5.0	0.246	0.776	2.445

注1：当频率低于63 Hz或高于8 kHz时，个人声暴露级的灵敏度宜跟随标准的设计目标A计权，其频率响应不宜超出GB/T 3785为2型声级计给出的正允差。

注2：建议个人声暴露计响应的频率范围扩展为31.5 Hz～12.5 kHz，制造者宜说明仪器的标称频率范围及所能保持的相应允差。

注3：在使用中，由于仪器佩带者在场，仪器或其传声器的安装位置都会显著地影响个人声暴露计的指向性，为此，本标准不包括对各个方向声响应的技术要求。

7.2 表1给出了标称频率为63 Hz～8 kHz时，相对于1 kHz声暴露响应的设计目标A频率计权，并用以分贝表示的相对级以及用恒定幅度、恒定持续时间测得的暴露比表示。标称频率是取自GB/T 3240—1982的常用频率。

注：声暴露比计算如下：

设计目标声暴露比ε由式(8)给出：

$$\varepsilon = 10^{0.1A} \qquad \cdots\cdots(8)$$

最大或最小声暴露比为：

$$\varepsilon + \Delta\varepsilon = 10^{0.1(A+\Delta A)} \qquad \cdots\cdots(9)$$

式中的计权A和允差ΔA的单位为分贝。

7.3 用分贝表示的，相对于相应的A频率计权设计目标响应的允差给出在标题为"ΔA"的列中。在标题为"最小"和"最大"的列中给出的声暴露比的允差是相对于表1中标有ε的列中对应的设计目标声暴露比。

7.4 可以用声试验和电试验的组合来证实对表1要求的符合性。附录B给出了推荐的频率计权试验方法。

8 对稳态信号响应的线性

8.1 对频率为1 kHz的稳态正弦信号，因输入声压级或积分时间或二者兼有而引起声暴露的变化，所指示的声暴露应在声暴露计算值的−21%～+26%的范围之内。该允差应适用于在整个声级范围内，从声暴露范围下限的三倍到声暴露范围的上限，以及积分时间周期不超过8 h的任何计算的声暴露。

注：对给定的输入声级和积分时间，计算的声暴露可由式(3)确定。

8.2 对频率为63 Hz的稳态正弦信号，当改变输入声压级和积分时间产生计算值为1 Pa^2h声暴露时，相应于声压级从120 dB(等效于A计权声压级93.8 dB)至制造者为63 Hz所规定的声级范围的上限，所指示的声暴露应在其－21％～＋26％的范围内。在63 Hz时响应的线性，以所指示的声暴露为参考，对63 Hz、130 dB的输入声压级(等效于A计权声压级103.8 dB)，标称值为1 Pa^2h。63 Hz时A计权声压级的上限可以降低，只要这种降低是制造者所规定的，且不会超出A计权在63 Hz时－26.2 dB的设计目标响应。

8.3 对频率为8 kHz的稳态正弦信号，当改变输入声压级和积分时间产生计算值为1 Pa^2h声暴露时，相应于声压级为90 dB(等效于A计权声压级88.9 dB)～110 dB(等效于A计权声压级108.9 dB)，所指示的声暴露应在－21％～＋26％的范围内。同样的允差适用于计算声暴露为50 Pa^2h，输入信号对应于声压级从110 dB到声级范围的上限。8 kHz时响应的线性，以所指示的声暴露为参考，对8 kHz、110 dB的输入声压级，标称值为1 Pa^2h和50 Pa^2h。

8.4 附录B描述了为验证符合本章要求而推荐的试验。

9 对短持续信号的响应

9.1 在设计目标声暴露为1 Pa^2h时，个人声暴露计对4 kHz重复猝发音序列响应的指示，应在相应的4 kHz稳态正弦信号响应的声暴露示值的规定允差之内。

9.2 4 kHz稳态参考输入信号的级应对应于标称声压级94.0 dB，即标称A计权声压级为95 dB。

9.3 4 kHz稳态信号的持续时间应使所指示的声暴露在0.71 Pa^2h～1.41 Pa^2h之间。

注：设计目标声暴露为1 Pa^2h，A计权声压级为95 dB，则持续时间为47 min 26 s。

9.4 所有的猝发音应在过零点开始和结束。各个猝发音的持续时间应为1 ms(4个周期)和10 ms(40个周期)。采用持续时间为1 ms的猝发音时，猝发音之间的时间应为999 ms，以使猝发音持续时间(on time)与猝发音重复时间之比为1∶1 000的。采用持续时间为10 ms的猝发音时，猝发音之间的时间应为990 ms和9 990 ms，以使猝发音持续时间与猝发音重复时间之比为1∶100和1∶1 000。

9.5 猝发音信号电平(即被提取猝发音信号的稳态4 kHz正弦信号的电平)不超过125 dB时，响应于满足9.4要求的1 ms和10 ms重复猝发音序列的声暴露指示，应在对稳态4 kHz参考信号所指示的声暴露的－21％～＋26％的范围之内；猝发音信号电平不超过规定的声级范围的上限时，应在对稳态4 kHz参考信号所指示的声暴露的－29％～＋41％的范围之内。

9.6 附录B描述了为验证符合本章要求而推荐的试验。

10 对单极脉冲的响应

对相同的标称积分时间，个人声暴露计对持续时间约0.5 ms、间隔至少4.5 ms的正向单极性脉冲序列响应的声暴露指示，应在具有相同的绝对幅值、持续时间和间隔的负向单极性脉冲序列响应的声暴露指示的－21％～＋26％的范围之内。附录B给出了测试单极脉冲响应的推荐程序。

11 自锁过载指示器

11.1 应提供自锁过载指示器，以指示传声器上的声压级已超出规定的声级范围的上限。在规定的声级范围的上限，过载指示器不应工作；对在上限和高于规定的声级范围上限3 dB(峰值级高6 dB)之间的，以及信号持续时间等于或大于4 ms的所有更高的声压级，过载指示器应工作。

注1：在出现超出个人声暴露计的范围的低频高声级时，过载指示器可以工作。

注2：为避免虚假的过载指示，过载指示器的电路中可具有不大于1 ms的指数时间常数。

11.2 附录B描述了为验证符合本章要求而推荐的试验。

12 对各种环境的灵敏度

12.1 概述

整个的个人声暴露计，包括传声器，但不包括与仪器的可佩带部分分离的声暴露指示器，应符合本章的要求。在正常使用时如可能的话，传声器应按制造者使用说明书的建议安装在延伸电缆上。参考环境条件见第5章。

12.2 大气压力

相对于参考大气压力上下变化±10%时，响应于频率为1 kHz、作用时间为参考积分时间的参考声压级的声暴露示值，相对于在大气压力为101.3 kPa时指示的声暴露，其改变量应不超过－11%～＋12%。

12.3 空气温度

至少在0 ℃～40 ℃的环境空气温度范围内，响应于频率为1 kHz、作用时间为参考积分时间的参考声压级的声暴露示值，相对于在空气温度为20 ℃时指示的声暴露，其改变量应不超过－11%～＋12%。应报告试验时的标称相对湿度。

12.4 相对湿度

至少在30%～90%的相对湿度范围内，响应于频率为1 kHz、作用时间为参考积分时间的参考声压级的声暴露示值，相对于在相对湿度为65%时指示的声暴露，其改变量应不超过－11%～＋12%。试验应在40 ℃的温度下进行。

12.5 磁场

使用说明书应说明，当个人声暴露计的传声器用等效电阻抗替代，如可行，介入试验频率为(50±1)Hz或(60±1)Hz、强度为80 A/m的均匀磁场中，方位为最大响应的方向，在积分时间为1 h后的声暴露示值，频率和方向由制造者规定。制造者还应规定传声器延伸电缆的结构。

12.6 射频电磁场

应尽量减小射频电磁场对个人声暴露计性能的影响。使用说明书应给出在电磁辐射源附近使用个人声暴露计时的限制。

注：制造者宜按IEC 60801-3:1984确定射频电磁场的影响。

12.7 静电放电

应尽量减小静电放电对个人声暴露计性能的影响。使用说明书应给出在静电放电源附件近使用时的限制。

注：制造者宜按IEC 60801-2:1984确定静电放电的影响。

12.8 机械振动

应尽量减小机械振动对个人声暴露计性能的影响。使用说明书应给出机械振动所引起的限制。

13 仪器标志

13.1 如可行，应在显示器之内或其附近标注显示量(声暴露)的名称和单位或其缩写。如不能这样标注，使用说明书应描述确定声暴露的方法。例如，可在铭牌上标注“声暴露计”，在指示器上标注“Pa^2h”。如标志为百分比示值，也应标出对应于100%的以二次方帕小时表示的声暴露，例如，若100%对应于归一化8 h平均声级90 dB，则应标注“3.2 Pa^2h＝100%”。

13.2 符合本标准所有规范的个人声暴露计应标注“GB/T 15952—2010”。还应标明制造者的名称、型号和出厂编号。

14 使用说明书

使用说明书应随每台个人声暴露计提供，且至少应包括以下信息：

a) 将个人声暴露计(包括分离的传声器)安装于佩带者的建议；

b) 显示量的描述，若声暴露指示器不以二次方帕小时为声暴露的单位，则应详述，包括将指示转换为以二次方帕小时为单位的声暴露的公式；

c) 规定型号的声暴露计符合本标准所有要求的声暴露范围和声级范围；

d) 个人声暴露计的响应保持在规定允差内的频率范围上的声压级;
e) 频率响应扩展至 63 Hz 以下或 8 kHz 以上时的频率范围和所能保持的允差;
f) 声波入射的参考方向;
g) 1 kHz 的参考频率;
h) 参考声压级、参考积分时间和参考声暴露;
i) 推荐程序的描述:
 1) 按 6.1 检查个人声暴露计的灵敏度;
 2) 按 6.2 校准 1 kHz 时的绝对声灵敏度;
j) 为按 7.1 测量相对频率响应,推荐的传声器安装方法的描述;
k) 经输入试验设施(输入测试点、具有规定电阻抗的传声器哑头或等效的输入适配器)插入电信号和在可选的电输出测试点上测量电压的推荐方法;
l) 在所提供的各测试点上可连接的电阻抗,它对所指示的声暴露的误差可忽略不计;
m) 对典型的传声器,并按制造者推荐的方法安装时,在参考方向的自由场相对频率响应特性;
n) 按第 10 章响应于正向单极脉冲和负向单极脉冲时,与声暴露示值的典型百分比偏差的说明;
o) 按照 12.2、12.3 和 12.4 的大气压力、环境空气温度和相对湿度的工作范围;
p) 长期贮存的环境空气温度和相对湿度的限值;
q) 按照 12.5 的交流电磁场的影响;
r) 如有的话,按照 12.6、12.7 和 12.8,当暴露于射频电磁场、静电放电源或机械振动时对仪器性能限制的说明;
s) 推荐适用的电池型号和个人声暴露计工作时,对充足电的电池标称寿命的预期;
t) 对检查电池电压状况的推荐方法的描述;
u) 推荐的验证个人声暴露计声、电性能的周期试验的间隔时间,推荐验证符合本标准规范的试验装置和试验程序。尤其当个人声暴露计的结构形式不便于直接连接至外部测试设备时,制造者应推荐施加适当的声信号或其他试验信号的方法;
w) 个人声暴露计符合第 15 章规范的声级(85 dB 或更低)。如采用等效的方法试验,应提供叙述性的资料;
x) 包括在 15.5.2.6 和 15.5.4.4 的试验中的经认可的电缆和附件;
y) 标称工作模式的配置;
z) 施加静电放电后,规定的性能降低或功能损失;
aa) 如适用,对参考方位的配置和保护传声器电缆的方法;
bb) 最大射频发射的放置和配置;
cc) 对工频场和射频场产生最小抗扰度的工作模式和连接装置。

15 静电和电磁兼容要求及试验程序

15.1 适用范围

15.1.1 本章规定了个人声暴露计对工频场、射频场、静电放电的抗扰度和允许的射频发射等要求,以及证明符合本标准规范的试验程序。由于这种类型的个人声暴露计主要设计用于人体佩带,所以这些要求是针对仅采用电池供电的仪器而规定的。对连接公共电源未作特别的要求。如果仪器用于这种形式,则适用现行通用的电磁兼容标准。

15.1.2 静电和电磁兼容要求对用于住宅、商业和轻工业环境或工业场所的个人声暴露计都是适用的。本章的要求是对包含在前面章节中的内容的补充,并不改变个人声暴露计的任何规范,这些要求不适用于本版本发布之前符合本标准的个人声暴露计。

15.2 发射限值

来自任何设备的射频发射的上限值，由 GB/T 17799.3—2001 中表 1 所列的带有限值的许多不同标准定义为兼容性，从而构成了对个人声暴露计的基本要求，这些要求摘录在附录 C 中。

15.3 静电放电

15.3.1 个人声暴露计应耐受规定幅度的静电放电，这些要求规定在 GB/T 17799.1—1999 表 1 的 1.4 中，摘要如下：

正、负电压高达 4 kV 的接触放电和高达 8 kV 的空气放电，静电电压的极性相对于大地。

15.3.2 GB/T 17799.1—1999 规定在静电放电试验期间和之后的判据 B 是：

"在试验之后，设备应按预定方式连续工作。当设备按预定方式使用时，性能降低或功能丧失不允许低于制造者规定的性能水平。性能水平可以用允许的性能丧失来代替。在试验期间，允许性能降低，但实际工作状态或存储的数据不允许改变。如果制造者没有规定最低性能水平或允许丧失的性能，则二者均可以从产品说明书和产品文件中得到，或者在设备按预定的方式使用时，从用户的合理期望中得出。"

术语"设备"意谓符合本标准规范的个人声暴露计。

15.3.3 在每项静电放电试验完成之后，个人声暴露计的工作状态和配置应与静电放电试验开始前相同。先前贮存的数据(如有的话)应无改变。

15.4 对工频场和射频场的抗扰度

15.4.1 个人声暴露计在工频和射频频率和场强范围内应展现最小的抗扰度，此要求规定在 GB/T 17799.1—1999 表 1 的 1.1 中和带有细微更改的 GB/T 17799.2—2003 表 1 的 1.2 中。这些更改扩展了射频场的范围使其覆盖 27 MHz～1 000 MHz，工频场的场强增加至 80 A/m，如本标准所规定。这些要求摘要如下：

——频率范围为 27 MHz～1 000 MHz，方均根电场强度不超过 10 V/m(无调制)，具有 1 kHz 的 80%正弦调幅。GB/T 17799.2—2003 的表 1 中注 3 所规定的 87 MHz～108 MHz、174 MHz～230 MHz 和 470 MHz～790 MHz 的频率除外，在这些频段上，方均根电场强度不超过 3 V/m(无调制)，具有 1 kHz 的 80%正弦调幅。

——频率为 50 Hz 或 60 Hz，场强为 80 A/m 的均匀的方均根交变磁场。

15.4.2 任何仪器对工频场和射频场的抗扰度应验证如下：施加粉红噪声的声源，1 kHz 的 1/1 倍频程带宽限值(从 700 Hz～1.4 kHz)，在低于和高于这些频率时，具有至少 12 分贝每倍频程的衰减率，A 计权声级为 85 dB±1 dB，或由被试个人声暴露计指示的相应的暴露级，进行适当的校准。声信号应以如下方式施加到传声器：既不干涉所施加的电磁场，也不影响个人声暴露计的正常工作或仪器对工频和射频辐射的敏感度。个人声暴露计应以相对于射频发射源的参考方位放置。

15.4.3 在试验中，个人声暴露计应设置为使用说明书所描述的标称工作模式，应开机并以优选的电源供电，如有可能，应设置为读取 A 计权声级，级程控制器应设置为可覆盖 80 dB～90 dB 的声级范围。如声级量程可选，应选择最小可测声级最接近于但不大于 80 dB 的量程。

15.4.4 施加工频或射频场时，由个人声暴露计测得的声级的示值的改变量应不超过±2 dB 或相应的暴露级。

15.4.5 对不能给出以分贝为单位的声级读数的个人声暴露计，应用适当的单位计算等效的误差限值。如使用声暴露(E)，测量时间间隔应与本标准对此试验所要求的声级和显示的分辨力相适应，最小的间隔为 10 s。

15.4.6 如使用说明书声明，在 A 计权声级低于 85 dB 时，个人声暴露计符合本章的规范，那么，对所有的试验，在所有可能的级量程上，对 85 dB 至所声明的下限声级之间的所有声级，个人声暴露计都应符合 15.4.4 的允差限值要求。下限声级应以 1 dB 的分辨力来表述，且应适用于仪器的所有工作模式。

15.4.7 使用说明书应声明对工频场和射频场产生最小抗扰度的工作模式和可能有的连接装置。

15.5 试验程序

15.5.1 概述

15.5.1.1 应进行本条所要求的所有试验,除非个人声暴露计的特殊配置使得它们不适用,在这种情形下,应以经证明是等效的试验代替。

15.5.1.2 在试验期间,个人声暴露计应设置为使用说明书所描述的标称工作模式的配置。仪器应开机,由优选的电源供电。如可能,设置为测量A计权声级,否则设置为测量声暴露。优选的电源为电池,不连接其他设备。

15.5.1.3 对不能直接测量和显示所施加的射频电磁场的即时响应的个人声暴露计,可能要做冗长的试验。为本标准试验的目的,同时为避免试验时间过长,建议制定适用的方法,以便能在经证明等效于本标准所规定的声级和允差的、较短的时间内进行测量。一旦提供了特殊的测量模式,无论其是否适合于个人声暴露计通常提供的版本,都可视为测量的等效性可被证明的标称工作模式。

15.5.1.4 试验设备和试验方法的所有细节的大部分都包含在其他标准中,这些标准具有本章为个人声暴露计规定的附加要求。对所有相关试验,应参阅第2章所列的其他标准。

15.5.2 发射测量

15.5.2.1 个人声暴露计应设置为在所调查的频率范围内产生最大的发射。

15.5.2.2 应按GB 9254—2008中第6章和第10章所述进行发射测量。射频发射测量的所有结果应符合GB/T 17799.3—2001中表1对外壳端口所给出的要求。

15.5.2.3 最初应在参考方位测试个人声暴露计。对通过电缆连接传声器的个人声暴露计,传声器相对于仪器本体的位置应与安装于直立姿态的人体上的标称使用位置一致,但佩带人员不在现场。过长的电缆应按个人声暴露计供应者推荐的方式固定。

15.5.2.4 维持15.5.2.3的配置,至少应在对所有的测试系统适用位置的限制内、与参考方位近似于成直角的另一个平面上测试个人声暴露计。

15.5.2.5 任何用于定位个人声暴露计(如适用,包括传声器和电缆)的夹具和装置,对任何源自个人声暴露计发射的测量都不应有明显的影响。

15.5.2.6 如个人声暴露计安装有允许附接接口或互联电缆的连接装置,且互联电缆的使用在测量中是必不可少的,则应在用电缆连接了所有需连接装置的情况下测试射频发射。如果在测量中不需要使用连接装置,但在随后要求访问数据(例如下载到计算机),则仅在与连接装置的用法一致的工作模式下,才要求仪表连接电缆测试。所有的电缆应脱开不端接,并应如GB 9254—2008中第8章所描述的那样布置,除非个人声暴露计的制造者也提供了用此电缆连接个人声暴露计的装置,在此情况下,所有的项目应一同试验。

15.5.2.7 在相同的连接装置可能有几种连接方式时,应仅在产生最大发射的配置下测量发射。在使用说明书的适用配置清单中列出的,发射类似的或更低的发射级的其他配置,无需再试验,所提供的试验配置完全符合15.2的限值。

15.5.3 静电放电试验

15.5.3.1 GB/T 17626.2—2006描述了设备要求和测试方法。

15.5.3.2 如试仪器装有标称工作模式的配置所不要求的连接装置,在静电放电试验期间不应安装电缆。放电不应作用在凹于连接器或个人声暴露计表面的连接器的插针上。

15.5.3.3 试验期间,用于定位个人声暴露计的任何支持件或其他物品,不应遮蔽个人声暴露计上要求施加静电放电的任何部件,也不应影响个人声暴露计的测试。

15.5.3.4 应对被试仪器上所有适当的点,按所要求的极性和电压,分别施加10次接触放电和空气放电。

注:在重复放电之前,宜确保个人声暴露计在每次试验后的任何影响已完全消除。

15.5.3.5 如果使用说明书规定在试验之后有性能降低或功能丧失,这种降低和功能丧失不应允许任何的降低工作、配置的改变或任何存储数据的变异或损失。

15.5.4 对工频场和射频场的抗扰度试验

15.5.4.1 GB/T 17626.3—2006 描述了设备要求和测试方法。

15.5.4.2 应首先在参考方位上进行试验,传声器电缆应如 15.5.2.3 中描述的方法排列。应施加 15.4.2 中描述的声源于传声器。

15.5.4.3 对射频场抗扰度的试验可在 GB/T 17626.3—2006 第 8 章规定的离散频率上进行,但频率低于 500 MHz 时,用不超过 4%的增量,对所有其他频率用不超过 2%的增量,代替所规定的 1%的增量。在每个频率的停留时间应适应被试个人声暴露计。在有限数量的离散频率上的试验并不否定需要在规定范围内的所有频率上满足 15.4 的要求。

15.5.4.4 如个人声暴露计具有连接接口或互联电缆的装置,且使用互联电缆是测量期间的基本要求,则应在进行射频场抗扰度的所有试验时,都用电缆连接所有可连接的装置。如在测量时不需使用连接装置,但随后要访问信息(例如下载到计算机),则仪表只需在与连接装置的用法一致的工作模式下才连接电缆进行试验。所有电缆应脱开不端接,并应按 GB 9254—2008 的第 8 章描述的方法布置,除非个人声暴露计的制造者也提供了通过电缆连接到个人声暴露计的装置,在此种情况下,所有的项目应一起试验。

15.5.4.5 对同一连接装置可作几种连接时,应仅在使用说明书规定的产生最小抗扰度的配置下进行试验。对可能包括在使用说明书的相容配置表中的,具有相等的或更大的抗扰度的其他配置,无需再测试,提供的试验配置与 15.4 的限值完全一致。

15.5.4.6 应按 GB/T 17626.3—2006 的第 8 章所述,进行对射频场抗扰度的试验。

15.5.4.7 工频试验应按 12.5 的规定,以不影响工频场的方式,将 15.4.2 的声源施加于传声器。

15.5.4.8 保持 15.5.4.2 和 15.5.4.4 的配置不变,至少应在另一个近似垂直于参考方位的其他平面上,在所用的射频发射系统适当配置的限制内,测试个人声暴露计。

15.5.4.9 试验期间,个人声暴露计应保持为全工作状态,且与试验开始前的配置相同。

15.5.4.10 如使用说明书声明,声级低于 85 dB 时仪器符合本章的规范,则应在从 85 dB 的声级至使用说明书申明符合本章规范的声级附近 1 dB 之间适用声级范围内,或相应的声暴露范围内,以不大于 5 dB 的步长重复对工频场和射频场的抗扰度试验。规定的声源应连续用于这些试验,其输出信号级应可按要求降低。

附 录 A
（资料性附录）
声暴露与对应的归一化 8 h 平均声级

表 A.1 声暴露与对应的归一化 8 h 平均声级

E Pa^2h	$L_{Aeq,8\ hn}$ dB
0.32	80
0.40	81
0.51	82
0.64	83
0.80	84
1.01	85
1.27	86
1.60	87
2.02	88
2.54	89
3.20	90
4.03	91
5.07	92
6.39	93
8.04	94
10.12	95
12.74	96
16.04	97
20.19	98
25.42	99
32.00	100
40.29	101
50.72	102
63.85	103
80.38	104
101.19	105

注：根据以分贝为单位的归一化 8 h 平均声级 $L_{Aeq,8\ hn}$，可由下式计算出以二次方帕小时为单位的声暴露 E：

$$E=(p_0{}^2T_n)[10^{(0.1\times L_{Aeq,8\ hn})}]$$

式中：

$p_0=20\ \mu Pa$；

$T_n=8\ h$；见式(5)。

附 录 B
（资料性附录）
检验个人声暴露计性能的推荐试验

B.1 起始程序

B.1.1 制造者可推荐等效的试验方法，以代替本附录所描述的，用以验证符合本标准规范的试验。

B.1.2 如个人声暴露计的分辨力低于4.6要求的0.1 Pa^2h 的最小值，只要与本标准的要求一致，则可采用小于本附录给出的试验时间。

B.1.3 在本附录试验的描述中，假定被试个人声暴露计显示以二次方帕小时为单位的声暴露。如果仪器显示声暴露以外的其他量，或以二次方帕小时以外的单位显示声暴露，则参考使用说明书。

B.1.4 所有的试验宜在，或参考第5章规定的参考条件下进行。

B.1.5 如必要，宜按制造者的规范检查和调节个人声暴露计。按第6章检查绝对声灵敏度。

B.1.6 若用声信号测试个人声暴露计的性能，个人声暴露计宜按制造者推荐的方法安装，并采用所推荐的声场类型和试验设备进行试验，与7.1的要求一致。当用输入试验设施（输入试验点、传声器哑头、输入适配器或制造者提供的等效装置）插入电输入信号时，按7.4所述，用分开的方法，考虑传声器的声特性。输入电信号电平与输入声信号级之间的等效性通过校准确定。

B.1.7 用于测量声暴露积分时间的方法误差宜在1%之内。

B.2 对稳态信号响应的线性

B.2.1 宜采用信号电平和积分时间不超过8 h的不同组合，来测试对稳态1 kHz正弦信号响应的线性。线性响应测量宜在从参考声压级起相隔不大于10 dB处及规定的声级范围的上限和下限上进行。线性响应测量宜从暴露示值为声暴露范围下限的约3倍起，至声暴露范围上限的约80%止，以及声暴露增加量或减小量不大于5倍的声暴露处进行。宜至少有一次测量的积分时间至少为8 h。

B.2.2 表B.1给出了用于在1 kHz测试个人声暴露计线性的声压级和积分时间的最小组合的实例。

表B.1 1 kHz稳态信号线性试验用目标条件的最小组合

目标1 kHz等效输入声压级 dB	目标积分时间	目标声暴露计算值 Pa^2h
$80-\Delta R_L$	按要求	0.300
80	8 h	0.320
90	4 h	1.600
100	0.5 h(30 min)	2.000
110	0.25 h(15 min)	10.000
120	0.1 h(6 min)	40.000
130	1/50 h(72 s)	80.000
$130+\Delta R_L$	按要求	80.000
注：当制造者所规定的声级范围扩展到80 dB以下或130 dB以上时，$80-\Delta R_L$ 为声级范围的下限，$130+\Delta R_L$ 为上限。		

B.2.3 对表 B.1 中的各试验条件，在目标积分时间内施加目标 1 kHz 等效输入信号，记录所指示的声暴露。根据测得的输入信号级和测得的积分时间，按式(3)计算声暴露。对所有的组合，所指示的声暴露宜等于所计算的在 8.1 的允差内声暴露。

B.2.4 在 63 Hz 和 8 kHz，对稳态信号响应的线性，可在较有限的输入声压级的范围内，以不大于 10 dB 的间隔，对有限数量的目标声暴露，分别按 8.2 和 8.3 的要求进行试验。

B.3 频率计权

B.3.1 频率计权采用恒幅正弦信号试验，考虑到高于 1 kHz 时的 A 计权频率响应，1 kHz 输入信号的声级宜比规定的声级范围的上限低约 3 dB。

B.3.2 试验宜在第 7 章表 1 规定的 8 个标称频率上进行。标称频率为 63 Hz 和 125 Hz 时，信号持续时间可增加到所指示的声暴露大于声暴露分辨力的 20 倍所需的时间，例如，对分辨力为 0.1 Pa^2h 的个人声暴露计，所指示的声暴露宜大于 2.0 Pa^2h。

B.3.3 举例，如 1 kHz 输入声压级(L_{1k})为 130 dB，在频率为 63 Hz 时，与输入声压级(L_{63})等效的A 计权声压级为 130－26.2＝103.8 dB。根据式(3)，在积分 0.208 h 或 750 s 后，将指示约 2.0 Pa^2h 的声暴露。为得到 63 Hz 时的声暴露测量值 E_{63}，用所指示的声暴露(E_{ind})，乘以 1 kHz 时测得的声暴露的持续时间(T_{1k})与 63 Hz 时测得的声暴露的持续时间(T_{63})之比，再乘以相应的 1 kHz 与 63 Hz 信号的方均声压之比，即，$E_{63}=(E_{ind})(T_{1k}/T_{63})(10^{0.1\Delta L})$，其中，$\Delta L=L_{1k}-L_{63}$ 为两输入声压级的差值。

B.3.4 测量声暴露比是在某频率上的声暴露测量值除以 1 kHz 时的声暴露测量值。在所有试验频率，测量声暴露比应等于在表 1 的允差范围内的和 7.1 所要求的相应的设计目标声暴露比。当用电信号测量声暴露比时，如必要，要对传声器频率响应的影响进行修正。

B.4 对短持续信号的响应

B.4.1 个人声暴露计对短持续信号的响应是通过比较 a)和 b)来确定的：

a) 对持续时间为 1 ms 或 10 ms 的 4 kHz 重复猝发音序列的响应所指示的声暴露；

b) 对稳态 4 kHz 正弦参考信号的响应所指示的声暴露 E_{4k}。

B.4.2 测量声暴露 E_{4k} 是被试仪器对持续时间为 47 min 26 s、等效声压级为 94.0 dB(即 95 dB 的 A 计权输入声压级)的稳态 4 kHz 正弦信号所指示的声暴露，标称声暴露为 1 Pa^2h，容差范围为 0.71 Pa^2h～1.41 Pa^2h。

B.4.3 重复猝发音序列的输入信号电平、猝发音之间的时间和总的声暴露积分时间，宜按取得 1 Pa^2h 标称声暴露的要求选取。用以提取猝发音的 4 kHz 正弦信号声压级，宜至少从 114.0 dB 延伸至 129.0 dB，或至(129.0＋ΔR_U)dB(如适用)。对应的 A 计权声压级至少从 115 dB～130 dB，或至(130＋ΔR_U)dB(如适用)。对声级范围在(130＋ΔR_U)dB 的上限的定义见表 B.1。

B.4.4 任何满足第 9 章要求的、持续时间为 1 ms 或 10 ms 的 4 kHz 猝发音的适当组合，均可用于验证对短持续信号响应规范的符合性。表 B.2 的猝发音试验列出了取得标称声暴露 1 Pa^2h 所需的：

a) 猝发音的持续时间与重复时间之比；

b) 输入声压级；

c) 积分时间间隔。

三个因素的最小组合。响应于猝发音信号的声暴露示值应在 9.5 中适用容差限值之内，如表 B.2 所示。

表 B.2 对短持续信号响应的试验条件

4 kHz 猝发音		4 kHz 输入声压级[a] dB	猝发音信号的等效连续 A 计权声级 dB	积分时间[b] s	声暴露 Pa^2h		
持续时间 ms	猝发比				最小	参考[d]	最大
10	1∶100	114.0	95	2 846[c]	$0.79E_{4k}$	E_{4k}	$1.26E_{4k}$
1	1∶1 000	124.0	95	2 846[c]	$0.79E_{4k}$	E_{4k}	$1.26E_{4k}$
1	1∶1 000	129.0	100	900[c]	$0.71E_{4k}$	E_{4k}	$1.41E_{4k}$
10	1∶1 000	129.0	100	900[c]	$0.71E_{4k}$	E_{4k}	$1.41E_{4k}$
1	1∶1 000	$129.0+\Delta R_U$	$129.0+\Delta R_U$	$900/10^{0.1\Delta R_U}$	$0.71E_{4k}$	E_{4k}	$1.41E_{4k}$

a 4 kHz 输入声压级是被提取猝发音的稳态正弦信号的声压级。

b 以秒为单位的猝发音试验持续时间＝$(9\times10^{12})(10^{-0.1L})$，式中 L 为以分贝为单位的猝发音的等效连续 A 计权声压级，或者是稳态信号的 A 计权声压级减 20 dB(猝发比为 1∶100 时)或减 30 dB(猝发比为 1∶1 000 时)。

c 2 846 s＝47 min 26 s，900 s＝15 min。

d 参考为测得的 4 kHz 声暴露，按 B.4.2 所述而确定。

B.5 对单极脉冲的响应

B.5.1 对单极信号响应的推荐试验采用矩形脉冲序列。每个脉冲的持续时间宜为 0.5 ms，脉冲间隔宜至少为 4.5 ms。单个脉冲的峰值输入声压级宜调至比规定的声级范围上限的稳态 1 kHz 输入声压级约低 5 dB。

B.5.2 施加正向脉冲序列，直至所指示的声暴露大于 10 Pa^2h，记录积分时间。转换输入信号的极性，施加同幅度、同积分时间的负向脉冲序列。响应于正向脉冲的声暴露示值应等于响应于负向脉冲声暴露的示值，允差应在第 10 章规定的范围内。

B.6 自锁过载指示器

B.6.1 为测试自锁过载指示器响应所推荐的电信号，是在过零点开始与结束的 4 周期 1 kHz 正弦的单个猝发音。

B.6.2 通过输入试验装置施加试验信号，当被提取猝发音的稳态 1 kHz 信号的等效声级大于规定的声级范围上限 3 dB(峰值级大于 6 dB)时，过载指示器应被触发并自锁。

B.6.3 当连续的 1 kHz 正弦信号的等效声级，或当被提取持续时间为 4 ms 的 1 kHz 猝发音的稳态 1 kHz 信号的等效声级等于声级范围的上限时，过载指示器不应被触发。

附 录 C
（资料性附录）
发射限值

表 C.1 测量距离为 10 m 时 B 级信息技术设备辐射骚扰的限值

频率范围 MHz	准峰值限值 dB(μV/m)
30～230	30
230～1 000	37
注 1：在转折频率上适用较低的限值。 注 2：在有冲突时可另行规定。	

注：CISPR 16-1[1)] 中 4.1.2 规定了准峰值接收器的特性。

1） CISPR 16-1:1999 无线电骚扰和抗扰度测量仪器和方法 第 1 部分:无线电骚扰和抗扰度测量仪器。

ICS 03.200
A 12

中华人民共和国国家标准

GB/T 15971—2010
代替 GB/T 15971—1995

导 游 服 务 规 范

Specifications for tour-guide service

2011-01-14 发布 2011-05-01 实施

中华人民共和国国家质量监督检验检疫总局
中国国家标准化管理委员会 发布

前　　言

本标准是旅行社旅游服务系列国家标准之一。

本标准代替 GB/T 15971—1995《导游服务质量》。

本标准与 GB/T 15971—1995 相比，主要变化如下：

——标准名称更改为“导游服务规范”。

——增加了 GB/T 16766 的引用。

——导游人员统称为“导游员”。

——删除了“领队”的定义。

——对原标准的保留的术语的定义作出了符合现行法律法规和导游服务行业情况的修订。

——根据现在导游行业的实际情况，将素质要求部分提前，全陪服务和地陪服务两章合并。

——对入境游导游服务要求在第 6 章中专章描述。

本标准的附录 A 是规范性附录。

本标准由国家旅游局提出。

本标准由全国旅游标准化技术委员会归口。

本标准起草单位：国家旅游局质量规范与管理司、中国国际旅行社总社有限公司。

本标准主要起草人：李任芷、刘士军、汪黎明、刘莉莉、张源、于宁宁、赵新、许红军、沙敏、董华钢、张立、陈国栋。

本标准所代替的历次版本发布情况为：

——GB/T 15971—1995。

导 游 服 务 规 范

1 范围

本标准规定了导游服务的要求和导游服务过程中若干问题的处理原则。

本标准适用于中华人民共和国境内旅行社导游员在接待旅游团(旅游者)过程中提供的服务。出境旅游领队服务宜适用本标准。

2 规范性引用文件

下列文件中的条款,通过本标准的引用而成为本标准的条款。凡是注明日期的引用文件,其随后的所有修改单(不包括勘误的内容)或修订版均不适用于本标准,然而,鼓励根据本标准达成协议的各方研究是否可使用这些文件的最新版本。凡是不注明日期的引用文件,其最新版本适用于本标准。

GB/T 16766 旅游业基础术语

LB/T 008 旅行社服务通则

3 术语和定义

GB/T 16766 和 LB/T 008 确立的以及下列术语和定义适用于本标准。

3.1

组团旅行社 travel agents

组团社

从事招徕、组织旅游者,并为国内旅游、入境旅游、出境旅游的旅游者提供全程导游服务的旅行社。

3.2

接待旅行社 tour operator

接待社

受组团社委托,实施组团社的接待计划,委派地方陪同导游员,安排旅游团(者)在当地参观游览等活动的旅行社。

3.3

导游员 tour guide

符合上岗资格的法定要求,接受旅行社委派,直接为旅游团(者)提供向导、讲解及相关旅游服务的人员。导游员包括全程陪同导游员和地方陪同导游员。

3.4

全程陪同导游员 national guide

全陪

受组团社委派,作为其代表,监督接待社和地方陪同导游员的服务,以使组团社的接待计划得以按约实施,并为旅游团(者)提供全旅程陪同服务的导游员。

3.5

地方陪同导游员 local guide

地陪

受接待社委派,代表接待社实施旅游行程接待计划,为旅游团(者)提供当地导游服务的导游员。

4 导游员素质要求

4.1 政治素质

导游员应热爱祖国，遵纪守法，恪守职业道德，自觉维护国家利益、民族尊严和旅游者与旅行社的合法权益，自觉抵制团队运作过程中的违法行为。

4.2 思想素质

导游员应有优秀的道德品质和高尚的情操，讲文明，遵守社会公德，尽职敬业，为旅游者提供热情周到的服务，完成旅游接待计划所规定的各项任务，按照旅游合同的约定兑现旅游服务。

4.3 技能素质

4.3.1 语言能力

导游员应具备过硬的语言表达能力、娴熟的导游讲解技巧和强烈的礼貌语言使用意识。

4.3.2 接待操作能力

导游员应符合法定的上岗资质，并具备独立工作能力、组织协调能力、人际交往能力和应急问题处理能力。

4.3.3 知识要求

导游员应掌握法律法规常识、旅行常识、政治经济和社会知识、旅游地历史、地理、文化和民俗知识和心理学与美学知识。

4.4 心理素质

导游员应心胸开阔、善解人意、耐心细致，并具有良好的观察能力和感知能力、调整旅游者情绪的能力、自我心理平衡能力、承受能力和沉着冷静与有条不紊的处事能力。

4.5 身体素质

导游员应具有健康的体魄和充沛的体力。

4.6 职业形象

4.6.1 仪容仪表

导游员应仪表端庄，并按照旅行社的要求着装。服装要求整洁、大方、得体。

4.6.2 仪态

导游员应表情稳重自然、态度和蔼诚恳、富有亲和力，言行有度，举止符合礼仪规范。

4.7 继续教育

导游员应参加继续教育培训学习（尤其是相关应急预案培训），不断提高自己的业务知识和操作技能。

4.8 职业等级

导游员的职业等级是导游服务能力的标记，导游员应通过不断的学习考核和实操锻炼，获得更高的职业等级。

5 导游服务通用要求

5.1 准备工作

5.1.1 熟悉接待计划与团队情况

上团前，导游员应认真查阅团队接待计划及相关资料，熟悉掌握旅游团（者）的全面情况，团队行程安排、特殊要求或注意事项等细节内容，注意掌握其重点和特点。

5.1.2 必需物品的查核与准备

上团前，导游员应做好证件、交通票据、资金以及有关资料等必需资料物品的准备。从计调人员处接收团队资料时应做好核查登记，以确保团队的相关资料与票据是适宜和可用的。对不适用的票据或资料应及时提请计调人员处理。团队资料交接记录应予保存。

5.1.3 知识准备

导游员应熟悉旅游地的旅游及文化资源、风土人情、法律法规等情况。

5.1.4 联络与沟通

全陪导游员或地接社等相关接待单位应建立并保持有效沟通，互通情况，以确保团队接待的相关事宜得到妥善安排。

地陪导游员应：

a) 与食宿、交通、游览等有关部门落实、核查旅游团(旅游者)的交通、食宿、行李运输等事宜；

b) 确认旅游团(旅游者)所乘交通工具及其准确抵达时间；

c) 与司机确认车辆停放的位置，需要时，在旅游团出站前与行李员取得联络，落实行李运输事宜。

5.2 团队出发与迎接

导游员应提前到达团队出发/迎接地点展示旅行社团队标识迎候旅游团/者，致欢迎词并简介本次旅游行程。

团队出发时，全陪导游员应：

a) 清点团队人数，引导旅游者乘坐约定的交通工具；

b) 发放本次行程的相关资料；

c) 乘坐飞机时，协助旅游者办妥登机、安检和行李托运等相关手续，并适时引导旅游者从正确的登机口依次登机；

d) 乘坐火车时，全陪导游员应协助办好铺位的登记和分派等手续。

团队抵达时，地陪导游员应：

a) 旅游团(旅游者)出站后，确认应接的旅游团，有全陪的，及时与全陪接洽；

b) 及时引导旅游团(旅游者)前往停车场，在车门旁恭候旅游者上车，并协助旅游者就座；

c) 开车前礼貌地清点人数，以确保不落下旅游者；

d) 需要时，协助旅游者与全陪核对行李件数无误后将行李移交给行李员；

e) 行车途中，做好途中讲解，包括介绍本地概况、沿途主要景观、相关注意事项等。

5.3 在途服务

5.3.1 导则

导游员应在交通服务、食宿服务、游览服务、购物服务、娱乐服务等环节注意保护旅游者人身及财产安全，及时有效地处理各类问题和突发事件。

注：应急情况处理见附录A。

5.3.2 交通服务

在乘坐飞机或火车的途中，全陪导游员应：

a) 提醒旅游者注意人身和财物的安全；

b) 取得乘务人员的支持，照顾好旅游者的旅途生活；

c) 安排好火车卧铺座位，并引导旅游者依次登车休息，单位集体包团时火车铺位可交由该单位代表分派；

d) 可行时，组织适当的娱乐活动，以活跃气氛；

e) 交通工具不正常运行时，与交通部门和旅行社保持有效沟通并稳定旅游者情绪，适时安排引导旅游者登机/车；

f) 因交通工具原因被迫在当地过夜时，协助相关部门/方面安排或请示旅行社安排好旅游者的住宿；

g) 旅游者有需要时，提供必要的帮助和协助。

5.3.3 食宿服务

5.3.3.1 住宿

旅游团(旅游者)抵达饭店时,导游员应及时办妥住店手续,热情引导旅游者进入房间和认找自己的大件交运行李,并进行客房巡视,处理旅游团(旅游者)入住过程中可能出现的各种问题。

全陪导游员应做好分房方案,并按照方案办妥入住登记手续。属于单位集体包团或入境游团队中有境外旅行社代表的,分房方案应分别交由包团单位代表或境外旅行社代表制定。

地陪导游员应:

a) 与饭店保持有效沟通和联系,落实住宿安排,取得客房钥匙;

b) 告知旅游者:

  1) 饭店基本设施和住店注意事项;

  2) 饭店名称、位置和入店手续,有关服务项目和收费标准;

  3) 当天或次日游览活动的安排,以及集合的时间、地点;

  4) 饭店内就餐形式、地点、时间。

c) 掌握全陪和旅游者的房间号,便于联系;

d) 需要时,等待行李送达饭店,核对行李,督促行李员及时将行李送至旅游者房间;

e) 必要时,安排次日的叫早服务。

5.3.3.2 饮食

导游员应按照旅游合同约定的安排饮食。全陪导游员应对此实施监控。

旅游团(旅游者)就餐时,地陪导游员应:

a) 应提前与餐厅联系,核实订餐情况;

b) 简单介绍餐馆及其菜肴的特色;

c) 引导旅游者到餐厅入座并介绍餐馆的有关设施;

d) 旅游者如需另加酒水或菜肴,应向其说明类别和价格;

e) 满足有宗教习惯的旅游者的用餐需求;

f) 随时关注用餐情况,解答旅游者在用餐过程中的提问,解决出现的问题。

5.3.4 行程游览服务

5.3.4.1 导则

全、地陪导游员应认真核实旅游行程,行程宜以组团社的为准。如遇现场难以解决的问题,应及时请示组团社。

在景点游览过程中,导游员应:

a) 在计划的时间与费用标准内,使旅游者充分地游览、观赏,做到讲解与引导游览相结合,适当集中与分散相结合,劳逸适度,并应特别关照老弱病残的旅游者;

b) 应注意旅游者的安全并随时提醒旅游者自己注意安全,自始至终与旅游者在一起活动,并随时清点人数,以防旅游者走失或意外事故的发生;

c) 在服务过程中始终佩戴导游证,携带接待计划,旅游团人数超过 10 人时打导游旗;

d) 积极配合执法部门的检查和监督,遵纪守法,不吸烟酗酒。

5.3.4.2 全陪导游员

全陪导游员应:

a) 与各站保持有效沟通使旅游接待计划得以全面顺利实施,并监督各站服务适时到位;

b) 适时向接待社和地陪提出相应的建议和意见,确保各站按旅游合同约定兑现旅游服务,确保团队接待服务质量符合要求;

c) 在乘坐交通工具向异地移动途中,提醒旅游者注意人身及财物的安全,安排好旅游者旅途生活,适时组织娱乐活动或专题讲解,努力使旅游团(旅游者)在旅途中感到充实、轻松、愉快;

d) 游览过程中，协助和配合地陪导游员做好其各项工作；

e) 在地陪导游员缺位或失职的情况下，兼行地陪导游员职责。

5.3.4.3 地陪导游员

地陪导游员应：

a) 提前到达集合地点，并督促司机做好出发前的各项准备工作；

b) 团队出发及每次移动前清点人数；

c) 向旅游者报告当日重要新闻、天气情况及当日活动安排，包括午、晚餐的时间、地点；

d) 在前往景点的途中，向旅游团(旅游者)介绍本地的风土人情、自然和人文景观，回答旅游者提出的问题，主动与旅游者进行交流；

e) 抵达景点前，向旅游者介绍该景点的简要情况，尤其是景点的背景、价值和特色；

f) 抵达景点时，告知旅游者在景点停留的时间，以及参观游览结束后集合的时间和地点和游览过程中的注意事项；

g) 游览过程中，尽量使用生动、风趣、吐字清晰易懂，富有感染力的讲解语言，对景点作繁简适度的讲解，包括该景点的历史背景、特色、地位、价值等内容，使旅游者游览点的特色、价值、风貌、背景等及旅游者其他感兴趣的问题有基本的了解；

h) 当日游览活动结束时，询问旅游者对当日活动安排的反映，并预报次日的活动日程、出发时间及其他有关事项。

5.3.5 购物服务

导游员应严格按照旅游合同的约定安排统一的购物活动，非经旅游者主动要求，不应擅自增加旅游合同约定以外的购物安排或者强迫旅游者购物。

旅游团(旅游者)购物时，导游员应：

a) 向旅游团(旅游者)介绍商品的主要品种及特色；

b) 需要时，向旅游者提供购物过程中所需要的服务，如翻译、介绍托运手续等。

5.3.6 娱乐服务

5.3.6.1 计划内娱乐节目

旅游团(者)观看计划内的文娱节目时，导游员应：

a) 陪同前往并简要介绍节目内容及其特点；

b) 按时组织旅游者入场，倡导旅游者文明观看节目；

c) 在观看节目过程中，导游员自始至终坚守岗位；

d) 提醒旅游者在大型娱乐场所注意安全，统一集中活动，并随时注意其动向和周围的环境，以防不测；

e) 剧终散场时提醒旅游者不要遗留物品并依次退场。

5.3.6.2 计划外娱乐节目

旅游者要求自费观看计划外文娱节目时，导游员宜予以协助，如帮助购买门票、要出租车等，但不必陪同前往。若在旅游者盛意邀请下应邀前往，导游员应注意适度，且无陪舞的义务。

5.3.7 离/末站服务

5.3.7.1 离店服务

离店当天，地陪导游员应做好以下工作，全陪导游员应予以协助：

a) 集中交运行李；

b) 办理退房手续，并协助饭店结清与旅游者的有关项目；

c) 提醒旅游者带好身份证件及贵重物品；

d) 清点人数并集合登车。

5.3.7.2 送行前服务

团队送行前，地陪导游员应做好以下工作，全陪导游员应予以协助：

a) 提前确认或落实联程/返程交通票据，以确保团队能按时启程；

b) 商定并宣布行前集中行李、叫早、早餐以及集合出发的时间；

c) 宣布有关离站注意事项。

5.3.7.3 离站送客服务

离站送客时，导游员应代表各自的旅行社向旅游者致欢送词，向旅游者派发《游客意见表》征询旅游者对旅游接待服务的意见。

地陪导游员应做好以下工作，全陪导游员应予以协助：

a) 带领团队及时抵达机场（车站、码头）；

b) 办妥航班登机手续，向全陪导游员移交机票即登机牌，并引导旅游团/这依次通过机场安检。

全陪导游员应：

a) 提醒旅游者保管好自己的物品和证件；

b) 引导旅游团（旅游者）在候机楼或候车室休息等候，并按机场/车站的安排按时组织登机/车。

5.3.8 其他相关服务及工作

5.3.8.1 处理遗留问题

下团后，导游员应认真、妥善处理旅游团留下的问题，按有关规定办理旅游者临行托办的事项。必要时应向旅行社领导请示。

5.3.8.2 总结工作

接团任务完成后导游员应：

a) 填写并向旅行社递交《导游日志》，详细报告接团经过突发事件；

b) 尽快结清有关账目；

c) 做好带团总结。

6 入境游导游服务特别要求

入境游团队进出中国边境口岸时，导游员应提供必要的协助。入境时，应提醒旅游者做好需复带出境贵重自用物品的海关登记，必要时应为入境团队办理入境签证。

离境前，导游员应向旅游者说明我国海关通关的有关规定，介绍办理出境手续的程序，如中国海关的有关规定、托运行李的要求等。需要时协助旅游者办好离境通关手续。

7 导游员服务质量的改进

导游员应不断总结和交流带团经验，针对自身的服务各方面存在的薄弱环节或者旅游者的投诉（抱怨），分析问题存在的根本原因，并采取纠正与预防措施消除该根本原因，达到服务质量的持续改进。

附 录 A
（规范性附录）
若干问题的处理原则

A.1 路线或日程变更

A.1.1 旅游团(者)要求变更计划行程

旅游过程中，旅游团(者)提出变更路线或日程的要求时，导游员原则上应婉拒，特殊情况应请示组团社核定。

如入境旅游者要求在全团旅行结束后延长在华时间，又不需要延长签证期限的，经请示接待社或组团社同意后，可同意延长，延长期间费用由本人自理。需要延长签证期限的，应经组团社同意并履行手续。如入境旅游全团持团体签证，个别旅游者需要延长或中途离团，应尽早办理分离签证，以免贻误全团出境。

A.1.2 客观原因需要变更计划行程

旅游过程中，因客观原因需要变更路线或日程时，导游员应向旅游团(者)作好解释工作，及时将旅游团(者)的意见反馈给组团社和接待社，并按照组团社或接待社的安排执行。

A.2 丢失证件或物品

当旅游者丢失证件或物品时，导游员应稳定旅游者的情绪，详细了解丢失情况，尽力协助寻找，同时报告组团社或接待社，协助旅游者向有关部门报案，补办必要的手续。

A.3 丢失或损坏行李

当旅游者的行李丢失或损坏时，导游员应详细了解丢失或损坏情况，协助旅游者向承运人索赔。当难以找出责任者时，导游员应尽量协助当事人开具有关证明，以便向投保公司索赔，并视情况向有关部门报告。

A.4 旅游者伤病、病危或死亡

A.4.1 旅游者伤病

旅游者意外受伤或患病时，导游员应及时探视，如有需要，导游员应陪同患者前往医院就诊，并报告组团社和接待社。严禁导游员擅自给患者用药。

A.4.2 旅游者病危

旅游者病危时，导游员应立即协同患者亲友送病人去急救中心或医院抢救，或请医生前来抢救。患者如系某国际急救组织的投保者，导游员还应提醒领队及时与该组织的代理机构联系，并立即报告组团社和接待社。

在抢救过程中，导游员应：

a) 要求患者亲友在场，并详细地记录患者患病前后的症状及治疗情况，尽量保留相关诊断证明副本；
b) 随时向当地接待社反映情况并及时通知患者亲属；
c) 如患者系外籍人士，通知患者所在国驻华使(领)馆；
d) 妥善安排好旅游团其他旅游者的活动，地陪应继续带团旅行。

A.4.3 旅游者死亡

导游员应立即向接待社和组团社报告，由当地接待社按照国家有关规定做好善后工作，同时导游员应稳定其他旅游者的情绪,并继续做好旅游团的接待工作。

如系非正常死亡,导游员应注意保护现场,并及时报告当地有关部门。

A.5 自然灾害及骚乱

当旅游团(者)遭遇火灾、自然灾害、社会骚乱等重大突发事件时,导游员应按以下原则处置:

a) 以人为本,根据现场的条件,运用相关科学知识引导旅游团(者)开展自救和互救,及时带领团队脱离险境,全力保护旅游团(者)的生命和财物安全;

b) 及时将事件发生的时间、地点、原因、经过等情况报告旅行社和相关部门,取得指导和帮助。

A.6 接待纠纷

a) 遵循合同,防止矛盾扩大化,处理问题讲求有理、有利、有节;

b) 做好记录,保存证据,以利善后工作;

c) 尽量保障旅游团(者)后续行程的执行,减少企业经济损失。

ICS 01.080.20
A 22

中华人民共和国国家标准

GB/T 16273.4—2010
代替 GB/T 16273.4—2001

设备用图形符号
第4部分：带有箭头的符号

Graphical symbols for use on equipment—
Part 4:Symbols incorporating arrows

2011-01-10 发布

2011-07-01 实施

中华人民共和国国家质量监督检验检疫总局
中国国家标准化管理委员会 发布

前　言

GB/T 16273《设备用图形符号》分为以下部分：

——第1部分：通用符号；

——第2部分：机床通用符号；

——第3部分：电焊设备通用符号；

——第4部分：带有箭头的符号；

——第5部分：塑料机械通用符号；

——第6部分：运输、车辆检测及装载机械通用符号；

……

本部分为GB/T 16273的第4部分，所规定的图形符号选自ISO 7000:2004《设备用图形符号　索引和一览表》和ISO/TR 10488:1991《带有箭头的图形符号　概览》，图形符号的编排顺序参考ISO/TR 10488:1991《带有箭头的图形符号　概览》。

本部分代替GB/T 16273.4—2001《设备用图形符号　第4部分：带有箭头的符号》，与GB/T 16273.4—2001相比主要变化如下：

——修改3个符号：向后（向后运动）/运输工具向后运动；以铅垂生产流程方向为轴逆时针间断旋转；以铅垂生产流程方向为轴顺时针间断旋转。

——增加13个符号：单向运动；双向运动；双向限位运动；回车换行；电离辐射；负载旋转；常速运行/常速；快速运行/快速；从生产流程方向看，向右运动速度；从生产流程方向看，向左运动速度；从生产流程方向看，向右加速运动的速度；从生产流程方向看，向左加速运动的速度；弹出。

本部分由全国图形符号标准化技术委员会（SAC/TC 59）提出并归口。

本部分起草单位：中国标准化研究院、机械科学研究总院、中机生产力促进中心。

本部分主要起草人：张亮、白殿一、强毅、郭汀、邹传瑜、陈永权。

本部分于2001年首次发布，本次为第一次修订。

设备用图形符号
第4部分：带有箭头的符号

1 范围

GB/T 16273的本部分规定了用于设备上的带有箭头的图形符号，用以表示运动、运动方向、速度、动作、动作效果、尺寸等。

本部分适用于设备的操作控制器、指示器及连接插口。

本部分不适用于各种技术文件。

2 规范性引用文件

下列文件中的条款通过GB/T 16273的本部分的引用而成为本部分的条款。凡是注日期的引用文件，其随后所有的修改单(不包括勘误的内容)或修订版均不适用于本部分，然而，鼓励根据本部分达成协议的各方研究是否可使用这些文件的最新版本。凡是不注日期的引用文件，其最新版本适用于本部分。

GB/T 15565.1 图形符号 术语 第1部分：通用

GB/T 16902.1—2004 图形符号表示规则 设备用图形符号 第1部分：原形符号

GB/T 16902.2 设备用图形符号表示规则 第2部分：箭头的形式和使用(GB/T 16902.2—2008，ISO 80416-2：2001，MOD)

3 术语和定义

GB/T 15565.1界定的术语和定义适用于GB/T 16273的本部分。

4 图形符号

带有箭头的图形符号见表1～表5。

5 应用

5.1 图形符号的应用应遵循GB/T 16902.1—2004中8.3及GB/T 16902.2的规定。

5.2 使用图形符号时，应按表1中的图形符号进行等比例放大或缩小。

5.3 表1～表5中位于图形符号四周的角标不构成图形符号的内容，仅为图形符号复制及应用的依据。

表1 运动和运动方向

序号	图形符号	含 义	说 明
1-01	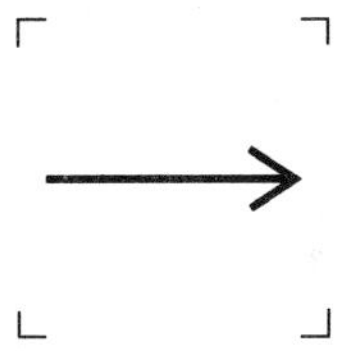	单向运动 Movement in one direction	ISO/TR 10488：1991(1)

表 1（续）

序号	图形符号	含　义	说　明
1-02	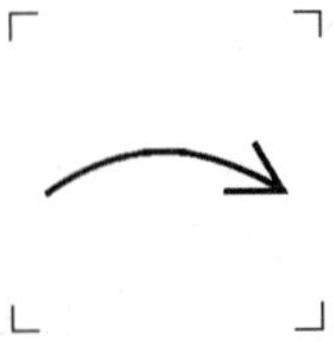	顺时针连续旋转 Direction of continuous rotation, clockwise	ISO 7000:2004(0004)
1-03	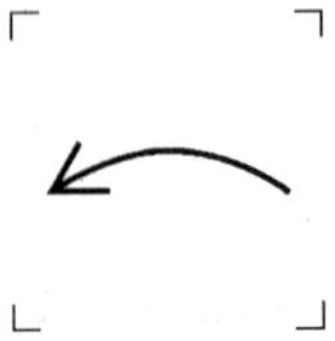	逆时针连续旋转 Direction of continuous rotation, counterclockwise	ISO 7000:2004(0004)
1-04	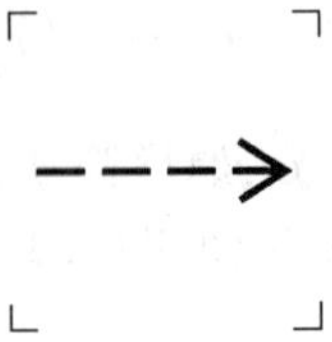	间歇直线运动的方向 Direction of interrupted rectilinear motion	ISO 7000:2004(0920)
1-05	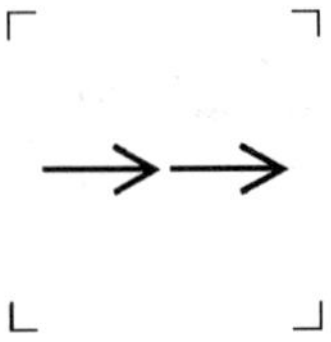	间歇直线运动 Interrupted rectilinear motion	ISO 7000:2004(0252)
1-06		间歇旋转 Interrupted rotation	ISO 7000:2004 (0431)
1-07	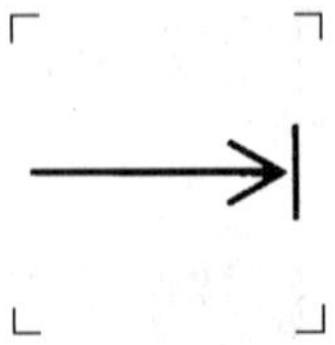	限位直线运动 Limited rectilinear motion	ISO 7000:2004(0001)

表 1（续）

序号	图形符号	含　　义	说　　明
1-08	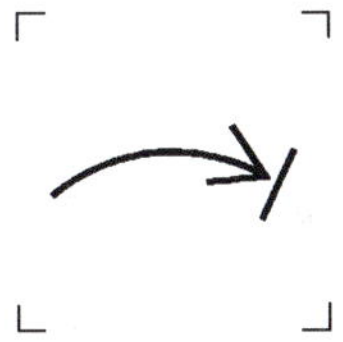	顺时针限位运动 Limited rotation clockwise	ISO 7000:2004(0006)
1-09		逆时针限位运动 Limited rotation counterclockwise	ISO 7000:2004(0006)
1-10	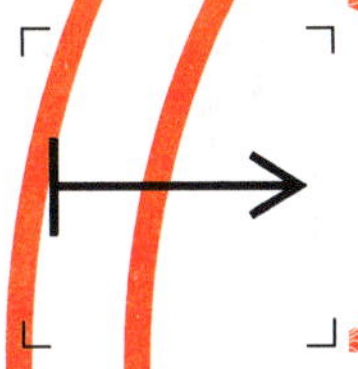	自起始点沿箭头方向运动 Movement in direction of arrow from a point of origin	ISO 7000:2004(0521)
1-11	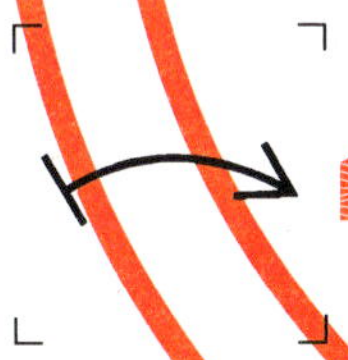	自限位点顺时针旋转 Movement from a limit, clockwise	ISO 7000:2004 (0921)
1-12	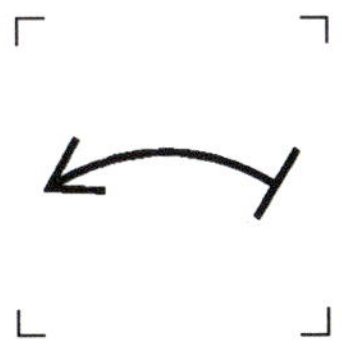	自限位点逆时针旋转 Movement from a limit, counterclockwise	ISO 7000:2004 (0922)
1-13	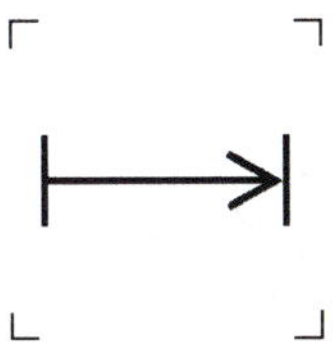	渐进直线限位运动 Incremental rectilinear motion	ISO 7000:2004(0253)

表 1（续）

序号	图形符号	含　　义	说　　明
1-14	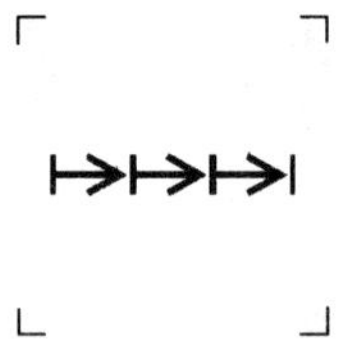	直线重复限位 Rectilinear repeated positioning	ISO 7000:2004(0254)
1-15		转动重复限位 Rotary repeated positioning	ISO 7000:2004(0436)
1-16	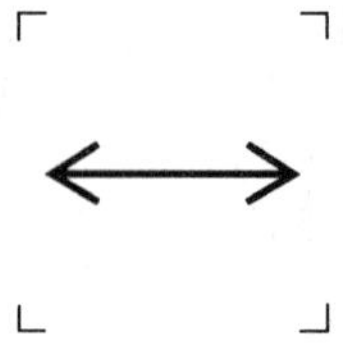	双向运动 Movement in both directions	ISO/TR 10488:1991(16)
1-17	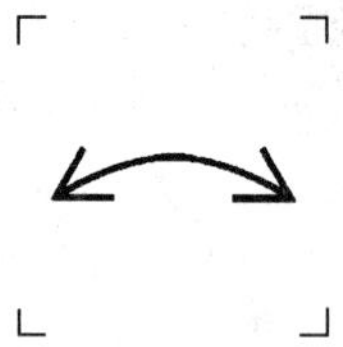	双向转动 Rotation in two directions	ISO 7000:2004(0005)
1-18	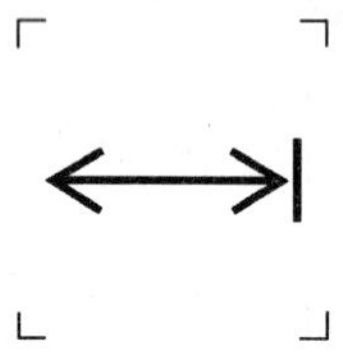	双向运动，具有一个限位点 Movement in two directions, one limited	ISO 7000:2004(0923)
1-19	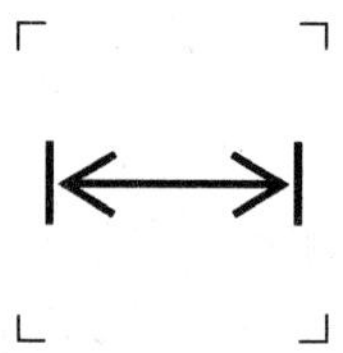	双向限位运动 Movement limited in both directions	ISO/TR 10488:1991(19)

表 1（续）

序号	图形符号	含　　义	说　　明
1-20	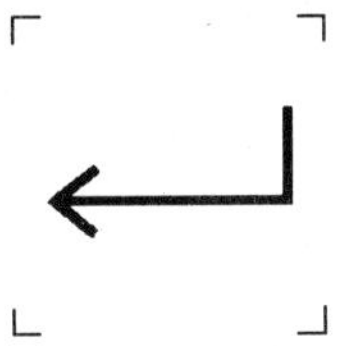 A 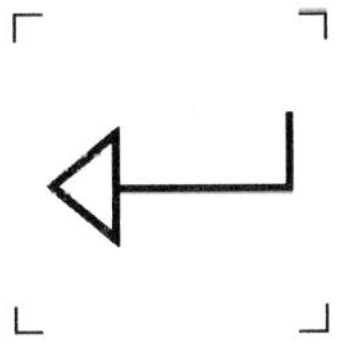 B	回车换行 Horizontal return with line spacing	ISO 7000:2004(0651)
1-21	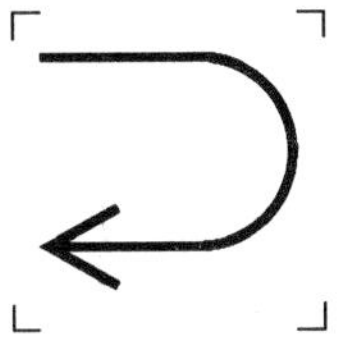	向相反方向返回的运动(U 形转弯) Movement with return to the counter direction [U-turn]	ISO 7000:2004(0924)
1-22	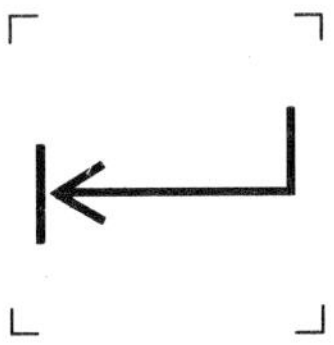	转变方向的向左限位运动 Movement with changing direction limited; horizontal tabulation left with line spacing	ISO 7000:2004(0925)
1-23	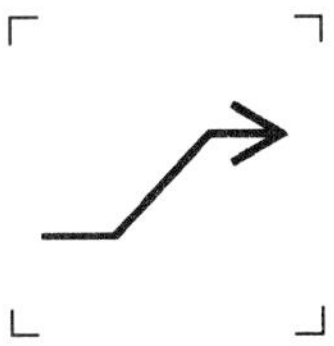	轨迹转变 Track change	ISO 7000:2004(0091)
1-24		偏离线 Leave contour	ISO 7000:2004(0926)

表 1（续）

序号	图形符号	含　　义	说　　明
1-25		右转 Turn right	ISO 7000:2004(0927)
1-26		直行或右转 Straight on or turn right	ISO 7000:2004(0928)
1-27	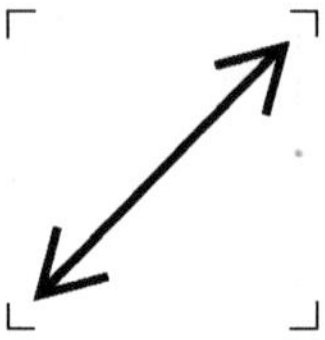	向(自)操作者运动 Movement to and from the operator	ISO 7000:2004(1110)
1-28	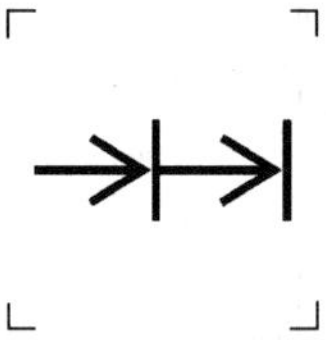	二步或多步运动 Movement in two or more steps	ISO 7000:2004(1111)
1-29	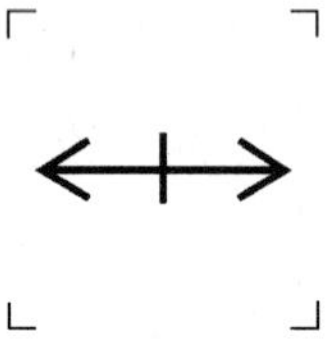	自同一个限位点向相反方向运动 Movement in opposite directions from a common limit	ISO 7000:2004(0929)
1-30		以相反方向向两个限位点运动 Movement in opposite directions towards two limits	ISO 7000:2004(0930)

表 1（续）

序号	图 形 符 号	含　　义	说　　明
1-31	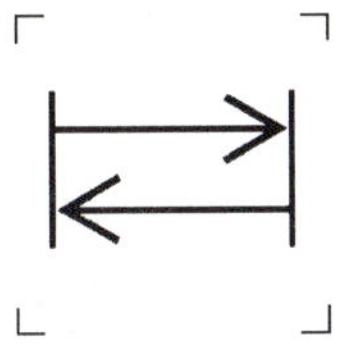	往返式限位直线运动 Limited rectilinear motion and return	ISO 7000:2004(0002)
1-32		限位摆动 Limited rotation and return	ISO 7000:2004(0007)
1-33	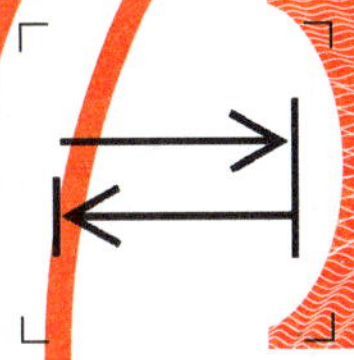	单次往返式限位直线运动 Single limited rectilinear motion and return	ISO 7000:2004(0255)
1-34	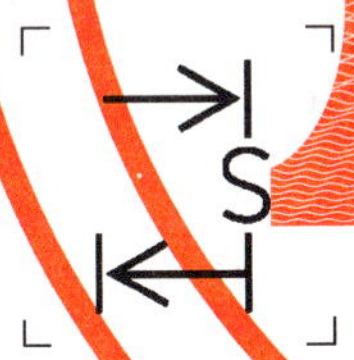	延时限位直线运动 Limited rectilinear motion with temporary delay before return	ISO 7000:2004(0257)
1-35	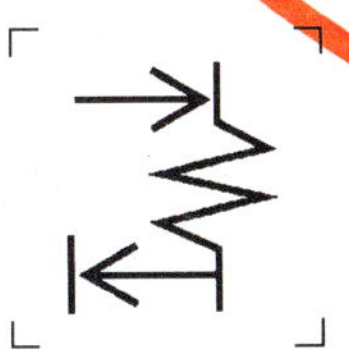	每行程进给量 Feed per stroke	ISO 7000:2004(0264)
1-36	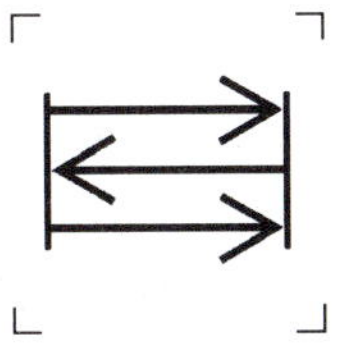	连续限位往复直线运动 Limited reciprocating rectilinear motion(continuous)	ISO 7000:2004(0003)

表 1（续）

序号	图形符号	含　义	说　明
1-37	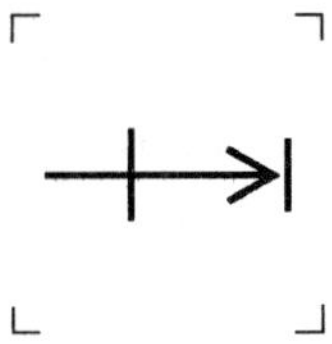	超程，直线 Overtravel, rectilinear	ISO 7000:2004(0256)
1-38	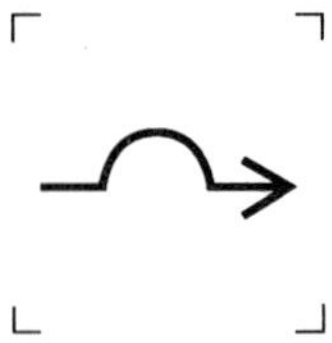	具有一个间断跳跃的按箭头方向运动 Movement in arrow direction with skip of a stop	ISO 7000:2004(0936)
1-39	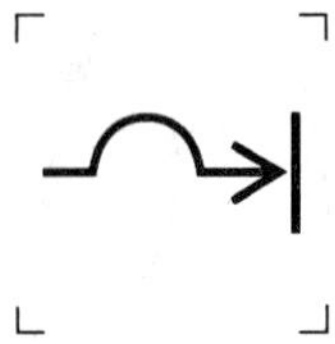	具有一个间断跳跃的向右限位运动 Movement to the right with skip of a stop, limited column skip right	ISO 7000:2004(0931)
1-40	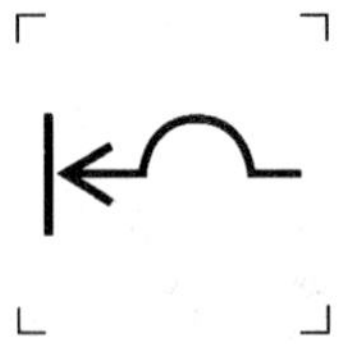	具有一个间断跳跃的向左限位运动 Movement to the left with skip of a stop; limited column skip left; vertical tabulation with skip	ISO 7000:2004(0932)
1-41	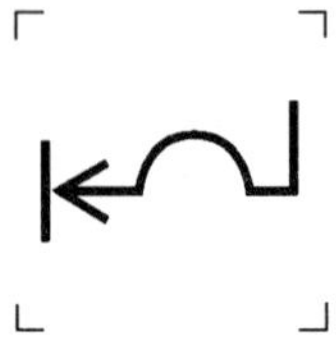	具有一个间断跳跃的转变方向的向左限位运动 Movement with changing direction with skip of a stop, limited; column skip left with line spacing	ISO 7000:2004(0935)
1-42	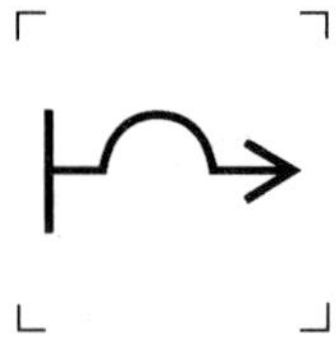	自一个限位点按箭头方向运动，具有一个间断的跳跃 Movement from a limit in arrow direction with skip of a stop	ISO 7000:2004(0933)

表 1（续）

序号	图形符号	含　　义	说　　明
1-43	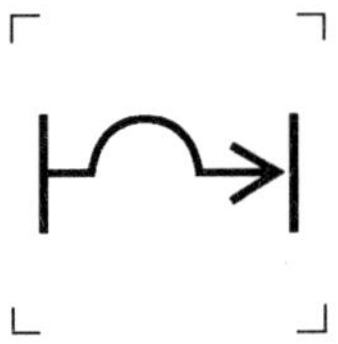	自一个限位点按箭头方向运动，具有一个间断的限位跳跃 Movement from a limit in arrow direction with skip of a stop, limited	ISO 7000:2004(0934)
1-44		连续限位摆动 Oscillating rotary movement (continuous)	ISO 7000:2004(0008)
1-45	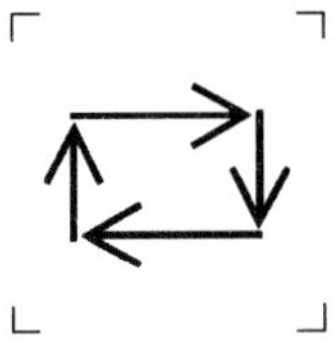	自动循环 Automatic cycle; semi-automatic cycle	ISO 7000:2004(0026)
1-46	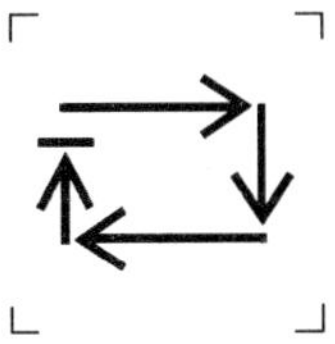	一次循环 One cycle	ISO 7000:2004(0426)
1-47	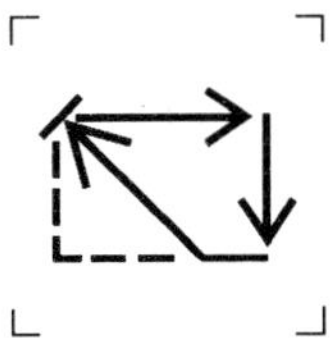	中断自动循环回到起始位置 Interruption of automatic cycle and return to start position	ISO 7000:2004(0427)
1-48	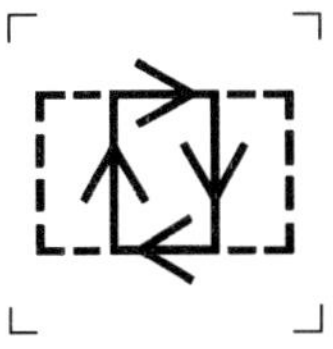	子循环 Subcycle	ISO 7000:2004(0428)

表 1（续）

序号	图形符号	含　　义	说　　明
1-49		顺时针旋转运动 Rotation,clockwise	ISO 7000:2004(0258)
1-50	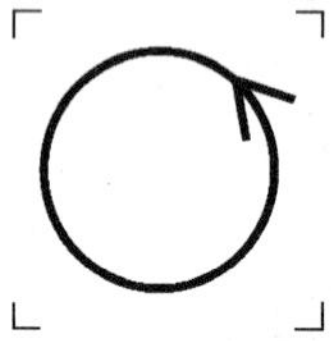	逆时针旋转运动 Rotation,counterclockwise	ISO 7000:2004(0937)
1-51		旋转一周 One rotation	ISO 7000:2004(0009)
1-52		往返限位旋转 Limited part of a rotation and return	ISO 7000:2004(0938)
1-53		限位旋转 Limited part of one rotation	ISO 7000:2004(0939)
1-54	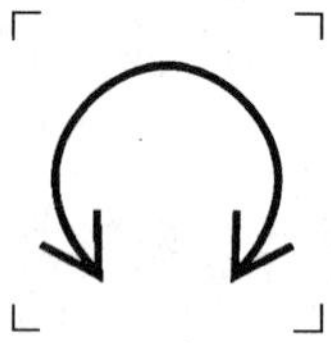	负载旋转 Load rotation	ISO 7000:2004(1113)

表 1（续）

序号	图形符号	含　　义	说　　明
1-55	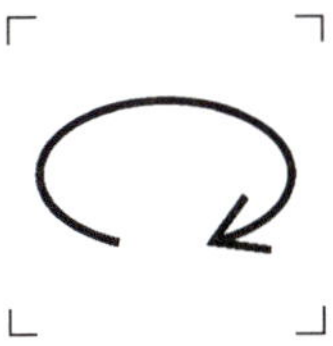	连续顺时针方向旋转 Direction of continuous rotation, clockwise (tridimensional presentation)	ISO 7000:2004(0440)
1-56		连续逆时针方向旋转 Direction of continuous rotation, counterclockwise (tridimensional presentation)	ISO 7000:2004(0941)
1-57	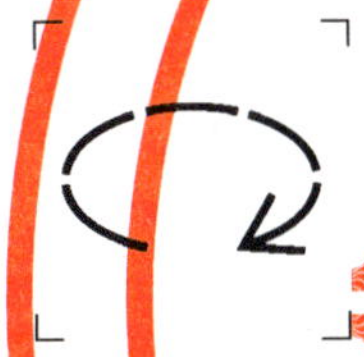	间歇顺时针方向旋转 Direction of interrupted rotation, clockwise (tridimensional presentation)	ISO 7000:2004(0942)
1-58	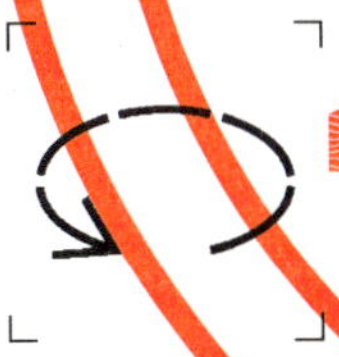	间歇逆时针方向旋转 Direction of interrupted rotation, counterclockwise (tridimensional presentation)	ISO 7000:2004(0943)
1-59		每分钟转数；转速 Number of revolutions per minute; rotational speed	ISO 7000:2004(0010)
1-60	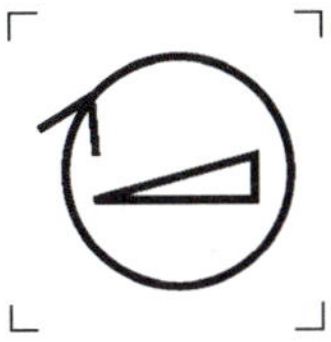	转速变化 Change of rotational speed	ISO 7000:2004(0592)

表 1（续）

序号	图形符号	含义	说明
1-61	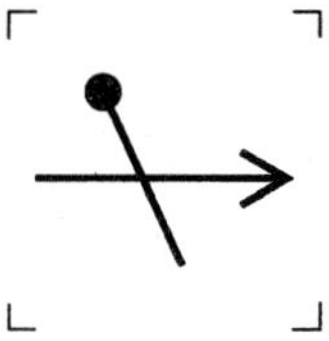	直线运动止回 Back-stop for linear motion	ISO 7000:2004(0947)
1-62		旋转运动止回 Back-stop for rotary motion	ISO 7000:2004(0948)
1-63		向前(向前运动);运输工具向前运动 Forward(forward motion);vehicle forward movement	ISO 7000:2004(0775)
1-64		向后(向后运动);运输工具向后运动 Backward(backward motion);vehicle aft movement	ISO 7000:2004(0776)
1-65		螺旋运动 Helical movement	ISO 7000:2004(0951)
1-66		顺序反转 Reversal of sequence	ISO 7000:2004(0539)

表 1（续）

序号	图形符号	含　义	说　明
1-67	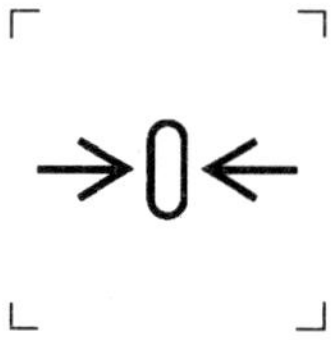	调零 Zero-point adjustment	ISO 7000:2004(0540)
1-68	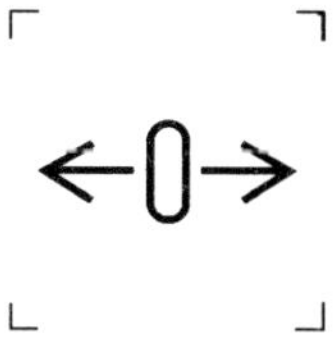	零点移位 Zero-point motion	ISO 7000:2004(0940)
1-69	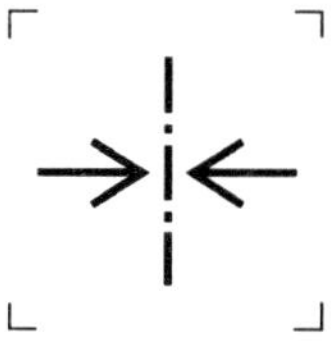	中心位置 Central position	ISO 7000:2004(0514)
1-70	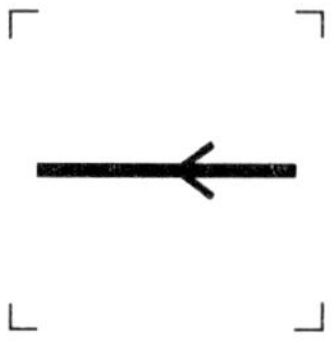	物料、生产流程方向 Direction of material;direction of production	ISO 7000:2004(0953)
1-71	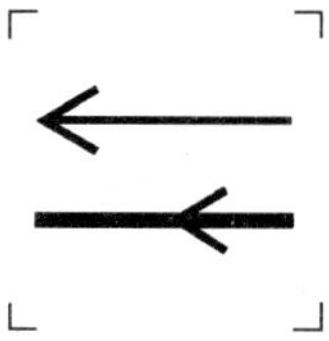	顺生产流程方向的运动 Movement in direction of production	ISO 7000:2004(0954)
1-72	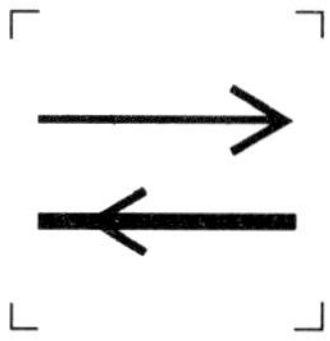	逆生产流程方向的运动 Movement against direction of production	ISO 7000:2004(0955)

表 1（续）

序号	图形符号	含义	说明
1-73	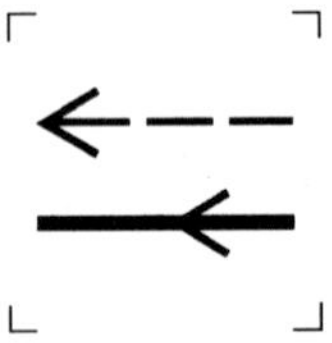	顺生产流程方向的间断运动 Interrupted movement in direction of production	ISO 7000:2004(0956)
1-74	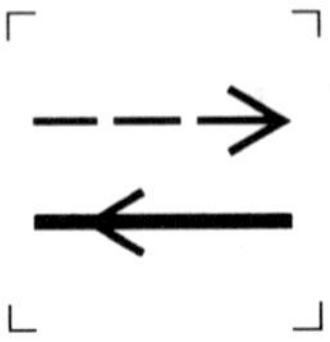	逆生产流程方向的间断运动 Interrupted movement against direction of production	ISO 7000:2004(0957)
1-75		从生产流程方向看，向上运动 Movement upwards, seen in the direction of production	ISO 7000:2004(0960)
1-76	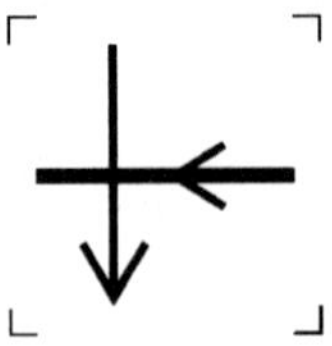	从生产流程方向看，向下运动 Movement downwards, seen in the direction of production	ISO 7000:2004(0961)
1-77	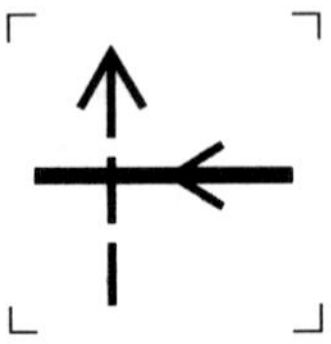	从生产流程方看，向上间断运动 Interrupted movement upwards, seen in the direction of production	ISO 7000:2004(0962)
1-78	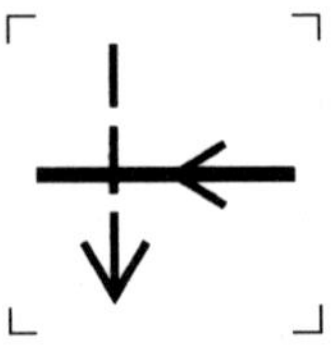	从生产流程方向看，向下间断运动 Interrupted movement downwards, seen in the direction of production	ISO 7000:2004(0963)

表 1（续）

序号	图形符号	含　　义	说　　明
1-79	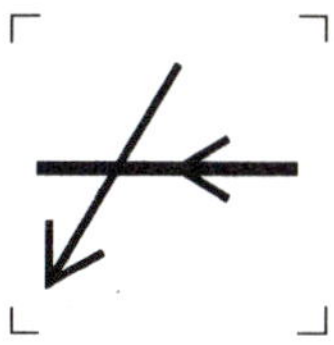	从生产流程方向看，向左运动 Movement to the left, seen in the direction of production	ISO 7000:2004(0964)
1-80		从生产流程方向看，向右运动 Movement to the right, seen in the direction of production	ISO 7000:2004(0965)
1-81	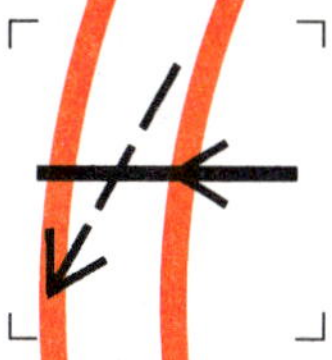	从生产流程方向看，向左间断运动 Interrupted movement to the left, seen in the direction of production	ISO 7000:2004(0966)
1-82		从生产流程方向看，向右间断运动 Interrupted movement to the right, seen in the direction of production	ISO 7000:2004(0967)
1-83		顺生产流程方向旋转 Rotation in the direction of production	ISO 7000:2004(0968)
1-84		逆生产流程方向旋转 Rotation against the direction of production	ISO 7000:2004(0969)

表 1（续）

序号	图形符号	含 义	说 明
1-85		顺生产流程方向间断旋转 Interrupted rotation in the direction of production	ISO 7000:2004(0970)
1-86	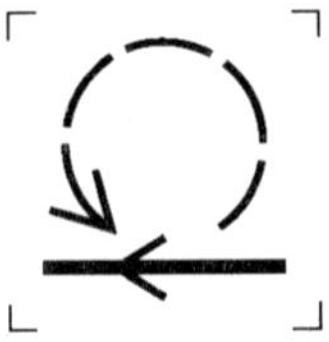	逆生产流程方向间断旋转 Interrupted rotation against the direction of production	ISO 7000:2004(0971)
1-87		以铅垂生产流程方向为轴逆时针旋转 Rotational movement counterclockwise, with rotation axis transverse to the direction of production	ISO 7000:2004(0972)
1-88	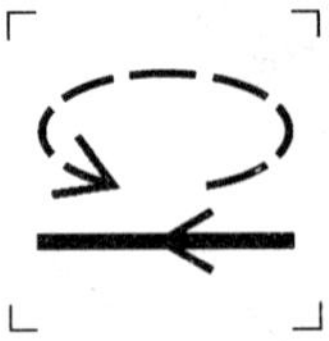	以铅垂生产流程方向为轴逆时针间断旋转 Interrupted rotational movement counterclockwise, with rotation axis transverse to the direction of production	ISO 7000:2004(0973)
1-89		以铅垂生产流程方向为轴顺时针旋转 Rotational movement clockwise, with rotation axis transverse to the direction of production	ISO 7000:2004(0974)
1-90	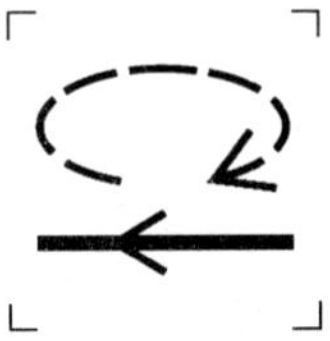	以铅垂生产流程方向为轴顺时针间断旋转 Interrupted rotational movement clockwise, with rotation axis transverse to the direction of production	ISO 7000:2004(0975)

表 1（续）

序号	图形符号	含　义	说　明
1-91		以平行生产流程方向为轴逆时针旋转 Rotational movement counterclockwise, with rotation axis parallel to the direction of production	ISO 7000:2004(0976)
1-92	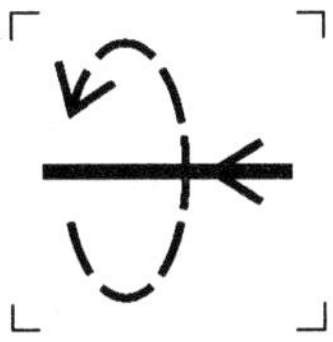	以平行生产流程方向为轴逆时针间断旋转 Interrupted rotational movement counterclockwise, with rotation axis parallel to the direction of production	ISO 7000:2004(0977)
1-93		以平行生产流程方向为轴顺时针旋转 Rotational movement clockwise, with rotation axis parallel to the direction of production	ISO 7000:2004(0978)
1-94		以平行生产流程方向为轴顺时针间断旋转 Interrupted rotational movement clockwise, with rotation axis parallel to the direction of production	ISO 7000:2004(0979)
1-95	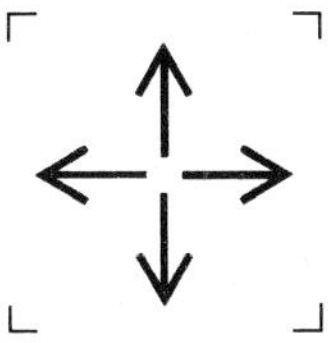	坐标跟踪 Coordinate tracing	ISO 7000:2004(0493)

表 2 速度

序号	图形符号	含义	说明
2-01	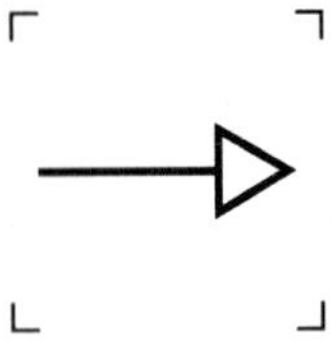	常速运行;常速 Normal run;normal speed	ISO/TR 10488:1991(95)
2-02	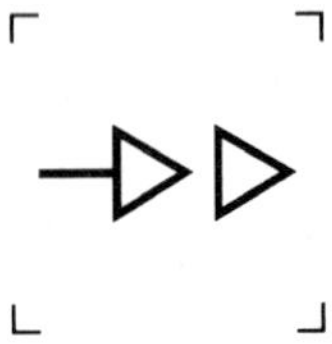	快速运行;快速 Fast run;fast speed	ISO/TR 10488:1991(96)
2-03	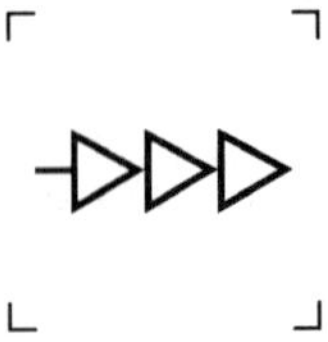	高速运行;高速 Accelerated fast run;high speed	ISO 7000:2004(0944)
2-04	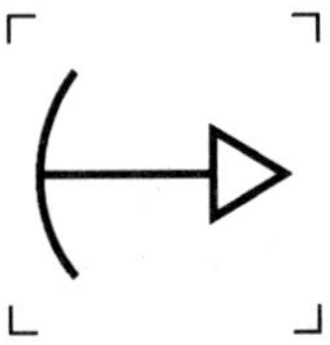	慢速运行;慢速 Reduced run;reduced speed	ISO 7000:2004(0527)
2-05	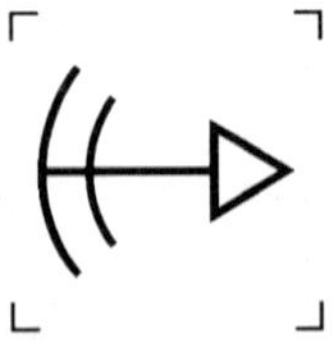	缓慢运行;缓慢 Much reduced run;much reduced speed	ISO 7000:2004(0528)
2-06	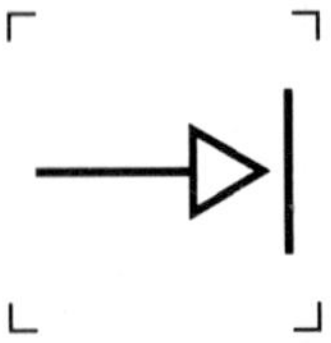	按箭头方向向定位点常速运动 Movement with normal speed in direction of arrow to a fixed position	ISO 7000:2004(1116)

表 2（续）

序号	图形符号	含　义	说　明
2-07	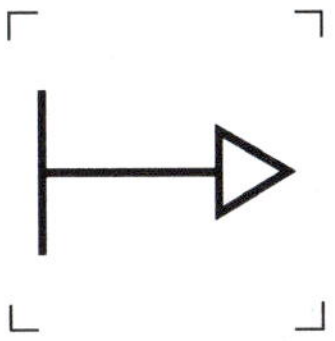	按箭头方向自定位点常速运动 Movement with normal speed in direction of arrow from a fixed position	ISO 7000:2004(1114)
2-08	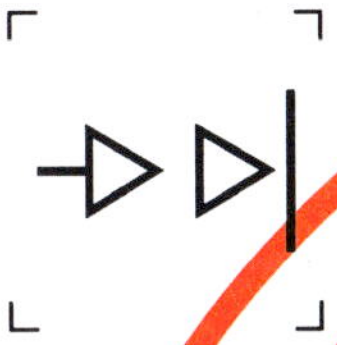	按箭头方向向定位点快速运动 Movement with fast speed in direction of arrow to a fixed position	ISO 7000:2004(1117)
2-09		按箭头方向自定位点快速运动 Movement with fast speed in direction of arrow from a fixed position	ISO 7000:2004(1115)
2-10		加速 Acceleration	ISO 7000:2004(0945)
2-11	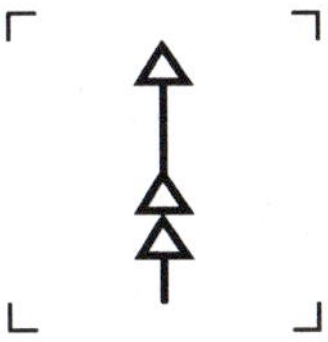	减速 Retardation	ISO 7000:2004(0946)
2-12	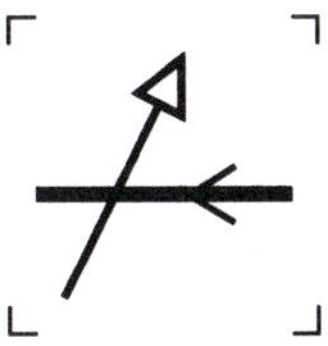	从生产流程方向看，向右运动速度 Speed of a movement to the right, seen in the direction of production	ISO 7000:2004(0859)

表 2（续）

序号	图形符号	含　　义	说　　明
2-13	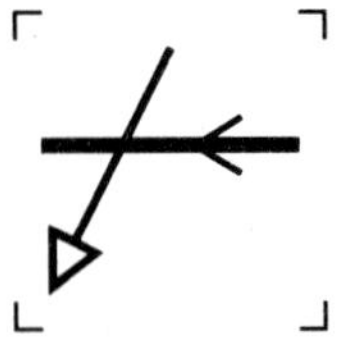	从生产流程方向看，向左运动速度 Speed of a movement to the left，seen in the direction of poduction	ISO 7000：2004(0860)
2-14		从生产流程方向看，向右加速运动的速度 Accelerated speed of a movement to the right，seen in the direction of production	ISO 7000：2004(0861)
2-15	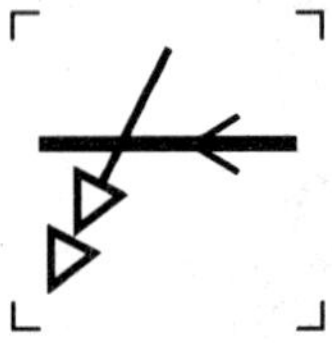	从生产流程方向看，向左加速运动的速度 Accelerated speed of a movement to the left，seen in the direction of production	ISO 7000：2004(0862)

表 3　动作和动作效果

序号	图形符号	含　　义	说　　明
3-01	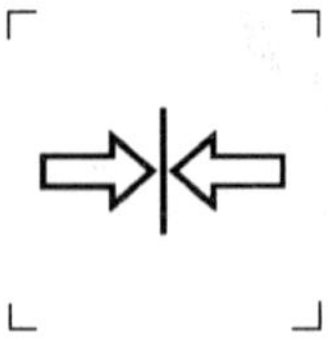	锁紧；夹紧 Lock；tighten	ISO 7000：2004(0018)
3-02		松开；脱开 Unlock；unclamp	ISO 7000：2004(0019)

表 3（续）

序号	图形符号	含　　义	说　　明
3-03	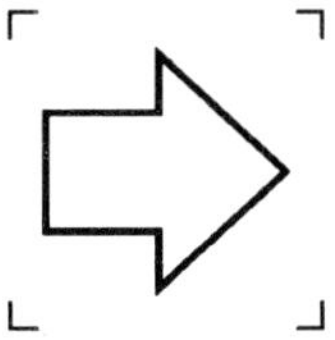	功能箭头 Functional arrow;group select	ISO 7000:2004(0251)
3-04	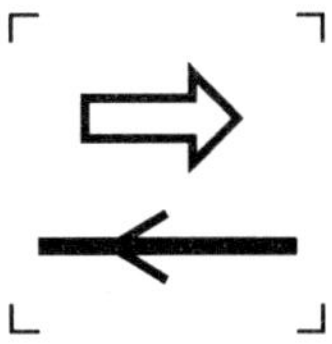	逆生产流程方向的物料流动 Flow of material against direction of production;counter stream	ISO 7000:2004(0958)
3-05	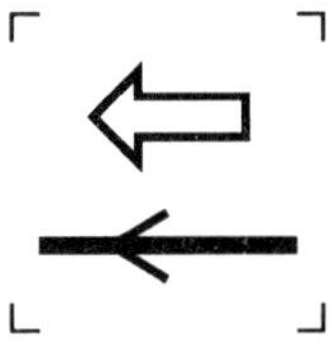	顺生产流程方向的物料流动 Flow of material in direction of production;unidirectional stream	ISO 7000:2004(0959)

表 4　尺寸

序号	图形符号	含　　义	说　　明
4-01	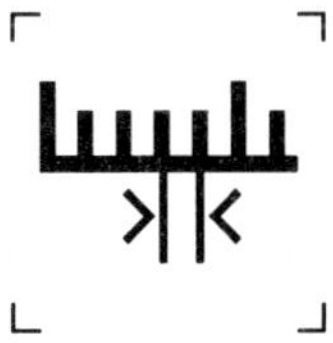	刻度;刻度间距 Scale;scale interval	ISO 7000:2004(0980)
4-02	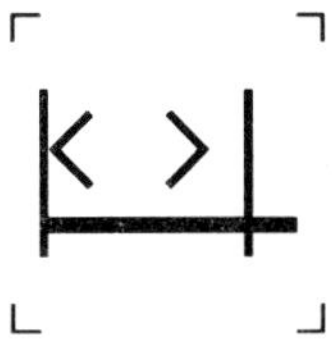	实际尺寸 Actual dimensions	ISO 7000:2004(0919)

表 4（续）

序号	图形符号	含　　义	说　　明
4-03	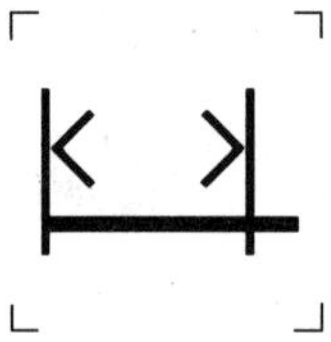	公称尺寸 Nominal dimensions	ISO 7000:2004(0918)

表 5　其他

序号	图形符号	含　　义	说　　明
5-01	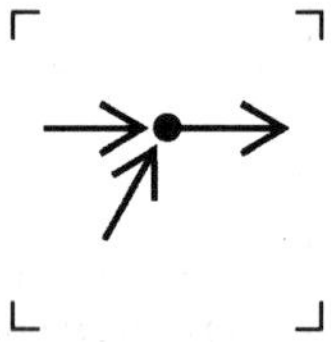	控制 Control;controlling	ISO 7000:2004(0094)
5-02		反馈控制 Feedback control	ISO 7000:2004(0095)
5-03		主轴定向停止 Oriented spindle stop	ISO 7000:2004(0412)
5-04	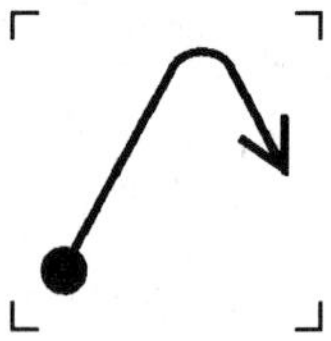	弹出 Rejection	ISO/TR 10488:1991(117)

表 5（续）

序号	图形符号	含　　义	说　　明
5-05	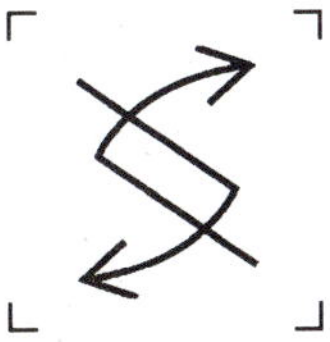	变换;交换 Interchange	ISO 7000:2004(0273)
5-06	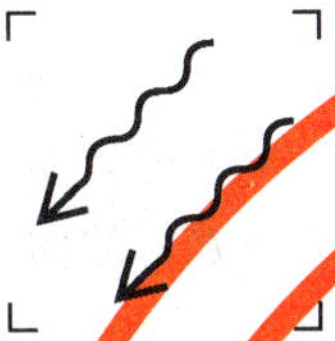	电离辐射 Ionizing radiation	ISO 7000:2004(0907)

索引

英文对应词 **序号**

ICS 01.080.20
A 22

中华人民共和国国家标准

GB/T 16273.7—2010

设备用图形符号 第7部分:牙科设备通用符号

Graphical symbols for use on equipment—Part 7:Common symbols for dental equipment

2011-01-14 发布

2011-08-01 实施

中华人民共和国国家质量监督检验检疫总局
中国国家标准化管理委员会
发布

前　　言

GB/T 16273《设备用图形符号》目前分为以下部分：

——第1部分：通用符号；

——第2部分：机床通用符号；

——第3部分：电焊设备通用符号；

——第4部分：带有箭头的符号；

——第5部分：塑料机械通用符号；

——第6部分：运输、车辆检测及装载机械通用符号；

——第7部分：牙科设备通用符号；

——第8部分：办公设备通用符号；

……

本部分为GB/T 16273的第7部分，所规定的符号选自ISO 7000:2004《设备用图形符号　索引和一览表》和ISO 9687:1993《牙科设备　图形符号》，符号的编排顺序参考ISO 9687。

本部分按照GB/T 1.1—2009给出的规则起草。

本部分由全国图形符号标准化技术委员会(SAC/TC 59)提出并归口。

本部分起草单位：中国标准化研究院、北京积水潭医院、机械科学研究总院、北京口腔医院。

本部分主要起草人：邹传瑜、白殿一、张亮、徐小川、陈永权、郭汀、强毅、陈再红、丁笑乙。

设备用图形符号
第7部分:牙科设备通用符号

1 范围

GB/T 16273 的本部分规定了用于各种牙科设备的通用图形符号。

本部分适用于牙科设备的操作控制器、指示器及连接插口,表明牙科设备的特征、操作指示、功能、状态等;也适用于与牙科设备相关的文件,如使用说明书等。

2 规范性引用文件

下列文件对于本文件的应用是必不可少的。凡是注日期的引用文件,仅注日期的版本适用于本文件。凡是不注日期的引用文件,其最新版本(包括所有的修改单)适用于本文件。

GB/T 15565.1 图形符号 术语 第1部分:通用

GB/T 16273.1 设备用图形符号 第1部分:通用符号

GB/T 16273.4 设备用图形符号 第4部分:带有箭头的符号

GB/T 16902.1—2004 图形符号表示规则 设备用图形符号 第1部分:原形符号

3 术语和定义

GB/T 15565.1 界定的术语和定义适用于本文件。

4 图形标志

牙科设备通用符号见表1。

5 应用

5.1 图形符号的应用应遵循 GB/T 16902.1—2004 中 8.3 的规定。

5.2 使用图形符号时应按表1中的图形符号进行等比例放大或缩小。

5.3 表1中位于图形符号四周的角标不构成图形符号的内容,仅为图形符号复制及应用的依据。

5.4 本部分应与 GB/T 16273.1 和 GB/T 16273.4 配合使用。

表 1 牙科设备通用符号

序号	图 形 符 号	含 义	说 明
001		牙科椅 Dental patient chair	ISO 7000:2004(1819)
002	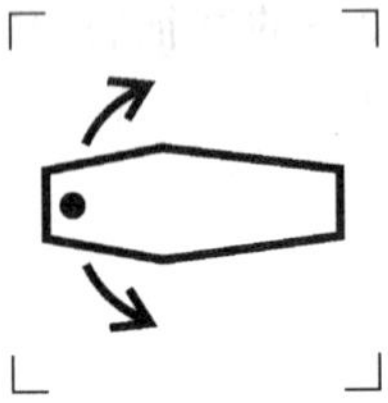	牙科椅,旋转 Dental patient chair,rotation	ISO 7000:2004(1820)
003	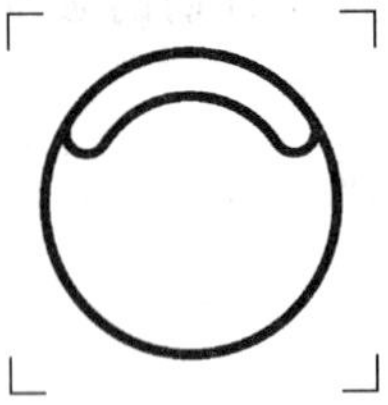	牙科医生座椅 Dental operator's stool	ISO 7000:2004(1821)
004		牙科口腔灯 Dental operating light	ISO 7000:2004(1822)
005	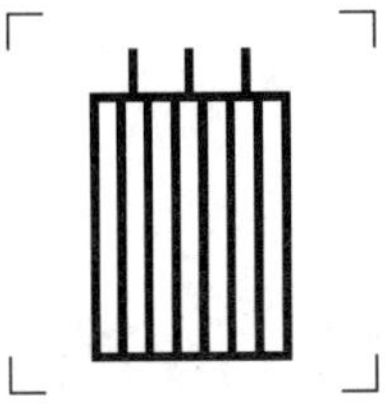	牙科治疗仪 Dental unit	ISO 7000:2004(1823)
006		辅助治疗仪 Assistant's unit	ISO 7000:2004(1824)
007	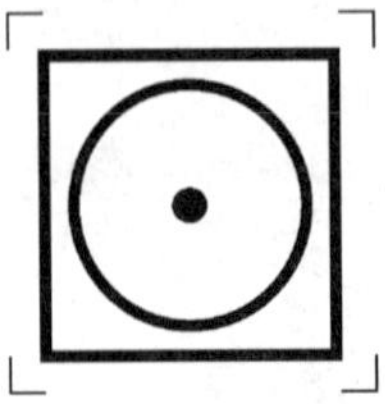	漱口池 Spittoon;Cuspidor	ISO 7000:2004(1825)

表 1（续）

序号	图 形 符 号	含 义	说 明
008		带出水装置的漱口池 Spittoon with water fountain	ISO 7000:2004(1826)
009		水槽 Sink cabinet	ISO 7000:2004(1827)
010		牙科边柜 Dental cabinet	ISO 7000:2004(1828)
011	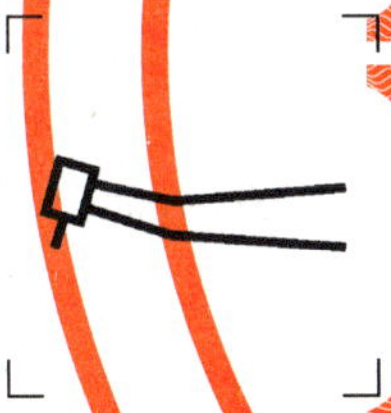	涡轮牙钻 Dental turbine	ISO 7000:2004(1843)
012		带照明的涡轮牙钻 Dental turbine with illumination	ISO 7000:2004(1842)
013	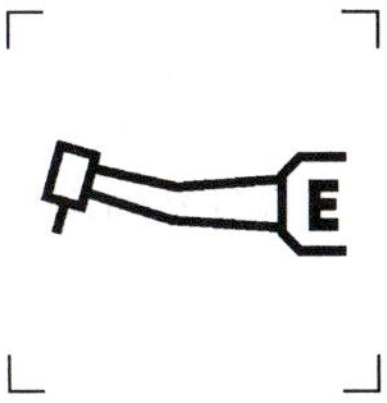	低压电动马达涡轮牙钻 Dental low voltage electric motor	ISO 7000:2004(1840)
014		带照明的低压电动马达涡轮牙钻 Dental low voltage electric motor with illumination	ISO 7000:2004(1841)

表 1（续）

序号	图形符号	含义	说明
015	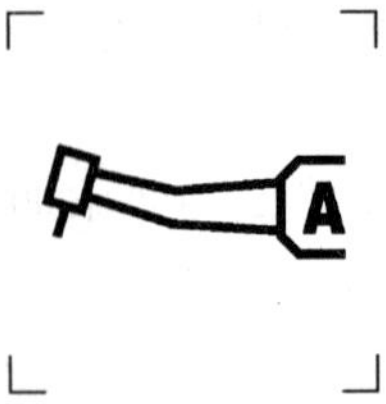	气动马达涡轮牙钻 Dental air motor	ISO 7000:2004(1838)
016		带照明的气动马达涡轮牙钻 Dental air motor with illumination	ISO 7000:2004(1839)
017	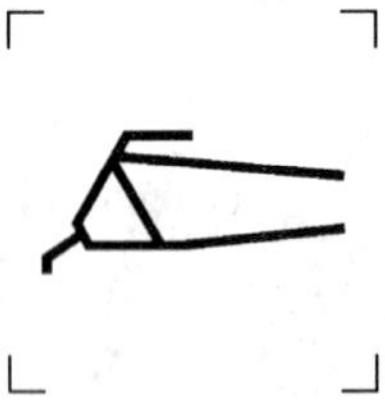	多功能喷枪(空气—水) Multifunction syringe (air-water)	ISO 7000:2004(1837)
018		纤维导光手柄 Fibre-optic handpiece	ISO 7000:2004(1836)
019	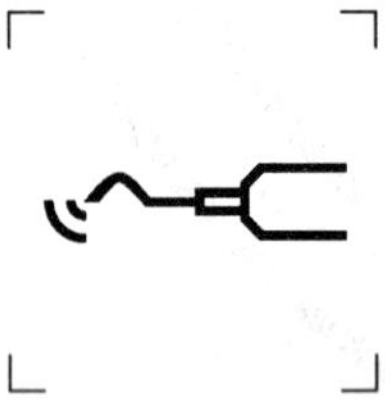	超声波洁治器 Ultrasonic scaler	ISO 7000:2004(1835)
020	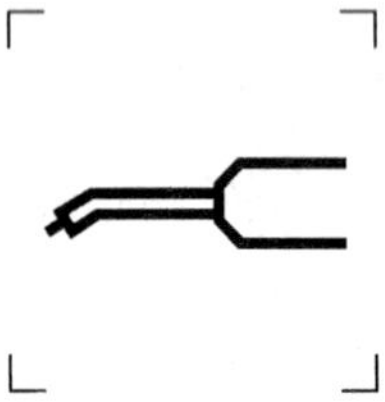	牙髓活力测量器 Pulp-tester	ISO 7000:2004(1834)
021	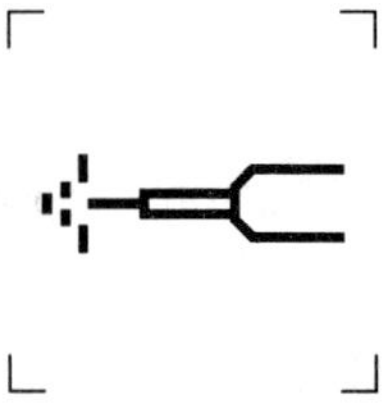	电动外科手柄 Electro-surgical handpiece	ISO 7000:2004(1833)

表 1（续）

序号	图形符号	含义	说明
022		吸引手柄 Suction handpiece	ISO 7000:2004(1831)
023	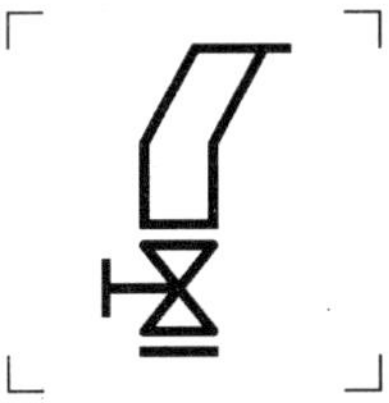	带手动控制阀的吸引手柄 Suction handpiece with hand controlled-valve	ISO 7000:2004(1832)
024		吸唾器 Saliva ejector	ISO 7000:2004(1829)
025		带手动控制阀的吸唾器 Saliva ejector with hand controlled -valve	ISO 7000:2004(1830)
026		水循环式漱口池 Spittoon with water circulation	ISO 7000:2004(1806)
027	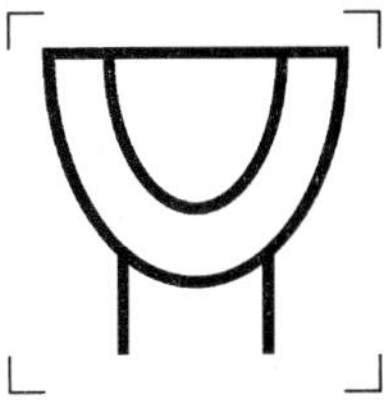	水胶体连接器 Hydrocolloid-connector	ISO 7000:2004(1805)
028		在标明的温度下消毒 Sterilizable up to the temperature specified	ISO 7000:2004(1844)

表 1（续）

序号	图形符号	含义	说明
029	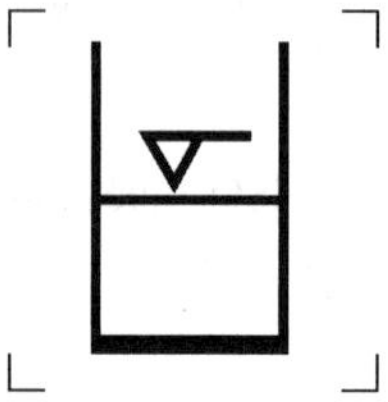	液面控制 Liquid level control	ISO 7000:2004(1850)
030		U 形管 U-trap	ISO 7000:2004(1845)
031	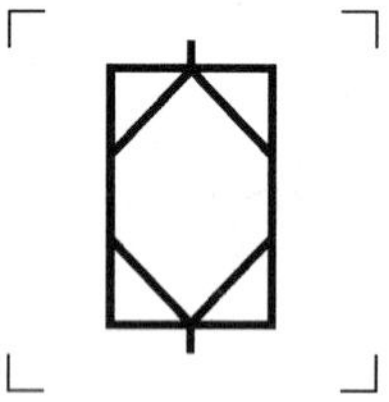	化学水处理 Chemical water treatment	ISO 7000:2004(1851)
032		手动控制阀 Hand controlled-valve	ISO 7000:2004(1852)
033		脚踏开关 Foot switch	ISO 9687:1993(36)
034		手动开关 Manual switch	ISO 9687:1993(37)
035		X 射线 X-ray	ISO 9687:1993(38)

表 1（续）

序号	图　形　符　号	含　　　义	说　　明
036		脚踏操作 Foot-operated	ISO 7000:2004(1853)
037		供水器 Cup-filler	ISO 7000:2004(1854)
038		盆冲洗 Bowl flush	ISO 7000:2004(1855)
039		水冷却 Water-cooling	ISO 7000:2004(1856)
040		喷雾冷却 Spray-cooling	ISO 7000:2004(1858)
041		空气冷却 Air-cooling	ISO 7000:2004(1857)
042		牙科椅，后倾 Dental patient chair，tilt backward	ISO 7000:2004(1809)

表 1（续）

序号	图 形 符 号	含 义	说 明
043		牙科椅，前倾 Dental patient chair，tilt forward	ISO 7000:2004(1810)
044		牙科椅，升高 Dental patient chair，up	ISO 7000:2004(1807)
045		牙科椅，降低 Dental patient chair，down	ISO 7000:2004(1808)
046		牙科椅，向后 Dental patient chair，backward	ISO 7000:2004(1813)
047		牙科椅，向前 Dental patient chair，forward	ISO 7000:2004(1814)
048	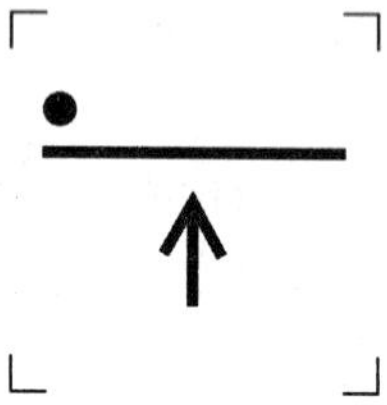	牙科支撑架，升高 Dental patient support，up	ISO 7000:2004(1817)
049	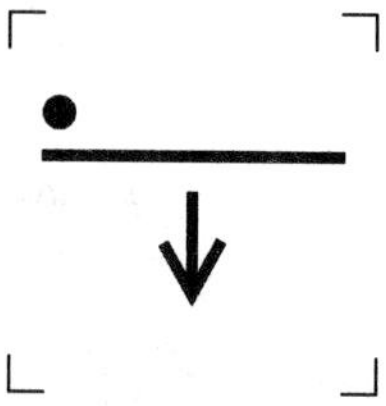	牙科支撑架，降低 Dental patient support，down	ISO 7000:2004(1818)

表 1（续）

序号	图 形 符 号	含 义	说 明
050		牙科椅，靠背，前倾 Dental patient chair, backrest, up	ISO 7000:2004(1816)
051		牙科椅，靠背，后仰 Dental patient chair, backrest, back	ISO 7000:2004(1815)
052		牙科椅，头托，前倾 Dental patient chair, headrest, up	ISO 7000:2004(1812)
053		牙科椅，头托，后仰 Dental patient chair, headrest, back	ISO 7000:2004(1811)
054		牙科椅，搁脚板，向上 Dental patient chair, footrest, up	ISO 7000:2004(1846)
055		牙科椅，搁脚板，向下 Dental patient chair, footrest, down	ISO 7000:2004(1847)
056	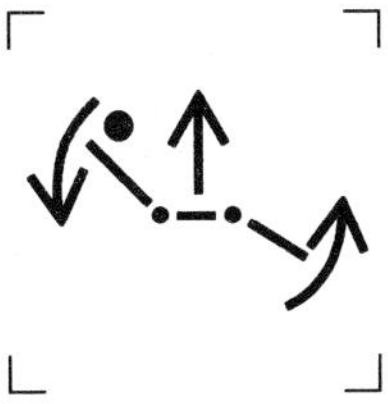	牙科椅，自动调整 Dental patient chair, automatic set	ISO 7000:2004(1848)

表 1（续）

序号	图形符号	含义	说明
057	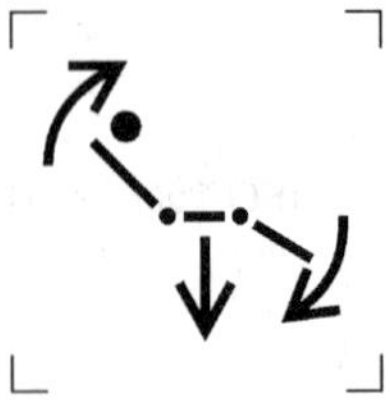	牙科椅，自动复位 Dental patient chair，automatic reset	ISO 7000：2004(1849)
058		灯；照明；照明设备 Lamp；Lighting；Illumination	ISO 9687：1993(63)
059		亮度；辉度 Brightness；Brilliance	ISO 9687：1993(64)
060		信号灯，灯 Signal lamp，light	ISO 9687：1993(65)
061		照明，红色 Illumination，red	ISO 9687：1993(66)
062		照明，绿色 Illumination，green	ISO 9687：1993(67)
063	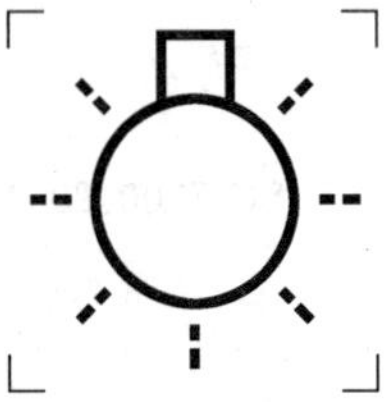	照明，漫射 Illumination，diffuse	ISO 9687：1993(68)

表 1（续）

序号	图形符号	含义	说明
064		照明，紫外线 Illumination，ultraviolet	ISO 9687：1993(69)
065		照明，红外线 Illumination，infra-red	ISO 9687：1993(70)
066		照明，蓝色 Illumination，blue	ISO 9687：1993(71)
067		加速（旋转） Speed (revolutions) increase	ISO 9687：1993(73)
068		减速（旋转） Speed (revolutions) decrease	ISO 9687：1993(74)
069		铃 Bell	ISO 9687：1993(75)
070	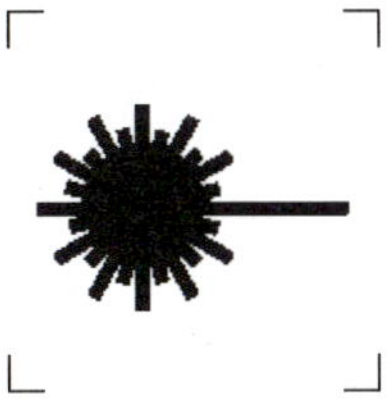	激光 Laser	ISO 9687：1993(77)

表 1（续）

序号	图 形 符 号	含 义	说 明
071	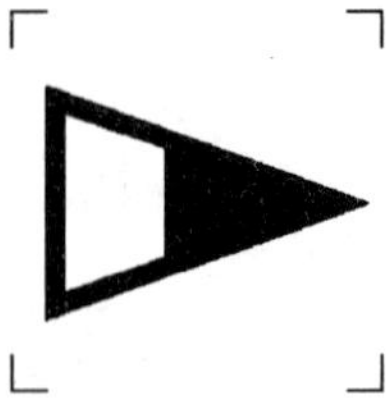	慢速运转，慢速 Slow run，slow speed	ISO 9687:1993(87)
072	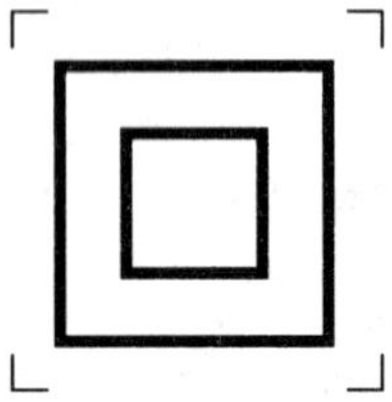	Ⅱ类设备 Class Ⅱ equipment	ISO 9687:1993(88)
073	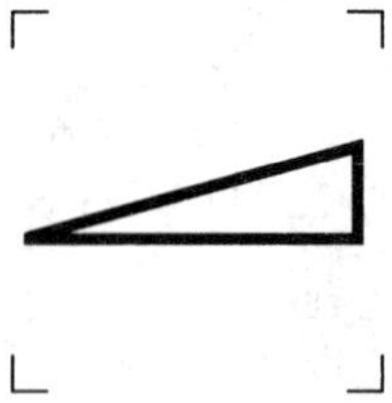	可变性 Variability	ISO 9687:1993(89)
074		步调节 Variability in steps	ISO 9687:1993(90)
075	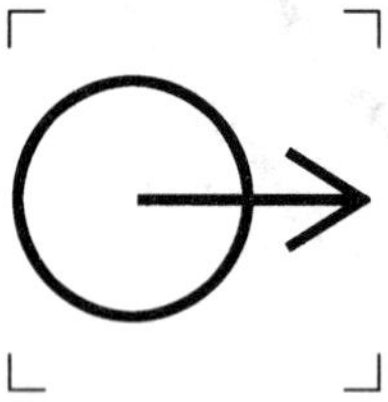	输出，能量 Output，energy	ISO 9687:1993(91)
076	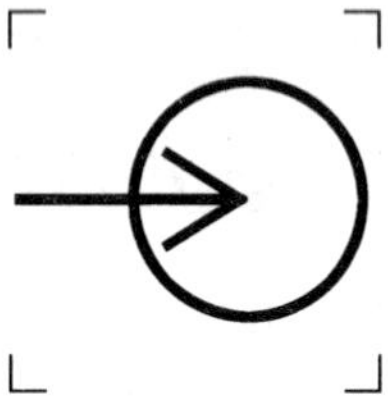	输入，能量 Input，energy	ISO 9687:1993(92)
077	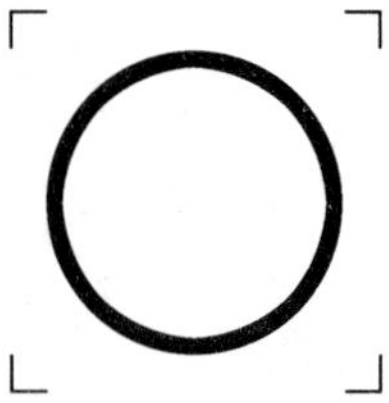	断开（电源） Off（power）	ISO 9687:1993(93)

表 1（续）

序号	图形符号	含义	说明
078		通（电源） On(power)	ISO 9687:1993(100)
079		通/断（按-按） On/off(push-push)	ISO 9687:1993(94)
080		通/断（按钮开关） On/off(push button)	ISO 9687:1993(95)
081		待机 Stand-by	ISO 9687:1993(96)
082		试启动 Trial start	ISO 9687:1993(97)
083	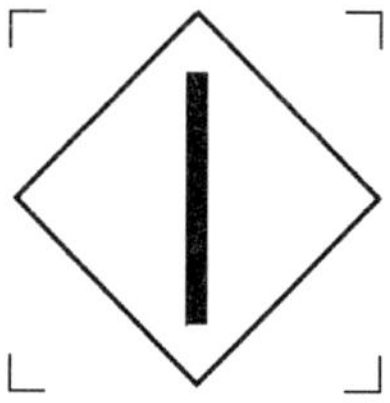	启动 Start of action	ISO 9687:1993(98)
084		设备的一部分"断" Off for a part of equipment	ISO 9687:1993(99)

表 1（续）

序号	图 形 符 号	含 义	说 明
085	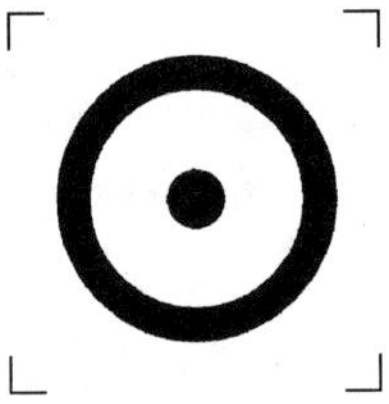	设备的一部分“通” On(only for a part of equipment)	ISO 9687:1993(135)
086		设备的一部分“待机”或“预备” Stand-by or preparatory state(only for a part of equipment)	ISO 9687:1993(134)
087	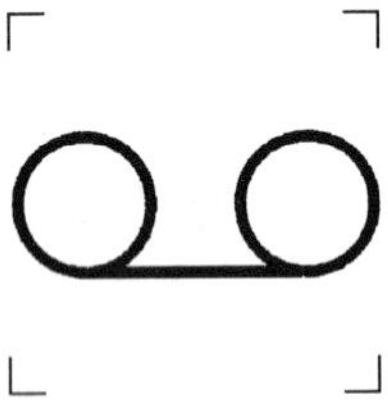	带式录音机 Tape-recorder	ISO 9687:1993(104)
088		磁带录像机 Video-tape-recorder	ISO 9687:1993(105)
089		喇叭 Horn	ISO 7000:2004(0244)
090		电池定位 Positioning of battery cell	ISO 9687:1993(107)
091		电瓶充电状态 Battery charging condition	ISO 7000:2004(0247)

表 1（续）

序号	图　形　符　号	含　　　义	说　　明
092	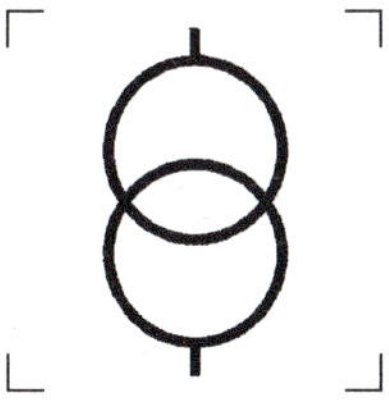	变压器 Transformer	ISO 9687:1993(109)
093		从信息载体读出或重放 Reading or reproduction from an information carrier	ISO 9687:1993(110)
094		在信息载体上录制 Recording on an information carrier	ISO 9687:1993(111)
095		从信息载体上删除 Erasing from an information carrier	ISO 9687:1993(112)
096		音乐 Music	ISO 9687:1993(113)
097		声音，音频 Sound, audio	ISO 9687:1993(114)
098		头戴式耳机 Headphones	ISO 9687:1993(115)

表 1（续）

序号	图　形　符　号	含　　　　　义	说　　明
099	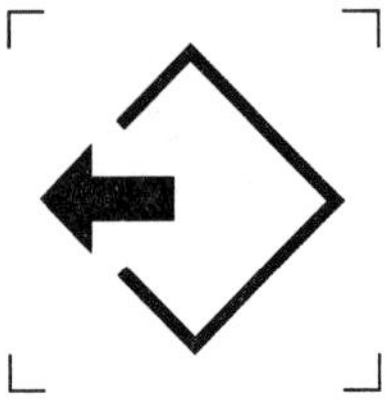	从存储器读出数据 Read data from store	ISO 7000:2004(1026)
100		向存储器写入数据 Write data into store	ISO 7000:2004(1025)
101		向存储器写入和从存储器读出数据 Write and read data into and from store	ISO 7000:2004(1107)
102	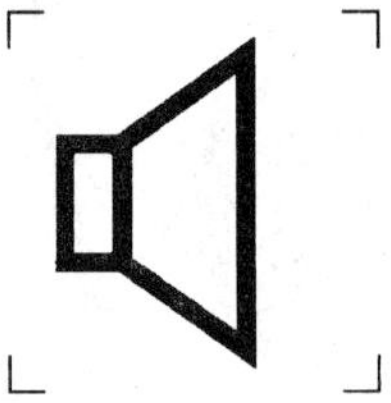	扬声器 Loudspeaker	ISO 9687:1993(119)
103	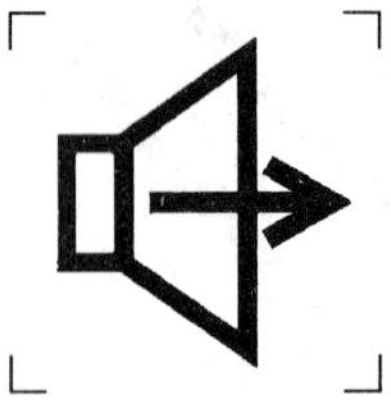	按正常方式工作的扬声器 Loudspeaker in normal operation	ISO 9687:1993(120)
104		按传声方式工作的扬声器 Loudspeaker in operation as a microphone	ISO 9687:1993(121)
105	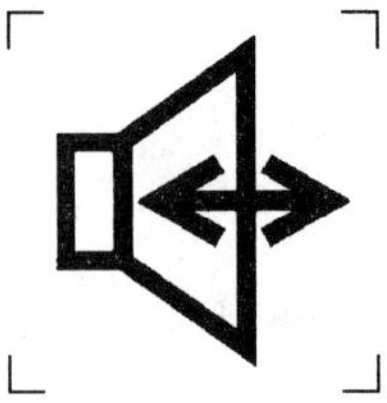	按正常和传声方式工作的扬声器 Loudspeaker in operation as normal and a microphone	ISO 9687:1993(122)

表 1（续）

序号	图 形 符 号	含 义	说 明
106		高音控制 Treble control	ISO 9687:1993(123)
107		低音控制 Bass control	ISO 9687:1993(124)
108	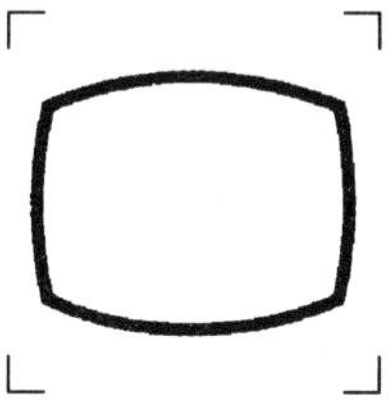	电视;视频 Television;Video	ISO 9687:1993(125)
109	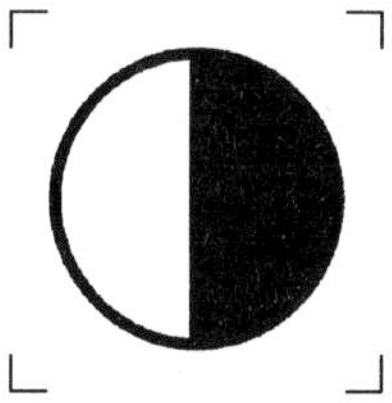	对比度 Contrast	ISO 9687:1993(126)
110		色饱和度 Colour saturation	ISO 9687:1993(127)
111	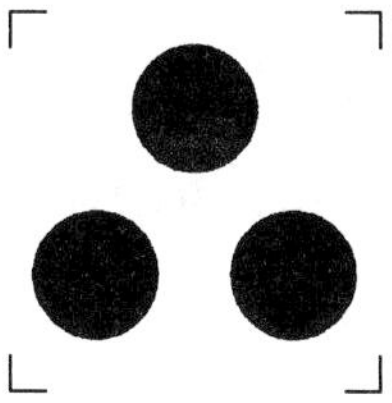	彩色 Colour	ISO 9687:1993(128)
112		图形记录器 Graphical recorder	ISO 9687:1993(132)

表 1（续）

序号	图 形 符 号	含 义	说 明
113		通风和循环风扇 Ventilating and air-circulating fan	ISO 7000:2004(0089)
114	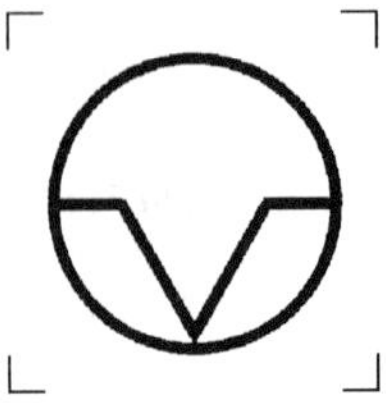	暂停;中断 Pause;Interruption	ISO 9687:1993(138)
115		交流电 Alternating current	ISO 9687:1993(139)
116		交直流两用 Current,both direct and alternating	ISO 9687:1993(140)
117		直流电 Direct current	ISO 9687:1993(141)
118		等电位 Equipotentiality	ISO 9687:1993(142)
119		保护接地 Protective earth(ground)	ISO 9687:1993(143)

表 1（续）

序号	图 形 符 号	含 义	说 明
120	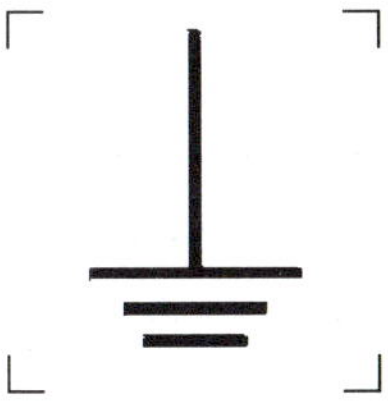	接地 Earth(ground)	ISO 9687:1993(144)
121	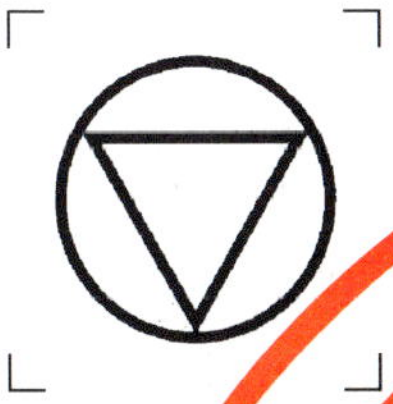	停机 Stop of action	ISO 9687:1993(145)
122		危险警告 Hazard warning	ISO 7000:2004(0085)
123		危险电压 Dangerous voltage	ISO 9687:1993(147)
124		钟;定时开关;计时器 Clock;Time switch;Timer	ISO 9687:1993(152)

索 引

英文对应词	序号
Equipotentiality	118
Erasing from an information carrier	095
Fibre-optic handpiece	018
Foot switch	033
Foot-operated	036
Graphical recorder	112
Hand controlled-valve	032
Hazard warning	122
Headphones	098
Horn	089
Hydrocolloid-connector	027
Illumination	058
Illumination, blue	066
Illumination, diffuse	063
Illumination, green	062
Illumination, infra-red	065
Illumination, red	061
Illumination, ultraviolet	064
Input, energy	076
Interruption	114
Lamp	058
Laser	070
Lighting	058
Liquid level control	029
Loudspeaker	102
Loudspeaker in normal operation	103
Loudspeaker in operation as a microphone	104
Loudspeaker in operation as normal and a microphone	105
Manual switch	034
Multifunction syringe (air-water)	017
Music	096
Off for a part of equipment	084
Off(power)	077
On(only for a part of equipment)	085
On(power)	078
On/off(push button)	080
On/off(push-push)	079
Output, energy	075
Pause	114

英文对应词 **序号**

英文对应词 **序号**

ICS 01.080.20
A 22

中华人民共和国国家标准

GB/T 16273.8—2010

设备用图形符号
第8部分:办公设备通用符号

Graphical symbols for use on equipment—
Part 8:Common symbols for office equipment

2011-01-10 发布　　2011-05-01 实施

中华人民共和国国家质量监督检验检疫总局
中国国家标准化管理委员会　发布

前　言

GB/T 16273《设备用图形符号》目前分为以下部分：

——第1部分：通用符号；

——第2部分：机床通用符号；

——第3部分：电焊设备通用符号；

——第4部分：带有箭头的符号；

——第5部分：塑料机械通用符号；

——第6部分：运输、车辆检测及装载机械通用符号；

——第7部分：牙科设备通用符号；

——第8部分：办公设备通用符号；

……

本部分为GB/T 16273的第8部分，所规定的符号选自ISO 7000:2004《设备用图形符号　索引和一览表》和ISO/IEC 13251:2004《办公设备用图形符号》，符号的编排顺序参考ISO/IEC 13251:2004中的有关规定。

本部分由全国图形符号标准化技术委员会(SAC/TC 59)提出并归口。

本部分起草单位：中国标准化研究院、机械科学研究总院。

本部分主要起草人：张亮、白殿一、郭汀、陈永权、邹传瑜。

设备用图形符号
第 8 部分：办公设备通用符号

1 范围

本部分规定了用于各种办公设备上的通用图形符号。

本部分适用于电脑、打印机、复印机、电话等办公设备，用于办公设备的操作控制器、指示器及连接插口，表明办公设备的特征、操作指示、功能状况等。也适用于与办公设备相关的文件，如使用说明书等。

2 规范性引用文件

下列文件中的条款通过 GB/T 16273 的本部分的引用而成为本部分的条款。凡是注日期的引用文件，其随后所有的修改单（不包括勘误的内容）或修订版均不适用于本部分，然而，鼓励根据本部分达成协议的各方研究是否可使用这些文件的最新版本。凡是不注日期的引用文件，其最新版本适用于本部分。

GB/T 15565.1 图形符号 术语 第 1 部分：通用

GB/T 16273.1 设备用图形符号 第 1 部分：通用符号（GB/T 16273.1—2008，ISO 7000:2004，NEQ）

GB/T 16902.1—2004 图形符号表示规则 设备用图形符号 第 1 部分：原形符号

3 术语和定义

GB/T 15565.1 界定的术语和定义适用于 GB/T 16273 的本部分。

4 图形标志

办公设备通用符号见表 1。

5 应用

5.1 本部分应与 GB/T 16273.1 配合使用。应用中，如还需使用其他符号，则应从 GB/T 16273 的其他部分中选取。

5.2 图形符号的应用应遵循 GB/T 16902.1—2004 中 8.3 的规定。

5.3 使用图形符号时应按表 1 中的图形符号进行等比例放大或缩小。

5.4 表 1 中位于图形符号四周的角标不构成图形符号的内容，仅为图形符号复制及应用的依据。

表 1 办公设备通用符号

序 号	图形符号	含 义	说 明
001	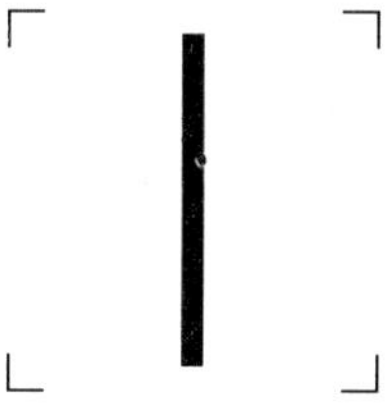	通（电源） On(power)	ISO/IEC 13251:2004(001)

表 1（续）

序号	图形符号	含义	说明
002	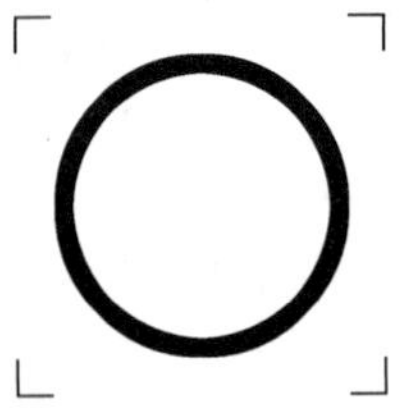	断(电源) Off(power)	ISO/IEC 13251:2004(002)
003		通、断(按-按) On/off(push-push)	ISO/IEC 13251:2004(003)
004		通、断(按钮开关) On/off(push button)	ISO/IEC 13251:2004(004)
005	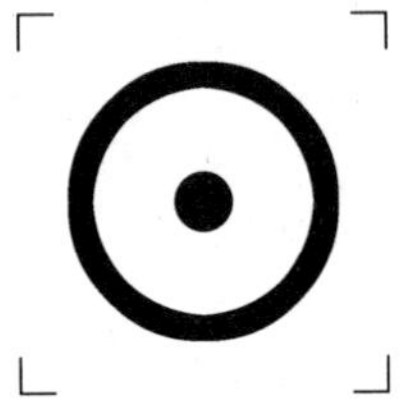	设备的一部分“通” “ON” for a part of equipment	ISO/IEC 13251:2004(005)
006		设备的一部分“断” “OFF”for a part of equipment	ISO/IEC 13251:2004(006)
007		设备的一部分处于待机或预备状态 Stand-by or preparatory state for a part of equipment	ISO/IEC 13251:2004(007)

表 1（续）

序 号	图形符号	含　　义	说　　明
008		待机 Stand-by	ISO/IEC 13251:2004(010)
009		暂停；中断 Pause;interruption	ISO/IEC 13251:2004(011)
010		启动(动作的开始) Start(of action)	ISO/IEC 13251:2004(012)
011		快速启动 Fast start	ISO/IEC 13251:2004(013)
012	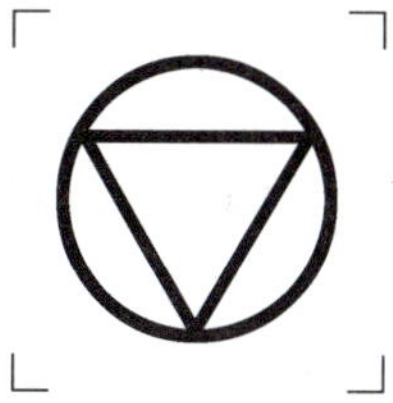	停机(动作的停止) Stop(of action)	ISO/IEC 13251:2004(014)
013		快速停止 Fast stop	ISO/IEC 13251:2004(015)

表 1（续）

序号	图形符号	含义	说明
014	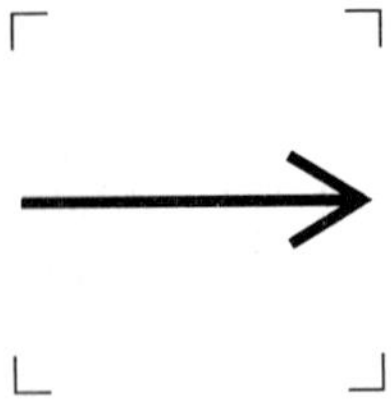	单向运动 Movement in one direction	ISO/IEC 13251:2004(017)
015	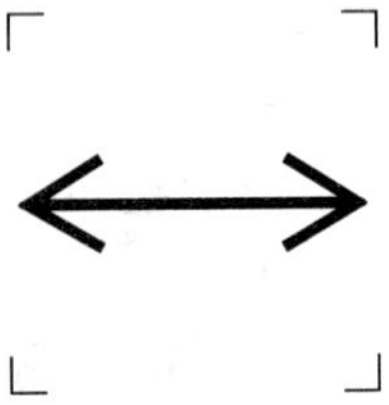	双向运动 Movement in both directions	ISO/IEC 13251:2004(019)
016	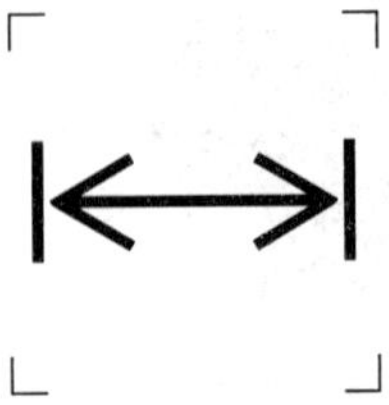	双向局限运动 Movement limited in both directions	ISO/IEC 13251:2004(021)
017	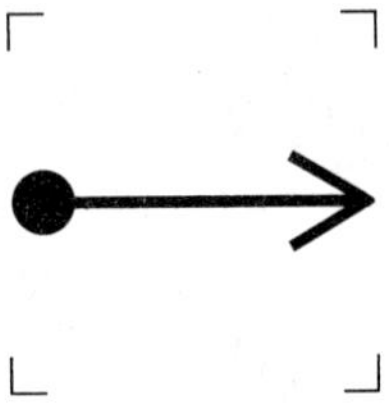	移离参考点的效应或作用 Effect or action away from a reference point	ISO/IEC 13251:2004(022)
018	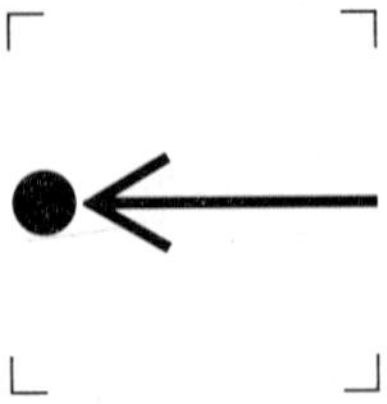	移向参考点的效应或作用 Effect or action towards a reference point	ISO/IEC 13251:2004(023)
019	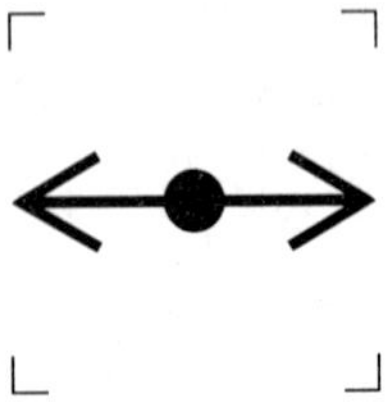	移离参考点的双向效应或作用 Effect or action in both directions away from a reference point	ISO/IEC 13251:2004(024)

表 1（续）

序号	图形符号	含　　义	说　　明
020		移向参考点的双向效应或作用 Effect or action in both directions toward a reference point	ISO/IEC 13251:2004(025)
021	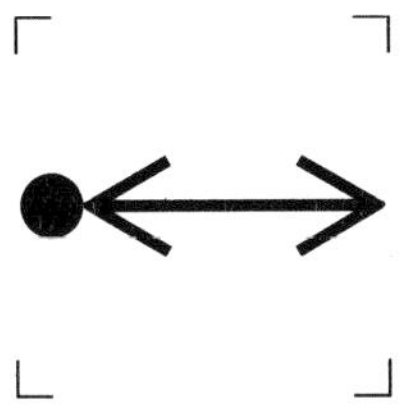	非同时移离和移向参考点的效应或动作 Non-simultaneous effect or action away from and towards a reference point	ISO/IEC 13251:2004(026)
022		同时移离和移向参考点的效应或动作 Simultaneous effect or action away from and towards a reference point	ISO/IEC 13251:2004(027)
023		复位 Return to an initial state	ISO/IEC 13251:2004(029)
024	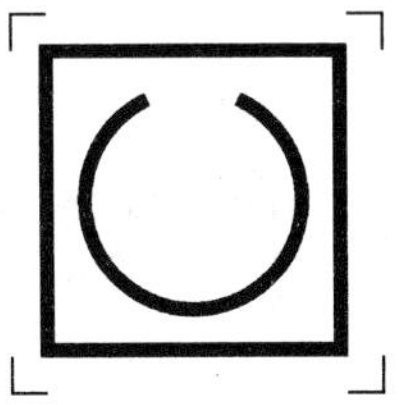	遥控站，准备 Remote station, ready	ISO 7000:2004(1937)
025		遥控站，待机 Remote station, stand-by	ISO 7000:2004(1938)

表 1（续）

序号	图形符号	含义	说明
026		肯定应答遥控站 Acknowledgement of remote station positive	ISO 7000:2004(1940)
027		否定应答遥控站 Acknowledgement of remote station negative	ISO 7000:2004(1941)
028	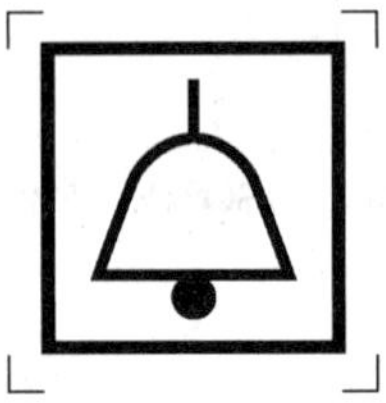	呼叫遥控站操作员 Call operator of remote station	ISO 7000:2004(1950)
029		没有来自遥控站操作员的应答 No operator response from remote station	ISO 7000:2004(1951)
030	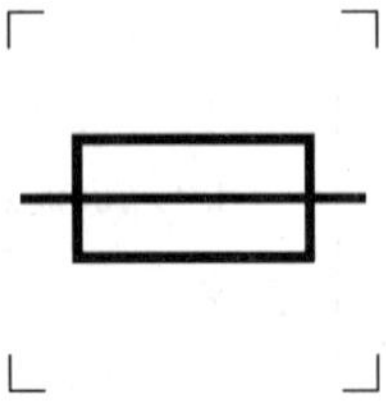	熔断器 Fuse	ISO/IEC 13251:2004(037)
031	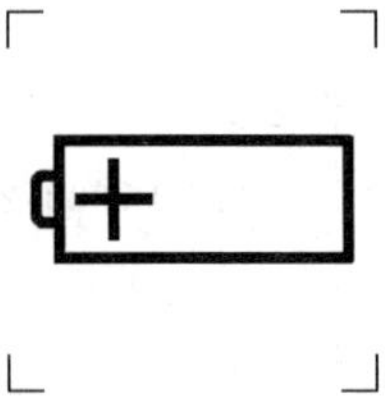	电池定位 Positioning of cell	ISO/IEC 13251:2004(038)

表 1（续）

序号	图形符号	含　　义	说　明
032	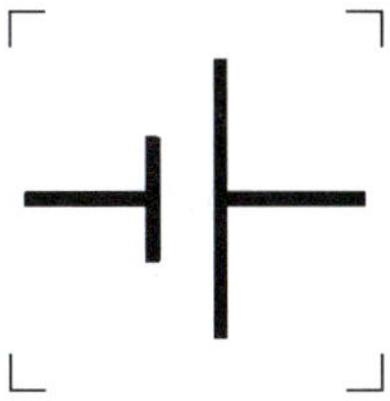	电池的一般符号 Battery, general	ISO/IEC 13251:2004(039)
033	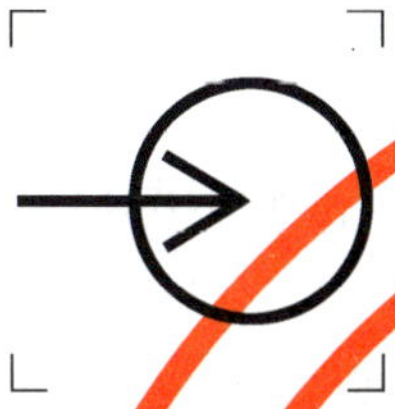	输入 Input	ISO/IEC 13251:2004(040)
034		输出 Output	ISO/IEC 13251:2004(041)
035	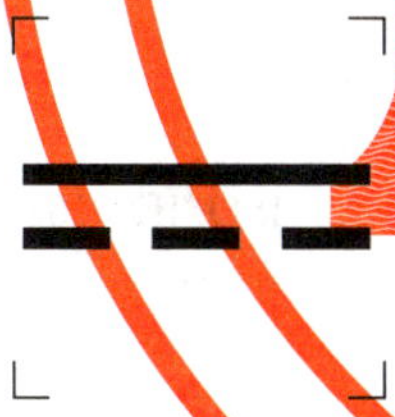	直流电 Direct current	ISO/IEC 13251:2004(042)
036	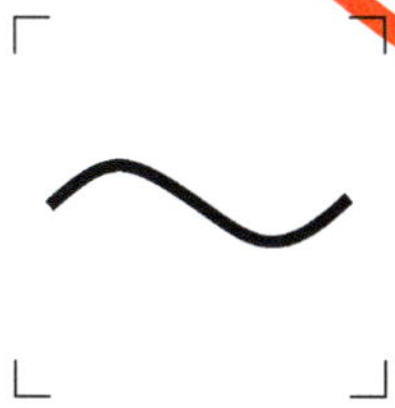	交流电 Alternating current	ISO/IEC 13251:2004(043)
037		交直流两用 Both direct and alternating current	ISO/IEC 13251:2004(044)

表 1（续）

序号	图形符号	含　　义	说　　明
038	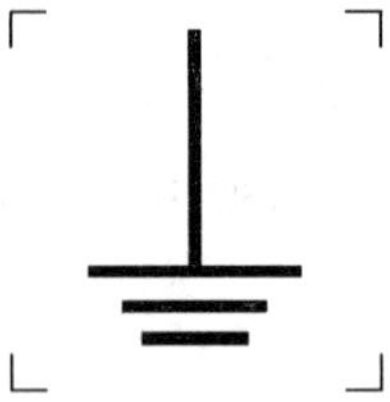	接地 Earth(ground)	ISO/IEC 13251:2004(046)
039		无噪声接地 Noiseless(clean)earth(ground)	ISO/IEC 13251:2004(047)
040		保护接地 Protective earth(ground)	ISO/IEC 13251:2004(048)
041	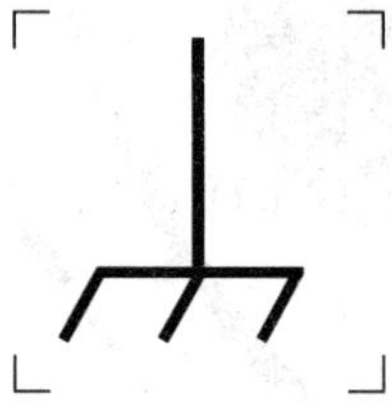	接机壳、接机架 Frame or chassis	ISO/IEC 13251:2004(049)
042		灯；照明；照度 Lamp;lighting;illumination	ISO/IEC 13251:2004(050)
043		间接照明 Indirect lighting	ISO/IEC 13251:2004(051)

表 1（续）

序号	图形符号	含　义	说　明
044		低强度照明 Low-intensity lighting	ISO/IEC 13251:2004(052)
045		亮度;辉度 Brightness;brilliance	ISO/IEC 13251:2004(053)
046	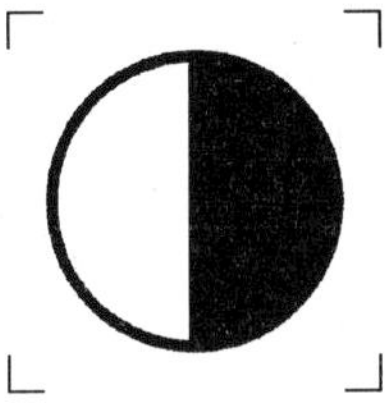	对比度 Contrast	ISO/IEC 13251:2004(054)
047	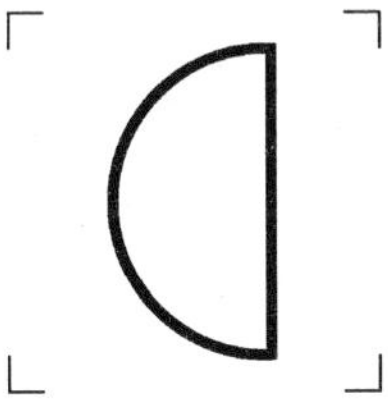	明亮 Light	ISO 7000:2004(2165)
048	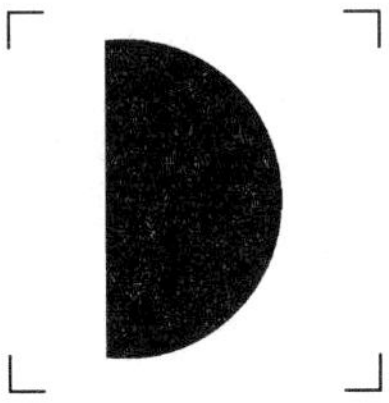	黑暗 Dark	ISO 7000:2004(2166)
049	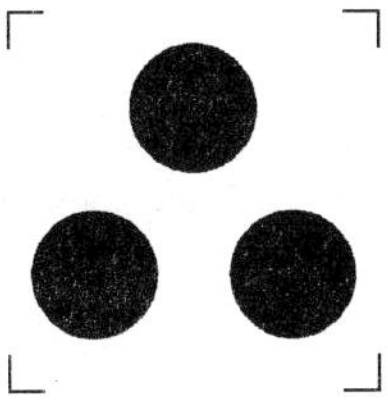	彩色(限定符号) Colour(qualifying symbol)	ISO/IEC 13251:2004(057)

表 1（续）

序号	图形符号	含　　义	说　　明
050		色饱和度 Colour saturation	ISO/IEC 13251:2004(058)
051	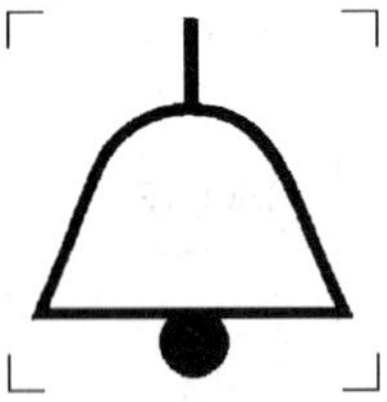	铃 Bell	ISO/IEC 13251:2004(059)
052		钟;定时开关;计时器 Clock;time switch;timer	ISO/IEC 13251:2004(060)
053		可编程定时器 Programmable timer	ISO/IEC 13251:2004(061)
054		阅读手册 Read operator's manual	ISO 7000:2004(0790)
055	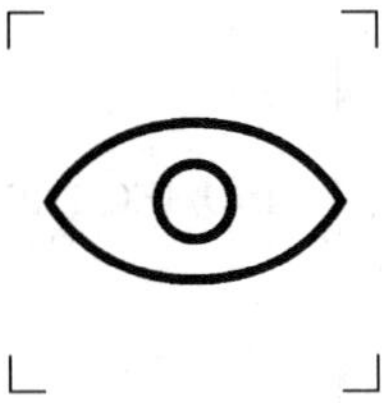	监视 Monitoring	ISO 7000:2004(2030)

表 1（续）

序号	图形符号	含　　义	说　明
056		试运行 Test run	ISO 7000:2004(1942)
057		脚踏开关 Foot switch	ISO/IEC 13251:2004(069)
058		双位按钮控制的"按入"状态 "IN"-position of a bi-stable push control	ISO/IEC 13251:2004(070)
059		双位按钮控制的"弹出"状态 "OUT"-position of a bi-stable push control	ISO/IEC 13251:2004(071)
060		弹起 Eject	ISO/IEC 13251:2004(074)
061	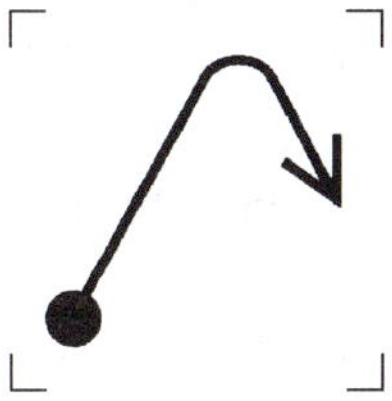	弹出 Rejection	ISO/IEC 13251:2004(075)

表 1（续）

序 号	图形符号	含　　　义	说　　明
062	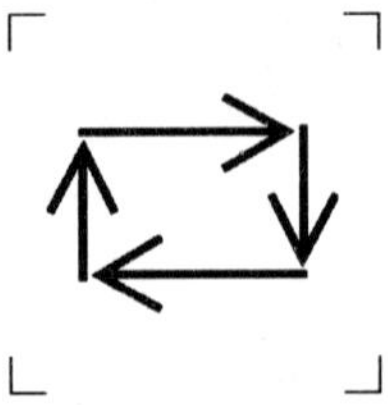	自动循环;半自动循环 Automatic cycle;semi-automatic cycle	ISO 7000:2004(0026)
063	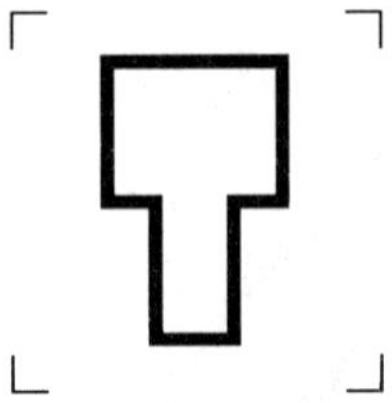	选择 Select	ISO 7000:2004(1996)
064	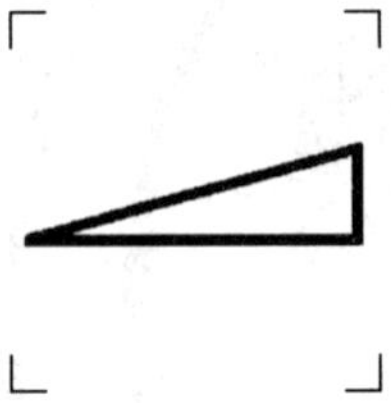	可变性(可调性) Variability	ISO/IEC 13251:2004(081)
065		步调节 Variability in steps	ISO/IEC 13251:2004(082)
066		旋转运动可变性,步调节 Variability,for rotating movement,variability in steps	ISO 7000:2004(2164)
067		平衡 Balance	ISO/IEC 13251:2004(085)

表 1（续）

序号	图形符号	含义	说明
068		调到最小 Adjustment to a minimum	ISO/IEC 13251:2004(086)
069	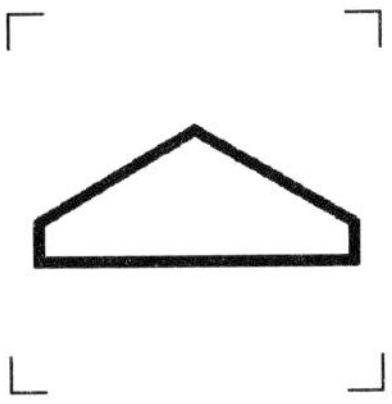	调到最大 Adjustment to a maximum	ISO/IEC 13251:2004(087)
070		可变速度 Variable speed	ISO 7000:2004(1943)
071		压力调整 Pressure adjustment	ISO 7000:2004(1979)
072		上墨调整 Inking adjustment	ISO 7000:2004(1980)
073	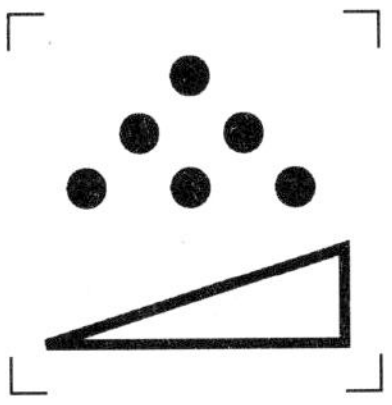	墨粉调整 Toner adjustment	ISO 7000:2004(0676)

表 1（续）

序 号	图形符号	含　　义	说　　明
074		曝光调整 Exposure adjustment	ISO 7000:2004(1954)
075		切割调整 Cutting adjustment	ISO 7000:2004(1981)
076	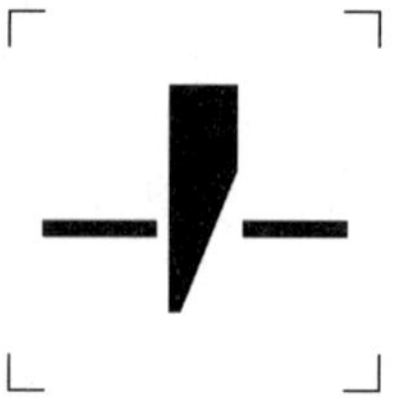	拷贝长度选择器 Copy length selector	ISO 7000:2004(0683)
077		温度控制 Temperature control	ISO 7000:2004(0175)
078		电话;电话适配器 Telephone;telephone adapter	ISO/IEC 13251:2004(096)
079		断开电话 Telephone disconnected	ISO 7000:2004(1949)

表 1(续)

序号	图形符号	含　　义	说　　明
080		扩音器(麦克风) Microphone	ISO/IEC 13251:2004(098)
081		耳机 Earphone	ISO/IEC 13251:2004(099)
082		头戴耳机 Headphones	ISO/IEC 13251:2004(100)
083		立体声头戴耳机 Stereophonic headphones	ISO/IEC 13251:2004(101)
084		头戴送、受话器 Headset	ISO/IEC 13251:2004(102)
085	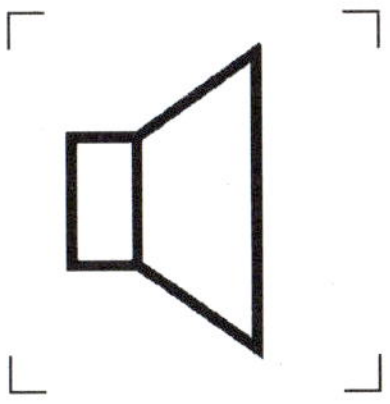	扬声器 Loudspeaker	ISO/IEC 13251:2004(103)

表 1（续）

序 号	图形符号	含　　义	说　明
086	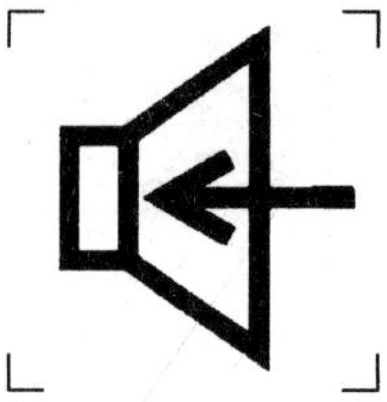	按传声方式工作的扬声器 Loudspeaker in operation as a microphone	ISO/IEC 13251:2004(104)
087	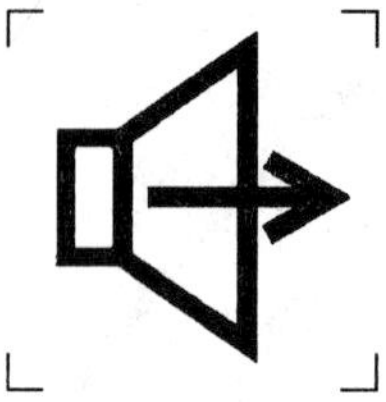	按扬声方式工作的扬声器 Loudspeaker in operation as such	ISO/IEC 13251:2004(105)
088	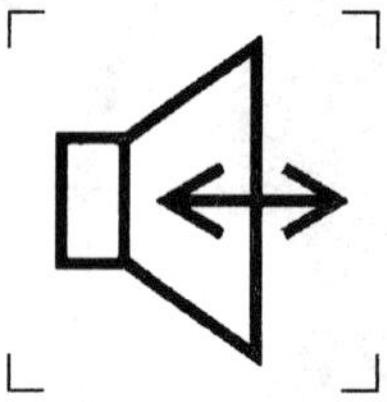	扬声器、传声器 Loudspeaker/microphone	ISO/IEC 13251:2004(106)
089		噪声抑制 Muting(Squelch)	ISO/IEC 13251:2004(107)
090		讲 Speak	ISO/IEC 13251:2004(108)
091		听 Listen	ISO/IEC 13251:2004(109)

表 1（续）

序号	图形符号	含　　义	说　　明
092		声音；音频 Sound；audio	ISO/IEC 13251:2004(110)
093		音乐 Music	ISO/IEC 13251:2004(111)
094		高音控制 Treble control	ISO/IEC 13251:2004(112)
095		低音控制 Bass control	ISO/IEC 13251:2004(113)
096	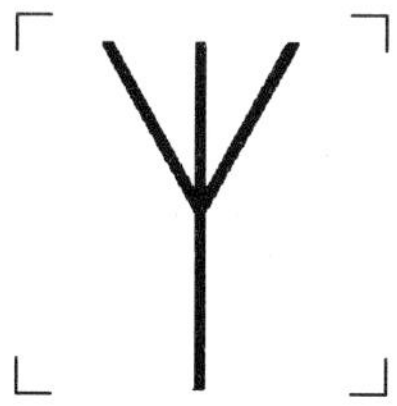	天线 Aerial(Antenna)	ISO/IEC 13251:2004(114)
097	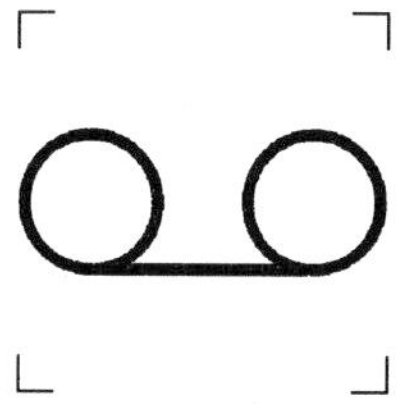	磁带录音机 Tape recorder	ISO/IEC 13251:2004(115)

表 1（续）

序号	图形符号	含义	说明
098		磁带录制 Recording on tape	ISO/IEC 13251:2004(116)
099		磁带重放或读出 Play-back or reading from tape	ISO/IEC 13251:2004(117)
100		磁带消磁 Erasing from tape	ISO/IEC 13251:2004(118)
101	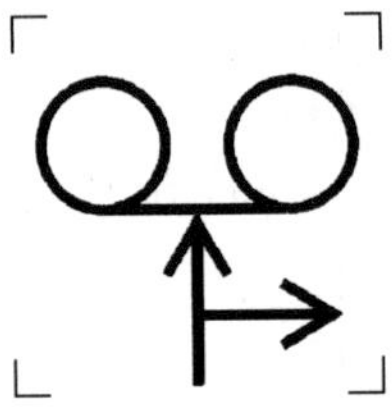	磁带录制时的输入监视 Monitoring at the input during recording on tape	ISO/IEC 13251:2004(119)
102		磁带录制后的磁带监视 Monitoring from tape after recording on tape	ISO/IEC 13251:2004(120)
103		磁带重放或读出时的监示 Monitoring during play-back or reading from tape	ISO/IEC 13251:2004(121)

表 1（续）

序号	图形符号	含　　义	说　明
104		磁带录音机上的录音锁定 Recording lock on tape recorders	ISO/IEC 13251:2004(122)
105		磁带录音机上的脉冲标记 Pulse marker on tape recorders	ISO/IEC 13251:2004(123)
106	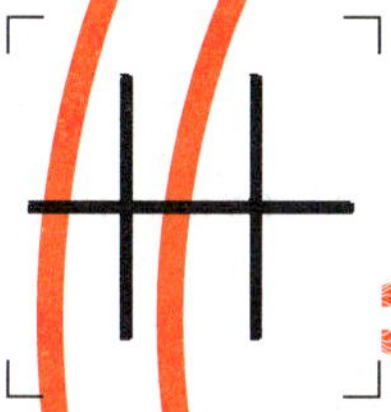	指令或纠错 Instruction or correction	ISO/IEC 13251:2004(124)
107		添加、装入磁带 Add/load cassette	ISO 7000:2004(1948)
108	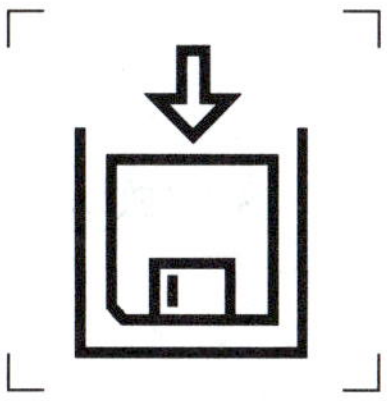	添加、装入磁盘 Add/load diskette	ISO 7000:2004(1947)
109	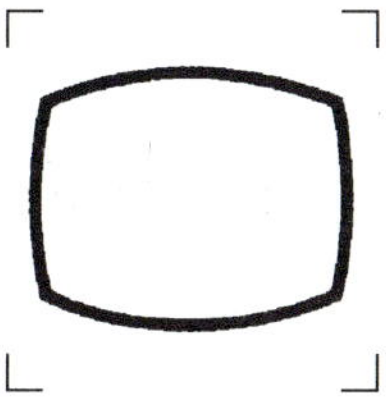	电视;视频 Television;video	ISO/IEC 13251:2004(127)

表 1（续）

序号	图形符号	含　　义	说　　明
110	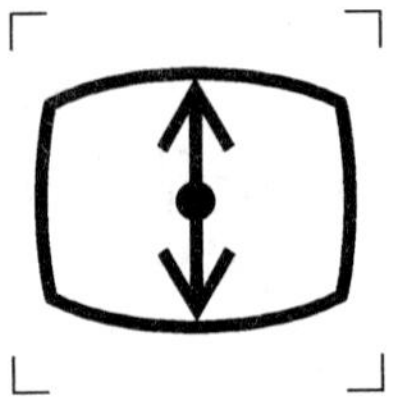	垂直同步 Vertical synchronization	ISO/IEC 13251:2004(128)
111		水平图像位移 Horizontal picture shift	ISO/IEC 13251:2004(129)
112		垂直图像位移 Vertical picture shift	ISO/IEC 13251:2004(130)
113	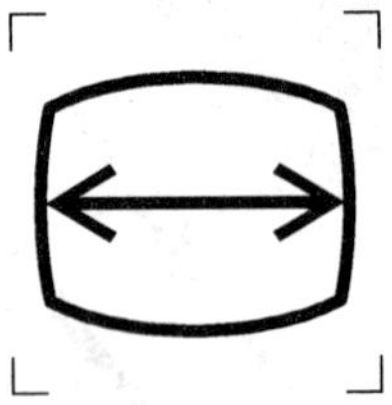	水平图像幅度 Horizontal picture amplitude	ISO/IEC 13251:2004(131)
114	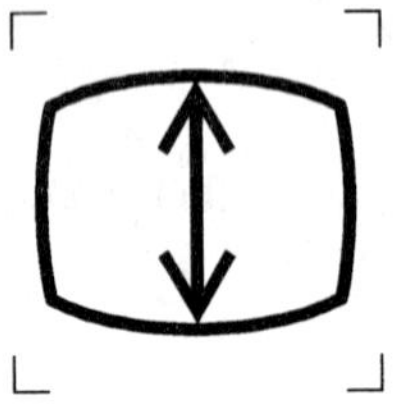	垂直图像幅度 Vertical picture amplitude	ISO/IEC 13251:2004(132)
115	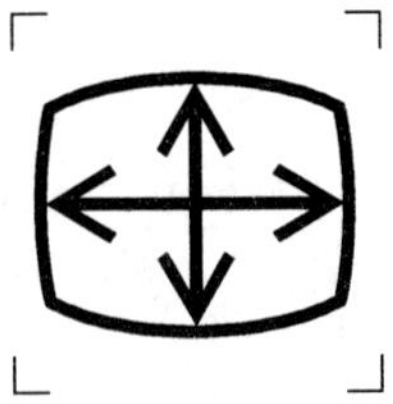	图像尺寸调整 Picture size adjustment	ISO/IEC 13251:2004(133)

表 1（续）

序号	图形符号	含　　义	说　　明
116	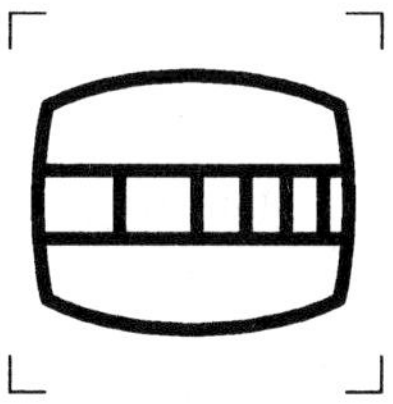	水平(行)线性 Horizontal linearity	ISO/IEC 13251:2004(134)
117	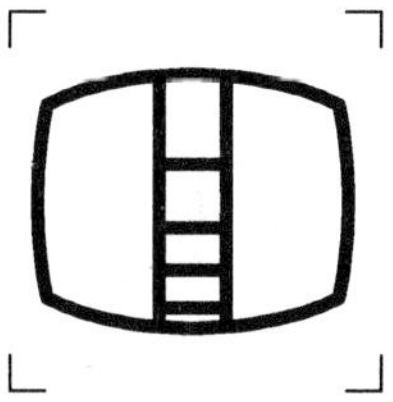	垂直(场)线性 Vertical linearity	ISO/IEC 13251:2004(135)
118	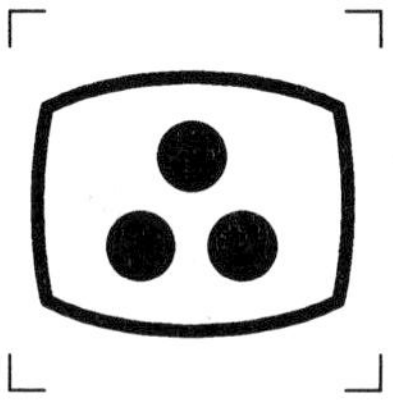	彩色电视 Colour television	ISO/IEC 13251:2004(136)
119	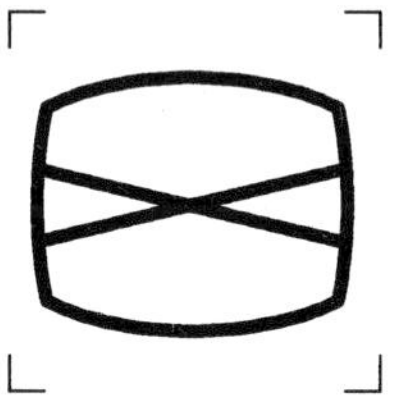	聚焦 Focus	ISO/IEC 13251:2004(137)
120	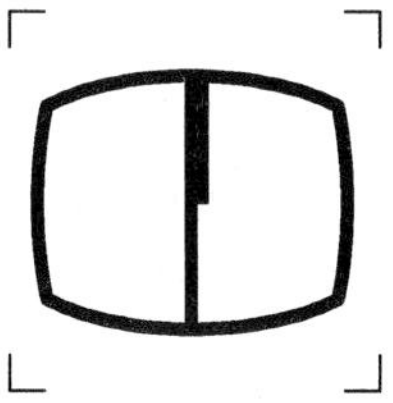	图像轮廓加重器 Crispener	ISO/IEC 13251:2004(138)
121		色调 Hue	ISO/IEC 13251:2004(139)

表 1（续）

序号	图形符号	含　　义	说　　明
122	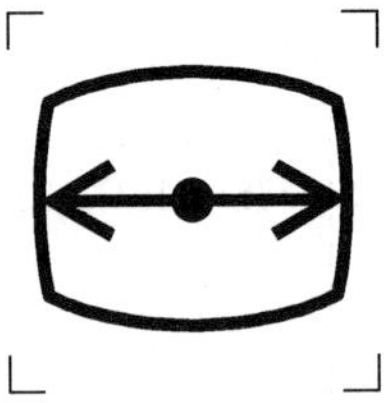	水平同步 Horizontal synchronization	ISO/IEC 13251:2004(140)
123		页面暂停 Page hold	ISO/IEC 13251:2004(141)
124		交互式视频文本禁用 Interactive videotext deactivated	ISO 7000:2004(1957)
125		临时非活动属性，禁用属性 Temporarily inactive attributes, disable attributes	ISO 7000:2004(1958)
126		显示 Reveal	ISO 7000:2004(1959)
127	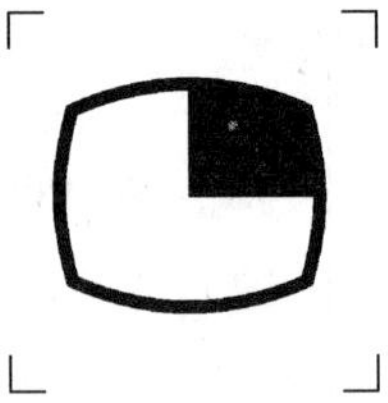	画中画模式 Picture-in-picture mode	ISO/IEC 13251:2004(145)

表 1（续）

序号	图形符号	含　　义	说　　明
128		计费信息 Billing information	ISO 7000:2004(1960)
129		信息服务 Message service	ISO 7000:2004(1961)
130		数据输入结束;数据收集终结符 End of data entry;data collection terminator	ISO 7000:2004(1962)
131	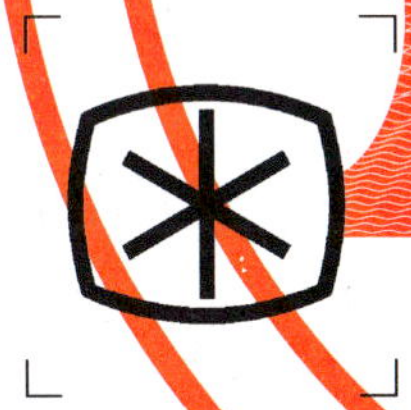	起始符 Initiator	ISO 7000:2004(1963)
132		终结符 Terminator	ISO 7000:2004(1964)
133	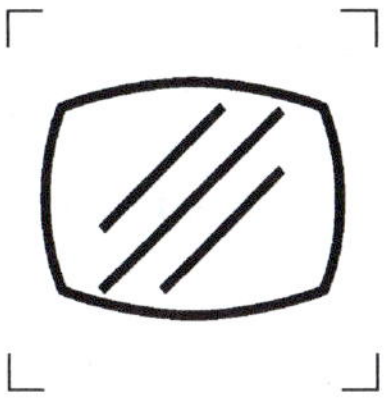	清除屏幕 Clear screen	ISO 7000:2004(2024)

表 1（续）

序号	图形符号	含义	说明
134		滚动 Scrolling	ISO 7000:2004(2025)
135		帮助 Help	ISO 7000:2004(2026)
136		应用帮助(显示/隐藏) Application assistance(reveal/conceal)	ISO/IEC 13251:2004(154)
137	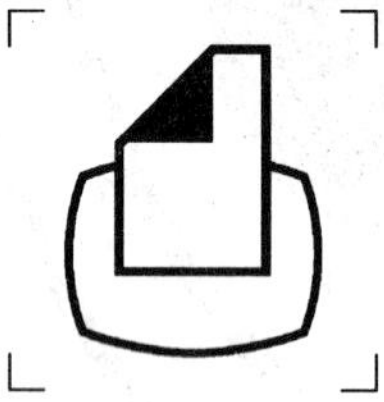	打印屏幕;硬拷贝 Print screen;hard copy	ISO 7000:2004(2027)
138	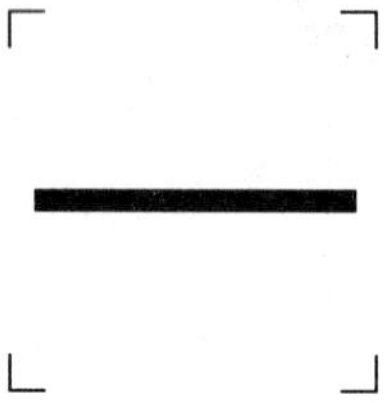	减;负极 Minus;negative polarity	ISO/IEC 13251:2004(156)
139		加;正极 Plus;positive polarity	ISO/IEC 13251:2004(157)

表 1（续）

序 号	图形符号	含 义	说 明
140		乘 Multiplication	ISO 7000:2004(0654)
141	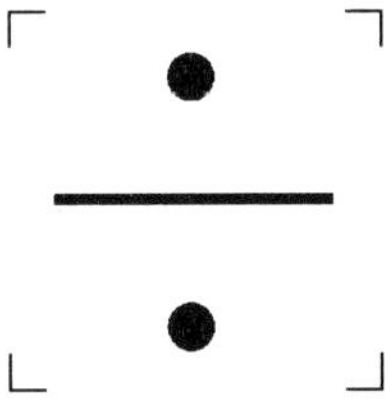	除 Division	ISO 7000:2004(0655)
142	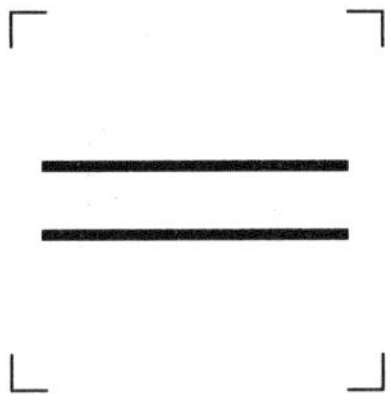	等于 Equals	ISO 7000:2004(0652)
143		总计 Total	ISO 7000:2004(0656)
144	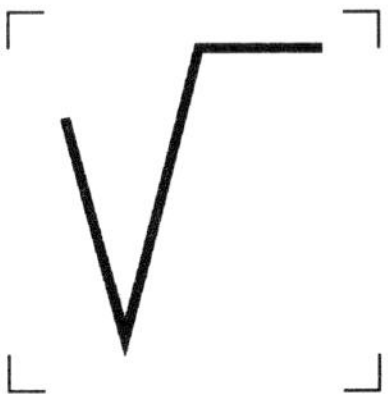	平方根 Square root	ISO 7000:2004(0653)
145		小计 Subtotal	ISO 7000:2004(0650)

表 1（续）

序 号	图形符号	含　　义	说　　明
146	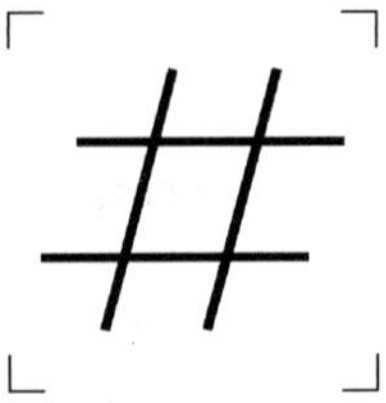	不相加 Non-add	ISO 7000:2004(0657)
147		Decimal sign 小数符号	ISO/IEC 13251:2004(165)
148		Repeat 重复	ISO/IEC 13251:2004(166)
149	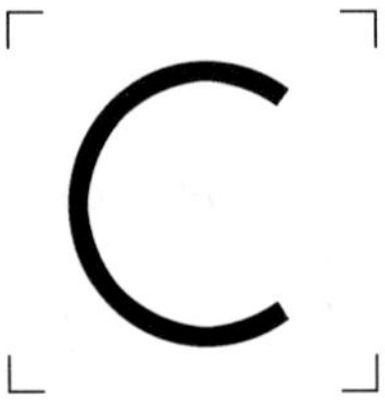	Clear 清除	ISO/IEC 13251:2004(167)
150	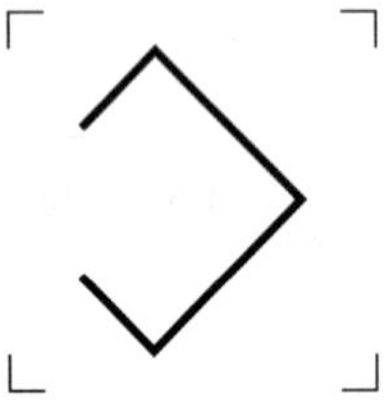	存储器 Store	ISO/IEC 13251:2004(168)
151		写数据到存储器 Write data into store	ISO 7000:2004(1025)

表 1（续）

序号	图形符号	含义	说明
152		从存储器读数据 Read data from store	ISO 7000:2004(1026)
153		写数据到存储器中和从存储器读数据 Write and read data into and from store	ISO 7000:2004(1107)
154	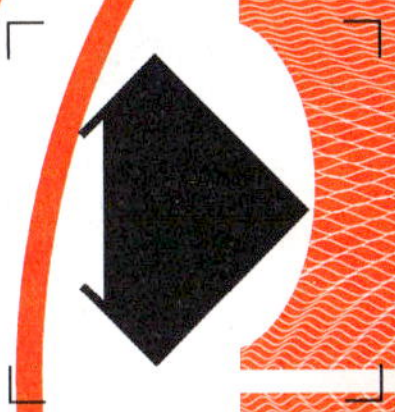	存储器、文本存储器满 Memory/text storage full	ISO 7000:2004(1946)
155	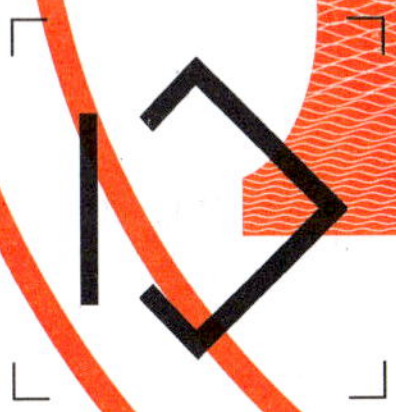	储存、存储方式结束 Storage/store mode finished	ISO/IEC 13251:2004(173)
156		重置 Reset	ISO 7000:2004(1027)
157	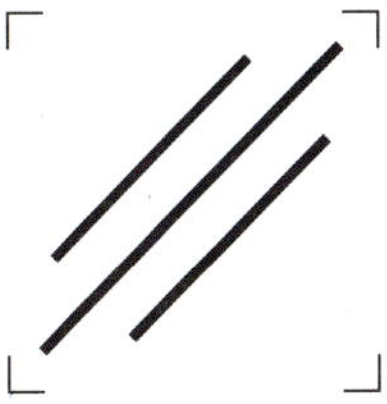	取消;删除 Cancel;delete	ISO 7000:2004(1028)

表 1（续）

序号	图形符号	含　　义	说　　明
158		全部取消 General cancel	ISO/IEC 13251:2004(176)
159		恒定输入 Constant input	ISO 7000:2004(1972)
160		恒定取回 Constant recall	ISO 7000:2004(1973)
161	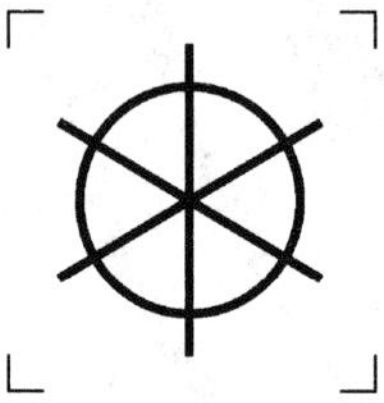	控制 Control	ISO 7000:2004(2028)
162		换码符 Escape	ISO 7000:2004(2029)
163		取消 Undo	ISO 7000:2004(2106)

表 1（续）

序号	图形符号	含　　义	说　明
164		替换 Alternate	ISO 7000:2004(2105)
165	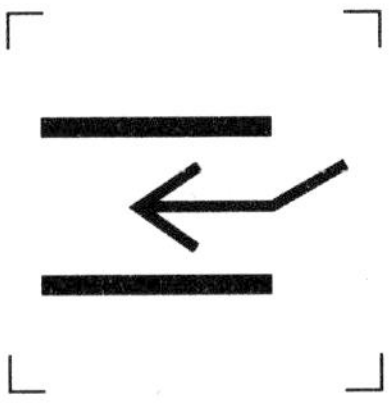	中断 Interrupt	ISO 7000:2004(1131)
166	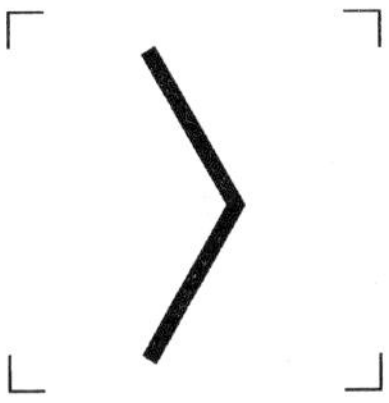	内部文本传输 Internal transfer of text	ISO 7000:2004(1974)
167	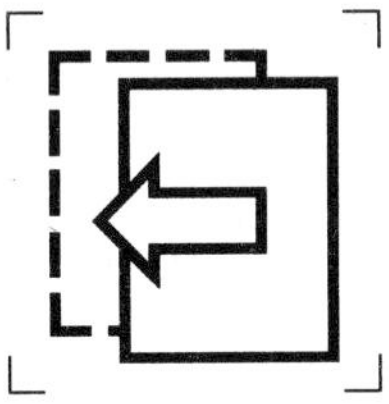	前一页 Previous page	ISO 7000:2004(2033)
168	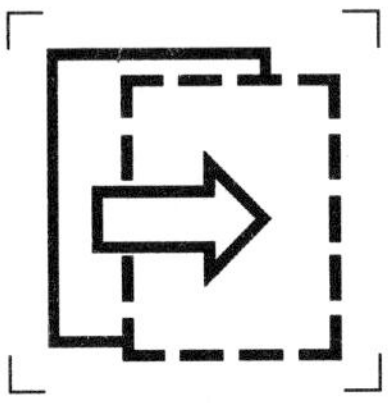	后一页 Next page	ISO 7000:2004(2034)
169	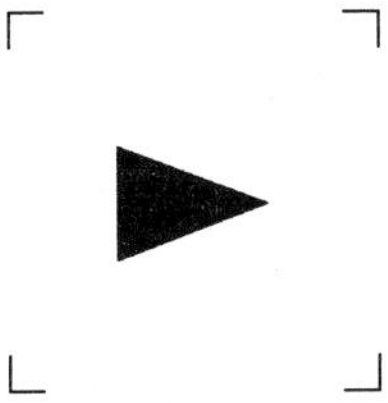	常速运转 Normal run	ISO/IEC 13251:2004(188)

表 1（续）

序号	图形符号	含义	说明
170	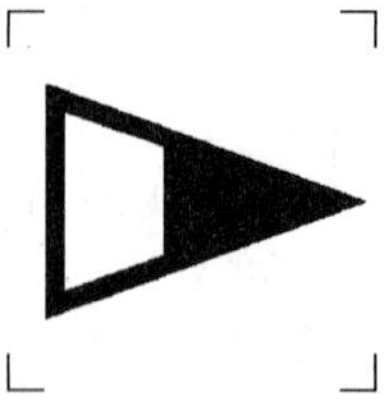	慢速运转 Slow run	ISO/IEC 13251:2004(190)
171		快速运转 Fast run	ISO/IEC 13251:2004(192)
172		重复 Recapitulate	ISO/IEC 13251:2004(194)
173	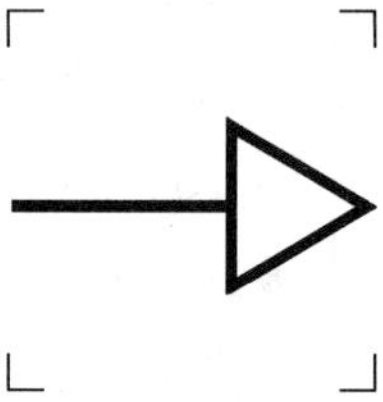	光标右移 Cursor right	ISO/IEC 13251:2004(197)
174	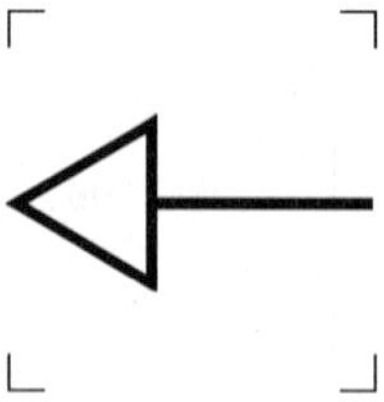	光标左移 Cursor left	ISO/IEC 13251:2004(198)
175		光标上移 Cursor up	ISO/IEC 13251:2004(199)

表 1（续）

序号	图形符号	含　　义	说　明
176		光标下移 Cursor down	ISO/IEC 13251:2004(200)
177	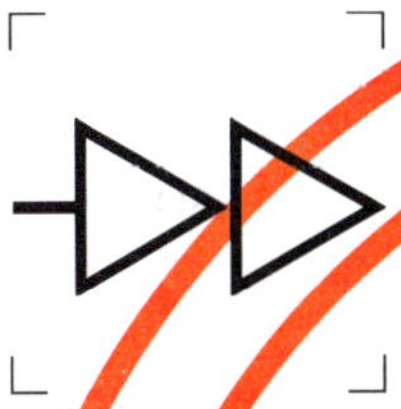	光标快速右移 Fast cursor right	ISO/IEC 13251:2004(201)
178		光标快速左移 Fast cursor left	ISO/IEC 13251:2004(202)
179	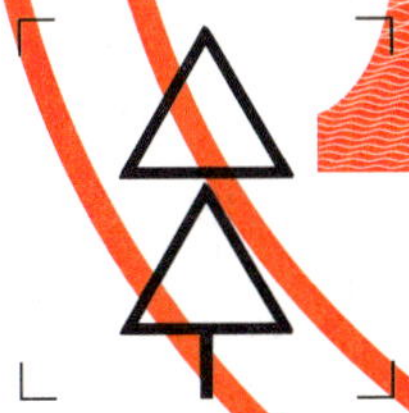	光标快速上移 Fast cursor up	ISO/IEC 13251:2004(203)
180	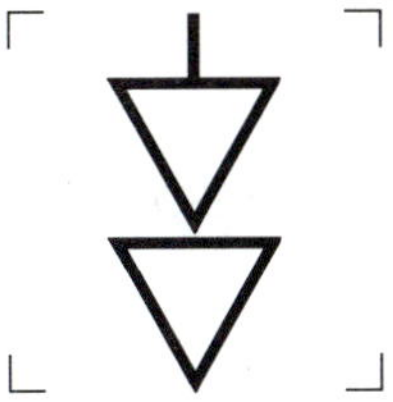	光标快速下移 Fast cursor down	ISO/IEC 13251:2004(204)
181	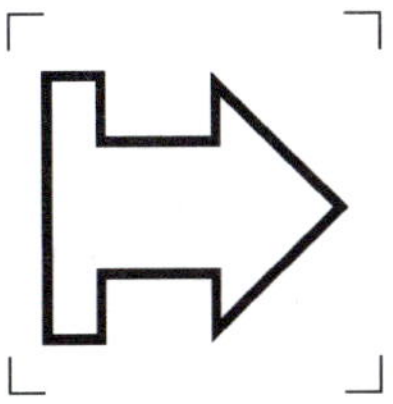	组锁定 Group lock	ISO 7000:2004(1862)

表 1（续）

序号	图形符号	含义	说明
182		数字键锁定 Numeric lock	ISO 7000:2004(2012)
183		大写锁定 Capitals lock	ISO 7000:2004(2010)
184		2 级选择 Level 2 select	ISO 7000:2004(1861)
185	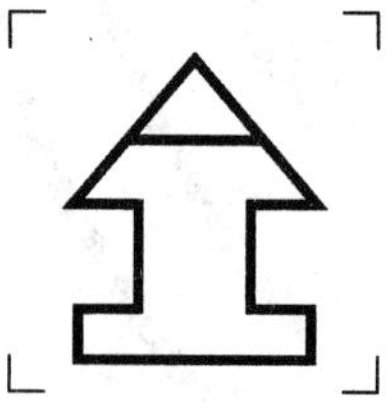	二级锁定 Level 2 lock	ISO 7000:2004(2011)
186		三级选择 Level 3 select	ISO 7000:2004(2013)
187		三级锁定 Level 3 lock	ISO 7000:2004(2014)

表 1（续）

序号	图形符号	含　　义	说　　明
188	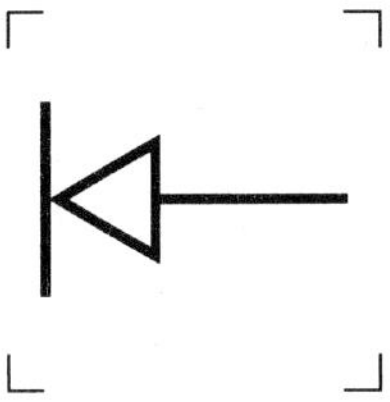	向左制表 Tabulation left	ISO 7000:2004(1863)
189	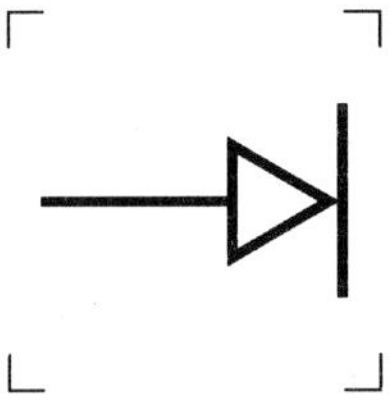	向右制表 Tabulation right	ISO 7000:2004(1864)
190	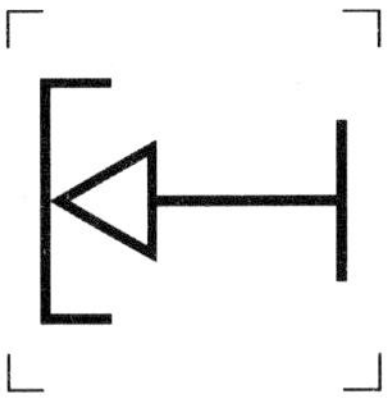	设置左页边距 Set margin left	ISO 7000:2004(2042)
191	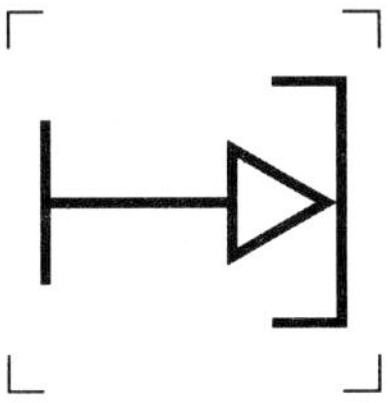	设置右页边距 Set margin right	ISO 7000:2004(2043)
192	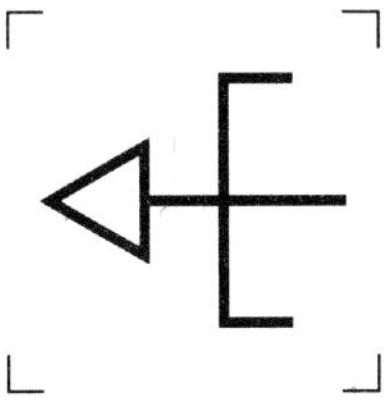	释放左页边距 Release margin left	ISO 7000:2004(2044)
193	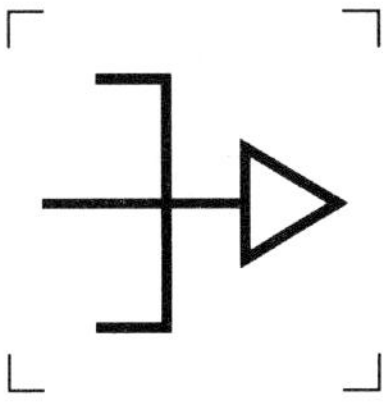	释放右页边距 Release margin right	ISO 7000:2004(2045)

表 1（续）

序 号	图形符号	含　　义	说　　明
194	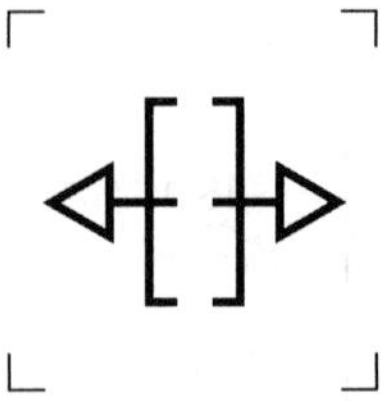	释放左页边距和右页边距 Release margins right and left	ISO 7000:2004(2046)
195	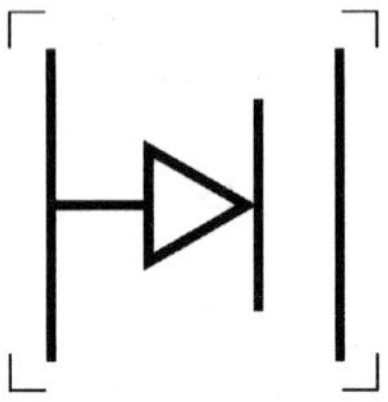	向右空半格 Partial space right	ISO 7000:2004(2041)
196	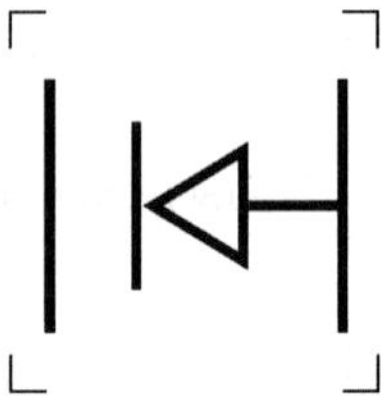	向左空半格 Partial space left	ISO 7000:2004(2040)
197		升一行 Line up	ISO 7000:2004(2035)
198	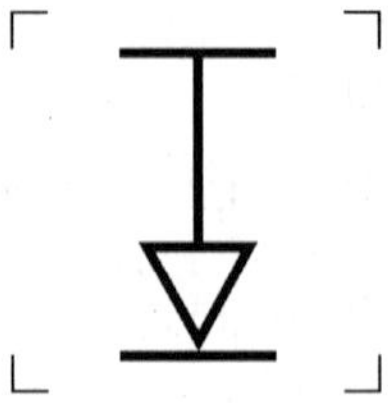	降一行 Line down	ISO 7000:2004(2036)
199	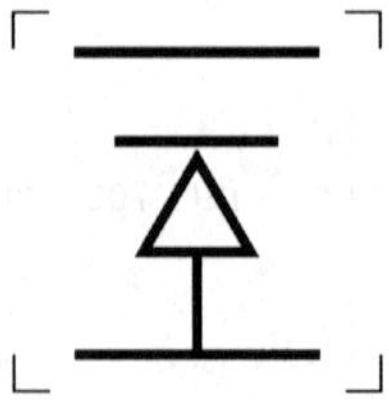	升半行 Partial line up	ISO 7000:2004(2038)

表 1（续）

序 号	图形符号	含　　义	说　　明
200	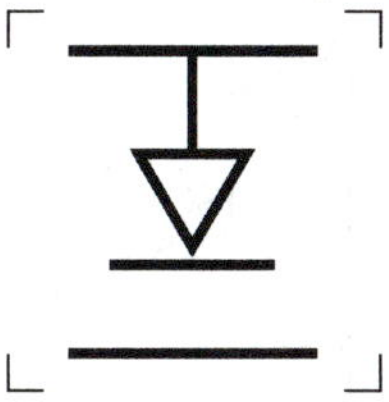	降半行 Partial line down	ISO 7000:2004(2039)
201		退格 Backspace	ISO 7000:2004(2037)
202		开头(始位) Beginning(home)	ISO 7000:2004(2031)
203		结束 End	ISO 7000:2004(2032)
204		文本的长度或结尾 Length or end of text	ISO/IEC 13251:2004(230)
205	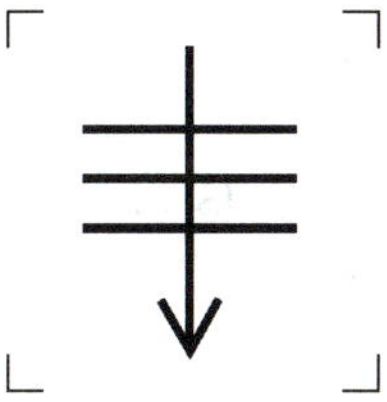	行距 Line spacing	ISO 7000:2004(0658)

表 1（续）

序号	图形符号	含　　义	说　明
206		连续下划线 Continuous underline	ISO 7000:2004(2018)
207		不连续下划线 Discontinuous underline	ISO 7000:2004(2019)
208		插入 Insert	ISO 7000:2004(2017)
209	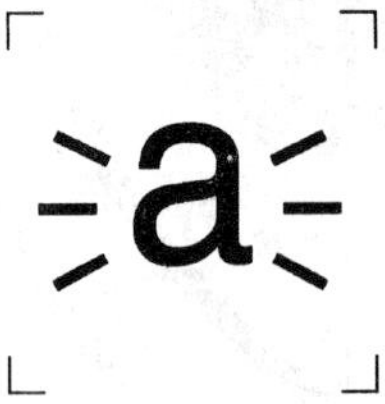	强调 Emphasize	ISO 7000:2004(2020)
210	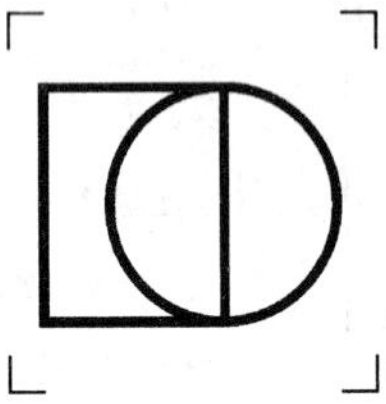	组合字符 Compose character	ISO 7000:2004(2021)
211		十进制分隔符 Decimal separator	ISO 7000:2004(1859)

表 1（续）

序号	图形符号	含　　义	说　　明
212	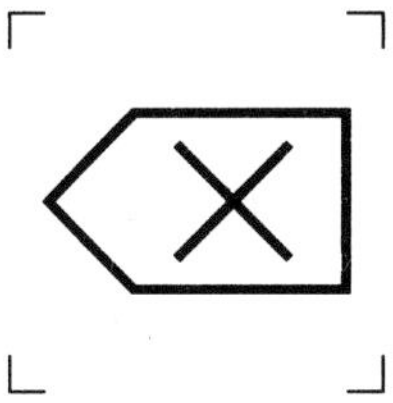	向后擦除 Backward erase	ISO 7000:2004(2023)
213	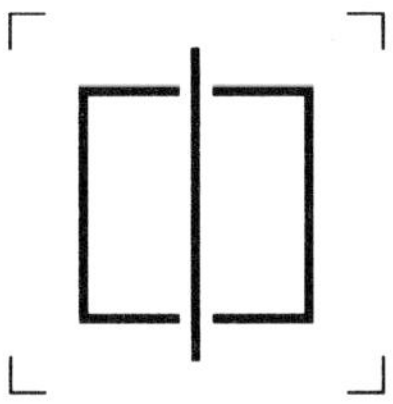	中心 Centre	ISO 7000:2004(2022)
214	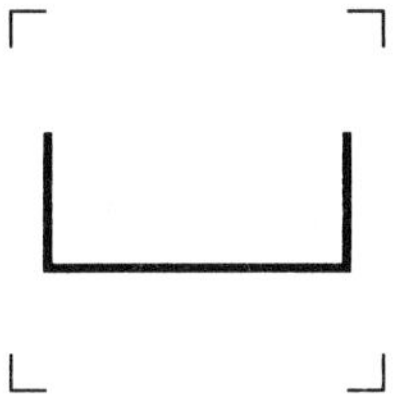	空格 Space	ISO 7000:2004(2015)
215	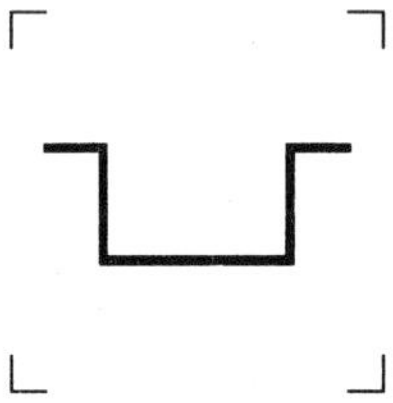	连续空格 Non breaking space	ISO 7000:2004(2016)
216	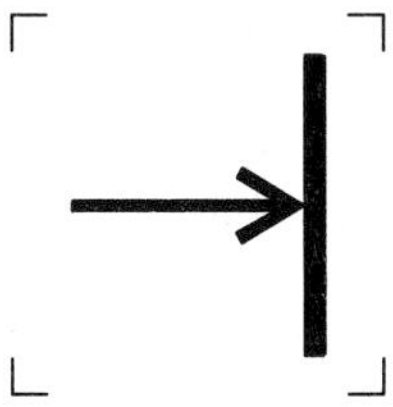	信息载体的录制 Recording on an information carrier	ISO/IEC 13251:2004(248)
217	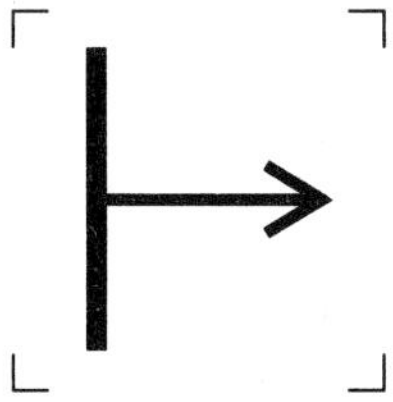	信息载体的读出或重放 Reading or reproduction from an information carrier	ISO/IEC 13251:2004(249)

表 1（续）

序 号	图形符号	含　　义	说　明
218	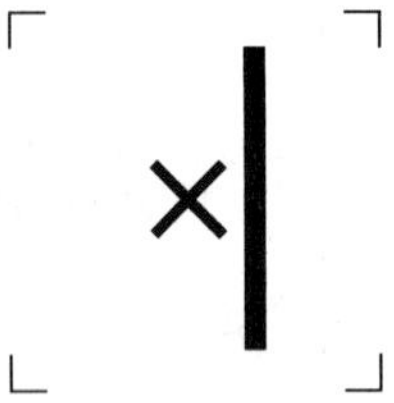	信息载体的删除 Erasing from an information carrier	ISO/IEC 13251:2004(250)
219	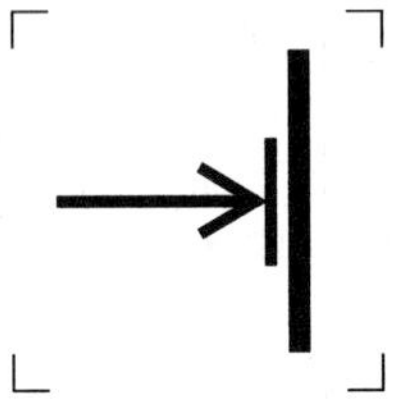	录制锁定 Recording lock	ISO/IEC 13251:2004(251)
220	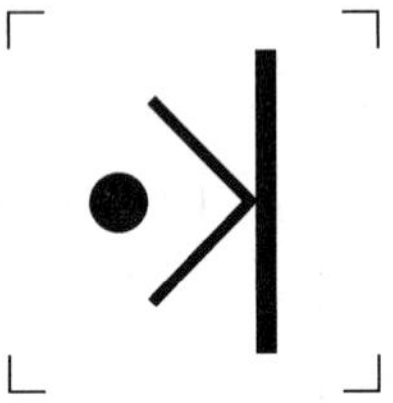	标志 Marker	ISO/IEC 13251:2004(252)
221		来电禁止 Incoming calls barred	ISO/IEC 13251:2004(253)
222		重复最后呼叫 Repeat last call	ISO/IEC 13251:2004(254)
223		无应答转换 No-reply diversion	ISO/IEC 13251:2004(255)

表 1（续）

序 号	图形符号	含　　义	说　　明
224		询问呼叫 Enquiry call	ISO/IEC 13251:2004(256)
225		呼叫等待 Call waiting	ISO/IEC 13251:2004(257)
226	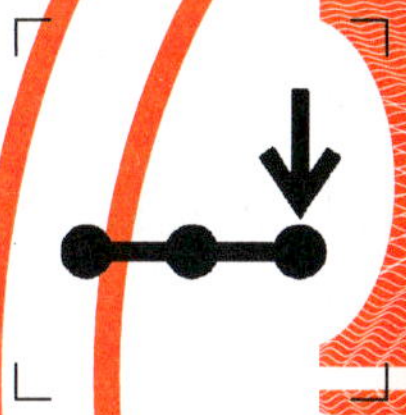	呼叫代接 Call pick-up	ISO/IEC 13251:2004(258)
227	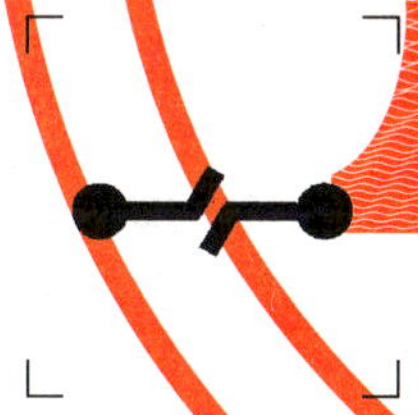	切断 Disconnect	ISO/IEC 13251:2004(259)
228	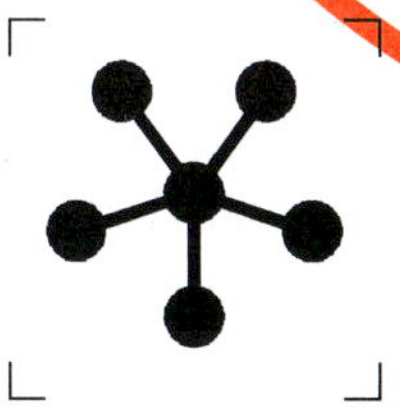	会议电话 Conference	ISO/IEC 13251:2004(260)
229		驻留(保持)呼叫 Parked(held)call	ISO/IEC 13251:2004(261)

表 1（续）

序号	图形符号	含义	说明
230		（通话）转移 (Call)transfer	ISO/IEC 13251:2004(262)
231	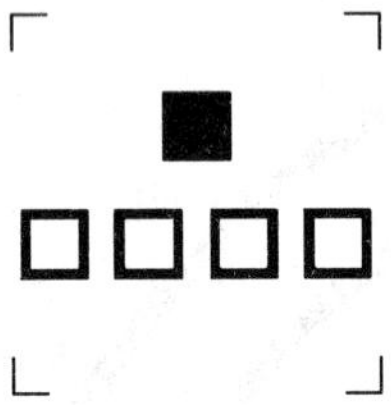	缩位拨号 Short code dialling	ISO/IEC 13251:2004(263)
232		呼叫转移 Basic diversion	ISO/IEC 13251:2004(264)
233	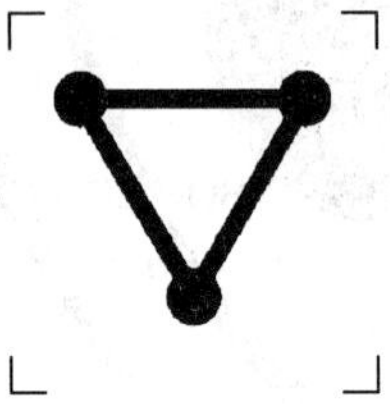	三方通话 Three-party call	ISO/IEC 13251:2004(265)
234		回叫 Call-back	ISO/IEC 13251:2004(266)
235	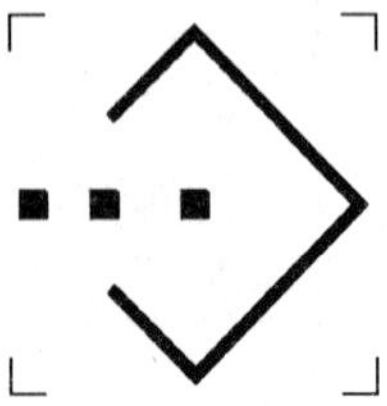	将用户数据输入局部存储器 Enter subscriber data into the local memory	ISO/IEC 13251:2004(267)

表 1（续）

序号	图形符号	含　　义	说　　明
236	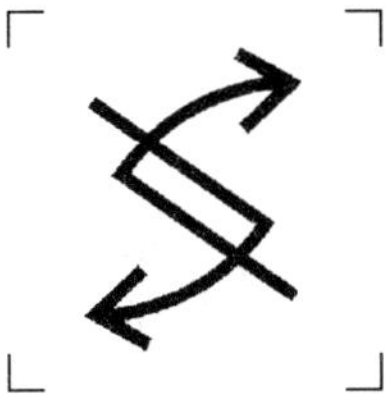	交换 Interchange	ISO/IEC 13251:2004(268)
237		您是谁? Who are you?	ISO 7000:2004(1956)
238		我是 I am	ISO 7000:2004(1955)
239		单面底片 Single-sided original	ISO 7000:2004(0667)
240		双面底片 Double-sided original	ISO 7000:2004(0668)
241		照相底片 Photo original	ISO 7000:2004(1137)

表 1（续）

序 号	图形符号	含　　义	说　　明
242		装帧的底片 Bound original	ISO 7000:2004(0671)
243		双底片、母片故障 Double original/master fault	ISO 7000:2004(0709)
244	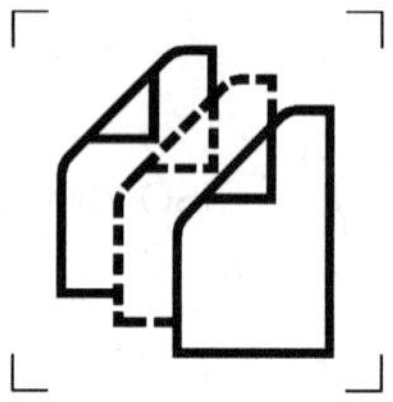	缺失的底片、母片故障 Missed original/master fault	ISO 7000:2004(0710)
245		单面拷贝 Single-sided copy	ISO 7000:2004(0669)
246		双面拷贝 Double-sided copy	ISO 7000:2004(0670)
247	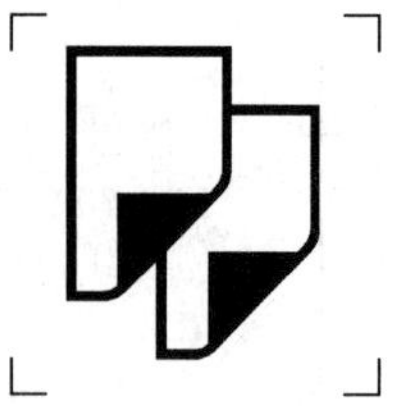	双拷贝故障 Double copy fault	ISO 7000:2004(0711)

表 1（续）

序 号	图形符号	含　　义	说　明
248	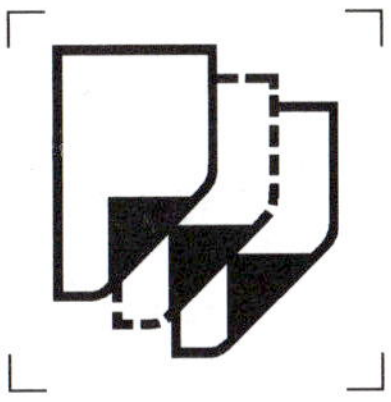	缺失的拷贝故障 Missed copy fault	ISO 7000:2004(0712)
249		拷贝数量选择器 Copy quantity selector	ISO 7000:2004(0681)
250		校样拷贝 Proof copy;proof set	ISO 7000:2004(0692)
251	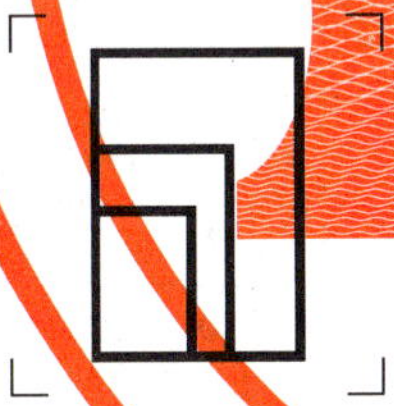	格式大小选择器 Format size selector	ISO 7000:2004(0682)
252		缩小 Reduction	ISO 7000:2004(0679)
253		放大 Enlargement	ISO 7000:2004(0680)

表 1（续）

序 号	图形符号	含　　义	说　　明
254		深色拷贝 Darker copy	ISO 7000:2004(0678)
255		浅色拷贝 Lighter copy	ISO 7000:2004(0677)
256		文件面向下 Document face down	ISO 7000:2004(1953)
257		文件面向上 Document face up	ISO 7000:2004(1952)
258		发送页、文件 Transmit page/document	ISO 7000:2004(1965)
259		接收页、文件 Receive page/document	ISO 7000:2004(1966)

表 1（续）

序号	图形符号	含　　义	说　明
260		没有完成传输顺序 Transmission sequence not completed	ISO 7000:2004(1969)
261		网格密度，低 Grid density, low	ISO 7000:2004(1975)
262		网格密度，正常 Grid density, normal	ISO 7000:2004(1976)
263	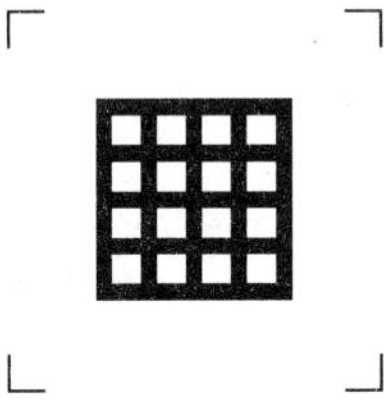	网格密度，高 Grid density, high	ISO 7000:2004(1977)
264	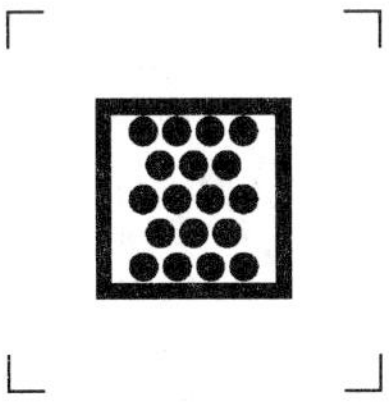	半色调/灰色色调 Halftone/grey tone	ISO 7000:2004(1978)
265		不分组复印；堆 Uncollated copies; stacks	ISO 7000:2004(1132)

表 1（续）

序 号	图形符号	含　　义	说　　明
266	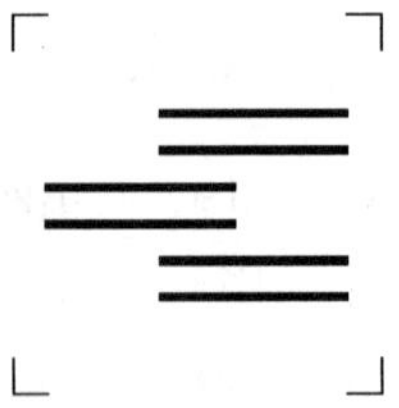	分组复印；组 Collated copies；sets	ISO 7000：2004(1133)
267	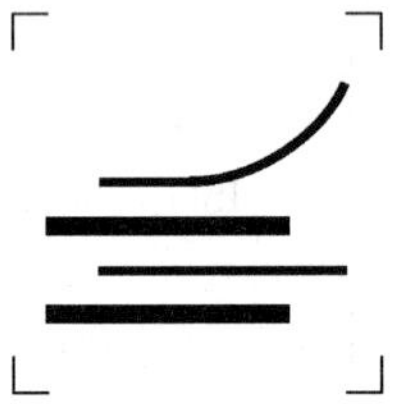	交叉 Interleaving	ISO 7000：2004(0699)
268		装帧 Bind	ISO 7000：2004(0704)
269	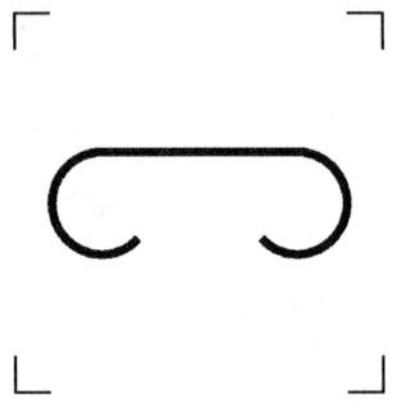	订书钉 Staple	ISO 7000：2004(0703)
270	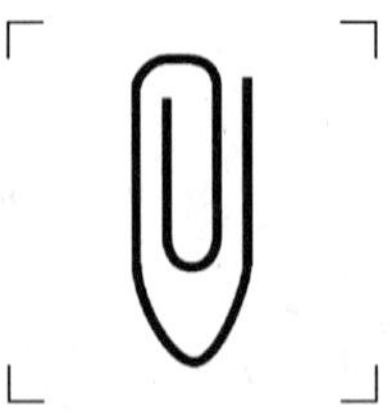	纸夹 Paper-clips	ISO 7000：2004(1134)
271	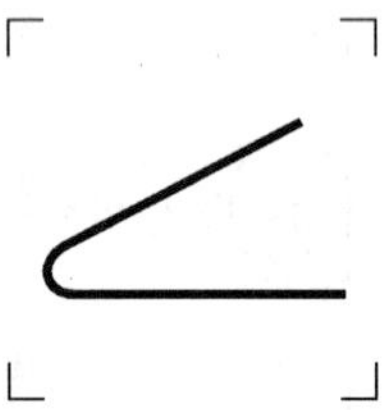	单折 Single fold	ISO 7000：2004(0702)

表 1（续）

序号	图形符号	含义	说明
272	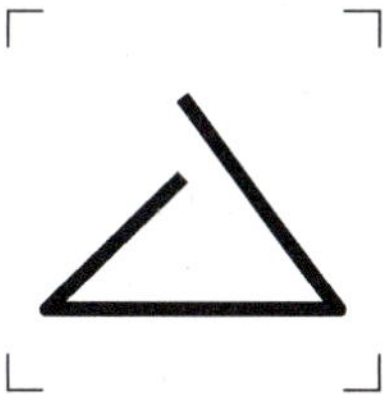	标准双折 Standard double fold	ISO 7000:2004(2004)
273		双折 Double fold	ISO 7000:2004(2005)
274		交叉折 Cross fold	ISO 7000:2004(2007)
275	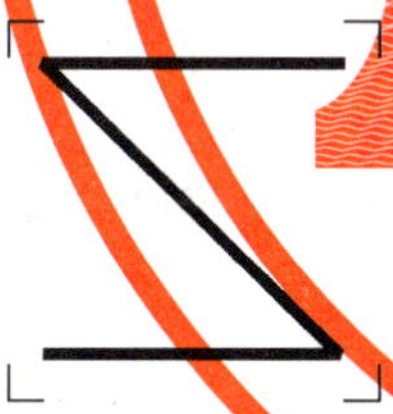	折子式折页 Accordion fold	ISO 7000:2004(2006)
276	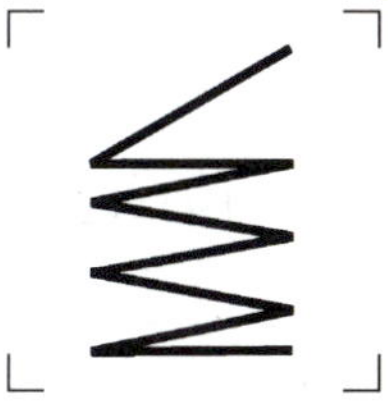	连续固定的扇形折叠 Fan fold for continuous stationary	ISO 7000:2004(1139)
277		胶片上墨 Blanket inking	ISO 7000:2004(0666)

表 1（续）

序号	图形符号	含　　义	说　　明
278		胶片清洁 Blanket cleaning	ISO 7000:2004(0706)
279		上墨辊清洁 Ink roller cleaning	ISO 7000:2004(0707)
280		墨底漆 Ink prime	ISO 7000:2004(1995)
281		印记带 Imprint tape	ISO 7000:2004(1998)
282	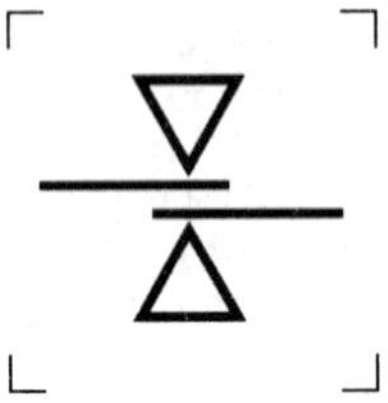	检测器 Detector	ISO 7000:2004(0708)
283		页进入确定的位置 Sheet injection into a determined position	ISO 7000:2004(1967)

表 1（续）

序 号	图形符号	含　　义	说　　明
284		页排出 Sheet ejection	ISO 7000:2004(1968)
285	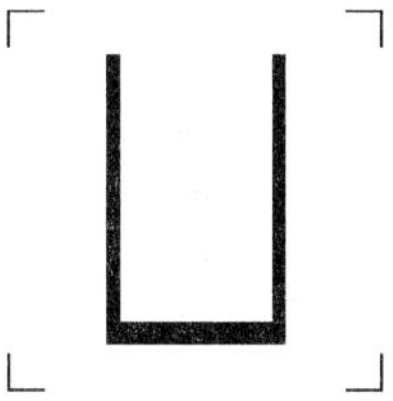	纸箱空、空箱可用 Paper bin empty/empty bin available	ISO 7000:2004(1988)
286	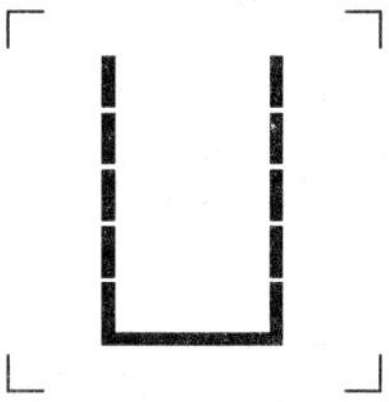	无盒、箱在合适的位置 No magazine/bin in position	ISO 7000:2004(1989)
287		主纸张;主材供应 Primary sheet paper; primary material supply	ISO 7000:2004(0686)
288	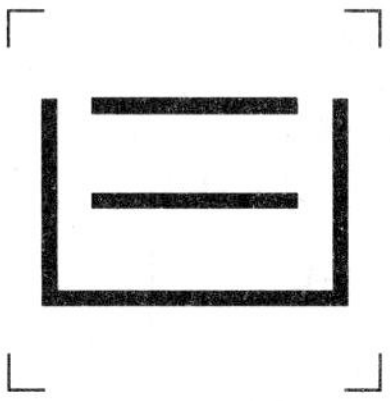	辅助纸张;辅材供应 Additional sheet paper; additional material supply	ISO 7000:2004(0687)
289		替代性纸张材料供应 Alternate sheet paper material supply	ISO 7000:2004(0688)

表 1（续）

序号	图形符号	含义	说明
290		添加纸张、材料 Add sheet paper/material	ISO 7000:2004(0718)
291	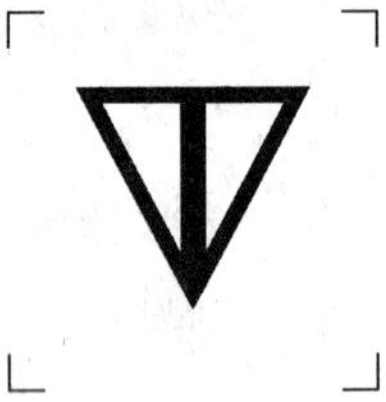	输纸装置关闭 Paper carrier closed	ISO 7000:2004(1971)
292		输纸装置打开 Paper carrier open	ISO 7000:2004(1970)
293		卡纸 Paper jam	ISO 7000:2004(0713)
294		托纸板、供纸板，升高 Paper platform/feed board,raise	ISO 7000:2004(0690)
295	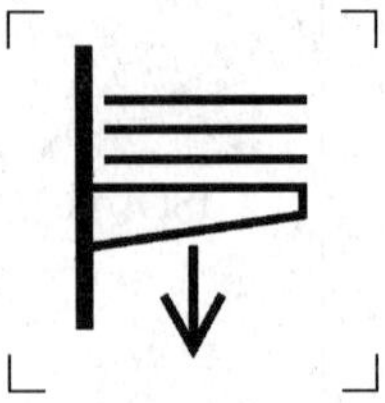	托纸板、供纸板，下降 Paper platform/feed board,lower	ISO 7000:2004(0691)

表 1（续）

序号	图形符号	含义	说明
296	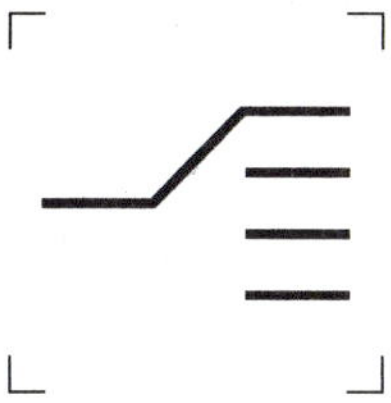	分类成堆 Sort in stacks	ISO 7000:2004(1136)
297		分类器 Sorter	ISO 7000:2004(0697)
298		倒空分类器 Empty sorter	ISO 7000:2004(0698)
299		分类器中卡纸 Paper jam in sorter	ISO 7000:2004(0714)
300	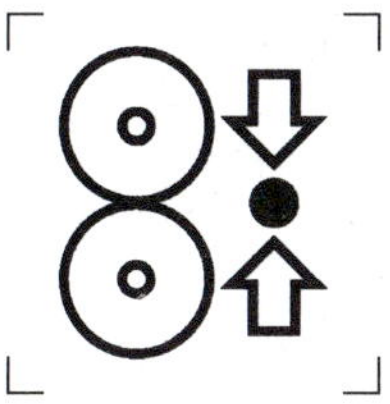	压力辊 Pressure rollers	ISO 7000:2004(0551)
301	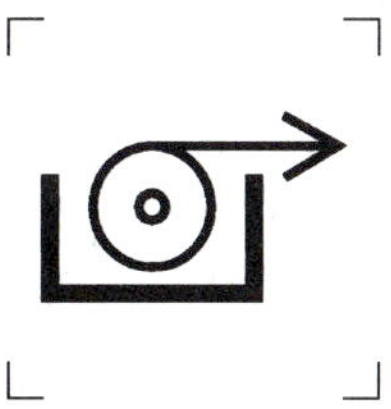	卷纸、材料供应 Roll paper/material supply	ISO 7000:2004(0689)

表 1（续）

序号	图形符号	含义	说明
302		添加纸卷、材料 Add roll paper/material	ISO 7000:2004(0719)
303		底片、母片进给中卡纸 Paper jam in original/master feed	ISO 7000:2004(0715)
304	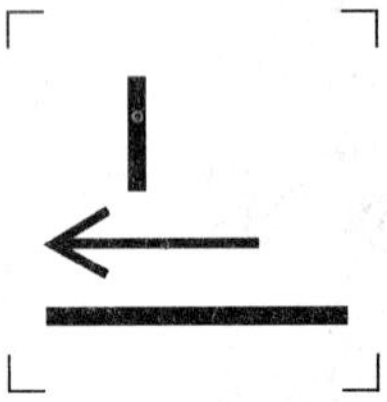	半自动底片、母片进给，单片 Semi-automatic original/master feed, single sheet	ISO 7000:2004(0674)
305		自动底片、母片进给，堆 Automatic original/master feed, from stack	ISO 7000:2004(0675)
306		纸张进给；材料进给 Sheet paper feed;material feed	ISO 7000:2004(0694)
307		取出拷贝 Remove copies	ISO 7000:2004(0700)

表 1（续）

序 号	图形符号	含　　义	说　　明
308		纸张、材料厚度，薄 Paper/material thickness，thin	ISO 7000：2004(0685)
309		纸张、材料厚度，厚 Paper/material thickness，thick	ISO 7000：2004(0684)
310		取出底片 Remove original	ISO 7000：2004(0673)
311		插入底片 Insert original	ISO 7000：2004(0672)
312		摩擦压力 Friction pressure	ISO 7000：2004(0693)
313	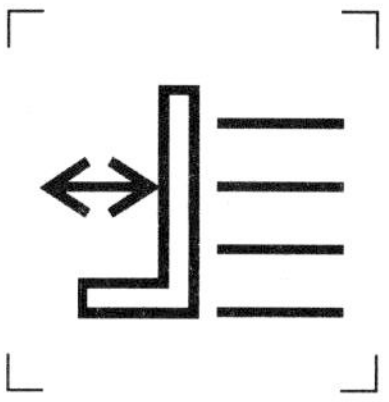	调整挡块 Adjust stop	ISO 7000：2004(0701)

表 1（续）

序号	图形符号	含　　义	说　　明
314		取出拷贝、纸张 Remove copy/paper	ISO 7000:2004(1945)
315		插入纸张 Insert paper	ISO 7000:2004(1944)
316		取出已用母片容器 Remove used master container	ISO 7000:2004(1138)
317	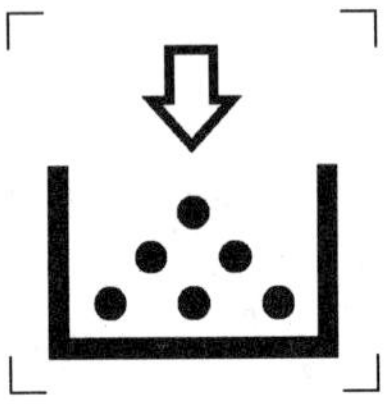	添加墨粉 Add dry toner	ISO 7000:2004(0720)
318		添加墨水 Add ink	ISO 7000:2004(0721)
319		添加液体调色剂 Add liquid toner	ISO 7000:2004(0722)

表 1（续）

序号	图形符号	含　　义	说　明
320		添加液体分散剂 Add liquid dispersant	ISO 7000:2004(0723)
321		添加液体显色剂(预混合) Add liquid developer(premix)	ISO 7000:2004(0724)
322		添加水 Add water	ISO 7000:2004(0725)
323	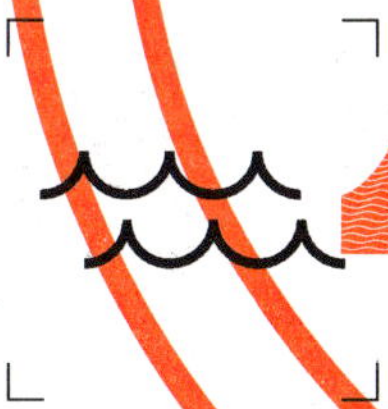	开始湿润 Start moistening	ISO 7000:2004(2008)
324		停止湿润 Stop moistening	ISO 7000:2004(2009)
325		计数器 Counter	ISO 7000:2004(0695)

表 1（续）

序号	图形符号	含　　义	说　明
326		关键字计数器 Key counter	ISO 7000:2004(0696)
327		长信封 Long envelope	ISO 7000:2004(2002)
328		切边调整(信封开口) Trim adjustment (letter opening)	ISO 7000:2004(2003)
329		短信封 Short envelope	ISO 7000:2004(2001)
330		密封信封 Envelope sealing	ISO 7000:2004(1999)
331		打开信封 Envelope flap opening	ISO 7000:2004(2000)

表 1（续）

序号	图形符号	含义	说明
332		地址主页传输，没有打印 Address master transport, no print	ISO 7000:2004(1982)
333		地址主页打印，没有传输 Address master print, no transport	ISO 7000:2004(1984)
334		地址主页打印和传输 Address master print and transport	ISO 7000:2004(1983)
335		重复从一个地址主页打印 Repeat printing from one address master	ISO 7000:2004(1985)
336	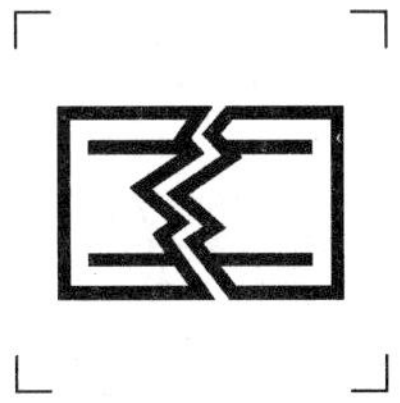	地址主页故障 Address master fault	ISO 7000:2004(1986)
337		地址主页，分类控制 Address master, grouper control	ISO 7000:2004(1987)

表 1（续）

序号	图形符号	含　　义	说　明
338		邮资计算器/打印标记 Postage meter/franking	ISO 7000:2004(1997)
339	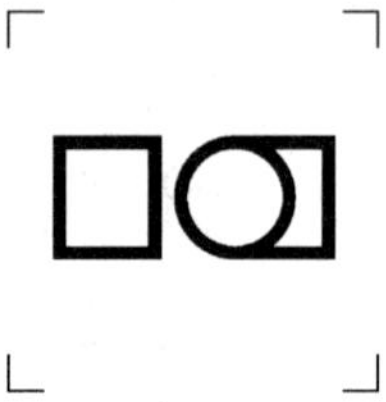	广告印记 Advertisement imprint	ISO 7000:2004(1990)
340		省略广告 Omit advertisement	ISO 7000:2004(1991)
341	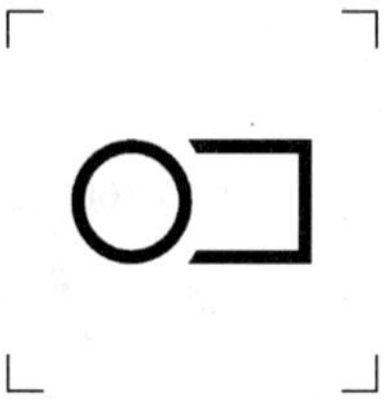	日期印记 Date imprint	ISO 7000:2004(1992)
342		省略日期印记 Omit date imprint	ISO 7000:2004(1993)
343		检查日期印记 Check date imprint	ISO 7000:2004(1994)

表 1（续）

序 号	图形符号	含　　义	说　　明
344	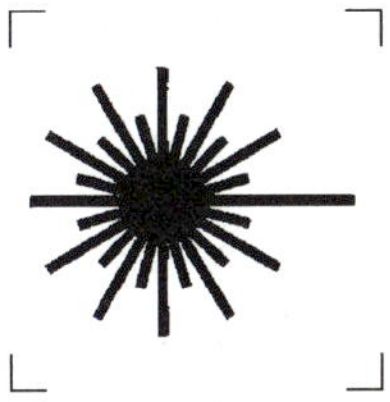	激光设备的辐射 Radiation of laser apparatus	ISO/IEC 13251:2004(377)
345		危险电压 Dangerous voltage	ISO/IEC 13251:2004(0379)

索　引

英文对应词 **序号**

英文对应词	序号
Copy quantity selector	249
Counter	325
Crispener	120
Cross fold	274
Cursor down	176
Cursor left	174
Cursor right	173
Cursor up	175
Cutting adjustment	075
Dangerous voltage	345
Dark	048
Darker copy	254
Date imprint	341
Decimal separator	211
Decimal sign	147
Detector	282
Direct current	035
Disconnect	227
Discontinuous underline	207
Division	141
Document face down	256
Document face up	257
Double copy fault	247
Double fold	273
Double original/master fault	243
Double-sided copy	246
Double-sided original	240
Earphone	081
Earth(ground)	038
Effect or action away from a reference point	017
Effect or action in both directions away from a reference point	019
Effect or action in both directions toward a reference point	020
Effect or action towards a reference point	018
Eject	060
Emphasize	209
Empty sorter	298
End	203
End of data entry;data collection terminator	130
Enlargement	253
Enquiry call	224
Enter subscriber data into the local memory	235
Envelope flap opening	331

英文对应词 序号

英文对应词 序号

英文对应词	序号
Select	063
Semi-automatic original/master feed, single sheet	304
Set margin left	190
Set margin right	191
Sheet ejection	284
Sheet injection into a determined position	283
Sheet paper feed; material feed	306
Short code dialling	231
Short envelope	329
Simultaneous effect or action away from and towards a reference point	022
Single fold	271
Single-sided copy	245
Single-sided original	239
Slow run	170
Sort in stacks	296
Sorter	297
Sound; audio	092
Space	214
Speak	090
square root	144
Standard double fold	272
Stand-by or preparatory state for a part of equipment	007
Stand-by	008
Staple	269
Start moistening	323
Start(of action)	010
Stereophonic headphones	083
Stop moistening	324
Stop(of action)	012
Storage/store mode finished	155
Store	150
Subtotal	145
Tabulation lcft	188
Tabulation right	189
Tape recorder	097
Telephone disconnected	079
Telephone; telephone adapter	078
Television; video	109
Temperature control	077
Temporarily inactive attributes, disable attributes	125
Terminator	132
Test run	056

英文对应词	序号
Three-party call	233
Toner adjustment	073
Total	143
Transmission sequence not completed	260
Transmit page/document	258
Treble control	094
Trim adjustment (letter opening)	328
Uncollated copies;stacks	265
Undo	163
Variability in steps	065
Variability,for rotating movement,variability in steps	066
Variability	064
Variable speed	070
Vertical linearity	117
Vertical picture amplitude	114
Vertical picture shift	112
Vertical synchronization	110
Who are you?	237
Write and read data into and from store	153
Write data into store	151

ICS 13.220.10
C 81

中华人民共和国国家标准

GB 16281—2010
代替 GB 16281—1996

火警受理系统

Fire alarm receiving and dispatching system

2010-09-02 发布 2011-05-01 实施

中华人民共和国国家质量监督检验检疫总局
中国国家标准化管理委员会 发布

前　言

本标准的第4章、第7章为强制性的,其余为推荐性的。

本标准代替GB 16281—1996《有线火警调度台技术要求和试验方法》。

本标准与GB 16281—1996相比主要变化如下:

——在技术要求方面增加了计算机接处警、火警受理信息系统、无线控制等方面的要求;

——采用了最新版本的消防电子产品检验规则和消防电子产品环境试验方法及严酷等级。

本标准由中华人民共和国公安部提出。

本标准由全国消防标准化技术委员会消防通信分技术委员会(SAC/TC 113/SC 14)归口。

本标准负责起草单位:公安部沈阳消防研究所。

本标准参加起草单位:深圳市亚奥数码技术有限公司、深圳市天维尔通讯技术有限公司。

本标准主要起草人:张春华、隋虎林、齐宝金、刘海霞、卢韶然、吕欣驰、范玉峰、姜学赟、冯万波、丁宏军、杨颖、蔡伟广、王国栋。

本标准所代替标准的历次版本发布情况为:

——GB 16281—1996。

火 警 受 理 系 统

1 范围

本标准规定了火警受理系统的术语和定义、技术要求、试验方法、检验规则和标志。

本标准适用于公安机关消防机构安装使用的火警受理系统和“三台合一”接处警系统,包括火警受理信息系统、火警调度机、火警数字录音录时装置等。其他单位安装使用的具有特殊要求的火警受理系统,除特殊要求由有关标准另行规定外,也可使用本标准。

2 规范性引用文件

下列文件中的条款通过本标准的引用而成为本标准的条款。凡是注日期的引用文件,其随后所有的修改单(不包括勘误的内容)或修订版均不适用于本标准,然而,鼓励根据本标准达成协议的各方研究是否可使用这些文件的最新版本。凡是不注日期的引用文件,其最新版本适用于本标准。

GB 12978 消防电子产品检验规则

GB 16838—2005 消防电子产品环境试验方法及严酷等级

YD/T 954—1998 数字程控调度机技术要求和测试方法

YD/T 1304—2004 国内 No.7 信令方式测试方法 消息传递部分(MTP)和电话用户部分(TUP)(ITU-T Q781～Q783,NEQ)

GF 001—9001 中国国内电话网 No.7 信号方式技术规范(暂行规定)

3 术语和定义

下列术语和定义适用于本标准。

3.1

火警受理系统 fire alarm receiving and dispatching system

城市消防通信指挥系统技术构成中,通过通信网络采集、处理火警及相关信息并进行调度和辅助决策指挥的部分,主要包括火警受理信息系统、火警调度机、火警数字录音录时装置。

4 技术要求

4.1 通用要求

4.1.1 主要部件性能要求

火警受理系统的主要部件性能应满足以下要求:

a) 主要部件应采用符合国家有关标准的定型产品;

b) 部件间的连接线应规整、牢固,有清晰标志;

c) 零部件应紧固无松动,按键、开关、按钮等控制部件的控制应灵活可靠;

d) 在额定工作电压下,距离音响器件中心 1 m 处,音响器件的声压级(A 计权)应在 65 dB～115 dB 之间。

4.1.2 气候环境试验

4.1.2.1 运行试验

火警受理系统应能耐受表 1 所规定的气候环境条件下的各项试验,试验期间和试验后应满足第 5 章有关试验的要求。

表 1 运行试验的气候环境条件要求

试验名称	试验参数	试验条件	工作状态
高温(运行)试验	温度/℃	55±2	正常监视状态
	持续时间/h	2	
低温(运行)试验	温度/℃	−10±3	正常监视状态
	持续时间/h	2	
恒定湿热(运行)试验	温度/℃	40±2	正常监视状态
	相对湿度/%	93±3	
	持续时间/d	4	

4.1.2.2 耐久试验

火警受理系统应能耐受表 2 所规定的气候环境条件下的各项试验，试验期间和试验后应满足第 5 章有关试验的要求。

表 2 耐久试验的气候环境条件要求

试验名称	试验参数	试验条件	工作状态
恒定湿热(耐久)试验	温度/℃	40±2	不通电状态
	相对湿度/%	93±3	
	持续时间/d	21	
腐蚀试验	温度/℃	25±2	不通电状态
	相对湿度/%	93±3	
	持续时间/d	21	
	SO_2 浓度/10^{-6}	25±5	

4.1.3 机械环境试验

4.1.3.1 运行试验

火警受理系统应能耐受表 3 所规定的机械环境条件下的各项试验，试验期间和试验后应满足第 5 章有关试验的要求。

表 3 运行试验的机械环境条件要求

试验名称	试验参数	试验条件	工作状态
振动试验(正弦)(运行)	频率范围/Hz	10～150～10	正常监视状态
	加速度/(m/s^2)	0.981	
	扫频速率/(oct/min)	1	
	轴线数	3	
	每个轴线扫频次数	20	
冲击试验	峰值加速度/(m/s^2)	$(100-20m)\times10$(质量 $m\leqslant4.75$ kg 时)	正常监视状态
		0(质量 $m>4.75$ kg 时)	
	脉冲时间/ms	6	
	冲击方向	6	
碰撞试验	锤头速度/(m/s)	1.500±0.125	正常监视状态
	碰撞能量/J	1.9±0.1	
	碰撞次数	1	

4.1.3.2 **耐久试验**

火警受理系统应能耐受表4所规定的机械环境条件下的各项试验，试验期间和试验后的性能应满足第5章有关试验的要求。

表4 耐久试验的机械环境条件要求

试验名称	试验参数	试验条件	工作状态
振动试验 （正弦） （耐久）	频率范围/Hz	10～150～10	不通电状态
	加速度/(m/s^2)	4.905	
	扫频速率/(oct/min)	1	
	轴线数	3	
	每个轴线扫频次数	20	

4.1.4 **电磁兼容试验**

火警受理系统应能耐受表5所规定的电磁兼容性试验，试验期间和试验后应满足第5章有关试验的要求。

表5 电磁兼容性试验条件要求

试验名称	试验参数	试验条件	工作状态
射频电磁场辐射抗扰度试验	场强/(V/m)	10	正常监视状态
	频率范围/MHz	80～1 000	
	调制幅度	80%(1 Hz,正弦)	
	扫频速率/(10 oct/s)	$\leqslant 1.5\times10^{-3}$	
射频场感应的传导骚扰抗扰度试验	电压/dBμV	140	正常监视状态
	频率范围/MHz	0.15～100.00	
	调制幅度	80%(1 Hz,正弦)	
	扫频速率/(10 oct/s)	$\leqslant 1.5\times10^{-3}$	
静电放电抗扰度试验	放电电压/kV	空气放电 (外壳为绝缘体试样)8	正常监视状态
		接触放电 (外壳为导体试样和耦合板)6	
	每点放电次数	10	
	放电极性	正、负	
	时间间隔/s	≥1	
电快速瞬变脉冲群抗扰度试验	电压峰值/kV	1×(1.0±0.1)	正常监视状态
	重复频率/kHz	5×(1.0±0.2)	
	极性	正、负	
	时间	每次1 min	
浪涌(冲击)抗扰度试验	浪涌冲击电压/kV	线—地　1×(1.0±0.1)	正常监视状态
	极性	正、负	
	试验次数	5	

4.2 火警受理信息系统功能要求

4.2.1 一般要求

火警受理信息系统应满足以下一般要求：

a) 应能使用户从网络不同节点上获取并应用数据；

b) 应采用中文界面；

c) 用户界面和查询方法应具有通用性。

4.2.2 功能要求

4.2.2.1 火警受理信息系统的功能应满足以下通用要求：

a) 应具有报警接收、应答功能，并能生成和显示 4.2.3 规定的各种信息；

b) 报警接警过程和调度过程应进行全程数字录音，并能在授权终端进行录音播放；

c) 应具有等级调派方案自动编制功能，即根据灾害类型、灾害等级及各种加权因素、升级要素等，自动编制出动力量调派方案；

d) 应具有化学灾害等事故处置辅助决策功能；

e) 应具有出动消防队距灾害事故现场路径的显示功能；

f) 应能根据报警信息判断出动消防队；

g) 应能根据灾害事故现场对相关消防车辆进行排序选择；

h) 应能显示消防站名称/企业专职消防队名称、值班领导姓名、通信员姓名、战斗员人数、车辆编号、车辆类型、车辆状态、车辆位置等消防实力信息；

i) 应能通过公安网或其他专网远程查询所属消防站的录音录时、消防实力、灾害记录等信息，并将这些信息上传到省消防总队；

j) 应具有地理信息系统的放大、缩小、移动、导航、全屏显示及图层管理等基本功能，对图形数据和属性数据的编辑和修改功能；

k) 应能进行接处警模拟训练；

l) 应能对火警受理全过程的报警时间、报警信息、灾害信息及出动命令等数据和话音实时记录和存档；

m) 应能对 4.2.3 规定的所有数据进行统一管理、维护、检索和显示；

n) 应具有值班信息管理功能；

o) 应具有录音录时信息备份和灭火救援作战记录数据备份功能；

p) 火警受理座席终端、消防站终端、录音录时终端等设备应具有统一的时钟管理；

q) 应具有设定等级管理权限功能，不同等级的管理权限实现不同的功能；

r) 应具有故障报警功能，故障主要指报警接收通信故障、服务器通信故障、火警受理座席终端通信故障、消防站终端通信故障、录音录时终端通信故障、显示终端通信故障和联动控制装置连接故障等。

4.2.2.2 消防通信指挥中心使用的火警受理信息系统还应具有以下功能：

a) 显示固定通信、移动通信、城市应急联动中心等部门提供的电话号码、地址、用户名称等报警信息。

b) 应能通过以下方式进行灾害地点辨识和确认：

1) 通过输入单位、地址、街路、目标物、电话号码等进行手动定位；

2) 通过地图点击、电话三字段信息等方式进行自动定位。

c) 根据报警人提供的单位名称、详细地址、燃烧物性质和火势、有无遇险人员、燃烧爆炸、毒气泄漏等信息进行灾害类型和灾害等级的确认。

d) 通过灾害类型、灾害等级和消防实力等自动和/或人工编制出动方案。

e) 根据灾害类型和灾害等级，自动显示灭火救援指挥级别并启动相应的灾害预警预案系统等。

f) 与消防站、火场终端及相关单位进行话音和/或数据通信。

g) 在向出动中队下达出动命令(数据通信)的同时,启动语音调度通信功能。

h) 与城市消防远程监控系统进行数据通信。

i) 接收、显示消防车辆的状态信息和位置信息。

j) 将出动车辆数量和属性、行车路线或灾害地点地图(可选)等出动命令下达到相应的消防站。

k) 实时监视各消防站车库门和训练场的图像信息,能多用户操作和控制,操作级别实现安全管理。

4.2.2.3 消防站使用的火警受理信息系统还应具有以下功能:

a) 接收消防通信指挥中心的话音和/或数据信息;

b) 自动接收消防通信指挥中心下达的出动命令并打印出车单;

c) 自动和/或手动启动相应的警灯、警铃等联动装置;

d) 自动向通信指挥中心火警受理信息系统提供本站消防实力信息。

4.2.2.4 火警受理信息系统应具有下述控制接口和/或通信接口:

a) 与提供报警信息的设备或单位的通信接口;

b) 录音录时控制接口;

c) 与大屏幕、LED 等外部显示装置的控制接口;

d) 调度电话通信接口;

e) 无线数据通信接口;

f) 与消防车辆动态管理系统控制通信接口;

g) 与警灯、警铃等外部设备联动控制接口;

h) 与城市消防远程监控系统的通信接口;

i) 与消防站图像监控系统的控制接口;

j) 与省消防总队、市公安局等上级机关的数据通信接口;

k) 与城市应急联动中心系统或 110、122 等城市其他报警系统的话音和/或数据通信接口;

l) 与供水、供电、供气、通信、医疗、救护、交通、环卫、环保等相关单位的话音和/或数据通信接口。

4.2.3 信息要求

火警受理信息系统应满足以下信息要求:

a) 录音录时信息应包括:通道号、主叫电话号码、时间(报警电话呼入时间、开始录音时间、结束录音时间、录音时长)、通道模式(有线、无线)、录音文件名、附加信息等;

b) 出车单信息应包括:灾害地点、报警电话、报警人、灾害类型、灾害等级、报警时间、下达命令时间、行车路线、出动车辆数量、出动车辆属性(编号、牌号、类型)、区域范围内的消防水源等;

c) 常用电话号码信息应包括:支(总)队各级领导、上级机关、救灾相关单位的电话号码;

d) 消防地理信息应包括:道路、消防水源、消防站、消防安全重点单位、相关单位(政府部门、救灾相关单位、城市应急联动中心)等相关信息及其属性信息;

e) 气象信息应包括:晴、阴、雨、雪、雾、温度、湿度、风向、风力等;

f) 消防水源信息应包括:编号、名称、位置、状态、管网形式、口径、压力、流量(或储水量)、使用方法等;

g) 消防实力信息应包括:消防站名称/企业专职消防队名称、值班领导姓名、通信员姓名、战斗员人数、车辆编号、车辆类型、车辆状态、车辆位置等;

h) 车辆状态信息应包括:待命、出动、执勤、检修等;

i) 灭火救援器材信息应包括:器材名称、放置地点、数量等;

j) 化学危险品信息应包括:名称标识(中文名、英文名、分子式等)、理化性质(外观与形状、主要用途、熔点、沸点、相对密度、溶解性等)、包装与储运(危险性类别、危险货物包装标志、储运注意事项等）、危害特点（燃烧爆炸危险性、扩散性、毒性及健康危害性、带电性等）；

k） 灭火作战预案信息应包括：单位（区域）概况、火灾特点、力量部署、扑救对策、供水方案、注意事项、战斗保障等；

l） 抢险救援预案信息应包括：灾害特点、情况设定、力量调集、处置程序、处置方法、注意事项、战斗保障等；

m） 消防勤务预案信息应包括：活动概况、指挥机构、重点目标、力量部署、注意事项、勤务保障等；

n） 跨地区执勤战斗预案信息应包括：执勤战斗区域、力量编成、调集程序、增援路线、指挥机构、任务分工、战斗保障等；

o） 灭火救援作战记录信息应包括：编号、灾害地点、报警人、灾害类型、灾害等级、有无人员被困或伤亡、报警时间、第一出动时间及到场时间、出水时间、增援出动时间及到场时间、控制时间、结束时间、各级指挥员姓名、出动队别及数量、出动人数、出动车辆类型及数量、使用消防水源情况、使用灭火剂情况、使用灭火救援器材情况、损失情况、伤亡情况或其他图表等；

p） 值班信息应包括：调度员值班、战训值班、支队领导值班等；

q） 统计信息应包括：火警报警次数、出动次数、出水次数、出动队次、出动人数等，抢险救援的报警次数、出动次数、出动队次、出动人数等，一般救助及勤务的报警次数、出动次数、出动队次、出动人数等数据的日统计、月统计、季度统计和年统计；

r） 火灾类型信息应包括：普通建筑火灾、高层建筑火灾、地下空间火灾、油类火灾、气体火灾、露天堆场火灾、交通工具火灾、一般性火灾等；

s） 灾害事故类型信息应包括：交通事故、倒塌事故及市政公用设施等故障事件、化学危险品泄漏灾害事故、爆炸灾害事故、自然灾害（水灾、风灾、地震灾害等）、恐怖事件等。

4.3 火警调度机性能要求

4.3.1 基本性能要求

火警调度机应满足以下基本性能要求：

a） 应能与火警受理信息系统实现双向数据通信，并定时向火警受理信息系统发送连机通信信号，周期应不大于 10 s。

b） 能将火警中继、座席、调度专线、普通中继、内部电话的话务状态及火警呼入主叫号码实时发送到火警受理信息系统。应在本机开机和火警受理信息系统申请话务状态发送时，将全部话务状态发送到火警受理信息系统。

c） 应具有故障告警功能。当火警中继发生故障时，应能发出故障告警，本机发出声、光告警信号，声信号可手动消除，光信号在故障消除前应保留，并同时把故障信息发送到火警受理信息系统，故障消除时，应将故障消除信息发送到火警受理信息系统。

d） 应具有火警自动拨测功能，能定时自动拨打火警电话，当测试失败时，将测试失败信号发送到火警受理信息系统，再次测试正常时，应发送测试成功信息。拨测周期应在 5 min～60 min 可调。

e） 当业务电话交换和火警调度合用本机，且业务分机电话大于 16 线时，话务台与调度座席应分设。火警中继和普通中继应做到物理上相对独立。

f） 火警中继应采用被叫控制方式。火警中继采用数字中继时，回铃音宜采用语音提示。

g） 应有与火警受理信息系统时钟同步功能，接收到火警受理信息系统的时钟同步信号后，应能自动调整本机时钟；并能在开机时主动发出时钟同步申请信号。

h） 应具有区别振铃功能，火警呼入时座席电话铃声应明显区别于其他电话呼入。

i） 应有追呼功能。在不占用实体话机的情况下，后台进行呼叫，呼叫进程应通过通信接口实时发送到火警受理信息系统，并能随时中止呼叫。

j） 应能将某一应答中的火警中继电话转接到放音设备上，向主叫方播放语音，并可通过通信接口或调度话机操作中止放音，释放该中继。

k) 对于总容量大于80线的火警调度机，其公共设备如处理机、交换网络、电源等应采用热备份结构，具有故障自动倒换功能。

l) 用户线应能设置为专用热线方式，用户摘机应立即呼叫座席电话。采用用户线作调度专线时，宜采用专用热线方式。

4.3.2 电话交换性能要求

火警调度机的电话交换性能应满足以下要求：

a) 火警调度机的交换功能应满足YD/T 954—1998中5.3.1.15要求；

b) 火警调度机的接口及电气特性应满足YD/T 954—1998中5.1要求；

c) 火警调度机的进网方式应满足YD/T 954—1998中5.2要求；

d) 火警调度机的信号方式应满足YD/T 954—1998中5.4要求；

e) 火警调度机的铃流和信号音应满足YD/T 954—1998中5.5要求；

f) 火警调度机的网同步应满足YD/T 954—1998中5.6要求；

g) 火警调度机的过压过流保护应满足YD/T 954—1998中5.7要求；

h) 火警调度机的可靠性指标应满足YD/T 954—1998中5.8要求；

i) 火警调度机的大话务量测试应满足YD/T 954—1998中5.9要求；

j) 火警调度机的传输特性应满足YD/T 954—1998中5.10要求；

k) 火警调度机的No.7公共信道信号方式应满足GF 001—9001的要求。

4.3.3 火警座席性能要求

火警调度机的火警座席性能应满足以下要求：

a) 应有座席电话就席和离席功能。通过数据通信接口或座席话机操作实现座席电话就席和离席。座席离席时，应不再向其进行呼叫分配。

b) 应能通过通信接口或座席话机操作实现应答、呼叫、组呼、转接、强插、强拆、保留等功能。

c) 应能通过数据通信接口和座席话机操作实现报警人、消防通信指挥中心调度员、消防站通信员之间的“三方通话”功能。

d) 容量大于16线(不含火警中继)时，应有双向会议功能，会议方数不小于8方，并能通过数据通信接口实现任一方的加入和拆除。

e) 容量大于40线(不含火警中继)时，应有广播会议功能。座席能组织单向广播会议，座席发言，参加方只能听。支持的广播会议方数应不小于16方，并能通过数据通信接口实现任一方的加入和拆除。

f) 应能由软件设置选择下列四种方式进行呼叫分配[座席数量小于4个时，4)不做要求]，且座席应能选择接听任一呼入电话(无论该呼入是否分配)。当有火警和普通电话同时呼入时，应优先分配、应答火警呼叫：

1) 全呼方式。当有呼入时，向所有座席分配呼叫。

2) 循环分配。按座席顺序依次向各座席分配。

3) 顺序分配。当第一座席空闲时总是向第一座席分配，第一座席占用时，则向下分配，依次类推。

4) 按话务量分配。按空闲时间最长的先分配。

g) 采用4.3.3f)中2)、3)、4)分配方式时，火警调度机应有超时应答转移功能，某个座席超时限未予应答，应能自动将此呼叫优先转移至其他空闲座席，同时对超时座席自动置为离席状态，不再进行呼叫分配。

h) 应具有多种(至少4种)排队类别并分别对应不同的座席组，按照不同的被叫号码形成不同的呼入队列，并在本座席组内按4.3.3f)要求向座席进行呼叫分配。座席组间应能对呼入电话进行转接。

4.4 火警数字录音录时装置性能要求

火警数字录音录时装置应满足以下基本性能要求：

a) 应能实现有线电话和无线电台的录音，实时记录有线电话(火警电话、调度专线电话)和无线电台的话音信息及相应时间，录制语音完整、清晰，在录音过程中应能显示工作状态。

b) 有线电话录音，应能自动识别电话网中的摘机、挂机信号，摘机开始录音，挂机停止录音；无线电台录音，应在无线通道有声音信号时开始录音，并能由软件设置声音停止间隔时间(延时)，间隔时间到时停止录音。

c) 每条录音记录应包括开始录音时间、结束录音时间、通道号、通道模式(有线或无线)、主叫电话号码、录音时长、录音文件名、附加信息等信息。

d) 存储录音记录的数据库应设置相应的安全机制，防止非法读取、修改和删除。

e) 应具有查询功能，能通过开始录音时间、主叫电话号码、通道号、通道模式等多种方式检索查询录音记录信息，对选定的记录能进行放音、拷贝等操作。

f) 应能同时记录不少于需同时受理火警电话数量的话音和时间信息。

g) 应能与火警受理信息系统时钟同步。接收到火警受理信息系统的时钟同步信号后，应能自动调整本机时钟；并能在开机时主动发出时钟同步申请信号。

h) 应能自动接收报警电话的主叫号码。

i) 应能对录音记录补充录入相关信息(如附加信息等)，但记录的原始话音和时间信息不能被修改。

j) 应能实时显示存储介质的剩余空间，应能通过软件设置两级剩余空间和录音记录保存时间值，当剩余空间小于第一级剩余空间时，应有声音或文字的报警，当剩余空间小于第二级剩余空间时，应能自动删除录音记录保存时间以远的录音记录来提供足够的存储空间。记录保存时间不应低于六个月。

k) 除4.4j)规定的自动删除功能外，不应提供其他删除记录的功能。

l) 应能自动或手动备份录音记录，备份记录的存储介质应与原记录存储介质在物理上相对独立。

m) 开机后应能自动进入工作状态。

n) 对录音记录的编辑管理和退出操作应设置操作权限。

o) 应能自动记录火警数字录音录时装置进入和退出工作状态的时间。

p) 应能显示与火警受理信息系统的链接状态，当与火警受理信息系统的链接断开时，应有声信号或文字告警。

q) 应能实现多路同时的有线电话和无线电台的录音，而且各通道之间互不干扰，对通话质量没有任何影响。

r) 在播放、查询、拷贝录音信息时应能实现正常有线电话和无线电台录音功能。

s) 应具有音频转录功能，能将录音通过音频接口转录到其他存储介质中。

5 试验方法

5.1 总则

5.1.1 试验的大气条件

除在有关条文另有说明外，各项试验均应在下述大气条件下进行：

——温度：+15 ℃～+35 ℃；

——湿度：25%RH～75%RH；

——大气压力：86 kPa～106 kPa。

5.1.2　试验的正常监视状态

在有关条文中没有特殊要求时，应保证试样的工作电压为额定工作电压，并在试验期间保持工作电压稳定。

5.1.3　容差

除在有关条文另有说明外，各项试验数据的容差均为±5%；环境条件参数偏差应符合GB 16838—2005要求。

5.1.4　试验前检查

试样在试验前均应进行外观检查，符合下述要求时方可进行试验：

a)　表面无腐蚀、涂覆层剥落和起泡现象，无明显划伤、裂痕、毛刺等机械损伤；

b)　紧固部件无松动，控制机构应灵活；

c)　文字符号和标志清晰；

d)　具有使用说明书。

5.1.5　试验样品(简称试样)

5.1.5.1　火警受理信息系统

1套软件。

5.1.5.2　火警调度机

2套火警调度机，并在试验前予以编号。

5.1.5.3　火警数字录音录时装置

2套火警数字录音录时装置，并在试验前予以编号。

5.1.6　试验程序

按表6规定的程序进行试验。

5.2　火警受理信息系统功能试验

5.2.1　基本功能试验

表6　试验程序

序　号	条　目	试验项目	火警受理信息系统	火警调度机	火警数字录音录时装置
1	5.2	功能试验	1	—	—
2	5.3～5.4	基本性能试验	—	1～2	1～2
3	5.5	高温(运行)试验	—	1	1
4	5.6	低温(运行)试验	—	1	1
5	5.7	恒定湿热(运行)试验	—	1	1
6	5.8	恒定湿热(耐久)试验	—	1	1
7	5.9	腐蚀试验	—	2	2
8	5.10	振动(正弦)(运行)试验	—	1	1
9	5.11	冲击试验	—	1	1
10	5.12	碰撞试验	—	1	1
11	5.13	振动(正弦)(耐久)试验	—	1	1
12	5.14	射频电磁场辐射抗扰度试验	—	2	2
13	5.15	射频场感应的传导骚扰抗扰度试验	—	2	2
14	5.16	静电放电抗扰度试验	—	2	2

表 6（续）

序　号	条　目	试验项目	火警受理信息系统	火警调度机	火警数字录音录时装置
15	5.17	电快速瞬变脉冲群抗扰度试验	—	2	2
16	5.18	浪涌(冲击)抗扰度试验	—	2	2

5.2.1.1　**目的**

检查火警受理信息系统的基本功能。

5.2.1.2　**方法**

5.2.1.2.1　按试样正常工作要求，连接火警受理信息系统(或其模拟装置)，模拟报警电话呼入，观察并记录报警接收、应答、各种信息的生成和显示情况。

5.2.1.2.2　观察报警接警和调度过程中全程数字录音文件，在授权终端对该录音文件进行播放，记录操作结果。

5.2.1.2.3　观察并记录处警过程中系统根据灾害类型、灾害等级及各种加权因素、升级要素等自动编制出动力量调派方案的情况。

5.2.1.2.4　观察并记录处警过程中系统调用化学灾害等事故处置方案进行辅助决策的情况。

5.2.1.2.5　观察并记录处警过程中系统判断出动消防队和出动消防队距灾害事故现场路径的情况。

5.2.1.2.6　观察并记录处警过程中系统根据灾害事故现场对相关消防车辆进行排序选择的情况。

5.2.1.2.7　观察消防站名称/企业专职消防队名称、值班领导姓名、通信员姓名、战斗员人数、车辆编号、车辆类型、车辆状态、车辆位置等消防实力信息，并记录操作结果。

5.2.1.2.8　观察通过公安网或其他专网远程查询所属消防站的录音录时、消防实力、灾害记录等信息的情况，记录操作结果。

5.2.1.2.9　模拟对地理信息系统进行放大、缩小、移动、导航及图形数据和属性数据的编辑和修改等操作，观察并记录操作结果。

5.2.1.2.10　观察并记录接处警模拟训练情况。

5.2.1.2.11　观察并记录火警受理全过程的报警时间、报警信息、灾害信息及出动命令等数据和话音实时记录和存档的情况。

5.2.1.2.12　对 4.2.3 规定的所有数据进行统一管理、维护、检索和显示操作，记录操作结果。

5.2.1.2.13　对值班员信息进行管理操作，并记录操作结果。

5.2.1.2.14　对录音录时信息和灭火救援作战记录数据备份操作，并记录操作结果。

5.2.1.2.15　模拟更改火警受理座席终端、消防站终端、录音录时终端等设备的时钟，观察并记录时钟统一的情况。

5.2.1.2.16　观察并记录以不同的等级进入系统，进行不同操作的结果情况。

5.2.1.2.17　模拟制造报警接收通信故障、服务器通信故障、火警受理座席终端通信故障、消防站终端通信故障、录音录时终端通信故障、显示终端通信故障和联动控制装置连接故障等，观察并记录故障报警结果。

5.2.2　**消防通信指挥中心火警受理信息系统功能试验**

5.2.2.1　**目的**

检查消防通信指挥中心使用的火警受理信息系统的基本功能。

5.2.2.2　**方法**

5.2.2.2.1　模拟报警电话呼入后，观察并记录固定通信、移动通信、城市应急联动中心等部门提供的电话号码、地址、用户名称等报警信息的情况。

5.2.2.2.2　观察并记录通过输入单位、地址、街路、目标物、电话号码等进行手动定位灾害事故现场位置操作的结果;观察并记录通过地图点击、电话三字段信息等方式进行自动定位灾害事故现场位置操作的结果。

5.2.2.2.3 观察并记录根据报警人提供的单位名称、详细地址、燃烧物性质和火势、有无遇险人员、燃烧爆炸、毒气泄漏等灾害信息进行灾害类型和灾害等级的确认情况。

5.2.2.2.4 观察并记录通过灾害类型、灾害等级和消防实力等自动和/或人工编制出动方案的情况。

5.2.2.2.5 观察并记录根据灾害类型和灾害等级,自动显示灭火救援指挥级别并启动相应的灾害预警预案系统的情况。

5.2.2.2.6 观察系统与消防站、火场终端及相关单位进行话音和/或数据通信的情况,并记录通信结果。

5.2.2.2.7 观察系统在向出动中队下达出动命令(数据通信)的同时,启动语音调度通信的情况,并记录通信结果。

5.2.2.2.8 观察系统与城市消防远程监控系统进行数据通信的情况,并记录数据通信结果。

5.2.2.2.9 观察并记录系统接收、显示消防车辆的状态信息和位置信息的情况。

5.2.2.2.10 观察系统将出动车辆数量和属性、行车路线或灾害地点地图(可选)等出动命令下达到相应的消防站的操作,并记录操作结果。

5.2.2.2.11 观察系统实时监视各消防站车库门和训练场的图像信息,并进行多用户安全操作和控制,记录操作控制结果。

5.2.3 消防站火警受理信息系统功能试验

5.2.3.1 目的

检查消防站使用的火警受理信息系统的基本功能。

5.2.3.2 方法

5.2.3.2.1 观察系统接收消防通信指挥中心的话音和/或数据信息的操作,并记录操作结果。

5.2.3.2.2 观察系统自动接收消防通信指挥中心下达的出动命令并打印出车单的操作,并记录操作结果。

5.2.3.2.3 观察系统自动和/或手动启动相应的警灯、警铃等联动装置的操作,并记录操作结果。

5.2.3.2.4 观察系统上报本站消防实力信息的情况,并记录结果。

5.2.4 火警受理信息系统控制接口和/或通信接口功能试验

5.2.4.1 目的

检查火警受理信息系统控制接口和/或通信接口的基本功能。

5.2.4.2 方法

根据4.2.2.4中列举控制接口和/或通信接口的协议,编制协议数据包,向该控制接口和/或通信接口发送数据,观察并记录数据接收结果。

5.3 火警调度机基本性能试验

5.3.1 主要部件性能试验

5.3.1.1 目的

检查火警调度机主要部件的性能。

5.3.1.2 方法

5.3.1.2.1 检查并记录试样部件间接线的状况和标志情况。

5.3.1.2.2 检查并记录试样的零部件紧固状况,检查按键、开关、按钮等控制部件的可靠性和灵活性。

5.3.1.2.3 检查并记录试样的声压级。

5.3.2 基本性能试验

5.3.2.1 目的

检查火警调度机的基本性能。

5.3.2.2 方法

5.3.2.2.1 按试样正常工作要求，连接火警受理信息系统（或其模拟装置）、连接座席电话机（座席数量大于8线时，接8部话机；不大于8线时，按说明书最大座席容量连接），连接火警中继、普通中继线，当容量（不含火警中继）不大于16线时，按全容量接入话机；当容量（不含火警中继）大于16线时，连接至少16部话机。接通试样电源，观察并记录试样发送连机通信信号情况。

5.3.2.2.2 分别模拟火警中继、普通中继、调度专线、内部电话呼入和座席电话呼出，并进行应答、挂机、保留等操作，分别重新开启试样电源和从火警受理信息系统向试样发送申请话务状态信号，观察并记录火警受理信息系统接收话务状态数据情况。

5.3.2.2.3 模拟制造火警中继故障，再恢复故障，观察试样指示及音响状态及向火警受理信息系统发送告警信息情况。

5.3.2.2.4 调整自动拨测周期，分别在拨测成功和失败时，观察试样向火警受理信息系统发送测试信息情况。

5.3.2.2.5 查看并记录火警中继、普通中继、调度座席、话务台配置情况。

5.3.2.2.6 模拟一次火警电话呼入，座席应答后，将报警电话挂机，再次提机，观察并记录回铃音及操作结果。

5.3.2.2.7 从火警受理信息系统向试样发送时钟同步信号，观察并记录时钟同步状况；重新启动试样，观察记录向火警受理信息系统申请时钟同步信息情况。

5.3.2.2.8 进行火警呼入和普通中继呼入，观察并记录座席话机振铃情况。

5.3.2.2.9 通过火警受理信息系统或座席话机发起一个追呼呼叫，观察追呼情况下呼叫进程数据发送情况；再次进行一次追呼操作，中途中止追呼，观察并记录执行情况。

5.3.2.2.10 进行一次火警呼入，应答后将其转接到放音设备上，然后再中止放音，释放该路中继，观察并记录执行情况。

5.3.2.2.11 对于容量大于80线的火警调度机，模拟制造处理机、交换网络、电源等公共单元故障，观察并记录设备自动倒换功能实现情况。

5.3.2.2.12 将某一用户设置为专用热线方式，摘机后观察并记录呼入情况。

5.3.3 电话交换性能试验

5.3.3.1 目的

检查火警调度机的电话交换性能。

5.3.3.2 方法

按YD/T 954—1998和YD/T 1304—2004相应条款进行。

5.3.4 火警座席性能试验

5.3.4.1 目的

检查火警调度机的火警座席性能。

5.3.4.2 方法

5.3.4.2.1 按试样使用说明书上操作方法将某一座席设置为离席，进行电话呼入，观察记录试样呼叫分配状况。再将该座席设置为就席，进行电话呼入和应答操作，观察并记录试样呼叫分配情况。

5.3.4.2.2 分别用不同的座席电话通过拨号方式或火警受理信息系统的相关操作进行应答、呼叫、组呼、转接、强插、强拆、保留等操作，观察并记录试验结果。

5.3.4.2.3 模拟火警呼入，座席应答通话过程，然后通过座席拨号方式和火警受理信息系统的相关操作方式实现报警人、消防通信指挥中心调度员、消防站通信员之间的“三方通话”功能，观察并记录试验结果。

5.3.4.2.4 对容量大于16线（不含火警中继）的火警调度机，分别用不同座席组织8方双向会议，并进行参加会议方的拆除和加入操作，观察并记录通话结果。

5.3.4.2.5 对容量大于40线(不含火警中继)的火警调度机,用某一座席召开(16方)单向广播会议,并进行参加会议方的拆除和加入操作,观察并记录通话结果。

5.3.4.2.6 分别将呼叫分配方式设置为4.3.3f)中1)~4)四种方式[座席容量小于4个时4)不做]。进行火警、普通中继等呼入、应答和选择应答等操作,观察并记录试验结果。

5.3.4.2.7 将火警调度机分别设置为4.3.3f)中2)~4)呼叫分配方式,分别进行火警呼入,不予应答,观察并记录超时转移情况。

5.3.4.2.8 将火警调度机设置为四个呼入列队,四个不同的中继和座席组,按不同中继被叫号呼入并应答,观察并记录试验结果。

5.4 火警数字录音录时装置基本性能试验

5.4.1 主要部件性能试验

5.4.1.1 目的

检查火警数字录音录时装置主要部件的性能。

5.4.1.2 方法

5.4.1.2.1 检查并记录试样部件间接线的状况和标志情况。

5.4.1.2.2 检查并记录试样的零部件紧固状况,检查按键、开关、按钮等控制部件的可靠性和灵活性。

5.4.2 基本性能试验

5.4.2.1 目的

检查火警数字录音录时装置的基本性能。

5.4.2.2 方法

5.4.2.2.1 按试样正常工作要求,连接火警受理信息系统的座席电话机,连接无线固定电台,接通试样电源,模拟火警电话呼入并应答,观察并记录试样有线录音情况;使用电台通话,观察并记录试样无线录音情况,分别选择有线和无线的录音记录并放音,观察并记录试样播放有线、无线录音的声音及时间记录情况。

5.4.2.2.2 分别进行有线和无线的录音,观察并记录试样在有线和无线录音时的开始和结束状态。

5.4.2.2.3 查看试样录音记录,观察并记录开始录音时间、结束录音时间、通道号、通道模式、主叫电话号码、录音文件名等信息。

5.4.2.2.4 操作试样的存储记录数据库,观察并记录数据库是否有相应的安全机制。

5.4.2.2.5 通过开始录音时间、主叫电话号码、通道号、通道模式等条件进行录音记录数据库查询,对查询结果进行放音、拷贝等操作,观察并记录查询的结果和操作情况。

5.4.2.2.6 查看并记录当座席电话全部摘机接警情况下的录音操作。

5.4.2.2.7 在火警受理信息系统上统一修改系统时间,观察并记录试样的时间变化。

5.4.2.2.8 模拟一次火警电话呼入,座席应答接警后,座席电话挂机,观察并记录该录音记录的主叫号码的接收情况。

5.4.2.2.9 选定某一条记录,对其相关信息进行补充输入,观察并记录修改情况。

5.4.2.2.10 进行两次录音操作,观察并记录试样显示剩余存储空间的情况。将试样存储记录的硬盘分区剩余空间调整到小于第一级剩余空间的容量,观察并记录试样声音或文字告警情况;将试样存储记录的硬盘分区剩余空间调整到小于第二级剩余空间的容量,观察并记录试样自动删除录音记录保存时间以远的录音记录以获得更多存储空间的情况。

5.4.2.2.11 观察并记录试样无其他删除记录功能的情况。

5.4.2.2.12 将某一录音记录进行备份后,再清除原始录音文件,观察并记录是否能将备份的录音文件提取播放。

5.4.2.2.13 重新开启试样,观察并记录试样自动进入工作状态的情况。

5.4.2.2.14 观察并记录试样的退出操作权限。

5.4.2.2.15 对试样进行启动和退出操作，观察并记录试样记录开启与关闭时间的情况。

5.4.2.2.16 在试样与火警受理信息系统链接正常的状态下，模拟断开与火警受理信息系统的链接，观察并记录试样与火警受理信息系统的链接与断开的状态显示及声音或文字告警情况。

5.4.2.2.17 观察并记录试样多路同时有无线录音情况。

5.4.2.2.18 观察并记录试样在播放、查询、拷贝录音信息时实现正常有无线录音功能。

5.4.2.2.19 观察并记录试样是否能够将录音通过音频接口转录到其他存储介质中。

5.5 高温(运行)试验

5.5.1 目的

检验试样在高温条件下使用的适应性。

5.5.2 方法

5.5.2.1 将试样放入高温试验箱中，使其处于正常监视状态。

5.5.2.2 在温度 23 ℃±5 ℃的条件下，以不大于 0.5 ℃/min 的升温速率，将温度升至 55 ℃±2 ℃，在此条件下保持 2 h。试验期间，观察并记录试样的工作状态。

5.5.2.3 试验后，取出试样，在正常大气条件下放置 1 h。检查试样表面涂覆情况，并按 5.3.2 或5.4.2 要求对试样进行基本性能试验。

5.5.3 试验设备

试验设备应符合 GB 16838—2005 的有关规定。

5.6 低温(运行)试验

5.6.1 目的

检验试样在低温条件下使用的适应性。

5.6.2 方法

5.6.2.1 将试样放在低温试验箱中，使其处于正常监视状态。

5.6.2.2 在温度 15 ℃～20 ℃、相对湿度不大于 70%的条件下保持 1 h，然后以不大于 0.5 ℃/min 的降温速率，将温度降至−10 ℃±3 ℃，在此条件下保持 2 h(试样不应有结冰现象)。试验期间，观察并记录试样的工作状态。

5.6.2.3 试验后，取出试样，在正常大气条件下放置 1 h。检查试样表面涂覆情况，并按 5.3.2 或5.4.2 要求对试样进行基本性能试验。

5.6.3 试验设备

试验设备应符合 GB 16838—2005 的有关规定。

5.7 恒定湿热(运行)试验

5.7.1 目的

检验试样在高湿度环境中使用的适应性。

5.7.2 方法

5.7.2.1 将试样放在湿热试验箱中，使其处于正常监视状态。

5.7.2.2 调节湿热试验箱，使试样在温度为 40 ℃±2 ℃、相对湿度为 93%±3%的条件下持续 4 d。试验期间，观察并记录试样的工作状态。

5.7.2.3 试验后，取出试样，在正常大气条件下放置 1 h。按 5.3.2 或 5.4.2 要求对试样进行基本性能试验。

5.7.3 试验设备

试验设备应符合 GB 16838—2005 的有关规定。

5.8 恒定湿热(耐久)试验

5.8.1 目的

检验试样耐受高湿度环境的能力。

5.8.2 **方法**

5.8.2.1 将试样放在湿热试验箱中。

5.8.2.2 调节湿热试验箱，使试样在温度为 40 ℃±2 ℃、相对湿度为 93%±3%的条件下持续 21 d。

5.8.2.3 试验后，取出试样，在正常大气条件下放置 1 h。按 5.3.2 或 5.4.2 要求对试样进行基本性能试验。

5.8.3 **试验设备**

试验设备应符合 GB 16838—2005 的有关规定。

5.9 **腐蚀试验**

5.9.1 **目的**

检验试样抗腐蚀的能力。

5.9.2 **方法**

5.9.2.1 将试样放入腐蚀试验箱中。

5.9.2.2 对试样施加下述严酷等级的试验：

a) 温度：25 ℃±2 ℃；

b) 相对湿度：90%～96%；

c) SO_2 浓度：$(25\pm5)\times10^{-6}$（体积比）；

d) 试验周期：21 d。

5.9.2.3 试验后，取出试样，在正常大气条件下放置 16 h。按 5.3.2 或 5.4.2 要求对试样进行基本性能试验。

5.9.3 **试验设备**

试验设备应符合 GB 16838—2005 的有关规定。

5.10 **振动（正弦）（运行）试验**

5.10.1 **目的**

检验试样长时间承受振动影响的能力。

5.10.2 **方法**

5.10.2.1 将试样固定在振动试验台上，使其处于正常监视状态。

5.10.2.2 依次在三个互相垂直的轴线上，在 10 Hz～150 Hz 的频率循环范围内，以 0.981 m/s^2 的加速度幅值，1 倍频程每分的扫频速率，各进行 1 次扫频循环。

5.10.2.3 振动结束后，按 5.3.2 或 5.4.2 要求对试样进行基本性能试验。

5.10.3 **试验设备**

试验设备应符合 GB 16838—2005 的规定。

5.11 **冲击试验**

5.11.1 **目的**

检验试样对非经常性机械冲击的抗干扰性。

5.11.2 **试验方法**

5.11.2.1 将试样固定在冲击试验台上，使其处于正常监视状态。

5.11.2.2 对质量为 m(kg)的试样，当 $m\leqslant4.75$ 时，峰值加速度为 $(100-20m)\times10\ m/s^2$；当 $m>4.75$ 时，峰值加速度为 0，脉冲时间为 6 ms。启动冲击试验台，对试样的 6 个方向进行冲击。

5.11.2.3 试验后，按 5.3.2 或 5.4.2 要求对试样进行基本性能试验。

5.11.3 **试验设备**

试验设备应符合 GB 16838—2005 的规定。

5.12 碰撞试验

5.12.1 目的

检验试样承受机械碰撞的适应性。

5.12.2 试验方法

5.12.2.1 将试样按正常的工作位置固定在碰撞试验台的水平安装板上，使其处于正常监视状态。试样在试验前应至少通电 15 min。

5.12.2.2 调整碰撞试验设备，使锤头碰撞面的中心能够从水平方向碰撞试样，并对准使试样最易遭受破坏的部位。然后以 1.500 m/s±0.125 m/s 的锤头速度、1.9 J±0.1 J 的碰撞动能碰撞试样 1 次。试验期间，观察并记录试样的工作状态。

5.12.2.3 试验后，按 5.3.2 或 5.4.2 要求对试样进行基本性能试验。

5.12.3 试验设备

试验设备应符合 GB 16838—2005 的规定。

5.13 振动（正弦）（耐久）试验

5.13.1 目的

检验试样长时间承受振动影响的能力。

5.13.2 方法

5.13.2.1 将试样固定在振动试验台上。

5.13.2.2 依次在三个互相垂直的轴线上，在 10 Hz～150 Hz 的频率循环范围内，以 4.905 m/s^2 的加速度幅值，1 倍频程每分的扫频速率，各进行 20 次扫频循环。

5.13.2.3 试验后，按 5.3.2 或 5.4.2 要求对试样进行基本性能试验。

5.13.3 试验设备

试验设备应符合 GB 16838—2005 的规定。

5.14 射频电磁场辐射抗扰度试验

5.14.1 目的

检验试样在射频电磁场辐射环境下工作的适应性。

5.14.2 方法

5.14.2.1 将试样安放在不导电支座上，接通电源，使试样处于正常监视状态 15 min。

5.14.2.2 按 GB 16838—2005 中的要求，对试样施加表 5 所示条件的电磁干扰。

5.14.2.3 干扰期间，观察并记录试样工作状态。

5.14.2.4 干扰环境结束后，按 5.3.2 或 5.4.2 要求对试样进行基本性能试验。

5.14.3 试验设备

试验设备应满足 GB 16838—2005 的有关要求。

5.15 射频场感应的传导骚扰抗扰度试验

5.15.1 目的

检验试样在来自射频发射机产生的电磁骚扰环境下工作的适应性。

5.15.2 方法

5.15.2.1 将试样安放在绝缘台上，接通电源，使试样处于正常监视状态，保持 15 min。

5.15.2.2 按 GB 16838—2005 中的要求，对试样施加表 5 所示条件的电磁干扰。

5.15.2.3 干扰期间，观察并记录试样工作状态。

5.15.2.4 干扰结束后，按 5.3.2 或 5.4.2 要求对试样进行基本性能试验。

5.15.3 试验设备

试验设备应满足 GB 16838—2005 的规定。

5.16 静电放电抗扰度试验

5.16.1 目的

检验试样对带静电人员、物体造成的静电放电的适应性。

5.16.2 方法

5.16.2.1 将试样放在距接地参考平面 0.8 m 的支架上。接通电源，使试样处于正常监视状态，保持 15 min。

5.16.2.2 对绝缘体外壳的试样，实施空气放电；对导体外壳的试样，实施接触放电。

5.16.2.3 按 GB 16838—2005 中的要求，对试样施加表 5 所示条件的电磁干扰。

5.16.2.4 干扰期间，观察并记录试样的工作状态。

5.16.2.5 干扰结束后，按 5.3.2 或 5.4.2 要求对试样进行基本性能试验。

5.16.3 试验设备

试验设备应满足 GB 16838—2005 的规定。

5.17 电快速瞬变脉冲群抗扰度试验

5.17.1 目的

检验试样抗电快速瞬变脉冲群干扰的能力。

5.17.2 方法

5.17.2.1 将试样安放在绝缘台上，接通电源，使试样处于正常监视状态，保持 15 min。

5.17.2.2 按 GB 16838—2005 中的要求，对试样施加表 5 所示条件的电磁干扰。

5.17.2.3 干扰期间，观察并记录试样工作状态。

5.17.2.4 干扰结束后，按 5.3.2 或 5.4.2 要求对试样进行基本性能试验。

5.17.3 试验设备

试验设备应满足 GB 16838—2005 的有关要求。

5.18 浪涌（冲击）抗扰度试验

5.18.1 目的

检验试样对附近闪电或供电系统的电源切换及低电压网络、包括大容性负载切换等产生的电压瞬变（电浪涌）干扰的适应性。

5.18.2 方法

5.18.2.1 将试样安放在绝缘台上，接通电源，使试样处于正常监视状态，保持 15 min。

5.18.2.2 按 GB 16838—2005 中的要求，对试样施加表 5 所示条件的电磁干扰。

5.18.2.3 干扰期间，观察并记录试样工作状态。

5.18.2.4 干扰结束后，按 5.3.2 或 5.4.2 要求对试样进行基本性能试验。

5.18.3 试验设备

试验设备应满足 GB 16838—2005 的有关要求。

6 检验规则

6.1 产品出厂检验

企业在产品出厂前应对组成火警受理系统的各类设备进行外观检查，并进行基本性能试验。

6.2 型式检验

6.2.1 型式检验项目为第 5 章规定的内容。在出厂检验合格的产品中抽取检验样品。

6.2.2 有下列情况之一时，应进行型式检验：

a) 新产品或老产品转厂生产时的试制定型鉴定；

b) 正式生产后，产品的结构、主要部（器）件或元器件、生产工艺等有较大的改变，可能影响产品性能或正式投产满 4 年；

c） 产品停产一年以上，恢复生产；

d） 出厂检验结果与上次型式检验结果差异较大；

e） 发生重大质量事故。

6.2.3 检验结果按 GB 12978 规定的型式检验结果判定方法进行判定。

7 标志

7.1 产品标志

组成火警受理系统的各类设备均应有清晰、耐久的产品标志，产品标志应包括以下内容：

a） 制造商名称、地址；

b） 产品名称、型号；

c） 产品主要技术参数；

d） 制造日期及产品编号；

e） 执行标准。

7.2 质量检验及合格评定标志

组成火警受理系统的各类设备均应有质量检验合格标志。

ICS 67.240
B 04

中华人民共和国国家标准

GB/T 16291.2—2010/ISO 8586-2:2008
代替 GB/T 16291—1996

感官分析　选拔、培训和管理评价员一般导则　第2部分:专家评价员

Sensory analysis—General guidance for the selection, training and monitoring of assessors—Part 2: Expert sensory assessors

(ISO 8586-2:2008, IDT)

2010-09-02 发布　　2010-12-01 实施

中华人民共和国国家质量监督检验检疫总局
中国国家标准化管理委员会　发布

前　言

GB/T 16291《感官分析　选拔、培训和管理评价员一般导则》分为两个部分：

——第1部分：优选评价员；

——第2部分：专家评价员。

本部分为GB/T 16291的第2部分，对应于ISO 8586-2:2008《感官分析　选拔、培训和管理评价员一般导则　第2部分：专家评价员》(Sensory analysis—General guidance for the selection, training and monitoring of assessors—Part 2: Expert sensory assessors)，GB/T 16291的本部分等同采用ISO 8586-2:2008。

本部分代替GB/T 16291—1996《感官分析　专家的选拔、培训和管理导则》。本部分与GB/T 16291—1996相比，技术内容变化主要有：

a) 修改了原标准的名称，以使与采标的国际标准名称一致。把《感官分析　专家的选拔、培训和管理导则》改为《感官分析　选拔、培训和管理评价员一般导则　第2部分：专家评价员》；

b) 将本部分中的"专家"改为"专家评价员"；

c) 将"2　引用标准"改为"2　规范性引用文件"；

d) 将"3　定义"改为"3　术语和定义"；

e) 在"术语和定义"部分增加了对"重现性"、"重现条件"、"重复性"、"重复条件"的定义，删除对"具备专业知识的专家评价员"的定义和解释；

f) 根据ISO修改的内容更新原标准"4　选拔"、"5　培训"、"6　工作水平的管理和检验"三部分的内容，将"5.4　建立描述感官分析结果的符号库"改为"描述词词库的建立"；

g) 增加"7　小组的管理和维护"部分内容；

h) 删除原标准的附录A、附录B、附录C，增加资料性附录A和参考文献。

本部分的附录A为资料性附录。

本部分由中国标准化研究院提出并归口。

本部分起草单位：中国标准化研究院、浙江工商大学、中国农业大学。

本部分主要起草人：刘文、汪厚银、赵镭、邓少平、吴继红。

本部分所代替标准的历次版本发布情况为：

——GB/T 16291—1996。

引　言

感官评价可由“评价员”(见 GB/T 10221—1998 的 2.5)、“优选评价员”(见 GB/T 10221—1998 的 2.6)、专家评价员(见 GB/T 10221—1998 的 2.7.1)三种不同类型的评价员来承担。ISO 8586-1《感官分析　选拔、培训和管理评价员一般导则　第 1 部分:优选评价员》规定了选拔、培训和管理优选评价员的基本要求。本部分则规定了选拔、培训和管理专家评价员的一般原则。

本部分不涉及产品专家或专业产品专家,因其专业技能不属于感官能力的范畴。但产品专家或专业产品专家通过专门培训后可成为专家评价员。具备专业知识的专家评价员可凭借其他专业知识(如对被评价产品的了解以及产品加工或市场的经验)来解释感官数据,并得出结论。

在评价小组的工作中,专家评价员应具有特殊的敏感性和再现性,并长期保持良好的感官记忆。必要时在缺乏对照样品的情况下,允许使用可靠的比较判断。

专家评价员也应组成一个评价小组在评价小组组长的领导下开展工作。评价小组组长负责对专家评价员进行管理和培训。专家评价员不负责选择评价方法、提供样品及解释结果。评价小组组长负责这些工作,并决定应将哪些信息提供给小组成员。

感官分析　选拔、培训和管理评价员一般导则　第2部分：专家评价员

1　范围

GB/T 16291 的本部分规定了从优选评价员，产品的研发、生产、加工或营销专家中选择具有特殊感官评价技能的人员一般导则。其中对优选评价员、产品的研发、生产、加工或营销专家的要求准则见 ISO 8586-1:2008。本部分给出了选拔并扩展他们的知识和能力以达到专家评价员的原则和程序。

本部分还规定了对能够使用描述词建立产品和材料感官剖面的专家评价员的要求。这些要求中不包括对专家评价员应具备特定的产品和材料方面专业知识的要求。

本部分是对 GB/T 10220 的补充。

2　规范性引用文件

下列文件中的条款通过 GB/T 16291 的本部分的引用而成为本部分的条款。凡是注日期的引用文件，其随后所有的修改单（不包括勘误的内容）或修订版均不适用于本部分。然而，鼓励根据本部分达成协议的各方研究是否可使用这些文件的最新版本。凡是不注日期的引用文件，其最新版本适用于本部分。

GB/T 6379.1—2004　测量方法与结果的准确度（正确度与精密度）　第1部分：总则与定义（ISO 5725-1:1994,IDT)

GB/T 10221—1998　感官分析　术语(idt ISO 5492:1992)

ISO 8586-1:2008　感官分析　选拔、培训和管理评价员一般导则　第1部分：优选评价员(Sensory analysis—General guidance for the selection, training and monitoring of assessors—Part 1: Selected assessors)

3　术语和定义

GB/T 10221—1998 中确立的以及下列术语和定义适用于 GB/T 16291 的本部分。

3.1

评价员　assessor

参加感官分析的人员。

[GB/T 10221—1998,定义 2.5]

3.2

优选评价员　selected assessor

挑选出的具有较高感官分析能力的评价员。

[GB/T 10221—1998,定义 2.6]

3.3

专家评价员　expert assessor

具有高度的感官敏感性和丰富的感官分析方法经验，并能够对所涉及领域内的各种产品作出一致的、可重复的感官评价的优选评价员。

[GB/T 10221—1998,定义 2.7.1]

3.4

再现性 reproducibility

在再现性条件下的精密度。

注：再现性可以用评价结果的离散系数值来表示。

[GB/T 6379.1—2004,定义 3.17]

3.5

再现性条件 reproducibility conditions

在不同的实验室，由不同的操作员使用不同设备，按相同的测试方法，对同一被测对象相互独立进行的测试条件。

注：再现条件可能包括不同的次数（不同的评价）、不同的环境和不同的评价小组。

[GB/T 6379.1—2004,定义 3.18]

3.6

重复性 repeatability

在重复性条件下的精密度。

注：重复性可以用评价结果的离散系数值来表示。

[GB/T 6379.1—2004,定义 3.13]

3.7

重复性条件 repeatability conditions

在同一实验室，由同一操作员使用相同的设备，按相同的测试方法，在短时间内对同一被测对象相互独立进行的测试条件。

注：重复条件意味着相同的评价员（评价小组）、相同的时间（评价）和相同的环境。

[GB/T 6379.1—2004,定义 3.14]

4 专家评价员的选拔

4.1 总则

适合培训的候选人应具备以下条件：

a) 具备感官分析的能力，具体要求参考 ISO 8586-1:2008 的规定。最好是先筛选优选评价员作为候选人或直接从优选评价员中选拔候选人；

b) 对进一步提高感官技能感兴趣，其中包括学习感官方法学和了解一种或多种产品的感官特性；

c) 能保证参加培训和定期实践——作为专家评价员的基本条件之一就是要定期参加评价小组的培训项目；

d) 本人自愿。

4.2 专业技能

评价小组组长应对优选评价员在一定期间内对所涉及产品的评价表现进行评估。若优选评价员的评价结果表现出良好的重复性、自身具有显著的敏锐力或在原材料特定性质（例如异味）的分类上表现出特殊的敏感性，可考虑选用他们参与专家评价员组成的评价小组的工作。

专家评价员候选人还应具备以下条件：

a) 对感官特性的记忆力；

b) 与其他专家的沟通能力；

c) 对产品的描述能力。

不同的优选评价员具备上述条件的程度不同，所以应选用相应的筛选程序或针对性地对其培训程序进行调整。

5 培训

5.1 总则

培训的目的之一是通过培训来优化专家评价员的专业知识结构，挖掘其感官评价的潜力。优选评价员应具备一定的嗅觉和味觉生理学知识。

作为一个专家评价员，还应具备 ISO 8586-1:2008 中规定的优选评价员应必备的知识。

培训的目的还在于优化评价员的感官分析知识结构，尤其是增强他们对感官剖面描述词及其强度的记忆，使其具备对产品进行感官剖面评价要求的能力(包括评价结果的重复性、正确度、辨别力)。

5.2 感官记忆

专家评价员应具备中等水平以上的感官记忆能力。培训优选评价员的感官方面的实验大多在于培养其短期的感官记忆，而培训专家评价员则应培养其长期的感官记忆。当前评价中记录的特征可能需要参考前期的评价经验。

注：在评价中被评价的特征与通过培训获得的经验是相关的。

用来培训专家评价员的感官方面的实验应旨在开发其长期的感官记忆。

5.3 感官描述词语义及尺度的学习

培训通常包括两个阶段：

a) 描述词的产生、定义和识别。目的是确认这些词能对产品或评价对象进行描述(可通过术语表或者由小组讨论的方式提出)，将这些描述词与对应的感官知觉联系起来，并基于感官知觉来定义每一个感官描述词并学习识别其描述的感官特性是否在产品或评价对象中存在；

b) 对强度进行评估并记忆强度标度。目的是学会评价每个描述词的强度并记忆每个特定描述词的强度水平。

训练的最初阶段先评价描述词强度较明显的样品，并基于此描述词进行分类。然后，评价员学习通过对特定不同强度的描述词所建立的对应参比或产品或原料来对描述词的强度进行表达。

注 1：通过个人和集体相结合的方式进行培训。要求评价员在评价小组组长的指导下尽最大努力集中注意力和提高记忆力。

注 2：差别检验和配对检验能用来突出不同产品和原料的特性，或者用来检验特性是否被记忆。

5.4 描述词词库的建立

受训者应了解感官描述词的作用，不仅有助于培养长期感官记忆力，而且还可作为与客户和其他专家交流的工具。

受训者还应掌握特定术语方面的知识并能合理使用。

5.5 评价条件的培训

受训者应学会能一次评价大量的样品以及评价同一种产品的不同样品。

6 评价员表现的监督和测试

6.1 目的

监督评价员表现的目的是定期检查评价员以下评价能力：

a) 重复性；

b) 辨别能力；

c) 结果的一致性；

d) 再现性。

6.2 原则

监督评价员表现的原则基于以下两个方面：

——重复性，产品或原料的剖面评价结果在同一评价轮次内或不同评价轮次之间的重复性；

——再现性，在相同的条件下(同时提供或分包相同的产品)，多个实验室同时进行的比对检验(见GB/T 6379.1)。

6.3 结果的分析

6.3.1 总则

对评价结果的分析能够评估团队整体以及单个评价员的工作表现(参见附录A)。

6.3.2 对评价小组整体工作表现的评估

通过方差分析等方法进行评估(方差分析见参考文献[2])：

——单因素方差分析(产品)评价辨别能力；

——三因素交互作用的方差分析(产品、评价员、产品间[1])和两种或三种特性的叠加评价再现性；

——三因素交互作用的方差分析(产品、评价员、产品间[1])检查一致性。

其他数据统计方法，如主成分分析(PCA，Principal Component Analysis)，判别因子分析(DFA，Discriminant Factor Analysis)，广义普鲁克分析，相关系数计算(能评价两个矩阵的相似度)，可用于评估评价员之间结果的一致性以及评价员个人与小组评价结果的一致性。

6.3.3 个人工作表现的评估

可通过作图来表示，也可通过数据分析来评估。如：

——将每个评价员评价的结果(分数)与组内的平均值相比较；

——直观表达标准差的量级；

——与小组评价结果(分数)的一致性(与均值的离散程度)；

——评价产品间的差异；

——每个评价员结果的重复性和再现性。

注：重复性和再现性应考虑一位评价员在三次评价中对于某个描述词评价的变异程度小于或者等于15%。

7 小组的管理和维护

7.1 激励

激励小组工作十分重要。如：

——应提供一些与产出结果相关的信息；

——应提供一些与个人结果相关的反馈信息；

——应有酬劳。

注1：严防对进一步工作带来偏见。

注2：应劳有所得。

7.2 技能的保持

为使团队工作更有效，不丧失培训的效果，应定期进行集训。最好每周组织一次，每月应至少保证一次。

应选择地评估小组的表现，一年大致开展两次。

此外，在较长的工作停顿(大于6周)之后，应对评价员进行再次培训。

理论上，评价小组应与其他专家评价员小组相对比、对参照产品比较或参加比较研究来对其自身进行校准：

——参加不同实验室之间的评价比对；

——针对同一产品，与其提供者或者分包者同时进行剖面分析比较。

---

1) 需要大量的产品和重复。

7.3 **新评价员的补充**

若小组成员不可避免离开时,应补充新的人员。

为使新评价员达到令人满意的工作水平,应策划专门培训。

新评价员进入小组的过程应是逐步进行的,应根据新评价员的能力来分配工作。

7.4 **再培训**

当待评价的产品和材料改变时,应组织新的培训会议来考虑增加新的描述词和对强度标度做适当修改。

附　录　A
（资料性附录）
评价员和评价小组的重复性和再现性

表 A.1　评价员和评价小组的重复性和再现性

属性	定义	确定方法(方差分析见参考文献[2])
重复性	衡量在相同环境下对相同样品评价结果的一致性。 相同条件指: ——相同的评价员(评价小组); ——相同的时间(同次评价); ——相同的环境。	评价员: ——在同次评价中评价员之间对重复样品评价分数的标准偏差; ——评价员评价分数的单向方差分析的标准误差。 评价小组: ——在同次评价中评价小组对重复样品平均分数值的单向方差分析标准偏差; ——评价小组评价平均分数值单向方差分析的标准误差。
再现性	衡量在不同条件下对相同样品评价结果的一致性。 对于评价员,不同条件包括: ——相同的评价员; ——不同的时间(不同次评价); ——不同的环境。 对于评价小组,不同条件包括: ——相同的评价小组; ——不同的时间(不同次评价); ——不同的环境。	评价员: 评价组内的标准偏差和组内方差分析的标准偏差的联合。 评价小组: 评价组内的标准偏差和组内方差分析的标准偏差的联合。
评价小组(评价方法)之间或评价员之间的评价结果的再现性	评价小组间: 衡量在不同条件下对相同样品评价结果的一致性。不同的条件包括: ——不同的评价小组; ——不同的时间(不同次评价); ——不同的环境。 在不同评价中评价小组内结果的一致性:在同一评价小组中不同评价员对相同样品的评价结果的一致性。	不同评价间标准偏差和评价小组间标准偏差的一致性。 在同次评价中评价员评价分数双向方差分析的标准偏差。

参 考 文 献

[1] GB/T 10220 感官分析方法总论(GB/T 10220—1988,neq ISO 6658:1985)

[2] Analysis of Variance for Sensory Data:Per Lea,Tormod Næs,Marit Rodbotten. Wiley 1997.

[3] LEA,P. ,NÆS,T. ,RØDBOTTEN,M. Analysis of variance for sensory data. Wiley,Chichester,1997. 102 p.

ICS 13.040.30
C 30

中华人民共和国国家标准

GB/T 16292—2010
代替 GB/T 16292—1996

医药工业洁净室(区)悬浮粒子的测试方法

Test method for airborne particles in clean room (zone) of the pharmaceutical industry

2010-09-02 发布

2011-02-01 实施

中华人民共和国国家质量监督检验检疫总局
中国国家标准化管理委员会 发布

前　言

本标准参考了ISO 14644-1《洁净间以及相关环境控制　第1部分：空气洁净度级别》和JGJ 71—90《洁净室施工及验收规范》而制定。

本标准代替GB/T 16292—1996《医药工业洁净室(区)悬浮粒子的测试方法》。

本标准与GB/T 16292—1996的主要区别为：

——调整标准规定范围，本标准仅规定测试方法，不对洁净室(区)洁净等级进行评定；

——取消了滤膜显微镜测试方法，改用激光粒子计数器方法；

——增加了确定最少采样点数目的方法；

——增加和提供了更新的资料性附录。

本标准的附录A是规范性附录。

本标准的附录B是资料性附录。

本标准由国家食品药品监督管理局提出并归口。

本标准起草单位：上海市食品药品包装材料测试所。

本标准主要起草人：徐敏凤、纪炜、魏佳鸣、蔡均、韩晗、冯晓明。

本标准所代替标准的历次标本发布情况为：GB/T 16292—1996。

医药工业洁净室(区)悬浮粒子的测试方法

1 范围

本标准规定了空气悬浮粒子污染的测试方法。

本标准适用于医药工业洁净室和洁净区,无菌室或局部空气净化区域(包括洁净工作台)的空气悬浮粒子测试和环境的验证。

本标准不能用于表征物理的、化学的、反射线学的,或空气微粒的可繁殖特性。

注:在采样粒径范围内,随着采样量的增加,实际的微粒浓度是不可预见和随时间显著变化的。

2 规范性引用文件

下列文件中的条款通过本标准的引用而成为本标准的条款。凡是注日期的引用文件,其随后所有的修改单(不包括勘误的内容)或修订版均不适用于本标准,然而,鼓励根据本标准达成协议的各方研究是否可使用这些文件的最新版本。凡是不注日期的引用文件,其最新版本适用于本标准。

YY 0033—2000 无菌医疗器具生产管理规范

3 术语和定义

下列术语和定义适用于本标准。

3.1

洁净室(区) clean room (zone)

对尘粒及微生物污染规定需进行环境控制的房间或区域。其建筑结构,装备及其使用均具有减少对该区域内污染源的介入、产生和滞留的功能。其他相关参数诸如:温度、湿度、压力也有必要控制。

3.2

局部空气净化 localized air purification

仅使室内工作区域或特定的局部空间的空气中含悬浮粒子浓度达到规定的空气洁净度级别的方式。

3.3

单向流 unidirectional airflow

沿单一方向呈平行流线并且与气流方向垂直的断面上风速均匀的气流。与水平面垂直的叫垂直单向流(vertical unidirectional airflow),与水平面平行的叫水平单向流(horizontal unidirectional airflow)。

3.4

非单向流 non-unidirectional airflow

具有多个通路循环特性或气流方向不平行的气流。

3.5

悬浮粒子 airborne particle

用于空气洁净度分级的空气悬浮粒子尺寸范围在 0.1 μm~1 000 μm 的固体和液体粒子。对于悬浮粒子计数测量仪,一个微粒球的面积或体积产生一个响应值,不同的响应值等价于不同的微粒直径。

3.6

洁净度　cleanliness

洁净环境内单位体积空气中含大于或等于某一粒径悬浮粒子的统计数量来区分的洁净程度。

3.7

置信上限(95%UCL)　upper confidence limit

从正态分布抽样得到的实际均值按给定的置信度(此处为95%)计算得到的估计上限将大于此实际均值,则称计算得到的这一均值估计上限为置信上限。

3.8

空态　as-bulit

洁净室(区)在净化空气调节系统已安装完毕且功能完备的情况下,但是没有生产设备、原材料或人员的状态。

3.9

静态　at-rest

静态a:洁净室(区)在净化空气调节系统已安装完毕且功能完备的情况下,生产工艺设备已安装、洁净室(区)内没有生产人员的状态。

静态b:洁净室(区)在生产操作全部结束,生产操作人员撤离现场并经过20 min自净后。

3.10

动态　operational

洁净室(区)已处于正常生产状态,设备在指定的方式下进行,并且有指定的人员按照规范操作。

3.11

洁净工作台　clean bench

一种工作台或者与之类似的一个封闭围挡工作区。其特点是自身能够供给经过过滤的空气或气体,按气流形式分为垂直单向流工作台、水平单向流工作台等。

4　测试方法

4.1　方法提要

本方法采用计数浓度法,即通过测试洁净环境内单位体积空气中含大于或等于某粒径的悬浮粒子数,来评定洁净室(区)的悬浮粒子洁净度级别。

4.2　人员的职责及培训

洁净室(区)的测试人员应进行本专业的培训并获得相应资格后才能履行对洁净室(区)测试的职责,其中包含涉及的卫生知识和基本微生物知识。

洁净室(区)的测试人员应选择与生产操作的空气洁净度级别要求相适应的穿戴方式,外面的衣服不能带进100 000级以上的区域。

4.3　仪器

仪器应采用以下任意一种:

a)　光散射粒子计数器(用于粒径大于或等于0.5 μm的悬浮粒子计数);

b)　激光粒子计数器(用于粒径大于或等于0.1 μm的悬浮粒子计数)。

4.3.1　光散射粒子计数器原理

空气中的悬浮粒子在光的照射下产生光散射现象,散射光的强度与悬浮粒子的表面积成正比。

4.3.2　激光粒子计数器原理

空气中的悬浮粒子在激光束的照射下产生衍射现象,衍射光的强度与悬浮粒子的体积成正比。

4.4　测试要点

4.4.1　必须按照测试仪器的检定周期,定期对测试仪器作检定。应使用检定合格,且在使用有效期内的仪器。

4.4.2 测试仪器在未进入被测区域时，若必需，则先清洁表面，或在相应的洁净室内准备和存放(用保护罩或其他适当地外罩保护仪器)。

4.4.3 在100级洁净室内用纸时，上面应蒙上一张透明不沾尘的覆盖物，在100级洁净室内不能用铅笔和橡皮。

4.4.4 使用测试仪器时应严格按照仪器说明书操作。

4.4.4.1 仪器开机，预热至稳定后，方可按测试仪器说明书的规定对仪器进行校正，同时检查采样流量和等动力采样头。

4.4.4.2 采样管口置于采样点采样时，在计数趋于稳定后，开始连续读数。

4.4.4.3 采样管必须干净，严禁渗漏。

4.4.4.4 采样管的长度应根据仪器的允许长度。除另有规定外，长度不得大于1.5 m。

4.4.4.5 粒子计数器采样口和仪器工作位置宜处在同一气压和温度下，以免产生测量偏差。

5 测试规则

5.1 测试条件

在测试之前，要对洁净室(区)相关参数进行预先测试，这类测试将会提供测试悬浮粒子的环境条件，例如：这种预先测试或可包括：

a) 温度和相对湿度的测试。洁净室(区)的温度和相对湿度应与其生产及工艺要求相适应(无特殊要求时，温度在18 ℃～26 ℃，相对湿度在45%～65%为宜)，同时应满足测试仪器的使用范围；
b) 室内送风量或风速的测试，或压差的测试；
c) 高效过滤器的泄漏测试。

5.2 测试状态

空态，静态和动态三种状态均可进行测试。

空态或静态测试时，室内测试人员不得多于2人。

测试报告中应标明测试时所采用的状态和室内的测试人员数。

5.3 测试时间

5.3.1 在空态或静态a测试时，对单向流洁净室(区)而言，测试宜在净化空气调节系统正常运行时间不少于10 min后开始。对非单向流洁净室(区)，测试宜在净化空气调节系统正常运行时间不少于30 min后开始。在静态b测试时，对单向流洁净室(区)，测试宜在生产操作人员撤离现场并经过10 min自净后开始；对非单向流洁净室(区)，测试宜在生产操作人员撤离现场并经过20 min自净后开始。

5.3.2 在动态测试时，则须记录生产开始的时间以及测试时间。

5.4 悬浮粒子计数

5.4.1 采样点数目及其布置

在空态或静态测试时，悬浮粒子采样点数目及其布置应力求均匀，并不得少于最少采样点数目，采样点布置规则见附录A。在动态测试时，悬浮粒子采样点数目及其布置应根据产品的生产及工艺关键操作区设置。

5.4.1.1 最少采样点数目

悬浮粒子测试最少采样点数目可在以下两种方法中任选一种：

a)
$$N_L = \sqrt{A} \qquad (1)$$

式中：

N_L——最少采样点；

A——洁净室或被控洁净区的面积，单位为平方米(m^2)。

注：在单向流情况下，面积 A 可以认为是垂直于气流方向上的横截面积。

b) 最少采样点数目可从表1查到。

表 1 最少采样点数目

面积 m^2	洁净度级别			
	100	10 000	100 000	300 000
<10	2～3	2	2	2
≥10～<20	4	2	2	2
≥20～<40	8	2	2	2
≥40～<100	16	4	2	2
≥100～<200	40	10	3	3
≥200～<400	80	20	6	6
≥400～<1 000	160	40	13	13
≥1 000～<2 000	400	100	32	32
≥2 000	800	200	63	63

注：对于100级的单向流洁净室(区)，包括100级洁净工作台(bench)，面积指的是送风口表面积；对于10 000级以上的非单向流洁净室(区)，面积指的是房间面积。

5.4.1.2 采样点的位置

采样点的位置应满足以下要求：

a) 采样点一般在离地面0.8 m高度的水平面上均匀布置。

b) 采样点多于5点时，也可以在离地面0.8 m～1.5 m高度的区域内分层布置，但每层不少于5点。

5.4.2 采样次数的限定

对任何小洁净室(区)或局部空气净化区域，采样点的数目不得少于2个，总采样次数不得少于5次。每个采样点的采样次数可以多于1次，且不同采样点的采样次数可以不同。

5.4.3 采样量

不同洁净度级别每次最小的采样量见表2。

表 2 最小采样量

最小采样量 L/次	洁净度级别			
	100	10 000	100 000	300 000
≥0.5 μm	5.66	2.83	2.83	2.83
≥5 μm	8.5	8.5	8.5	8.5

5.4.4 采样注意事项

5.4.4.1 对于单向流洁净室(区)，粒子计数器的采样管口应正对气流方向；对于非单向流洁净室(区)，粒子计数器的采样管口宜向上。

5.4.4.2 布置采样点时，应尽量避开回风口。

5.4.4.3 采样时，测试人员应在采样口的下风侧，并尽量少活动。

5.4.4.4 采样完毕后，宜对粒子计数器进行自净。

5.4.4.5 应采取一切措施防止采样过程的污染。

6 结果计算

6.1 采样点的平均悬浮粒子浓度 A

采样点的平均悬浮粒子浓度 A 按式(2)计算：

$$A=\frac{\sum_{i=1}^{n}C_i}{n} \qquad \cdots\cdots(2)$$

式中：

A——某一采样点的平均粒子浓度，粒每立方米(粒/m^3)；

C_i——某一采样点的粒子浓度($i=1,2,\cdots,n$)，粒每立方米(粒/m^3)；

n——某一采样点上的采样次数，次。

6.2 平均值的均值 M

平均值的均值 M 按式(3)计算：

$$M=\frac{\sum_{i=1}^{L}A_i}{L} \qquad \cdots\cdots(3)$$

式中：

M——平均值的均值，即洁净室(区)的平均粒子浓度，粒每立方米(粒/m^3)；

A_i——某一采样点的平均粒子浓度($i=1,2,\cdots,L$)，粒每立方米(粒/m^3)；

L——某一洁净室(区)内的总采样点数，个。

6.3 标准差 SE

标准差 SE 按式(4)计算：

$$SE=\sqrt{\frac{(A_1-M)^2+(A_2-M)^2+\cdots+(A_L-M)^2}{L(L-1)}} \qquad \cdots\cdots(4)$$

式中：

SE——平均值均值的标准误差，粒每立方米(粒/m^3)。

6.4 95%置信上限(UCL)

95%置信上限(UCL)按式(5)计算：

$$UCL=M+t\times SE \qquad \cdots\cdots(5)$$

式中：

UCL——平均值均值的95%置信上限，粒每立方米(粒/m^3)；

t——95%置性上限的 t 分布系数，见表3。

表 3 95%置信上限的 t 分布系数

采样点数 L	2	3	4	5	6	7	8	9	>9
t	6.31	2.92	2.35	2.13	2.02	1.94	1.90	1.86	—
注：当采样点数多于9点时，不需要计算 UCL。									

7 结果评定

判断悬浮粒子的洁净度级别应同时满足以下两个条件：

a) 每个采样点的平均悬浮粒子浓度必须不大于规定的级别界限，即 A_i≤级别界限；

b) 全部采样点的悬浮粒子浓度平均值均值的95%置信上限必须不大于规定的级别界限，即 UCL≤级别界限。

8 测试报告

从每一个洁净室(区)得来的测试结果应当被记录,计相一致或不一致的报告也要提交。

测试报告应包括以下内容:

a) 测试者的名称和地址,测试日期;

b) 测试依据;

c) 被测洁净室(区)的平面位置(必要时标注相邻区域的平面位置);

d) 悬浮粒子的粒径;

e) 有关测试仪器及其方法的描述:包括测试环境条件,采样点数目以及布置图,测试次数,采样流量,或可能存在的测试方法的变更,测试仪器的检定证书等;若为动态测试,则还应记录现场操作人员数量及位置,现场运转设备数量及位置;

f) 测试结果;包括所有统计计算资料。

附 录 A
（规范性附录）
洁净室（区）采样点布置

A.1 洁净室（区）采样点布置宜力求均匀，避免采样点在局部区域过于稀疏。下列多点采样的采样点布置图示可作参考（见图 A.1）。

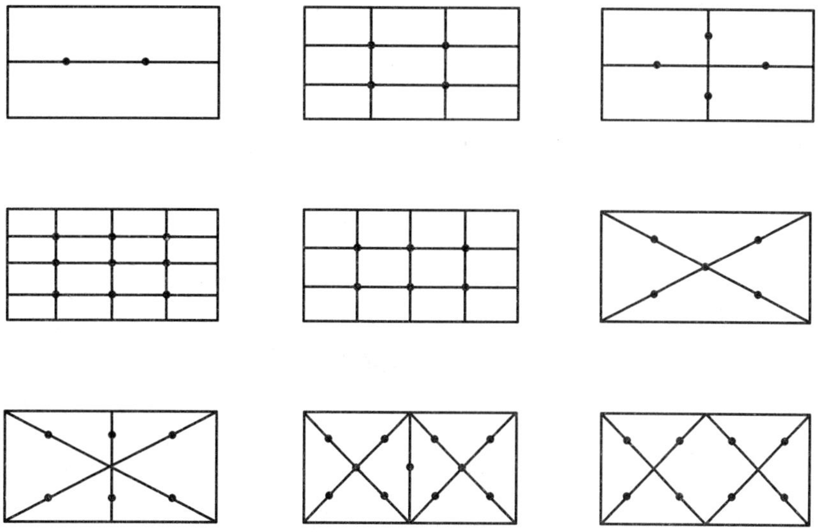

图 A.1 平面采样点布置图

A.2 100 级单向流区域，洁净工作台或局部空气净化设施的采样点宜布置在正对气流方向的工作面上，气流形式可参考图 A.2、图 A.3。

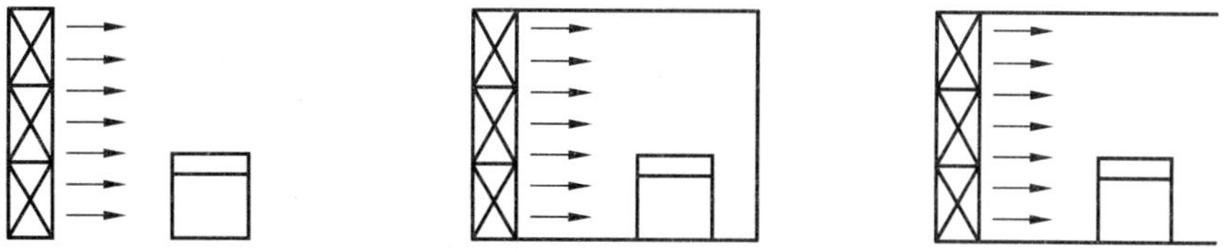

图 A.2 水平单向流气流形式

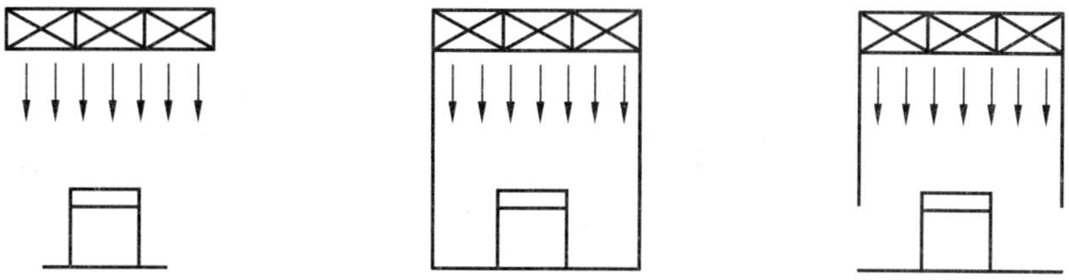

图 A.3 垂直单向流气流形式

最少采样点数目参见 5.4.1.1，采样点一般在工作面上 0.2 m 高度的平面上均匀布置。

附　录　B
（资料性附录）
洁净室（区）悬浮粒子的技术要求

B.1　各国医药行业不同洁净度级别对悬浮粒子的技术要求见表 B.1。

表 B.1　洁净室（间）对悬浮粒子的技术要求（四个洁净度等级）

美国药典 USP 32 NF			澳大利亚 TGA CGMP（2002 年 8 月 16 日）						欧盟 EU CGMP 附录Ⅰ（2008 年 3 月）						美国 FDA CGMP（2004 年 9 月）			ISO 14644.1（1996 年 9 月）		
洁净度级别	未注明测试状态最大允许数 个/m^3		洁净度级别	静态测试最大允许数 个/m^3		洁净度级别	动态测试最大允许数 个/m^3		洁净度级别	静态测试最大允许数 个/m^3		洁净度级别	动态测试最大允许数 个/m^3		洁净度级别	动态测试最大允许数 个/m^3		洁净度级别	空态、静态或动态测试最大允许数 个/m^3	
	≥0.5μm	≥5μm		≥0.5μm	≥5μm		≥0.5μm	≥5μm		≥0.5μm	≥5μm		≥0.5μm	≥5μm		≥0.5μm	≥5μm		≥0.5μm	≥5μm
M3.5	3 530	28.3	A	3 500	0	A	3 500	0	A	3 520	20	A	3 520	20	100	3 520	—	5	3 520	29
M4.5	35 300	283	B	3 500	0	B	350 000	2 000	B	3 520	29	B	352 000	2 900	1 000	35 200	—	6	35 200	293
M5.5	353 000	2 830	C	350 000	2 000	C	3 500 000	20 000	C	352 000	2 900	C	352 000	29 000	10 000	352 000	—	7	352 000	2 930
M6.5	3 530 000	28 300	D	3 500 000	20 000	D	不作规定	不作规定	D	3 520 000	29 000	D	不作规定	不作规定	100 000	3 520 000	—	8	3 520 000	29 300

B.2 我国洁净室(间)对悬浮粒子的技术要求(五个洁净度等级),见表B.2。

表 B.2 洁净室(间)对悬浮粒子的技术要求(五个洁净度等级)

药品生产质量管理规范(1998年修订)			YY 0033—2000		
洁净度级别	静态测试最大允许数 个/m^3		洁净度级别	静态测试最大允许数 个/m^3	
	≥0.5μm	≥5μm		≥0.5μm	≥5μm
100	3 500	0	100	3 500	0
1 000	—	—	1 000	—	—
10 000	350 000	2 000	10 000	350 000	2 000
100 000	3 500 000	20 000	100 000	3 500 000	20 000
300 000	10 500 000	60 000	300 000	10 500 000	60 000

ICS 13.040.30
C 30

中华人民共和国国家标准

GB/T 16293—2010
代替 GB/T 16293—1996

医药工业洁净室(区)浮游菌的测试方法

Test method for airborne microbe in clean room (zone) of the pharmaceutical industry

2010-09-02 发布

2011-02-01 实施

中华人民共和国国家质量监督检验检疫总局
中国国家标准化管理委员会
发布

前 言

本标准参考了 ISO 14698-1《洁净间以及相关环境控制　第 1 部分:微生物控制》、ISO/TS 11133-1:2000(英文版)《食品和动物饲料的微生物学　培养基制备和生产指南　第 1 部分:实验室培养基制备的质量保证通用指南》、JGJ 71—1990《洁净室施工及验收规范》而制定。

本标准代替 GB/T 16293—1996《医药工业洁净室(区)浮游菌的测试方法》。

本标准与 GB/T 16293—1996 的主要区别为:

——增加了"纠偏限度 action levels"和"警戒限度 alert levels"等术语;

——根据 ISO/TS 11133-1:2000(英文版)标准,采用培养基平皿存放规则。

——增加了确定最少采样点数目的方法。

——本标准修改了 4.8.3.2,改为"4.10.2　采用大豆酪蛋白琼脂培养基(TSA)配制的培养皿经采样后,在 30 ℃～35 ℃培养箱中培养,时间不少于 2 d;采用沙氏培养基(SDA)配制的培养皿经采样后,在 20 ℃～25 ℃培养箱中培养,时间不少于 5 d。"

——增加了 5.8"日常监控"的内容,增加了洁净室(区)空气微生物浓度控制的纠偏限度和警戒限度的设立和确定取样频次的方法。

本标准的附录 A、附录 B 是规范性附录。

本标准的附录 C 是资料性附录。

本标准由国家食品药品监督管理局提出并归口。

本标准起草单位:上海市食品药品包装材料测试所,中国食品药品检定研究院医疗器械检验中心。

本标准主要起草人:梁炜、徐敏凤、冯晓明、潘杰青。

本标准所代替标准的历次版本发布情况为:GB/T 16293—1996。

医药工业洁净室（区）浮游菌的测试方法

1 范围

本标准规定了医药工业洁净室和洁净区中浮游菌测试条件、测试方法。

本标准适用于医药工业洁净室和洁净区，无菌室或局部空气净化区域（包括沽净工作台）的浮游菌的测试和环境的验证。

2 规范性引用文件

下列文件中的条款通过本标准的引用而成为本标准的条款。凡是注日期的引用文件，其随后所有的修改单（不包括勘误的内容）或修订版均不适用于本标准，然而，鼓励根据本标准达成协议的各方研究是否可使用这些文件的最新版本。凡是不注日期的引用文件，其最新版本适用于本标准。

GB/T 16292—2010

JGJ 71—1990　洁净室施工及验收规范

3 术语和定义

下列术语和定义适用于本标准。

3.1

菌落　colony forming units

微生物培养后，由一个或几个微生物繁殖而形成的微生物集落，简称 CFU。通常用个数表示。

3.2

浮游菌　airborne microbe

用本标准提及的方法收集悬浮在空气中的活微生物粒子，通过专门的培养基，在适宜的生长条件下繁殖到可见的菌落数。

3.3

浮游菌浓度　airborne microbe concentration

单位体积空气中含浮游菌菌落数的多少，以计数浓度表示，单位是个/m^3 或个/L。

3.4

纠偏限度　action levels

对于受控的洁净室（区），由使用者自行设定微生物含量等级。当检测结果超过该等级时，应启动监测程序对该区域的微生物污染情况立即进行跟踪。

3.5

警戒限度　alert levels

对于受控的洁净室（区），由使用者自行设定一个微生物含量等级，从而给定了一个与正常状态相比最早警戒的偏差值。当超过该最早警戒的偏差值时，应启动保证工艺或环境不受影响的程序及相关措施。

4 测试方法

4.1 方法提要

本标准采用的方法是计数浓度法。即通过收集悬游在空气中的生物性粒子于专门的培养基（选择能证实其能够支持微生物生长的培养基)，经若干时间和适宜的生长条件让其繁殖到可见的菌落计数，以判定该洁净室的微生物浓度。

4.2 人员的职责及培训

洁净室(区)的测试人员应进行本专业的培训并获得相应资格后才能履行对洁净室(区)测试的职责，其中包含涉及的卫生知识和基本微生物知识。

洁净室(区)的测试人员应选择与生产操作的空气洁净度级别要求相适应的穿戴方式，外面的衣服不能带进100 000级以上的区域。

4.3 仪器、辅助设备和培养基

选择合适的浮游菌采样器，包括采用无油的抽气泵，较低的气流流速和较大的采样流量，以保证培养基表面的水分不被吹干。

本测试需要具备仪器、辅助设备和培养基如下：

a) 浮游菌采样器；

b) 培养皿；

c) 培养基(见本标准附录B)；

d) 恒温培养箱；

e) 高压蒸汽灭菌器。

4.4 浮游菌采样器原理

浮游菌采样器一般采用撞击法机理，可分为狭缝式采样器、离心式或针孔式采样器。狭缝式采样器由内部风机将气流吸入，通过采样器的狭缝式平板，将采集的空气喷射并撞击到缓慢旋转的平板培养基表面上，附着的活微生物粒子经培养后形成菌落。离心式采样器由于内部风机的高速旋转，气流从采样器前部吸入从后部流出，在离心力的作用下，空气中的活微生物粒子有足够的时间撞击到专用的固形培养条上，附着的活微生物粒子经培养后形成菌落。针孔式采样器是气流通过一个金属盖吸入，盖子上是密集的经过机械加工的特制小孔，通过风机将收集到的细小的空气流直接撞击到平板培养基表面上，附着的活微生物粒子经培养后形成菌落。

4.5 测试要点

4.5.1 必须按照测试仪器的检定周期，定期对仪器作检定。使用校验合格，且在使用有效期内的仪器。

4.5.2 测试仪器在未进入被测区域时，若必需，则先清洁表面，或在相应的洁净室内准备和存放(用保护罩或其他适当地外罩保护仪器)。

4.5.3 在100级洁净室内用纸时，上面应蒙上一张透明不沾尘的覆盖物，在100级洁净室内不能用铅笔和橡皮。

4.5.4 使用测试仪器时应严格按照仪器说明书操作。

4.5.4.1 仪器开机，预热至稳定后，方可按仪器说明书的规定对仪器进行校正，同时检查采样流量，并根据采样量设定采样时间。

4.5.4.2 采样口必须用便于消毒及化学性能稳定的材料制造。

4.5.4.3 采样管严禁渗漏，内壁应光滑。

4.5.4.4 采样管的长度应根据测点的高度定，尽量减少弯曲。

4.6 培养皿

4.6.1 一般采用ϕ90 mm×15 mm规格的培养皿。可根据所选用采样器选择合适的培养皿。

4.6.2 离心式采样器采用专用的固形培养条。

4.7 培养基

大豆酪蛋白琼脂培养基(TSA)或沙氏培养基(SDA)或其他用户认可并经验证了的培养基。其配制方法见附录B。

4.8 恒温培养箱

必须定期对恒温培养箱进行校验。

4.9 测试步骤

4.9.1 测试前仪器、培养皿表面必须严格消毒。

4.9.1.1 采样器进入被测房间前先用消毒房间的消毒剂灭菌，用于100级洁净室的采样器宜预先放在被测房间内。

4.9.1.2 用消毒剂擦净培养皿的外表面。

4.9.1.3 采样前，先用消毒剂清洗采样器的顶盖、转盘以及罩子的内外面，采样结束，再用消毒剂轻轻喷射罩子的内壁和转盘。

4.9.1.4 采样口及采样管，使用前必须高温灭菌。如用消毒剂对采样管的外壁及内壁进行消毒时，应将管中的残留液倒掉并晾干。

4.9.1.5 采样者应穿戴与被测洁净区域相应的工作服，在转盘上放入或调换培养皿前，双手用消毒剂消毒或戴无菌手套操作。

4.9.1.6 采样仪器经消毒后先不放入培养皿，开启浮游菌采样器，使仪器中的残余消毒剂蒸发，时间不少于 5 min，并检查流量并根据采样量调整设定采样时间。

4.9.1.7 关闭浮游菌采样器，放入培养皿，盖上盖子。

4.9.1.8 置采样口于采样点后，开启浮游菌采样器进行采样。

4.10 培养

4.10.1 全部采样结束后，将培养皿倒置于恒温培养箱中培养。

4.10.2 采用大豆酪蛋白琼脂培养基(TSA)配制的培养皿经采样后，在 30 ℃～35 ℃培养箱中培养，时间不少于 2 d；采用沙氏培养基(SDA)配制的培养皿经采样后，在 20 ℃～25 ℃培养箱中培养，时间不少于 5 d。

4.10.3 每批培养基应有对照试验，检验培养基本身是否污染。可每批选定 3 只培养皿作对照培养。

4.11 菌落计数

4.11.1 用肉眼对培养皿上所有的菌落直接计数、标记或在菌落计数器上点计，然后用 5～10 倍放大镜检查，有否遗漏。

4.11.2 若平板上有 2 个或 2 个以上的菌落重叠，可分辨时仍以 2 个或 2 个以上菌落计数。

4.12 注意事项

4.12.1 使用前应仔细检查每个培养皿的质量，培养基及培养皿有变质、破损或污染的不能使用。

4.12.2 对培养基、培养条件及其他参数作详细的记录。

4.12.3 由于细菌种类繁多，差别甚大，计数时一般用透射光于培养皿背面或正面仔细观察，不要漏计培养皿边缘生长的菌落，并须注意细菌菌落或培养基沉淀物的区别，必要时用显微镜鉴别。

5 测试规则

5.1 测试条件

在测试之前，要对洁净室(区)相关参数进行预先测试，这类测试将会提供测试悬浮粒子的环境条件，例如：这种预先测试或可包括：

a) 温度和相对湿度的测试。洁净室(区)的温度和相对湿度应与其生产及工艺要求相适应(无特殊要求时，温度在 18 ℃～26 ℃，相对湿度在 45%～65%为宜)，同时应满足测试仪器的使用范围；

b) 室内送风量或风速的测试，或压差的测试；

c) 高效过滤器的泄漏测试。

5.2 测试状态

静态和动态两种状态均可进行测试。

静态测试时，室内测试人员不得多于2人。

浮游菌测试前，被测洁净室(区)由用户决定是否需要预先消毒。

测试报告中应标明测试时所采用的状态和室内测试人员数。

5.3 测试时间

5.3.1 在空态或静态a测试时，对单向流洁净室(区)而言，测试宜在净化空气调节系统正常运行时间不少于10 min后开始。对非单向流洁净室(区)，测试宜在净化空气调节系统正常运行时间不少于30 min后开始。在静态b测试时，对单向流洁净室(区)，测试宜在生产操作人员撤离现场并经过10 min自净后开始；对非单向流洁净室(区)，测试宜在生产操作人员撤离现场并经过20 min自净后开始。

5.3.2 在动态测试时，则须记录生产开始的时间以及测试时间。

5.4 浮游菌浓度计算

5.4.1 采样点数量及其布置

5.4.1.1 最少采样点数目

浮游菌测试的最少采样点数目可参照GB/T 16292—2010。

5.4.1.2 采样点的位置

浮游菌的采样点位置可参照GB/T 16292—2010。

a) 工作区测点位置离地0.8 m～1.5 m左右(略高于工作面)；

b) 送风口测点位置离开送风面30 cm左右；

c) 可在关键设备或关键工作活动范围处增加测点。

采样点布置的规则见附录A。

5.4.2 最小采样量

浮游菌每次最小采样量见表1。

表1 最小采样量

洁净度级别	采样量 L/次
100级	1 000
10 000级	500
100 000级	100
300 000级	100

5.4.3 采样次数

每个采样点一般采样一次。

5.4.4 采样注意事项

5.4.4.1 对于单向流洁净室(区)或送风口，采样器采样口朝向应正对气流方向；对于非单向流洁净室(区)，采样口向上。

5.4.4.2 布置采样点时，至少应尽量避开尘粒较集中的回风口。

5.4.4.3 采样时，测试人员应站在采样口的下风侧，并尽量少走动。

5.4.4.4 应采取一切措施防止采样过程的污染和其他可能对样本的污染。

5.4.4.5 培养皿在用于检测时，为避免培养皿运输或搬动过程造成的影响，宜同时进行阴性对照试验，每次或每个区域取1个对照皿，与采样皿同法操作但不需暴露采样，然后与采样后的培养皿(TSA或SDA)一起放入培养箱内培养，结果应无菌落生长。

5.5 记录

测试报告应包含以下内容：

a) 测试者的名称和地址，测试日期；

b) 测试依据；

c) 被测洁净室(区)的平面位置(必要时标注相邻区域的平面位置)；

d) 有关测试仪器及其测试方法的描述：包括测试环境条件，采样点数目以及布置图，测试次数，采样流量，或可能存在的测试方法的变更，测试仪器的检定证书等；若为动态测试，则还应记录现场操作人员数量及位置，现场运转设备和数量和位置；

e) 测试结果；包括所有统计计算资料。

5.6 结果计算

5.6.1 用计数方法得出各个培养皿的菌落数。

5.6.2 每个测点的浮游菌平均浓度的计算，见式(1)。

$$浮游菌平均浓度(个/m^3)=\frac{菌落数}{采样量} \qquad \cdots\cdots(1)$$

示例 1：某测点采样量为 400 L，菌落数为 1，则：

$$浮游菌平均浓度=\frac{1}{0.4}=2.5\ 个/m^3$$

示例 2：某测点采样量为 2 m^3，菌落数为 3，则：

$$浮游菌平均浓度=\frac{3}{2}=1.5\ 个/m^3$$

5.7 结果评定

5.7.1 每个测点的浮游菌平均浓度必须低于所选定评定标准中的界限。

5.7.2 在静态测试时，若某测点的浮游菌平均浓度超过评定标准，则应重新采样两次，两次测试结果均合格才能判为符合。

5.8 日常监控

对于浮游菌的监控，宜设定纠偏限度和警戒限度沿单一方向呈平行流线并且与气流方向垂直的断面上风速均匀的气流，以保证洁净室(区)的微生物浓度受到控制。应定期检测以检查微生物负荷以及消毒剂的效力，并作倾向分析。静态和动态的监控都可以采用该方法。

对于浮游菌的取样频次，如果出现下列情况应考虑修改，在评估以下情况后，也应确定其他项目的检测频次：

——连续超过纠偏限度和警戒限度；

——停工时间比预计延长；

——关键区域内发现有污染存在；

——在生产期间，空气净化系统进行任何重大的维修；

——日常操作记录反映出倾向性的数据；

——消毒规程的改变；

——引起生物污染的事故等；

——当生产设备有重大维修或增加设备时；

——当洁净室(区)结构或区域分布有重大变动时。

附 录 A
（规范性附录）
洁净室（区）采样点布置

A.1 洁净室（区）采样点布置宜力求均匀，避免采样点在局部区域过于稀疏。下列多点采样的采样点布置图示可作参考（见图 A.1）。

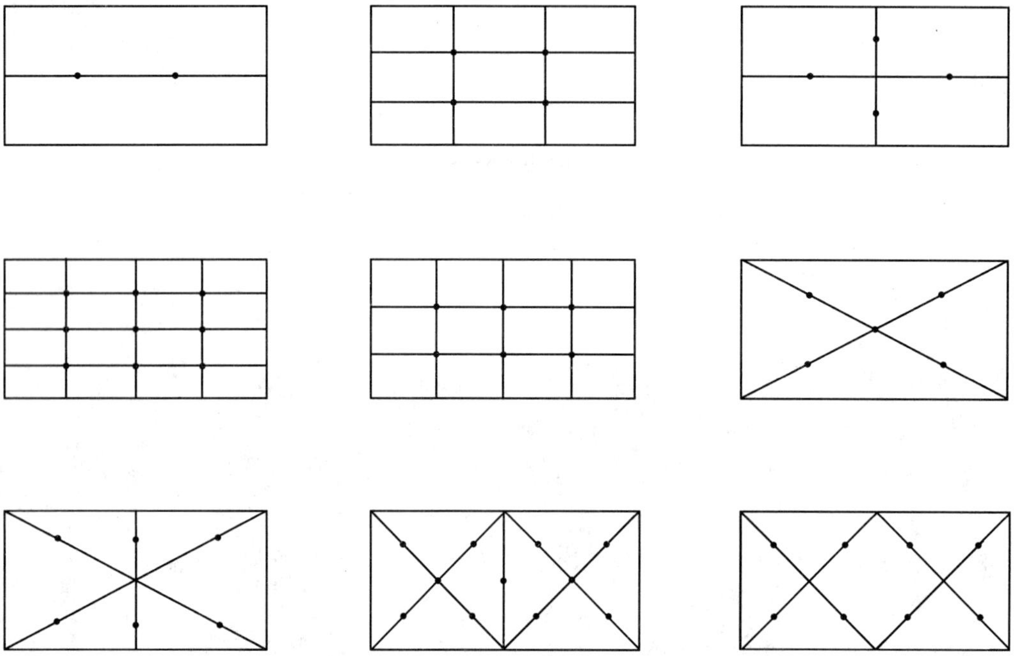

图 A.1 平面采样点布置图

A.2 100 级单向流区域，洁净工作台或局部空气净化设施的采样点宜布置在正对气流方向的工作面上，气流形式可参考图 A.2、图 A.3。

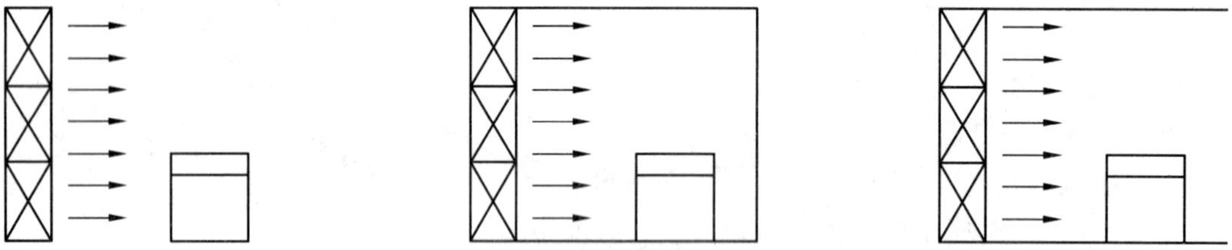

图 A.2 水平单向流的气流形式

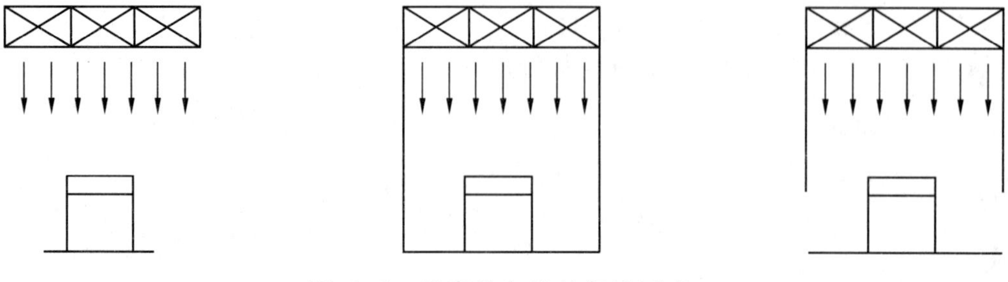

图 A.3 垂直单向流的气流形式

附 录 B
（规范性附录）
培养基的灭菌及准备

B.1 大豆酪蛋白琼脂培养基(TSA)培养基的灭菌及准备

B.1.1 培养基采用大豆酪蛋白琼脂培养基，可以按以下处方制备，也可使用按该处方生产的符合要求的脱水培养基。配制后按培养基规定的经验证合格的灭菌程序灭菌。

B.1.2 大豆酪蛋白琼脂培养基配方

酪蛋白胰酶消化物 …… 15 g
大豆粉木瓜蛋白酶消化物 …… 5 g
氯化钠 …… 5 g
琼脂 …… 15 g
纯化水 …… 1 000 mL

取上述成分除琼脂，混合，微热溶解，调节 pH 值使灭菌后为 7.3±0.2，加入琼脂，加热融化后，分装，灭菌，冷却至约 60 ℃，在无菌操作要求下倾注约 20 mL 至无菌平皿(ϕ 90 mm[1])中。加盖后在室温放至凝固。

B.2 沙氏琼脂培养基(SDA)培养基的灭菌及准备

葡萄糖 …… 40 g
酪蛋白胰酶消化物、动物组织的胃酶消化物等量混合 …… 10 g
琼脂 …… 15 g
纯化水 …… 1 000 mL

取上述成分除琼脂，混合，微热溶解，调节 pH 值使灭菌后为 5.6±0.2，加入琼脂，加热融化后，分装，灭菌，冷却至约 60 ℃，在无菌操作要求下倾注约 20 mL 至无菌平皿(ϕ 90 mm[1])中。加盖后在室温放至凝固。

B.3 培养基平皿培养及保存

制备好的培养基平皿宜在 2 ℃～8 ℃保存，一般以一周为宜或按厂商提供的标准执行。采用适宜方法在平皿上做好培养基的名称、制备日期记录的标记。

---

1) 如采用其他规格的平皿，可适当增减培养基的量，使之在平皿中形成至少 2 mm 厚的琼脂层。

附 录 C
（资料性附录）
洁净室（区）浮游菌技术要求

各国医药行业不同洁净度级别对浮游菌的技术要求如表 C.1。

表 C.1 洁净室（间）对浮游菌的技术要求

洁净度级别	澳大利亚 TGA CGMP （2002 年 8 月 16 日）		欧盟 EU CGMP 附录 1 （2008 年 2 月）		美国 FDA CGMP （2004 年 9 月）	药品生产质量管理规范 （1998 修订）
	CFU/m^3		CFU/m^3		CFU/m^3	浮游菌/m^3
100	A 级	<1	A 级	<1	<1	≤5
—	B 级	≤10	B 级	≤10	≤7(1 000 级)	—
10 000	C 级	≤100	C 级	≤100	≤10	≤100
100 000	D 级	≤200	D 级	≤200	≤100	≤500

ICS 13.040.30
C 30

中华人民共和国国家标准

GB/T 16294—2010
代替 GB/T 16294—1996

医药工业洁净室(区)沉降菌的测试方法

Test method for settling microbe in clean room (zone) of the pharmaceutical industry

2010-09-02 发布 2011-02-01 实施

中华人民共和国国家质量监督检验检疫总局
中国国家标准化管理委员会 发布

前　言

本标准参考了ISO 14698-1《洁净间以及相关环境控制　第1部分:微生物控制》、ISO/TS 11133-1:2000(英文版)《食品和动物饲料的微生物学　培养基制备和生产指南　第1部分:实验室培养基制备的质量保证通用指南》。

本标准代替GB/T 16294—1996《医药工业洁净室(区)沉降菌的测试方法》。

本标准与GB/T 16294—1996的主要区别为:

——增加了确定最少采样点数目的方法;

——修改了原标准4.8.3.2,改为"4.10.2　采用大豆酪蛋白琼脂培养基(TSA)配制的培养皿经采样后,在30 ℃～35 ℃培养箱中培养,时间不少于2 d;采用沙氏培养基(SDA)配制的培养皿经采样后,在20 ℃～25 ℃培养箱中培养,时间不少于5 d。";

——本标准增加了5.8"日常监控"的内容,增加了洁净室(区)空气微生物浓度控制的纠偏限度和警戒限度的设立和如何确定取样频次的内容。

本标准的附录A、附录B是规范性附录。

本标准的附录C是资料性附录。

本标准由国家食品药品监督管理局提出并归口。

本标准起草单位:上海市食品药品包装材料测试所、中国食品药品检定研究院医疗器械检验中心。

本标准主要起草人:陆维怡、徐敏凤、冯晓明、王志敏。

本标准所代替标准的历次标本发布情况为:GB/T 16294—1996。

医药工业洁净室(区)
沉降菌的测试方法

1 范围

本标准规定了医药工业洁净室和洁净区中沉降菌测试条件、测试方法。

本标准适用于医药工业洁净室和洁净区,无菌室或局部空气净化区域(包括洁净工作台)的沉降菌的测试和环境的验证。

2 规范性引用文件

下列文件中的条款通过本标准的引用而成为本标准的条款。凡是注日期的引用文件,其随后所有的修改单(不包括勘误的内容)或修订版均不适用于本标准,然而,鼓励根据本标准达成协议的各方研究是否可使用这些文件的最新版本。凡是不注日期的引用文件,其最新版本适用于本标准。

GB/T 16292—2010 医药工业 洁净室(区)悬浮粒子的测试方法

3 术语和定义

下列术语和定义适用于本标准。

3.1

沉降菌 settling microbe

用本标准提及的方法收集空气中的活微生物粒子,通过专门的培养基,在适宜的生长条件下繁殖到可见的菌落数。

3.2

沉降菌菌落数 settling microbe plate count

规定时间内每个平板培养皿收集到空气中沉降菌的数目,以个/皿表示。

4 测试方法

4.1 方法提要

本测试方法采用沉降法,即通过自然沉降原理收集在空气中的生物粒子于培养基平皿,经若干时间,在适宜的条件下让其繁殖到可见的菌落进行计数,以平板培养皿中的菌落数来判定洁净环境内的活微生物数,并以此来评定洁净室(区)的洁净度。

4.2 人员的职责及培训

洁净室(区)的测试人员应进行本专业的培训并获得相应资格后才能履行对洁净室(区)测试的职责,其中包含涉及的卫生知识和基本微生物知识。

洁净室(区)的测试人员应选择与生产操作的空气洁净度级别要求相适应的穿戴方式,外面的衣服不能带进 100 000 级以上的区域。

4.3 仪器

仪器应包括:

a) 培养皿;

b) 培养基(见本标准附录 B);

c) 恒温培养箱;

d) 高压蒸汽灭菌器。

4.3.1 **培养皿**

一般采用ϕ 90 mm×15 mm 规格的培养皿。

4.3.2 **培养基**

大豆酪蛋白琼脂培养基(TSA)或沙氏培养基(SDA)或用户认可并经验证了的培养基。其配制方法见附录B。

4.3.3 **恒温培养箱**

必须定期对恒温培养箱进行校验。

4.4 **测试步骤**

4.4.1 测试前培养皿表面必须严格消毒。

4.4.2 将已制备好的培养皿按采样点布置图逐个放置,然后从里到外逐个打开培养皿盖,使培养基表面暴露在空气中。

4.4.3 静态测试时,培养皿暴露时间为30 min以上;动态测试时,培养皿暴露时间为不大于4 h。

4.4.4 全部采样结束后,将培养皿倒置于恒温培养箱中培养。

4.4.5 采用大豆酪蛋白琼脂培养基(TSA)配制的培养皿经采样后,在30 ℃~35 ℃培养箱中培养,时间不少于2 d;采用沙氏培养基(SDA)配制的培养皿经采样后,在20 ℃~25 ℃培养箱中培养,时间不少于5 d。

4.4.6 每批培养基应有对照试验,检验培养基本身是否污染。可每批选定3只培养皿作对照培养。

4.5 **菌落计数**

4.5.1 用肉眼对培养皿上所有的菌落直接计数、标记或在菌落计数器上点计,然后用5~10倍放大镜检查,有否遗漏。

4.5.2 若平板上有2个或2个以上的菌落重叠,可分辨时仍以2个或2个以上菌落计数。

4.6 **注意事项**

4.6.1 测试用具要作灭菌处理,以确保测试的可靠性、正确性。

4.6.2 采取一切措施防止人为对样本的污染。

4.6.3 对培养基、培养条件及其他参数作详细的记录。

4.6.4 由于细菌种类繁多,差别甚大,计数时一般用透射光于培养皿背面或正面仔细观察不要漏计培养皿边缘生长的菌落,并须注意细菌菌落与培养基沉淀物的区别,必要时用显微镜鉴别。

4.6.5 采样前应仔细检查每个培养皿的质量,如发现变质、破损或污染的应剔除。

5 测试规则

5.1 **测试条件**

在测试之前,要对洁净室(区)相关参数进行预先测试,这类测试将会提供测试沉降菌的环境条件,例如:这种预先测试或可包括:

a) 温度和相对湿度的测试。洁净室(区)的温度和相对湿度应与其生产及工艺要求相适应(无特殊要求时,温度在18 ℃~26 ℃,相对湿度在45%~65%为宜),同时应满足测试仪器的使用范围;

b) 室内送风量或风速的测试,或压差的测试;

c) 高效过滤器的泄漏测试。

5.2 **测试状态**

静态和动态两种状态均可进行测试。

静态测试时,室内测试人员不得多于2人。

沉降菌测试前,被测洁净室(区)由使用者决定是否需要预先消毒。

测试报告中应标明测试时所采用的状态和室内测试人员数。

5.3 测试时间

5.3.1 在空态或静态a测试时，对单向流洁净室（区）而言，测试宜在净化空气调节系统正常运行时间不少于10 min后开始。对非单向流洁净室（区），测试宜在净化空气调节系统正常运行时间不少于30 min后开始。在静态b测试时，对单向流洁净室（区），测试宜在生产操作人员撤离现场并经过10 min自净后开始；对非单向流洁净室（区），测试宜在生产操作人员撤离现场并经过20 min自净后开始。

5.3.2 在动态测试时，则须记录生产开始的时间以及测试时间。

5.4 沉降菌菌落数计算

5.4.1 采样点数量及其布置

5.4.1.1 最少采样点数目

沉降菌测试的最少采样点数目可参照GB/T 16292—2010。

5.4.1.2 采样点的位置

沉降菌的采样点位置可参照GB/T 16292—2010。

a) 工作区采样点位置离地0.8 m～1.5 m左右（略高于工作面）；

b) 可在关键设备或关键工作活动范围处增加测点。

采样点布置的规则见附录A。

5.4.2 最少培养皿数

在满足最少采样点数目的同时，还宜满足最少培养皿数，见表1。

表1 最少培养皿数

洁净度级别	最少培养皿数（ϕ 90 mm）
100	14
10 000	2
100 000	2
300 000	2

5.4.3 采样次数

每个采样点一般采样一次。

5.4.4 采样注意事项

5.4.4.1 对于单向流洁净室（区）或送风口，采样器采样口朝向应正对气流方向；对于非单向流洁净室（区），采样口向上。

5.4.4.2 布置采样点时，至少应尽量避开尘粒较集中的回风口。

5.4.4.3 采样时，测试人员应站在采样口的下风侧，并尽量少走动。

5.4.4.4 应采取一切措施防止采样过程的污染和其他可能对样本的污染。

5.4.4.5 培养皿在用于检测时，为避免培养皿运输或搬动过程造成的影响，宜同时进行对照试验，每次或每个区域取1个对照皿，与采样皿同法操作但不需暴露采样，然后与采样后的培养皿（TSA或SDA）一起放入培养箱内培养，结果应无菌落生长。

5.5 记录

测试报告应包含以下内容：

a) 测试者的名称和地址，测试日期；

b) 测试依据；

c) 被测洁净室（区）的平面位置（必要时标注相邻区域的平面位置）；

d) 有关测试仪器及其测试方法的描述：包括测试环境条件，采样点数目以及布置图，测试次数，或可能存在的测试方法的变更，测试仪器的检定证书等；若为动态测试，则还应记录现场操作人员数量及位置，现场设备运转数量及位置等；

e） 测试结果；包括所有统计计算资料。

5.6 结果计算

5.6.1 用计数方法得出各个培养皿的菌落数。

5.6.2 每个测点的沉降菌平均菌落数的计算，见式(1)。

$$\overline{M}=\frac{M_1+M_2+\cdots\cdots M_n}{n} \qquad \cdots\cdots\cdots\cdots(1)$$

式中：

$\overline{M}$——平均菌落数；

M_1——1 号培养皿菌落数；

M_2——2 号培养皿菌落数；

M_n——n 号培养皿菌落数；

n——培养皿总数。

5.7 结果评定

5.7.1 每个测点的沉降菌平均菌落数必须低于所选定评定标准中的界限。

5.7.2 在静态测试时，若某测点的沉降菌平均菌落数超过评定标准，则应重新采样两次，两次测试结果均合格才能判为符合。

5.8 日常监控

对于沉降菌的监控，宜设定纠偏限度和警戒限度，以保证洁净室(区)的微生物浓度受到控制。应定期检测以检查微生物负荷以及消毒剂的效力，并作倾向分析。静态和动态的监控都可以采用该方法。

对于沉降菌的取样频次，如果出现下列情况应考虑修改，在评估以下情况后，也应确定其他项目的检测频次：

——连续超过纠偏限度和警戒限度；

——停工时间比预计延长；

——关键区域内发现有污染存在；

——在生产期间，空气净化系统进行任何重大的维修；

——日常操作记录反映出倾向性的数据；

——消毒规程的改变；

——引起生物污染的事故等；

——当生产设备有重大维修或增加设备时；

——当洁净室(区)结构或区域分布有重大变动时。

附 录 A
（规范性附录）
洁净室（区）采样点布置

A.1 洁净室（区）采样点布置宜力求均匀，避免采样点在局部区域过于稀疏。下列多点采样的采样点布置图示可作参考（见图 A.1）。

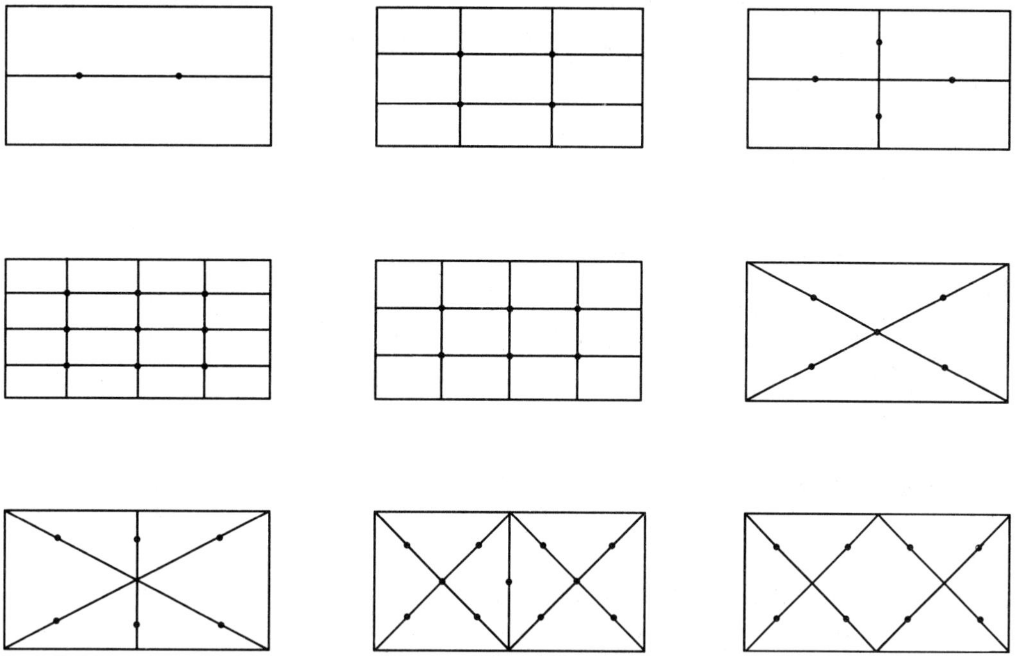

图 A.1 平面采样点布置图

A.2 100 级单向流区域，洁净工作台或局部空气净化设施的采样点宜布置在正对气流方向的工作面上，气流形式可参考图 A.2、图 A.3。

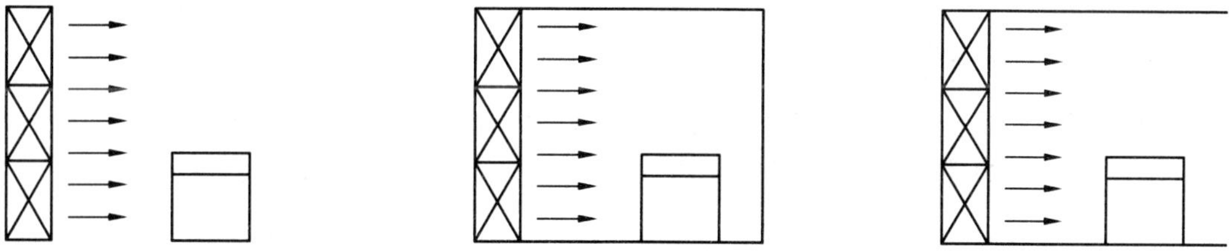

图 A.2 水平单向流的气流形式

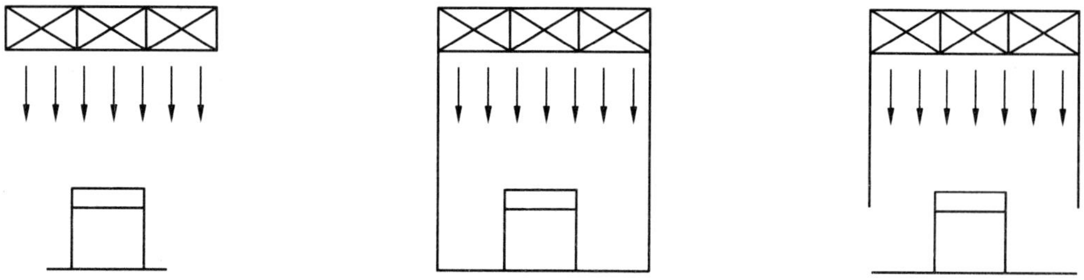

图 A.3 垂直单向流的气流形式

附 录 B
（规范性附录）
培养基的灭菌及准备

B.1 大豆酪蛋白琼脂培养基(TSA)培养基的灭菌及准备

B.1.1 培养基采用大豆酪蛋白琼脂培养基，可以按以下处方制备，也可使用按该处方生产的符合要求的脱水培养基。配制后按培养基规定的经验证合格的灭菌程序灭菌。

B.1.2 大豆酪蛋白琼脂培养基配方

酪蛋白胰酶消化物 ………… 15 g

大豆粉木瓜蛋白酶消化物 ………… 5 g

氯化钠 ………… 5 g

琼脂 ………… 15 g

纯化水 ………… 1 000 mL

取上述成分除琼脂，混合，微热溶解，调节 pH 值使灭菌后为 7.3±0.2，加入琼脂，加热融化后，分装，灭菌，冷却至约 60 ℃，在无菌操作要求下倾注约 20 mL 至无菌平皿（ϕ 90 mm[1)]）中。加盖后在室温放至凝固。

B.2 沙氏琼脂培养基(SDA)培养基的灭菌及准备

葡萄糖 ………… 40 g

酪蛋白胰酶消化物、动物组织的胃酶消化物等量混合 ………… 10 g

琼脂 ………… 15 g

纯化水 ………… 1 000 mL

取上述成分除琼脂，混合，微热溶解，调节 pH 值使灭菌后为 5.6±0.2，加入琼脂，加热融化后，分装，灭菌，冷却至约 60 ℃，在无菌操作要求下倾注约 20 mL 至无菌平皿（ϕ 90 mm[1)]）中。加盖后在室温放至凝固。

B.3 培养基平皿培养及保存

制备好的培养基平皿宜在 2 ℃～8 ℃保存，一般以一周为宜或按厂商提供的标准执行。采用适宜方法在平皿上做好培养基的名称、制备日期记录的标记。

1） 如采用其他规格的平皿，可适当增减培养基的量，使之在平皿中形成至少 2 mm 厚的琼脂层。

附　录　C
（资料性附录）
洁净室（区）沉降菌技术要求

洁净度级别	澳大利亚 TGA CGMP（2002 年 8 月 16 日）		欧盟 EU CGMP 附录 1（2008 年 2 月）		美国 FDA CGMP（2004 年 9 月）	药品生产质量管理规范（1998 修订）
	ϕ90 mm CFU/4 h[a]		ϕ90 mm CFU/4 h[a]		ϕ90 mm CFU/4 h[a]	沉降菌/皿，0.5 h
100	A 级	<1	A 级	<1	<1	≤1
—	B 级	≤5	B 级	≤5	≤3(1 000 级)	—
10 000	C 级	≤50	C 级	≤50	≤5	≤3
100 000	D 级	≤100	D 级	≤100	≤50	≤10

[a] 为培养皿暴露时间不超过 4 h，以平均菌落数表示。

ICS 13.280
C 57

中华人民共和国国家标准

GB 16348—2010
代替 GB 16348—1996,GB 16349—1996,GB 16350—1996

医用X射线诊断受检者放射卫生防护标准

Radiological protection standards for the examinee in medical X-ray diagnosis

2011-01-14 发布 2011-06-01 实施

中华人民共和国卫生部
中国国家标准化管理委员会 发布

前　言

本标准的3.2和3.4为推荐性的，其余为强制性的。

本标准代替GB 16348—1996《X线诊断中受检者放射卫生防护标准》、GB 16349—1996《育龄妇女和孕妇的X线检查放射卫生防护标准》、GB 16350—1996《儿童X线诊断放射卫生防护标准》。

本标准与原单项标准相比主要修改如下：

——按照GB/T 1.1—2000对标准文本格式进行了修改；

——本标准将GB 16348—1996、GB 16349—1996、GB 16350—1996、WS/T 75—1996《医用X射线诊断的合理应用原则》等4项标准合并；

——以GB 18871—2002《电离辐射防护与辐射源安全基本标准》为依据，将GB 16348～GB 16350—1996标准中的内容进行了整合、修改和补充，并将WS/T 75修改为本标准的附录A；

——依据GB 18871提出了医用X射线受检者剂量指导水平，强调了许可证持有者的责任等；

——增加了对X射线诊断工作的质量保证大纲要求，以及对诊断设备的质量控制检测要求；

——强调了对孕妇施行X射线检查前孕妇的知情权以及孕妇的此类检查须经其本人或直系亲属签字同意后才能实施。

本标准的附录A和附录B为规范性附录。

本标准由中华人民共和国卫生部提出并归口。

本标准由中华人民共和国卫生部负责解释。

本标准起草单位：江苏省疾病预防控制中心。

本标准主要起草人：岳锡明、余宁乐。

本标准所代替的标准的历次版本发布情况为：

——GB 16348—1996；

——GB 16349—1996；

——GB 16350—1996。

医用 X 射线诊断受检者放射卫生防护标准

1 范围

本标准规定了 X 射线诊断中受检者的防护原则和基本要求，以及对儿童、育龄妇女、孕妇的特殊要求。

本标准适用于医学 X 射线诊断检查。

2 规范性引用文件

下列文件中的条款通过本标准的引用而成为本标准的条款。凡是注日期的引用文件，其随后所有的修改单(不包括勘误的内容)或修订版均不适用于本标准，然而，鼓励根据本标准达成协议的各方研究是否可使用这些文件的最新版本。凡是不注日期的引用文件，其最新版本适用于本标准。

GB 18871—2002 电离辐射防护与辐射源安全基本标准

GBZ 130 医用诊断 X 射线卫生防护标准

3 总则

3.1 X 射线诊断检查中受检者所受的医疗照射应经过正当性判断，掌握好适应证并注意避免不必要的重复检查。对妇女儿童的 X 射线诊断检查更应慎重进行判断。

3.2 医用 X 射线诊断检查的合理应用原则见附录 A。

3.3 受检者所受的医疗照射应遵循安全与防护最优化原则，使其接受剂量保持在可以合理达到的最低水平。

3.4 医用 X 射线诊断检查的剂量指导水平见附录 B。

3.5 应配备性能合格的医用诊断 X 射线机与相应的防护设备、辅助设备，合理设置开展 X 线诊断检查的工作场所和防护设施，并符合 GBZ 130 和其他相关标准的要求。

3.6 应配备防护性能和质量合格的各种防护用品。

3.7 应制定医疗照射的质量保证大纲，以防止设备故障和人为失误。质量保证大纲应符合 GB 18871—2002 中 7.3.3.2 的要求。

4 责任

4.1 医疗卫生机构应对受检者的防护与安全负责，应为受检者提供有效、安全的诊断检查。相关执业医师与医技人员、辐射防护负责人、合格专家、医疗照射设备和防护用品的供应方等也应对受检者的防护与安全分别承担相应的责任。

4.2 只有具有相应资格的执业医师(包括乡镇卫生院的执业助理医师，下同)才能开具 X 射线诊断检查申请单，并对保证受检者的防护与安全承担主要任务。

4.3 医疗卫生机构应制定执业医师与医技人员、辐射防护负责人等的培训计划，使其受到相应的辐射防护知识培训并取得放射工作人员证。医技人员还应取得相应的专业技能资质并承担指定的任务。

5 正当性判断

5.1 应用 X 射线检查应经过正当性判断。执业医师应根据患者的病史、体格检查、临床化验等判断是否需要采用X射线检查，掌握好适应证。

5.2 应考虑优先选用非X射线的检查方法，根据临床指征确认X射线检查是最合适的检查方法时方可申请X射线检查。

5.3 群体X射线检查，应根据有关疾病的流行情况、预期检查效果和X射线检查远期效应的危险度等进行正当性判断，以确定该群体X射线检查是否值得进行及可进行的范围。

5.4 以医学监护为目的的群体X射线检查，应针对不同群体实际，恰当控制X射线检查人数、部位和频率。不应将胸透列为群体体检的必检项目。

5.5 应特别加强对育龄妇女和孕妇、婴幼儿X射线检查的正当性判断。

5.6 在无法使用固定设备且确需进行X射线检查时才允许使用移动式设备。使用移动式设备在病房内做X射线检查时，应采取防护措施减少对周围患者的照射，不允许将有用线束朝向其他患者。

5.7 对不符合正当性判断的，不应进行X射线检查。

6 防护最优化

6.1 各种X射线诊断检查设备应通过质量控制检测（包括验收检测、状态检测和稳定性检测），符合质量控制要求后才能使用。质量控制检测应按照有关标准和要求进行。

6.2 应避免受检者同一部位重复X射线检查，以减少受检者受照剂量。

6.3 除了特殊需要以外，应尽量采用X射线摄影检查，避免使用直接荧光透视检查。

6.4 应选择合适的X射线检查方法，制定最佳的检查程序和投照条件，力求在能够获得满意的诊断信息的同时，又使受检者所受照射减少至最低限度。在不影响获得诊断信息的前提下，一般应以“高电压、低电流、厚过滤”为原则进行工作。

6.5 X射线摄影应配备能够调节有用线束矩形照射野的准直系统，使用时注意准确对位，并恰当调节。控制使用最小照射野，照射野一般不应超过接收器面积的10%。

6.6 应根据投照方向恰当选择受检者体位，应尽量使受检者采取正片的体位。注意对受检者的非投照部位进行屏蔽防护，避免非检查部位受到有用线束的照射，以减少眼睛、甲状腺、乳腺、活性骨髓、卵巢等放射敏感器官的受照。

6.7 应根据具体诊断要求尽可能选用感度较高的屏片组合或数字接收器，并配合使用合适的滤线栅及摄影技术。

6.8 X射线透视检查应尽量缩短曝光时间。没有条件使用带影像增强器并遥控操作的设备进行透视时，操作者事先要经过充分的暗适应。应注意及时更换性能不符合要求的荧光屏。

6.9 需要借助X射线透视进行骨科整复和取异物时，不应连续曝光，并要尽可能缩短累积曝光时间。

6.10 施行X射线检查前，X射线工作者应认真检查各种设备和用品性能，仔细复核检查方案和工作条件，注意受检者的正确定位和固定等，避免发生错误的照射。同时应十分注意胶片冲洗技术，避免技术失误造成的重复摄影，降低废弃率。

6.11 受检者需要转科或转院就诊时，其已有的X射线检查结果应作为后续诊疗的依据，避免受检者受不必要的重复检查。

7 儿童X射线检查的特殊要求

7.1 对X射线防护设备和用品的防护要求

7.1.1 X射线机房应具备为候诊儿童提供可靠防护的设备或设施。

7.1.2 应为不同年龄儿童的不同检查配备有保护相应组织和器官的防护用品，其防护性能不小于0.5 mm铅当量。

7.2 专用于儿童X射线诊断设备的防护要求

7.2.1 透视用X射线机应配备影像增强、影像亮度和剂量自动控制系统。

7.2.2 摄影用X射线机应具备能调节有用线束矩形照射野并带光野指示的装置。

7.2.3 X射线机应配备供不同检查类型、不同儿童年龄使用的固定体位的辅助设备。

7.3 非专用于儿童的X射线诊断设备的防护要求

非专用于儿童的X射线机，用于儿童X射线检查时应参照7.2要求执行。

7.4 儿童X射线检查的正当性判断

7.4.1 应根据儿童的特征和诊断要求进行正当性判断，必要时应进行逐例正当性判断。

7.4.2 执业医师和有关医技人员应尽可能使用与计划照射相关的受检者先前已有的诊断信息和医学记录，避免不必要的照射。

7.4.3 未经特殊允许不得用儿童做X射线检查的示教和研究病例。

7.5 儿童X射线检查的最优化

7.5.1 对儿童进行X射线检查时，应注意对其非检查部位的防护，特别应加强对性腺、眼晶体及儿童骨骺等屏蔽防护。

7.5.2 除临床必需的X射线透视检查外，应对儿童采用X射线摄影检查。透视中应采用小照射野透视技术。采用暗室透视的，透视前应做好充分的暗适应。

7.5.3 对儿童进行X射线摄影检查时，应采用短时间曝光的摄影技术。对婴幼儿进行X射线摄影时，一般不应使用滤线栅。

7.5.4 对儿童进行X射线检查时，应使用固定儿童体位的设备，不应由工作人员或陪伴者扶持患儿。确需扶持时，应对扶持者采取防护措施。

7.5.5 专供儿童X射线检查用机房内要合理布局，并应按照儿童喜欢的形式装修，以减少儿童恐惧心理，最大限度地争取儿童合作。

8 育龄妇女X射线检查的特殊要求

8.1 对育龄妇女进行腹部或骨盆部位的X射线检查时，应首先问明是否已经怀孕并了解月经情况。检查宜限制在月经来潮后的10 d内进行。对月经过期的妇女，除确有证据表明没有怀孕的以外，均应当作孕妇看待。

8.2 严格限制对育龄妇女进行X射线普查(如X射线透环、乳腺X射线检查)。在实施普查前应认真论证普查的必要性，要制定普查的质量保证计划和对普查用X射线设备质量控制措施提出要求。

8.3 带节育器(简称带环)的妇女，在有出血、感染、腰疼等异常情况或怀疑节育器脱落时，应首先进行妇科、超声波检查。在上述检查不能确诊时，方可进行X射线检查并采用盆腔X射线平片检查。严格控制对带环妇女进行X射线透环检查的频率。禁止使用携带式小型X射线机应用于计划生育透环工作。

8.4 严格掌握乳腺X射线检查的适应证并使用专用软X射线装置进行乳腺X射线检查。对年轻妇女特别是20岁以下的妇女，更应慎重使用乳腺X射线检查。

8.5 对40岁以下妇女除有乳腺癌个人史、家族史或其他高危险因子等适应证外，不宜定期进行乳腺X射线检查。子宫输卵管造影检查要限制在月经净后5 d～10 d内进行，检查后三个月内应避免妊娠。

9 孕妇X射线检查的特殊要求

9.1 对孕妇的X射线检查应向受检者说明可能的危害，在受检者本人知情同意并本人或直系亲属签字后才可实施此类检查。

9.2 严格控制对孕妇进行腹部X射线检查,以减少胚胎、胎儿的受照危害。孕妇分娩前,不应进行常规的胸部X射线检查。

9.3 妇女妊娠早期,特别是在妊娠8周～15周时,非急需不应实施腹部尤其是骨盆部位的X射线检查。原则上不对孕妇进行X射线骨盆测量检查,如确实需要也应限制在妊娠末三个月内进行,并在医嘱单上记录申请此项检查的特殊理由,经有资格的放射科专家认同后方可实施。

9.4 妇女怀孕期间不宜进行乳腺X射线检查。

附 录 A
（规范性附录）
医用 X 射线检查的合理应用原则

A.1 胸部 X 射线检查

A.1.1 群体 X 射线普查

a) 不应将年度胸部 X 射线普查作为发现非选择人群肺癌、肺结核或其他心肺疾患的首选手段。

b) 仅在结核病高发区才可对饮食业人员、教育工作者和学生做上岗或入学前的胸部 X 射线检查。

c) 职业性接触呼吸道有毒、有害物质者可根据职业病诊断的需要做上岗前和上岗后定期的胸部 X 射线检查。

d) 禁止使用便携式小型 X 射线机进行集体 X 射线检查。

A.1.2 住院常规 X 射线检查

a) 如无与胸部有关的症状，不发热，则不应作常规胸部 X 射线检查。

b) 恶性肿瘤治疗前，或全身麻醉前应进行胸部 X 射线摄影检查。

A.1.3 胸部疾患的 X 射线检查

a) 肺结核

1) 结核菌素试验阴性病人转阳者应作胸部 X 射线摄影检查；

2) 活动性肺结核病人应定期 X 射线检查，其间隔时间取决于临床情况和诊治要求；

3) 老年人或慢性病患者在安排长期疗养前应有近期的 X 射线胸部检查结果。

b) 慢性阻塞性肺疾病

1) 不应以胸部 X 射线检查评价阻塞性肺疾病（如支气管炎、肺气肿，或支气管扩张）的进展程度；

2) 不宜用胸部 X 射线检查作为哮喘的常规检查。重症哮喘反复发作的儿童患者例外。

c) 恶性肿瘤

1) 对无症状者不用或少用定期胸部 X 射线检查；

2) 对原发肺癌病人，胸部 X 射线复查的间隔时间取决于临床和治疗处理的情况。

d) 接受免疫抑制治疗、化学治疗或放射治疗，以及其他高危险因子的病人（如重症糖尿病），应作胸部 X 射线摄影检查。

e) 胸部创伤后，临床疑有血胸，或有大血管损伤、气胸、肺实质损伤，或上胸部肋骨骨折者，应作胸部 X 射线摄影检查。

f) 气管插管或气管切开病人，应定时作胸部 X 射线摄影检查。

g) 急性肺炎病人，仅在疗程进展不满意时作 X 射线复查。

h) 除病人因气管异物需观察纵隔摆动、骨科整复、取异物等特殊要求外，禁止将 X 射线透视作为常规检查方法。

A.1.4 胸部 X 射线摄影

a) 应尽量以后前位 X 射线摄影替代 X 射线前后位摄影。

b) 仅在能够增加诊断信息，以及为了治疗处理时，才考虑投照侧位片。

c) 在分析后前位片时，若诊断和治疗处理需要获得更多信息者，可加照肺尖部的补充体位摄影。

d) 为了显示后前位或侧位不能确认的少量胸腔积液才作侧卧位投照。

e) 只有对不能运送到放射科的病人，而且 X 射线检查对病人的诊断治疗处理又有重要价值时，才考虑应用床边 X 射线检查。

f) 只有在能够提供重要信息而可能改变病人的治疗方案时，才可采用胸部体层摄影。

A.2 腹部 X 射线检查

A.2.1 腹部探查性 X 射线摄影检查

a) 对事故和急诊病人是否需摄取腹部侦查平片，应考虑以下情况：

1) 呕血和便血不需照腹部平片；

2) 肾绞痛或腹部创伤不需摄立位片；

3) 临床可以确诊的急性阑尾炎患者不必再作侦查平片；

4) 气腹或肠梗阻应同时照仰卧位和立位片(或侧卧水平位片)。

b) 检查脏器大小异常和可扪及的腹部肿块，应首选超声检查，不用或少用腹部平片。

c) 钡剂检查前，不必预先作侦查平片。

A.2.2 胃肠道钡剂 X 射线透视检查

a) 下列任何一种情况均不应用胃和十二指肠钡剂检查：

1) 无症状的常规定期普查；

2) 判断十二指肠溃疡愈合；

3) 一般性腹部不适；

4) 只需检查小肠者，不应顺便常规检查胃和十二指肠，甚至大肠。

b) 下列任何一种情况不应作结肠钡剂检查：

1) 未作直肠指诊检查之前；

2) 作为腹股沟疝修补术的常规检查；

3) 无临床症状的健康者作定期普查；

4) 儿童慢性腹痛，而无其他症状者；

5) 女性生殖器肿块拟行手术之前的常规检查；

6) 直肠出血，而有内窥镜和血管造影检查条件者；

7) 随诊息肉进展，而有内窥镜检查条件者。

c) 小肠钡剂检查

1) 怀疑小肠有重要器质性病变者应作钡剂检查；

2) 对消化不良病人不应作钡剂检查。

A.2.3 口服胆囊造影

a) 不应以脂肪餐后 X 射线摄影作为评价胆囊功能的常规方法。

b) 黄疸病人禁用口服胆囊造影。

A.2.4 静脉胆管造影

a) 任何有临床黄疸的病人，不应进行此项检查。

b) 胆囊切除后，检查总胆管，可采用此项检查。

A.2.5 静脉尿路造影

a) 输尿管绞痛是此项检查的主要适应证。

b) 下列情况不应进行此项检查：

1) 成年高血压病，无其他泌尿系疾病指征者(药物疗效不佳者例外)；

2） 因前列腺肥大所致的急性尿潴留；

3） 作为尿道狭窄所致的急性尿潴留的常规检查；

4） 儿童夜尿，而其他检查正常者。

A.2.6 肾血管造影

a） 肾动脉狭窄性高血压，考虑外科血运重建手术或介入性治疗者，应作此项检查。

b） 肾肿块病变应优先选用超声、CT 或针吸活检。

c） 急性肾创伤不应作此项检查。

A.2.7 孕妇 X 射线检查

a） 对育龄妇女腹部 X 射线检查，应严格掌握适应证。

b） 对孕妇，特别是在受孕后 8 周～15 周内，非极为必要，不得申请下腹部及盆腔部位的 X 射线检查。

c） 有超声检查条件者，不应做产科 X 射线检查。

d） 应作产科 X 射线检查时，应限制在妊娠后期。

A.3 骨骼 X 射线检查

A.3.1 颅骨 X 射线摄影

a） 轻度头颅创伤，除婴幼儿或成人有神经症状者外，一般不作颅骨摄片。

b） 临床疑有凹陷骨折或颅底骨折，可作颅骨 X 射线摄影。

c） 仅有头痛症状不应作此项检查。

d） 癫痫发作儿童，不必作此检查。

e） 有神经症状的局灶性癫痫，经治疗无效者，以及精神运动性癫痫，婴儿性痉挛，临床状况恶化和颅内压增高者可作此项检查。

A.3.2 腰骶椎 X 射线摄影

不宜常规应用腰骶椎的斜位投照。

A.3.3 四肢 X 射线摄影

a） 创伤后，有下列体征者，可作 X 射线摄影：

1） 明显的骨折征象；

2） 挫伤或严重肿胀；

3） 触诊局部压痛；

4） 持重时有中度或重度疼痛；

5） 膝部任何阳性体征；

6） 肌腱、血管和神经损伤；

7） 肢体某部位感觉缺失或扪及肿块。

b） 禁止常规拍摄非损伤侧肢体作对照。

A.3.4 侦查性 X 射线摄影

a） 对放射性核素扫描显示的可疑骨转移的部位，可进行 X 射线摄影。

b） 无症状的原发性甲状旁腺机能亢进病人的 X 射线检查，应限于手部掌指骨。

A.3.5 术中骨骼 X 射线检查

a） 应尽量使用床边 X 射线机摄影或骨科手术专用 C 型臂 X 射线机的点片摄影功能进行术中 X 射线检查。

b） 骨科手术专用 C 型臂 X 射线机无摄影功能时应尽可能缩短术中 X 射线透视检查时间。

附 录 B
（规范性附录）
医用X射线受检者剂量指导水平

典型成年受检者X射线摄影、X射线CT检查、乳腺X射线摄影、X射线透视的剂量率指导水平分别见表B.1～表B.4。

表B.1 典型成年受检者X射线摄影的剂量指导水平

检查部位	投照方位[a]	每次摄影入射体表剂量[b] mGy
腰椎	AP LAT LSJ	10 30 40
腹部，胆囊造影，静脉尿路造影	AP	10
骨盆	AP	10
髋关节	AP	10
胸	PA LAT	0.4 1.5
胸椎	AP LAT	7 20
牙齿	牙根尖周	7
头颅	AP PA LAT	5 5 3

[a] AP：前后位投照；LAT：侧位投照；LSJ：腰骶关节投照；PA：后前位投照。

[b] 入射受检者体表剂量系空气中吸收剂量（包括反散射）。这些值是对通常片屏组合情况（相对速度200），如对高速片屏组合（相对速度400～600），则表中数值应减少到1/2至1/3。

表B.2 典型成年受检者X射线CT检查的剂量指导水平

检查部位	多层扫描平均剂量[a] mGy
头 腰椎 腹部	50 35 25

[a] 表列值是由水当量体模中旋转轴上的测量值推导的；体模长15 cm，直径16 cm（对头）和30 cm（对腰椎和腹部）。

表 B.3 典型成年受检者乳腺 X 射线摄影的剂量指导水平

防散射滤线栅的应用	每次曝光的腺体平均剂量[a] mGy
无滤线栅	1
有滤线栅	3

[a] 在一个 50%腺组织和 50%脂肪组织构成的 4.5 cm 压缩乳腺上，针对胶片增感屏装置、CR/DR 采集装置及用钼靶和钼过滤片的乳腺 X 射线摄影设备确定的。

表 B.4 典型成年受检者 X 射线透视的剂量率指导水平

X 射线机类型	入射体表剂量率[a] mGy/min
普通医用诊断 X 射线机	50
有影像增强器的 X 射线机	25
有影像增强器并有自动亮度控制系统的 X 射线机(介入放射学中使用)	100

[a] 表列值为空气中的吸收剂量率(包括反散射)。

ICS 13.280
C 57

中华人民共和国国家标准

GB 16362—2010
代替 GB 16362—1996

远距治疗患者放射防护与质量保证要求

Requirements for quality assurance and radiological protection for patients in teletherapy

2011-01-14 发布　　　　2011-05-01 实施

中华人民共和国卫生部
中国国家标准化管理委员会　发布

前　言

本标准第4、5、6章为强制性的，其余为推荐性的。

本标准编制所依据的起草规则为GB/T 1.1—2009《标准化工作导则　第1部分：标准的结构和编写》。

本标准代替GB 16362—1996《体外射束放射治疗中患者的放射卫生防护标准》。

本标准与GB 16362—1996相比，主要修改如下：

——将远距治疗装置使用单位改称为开展远距离放射治疗的单位（以下简称放疗单位），修改了对其的要求，引入了《放射诊疗管理规定》及其配套标准中对放疗单位人员、设备等方面的条件和要求；

——修改了远距治疗中患者防护的一般要求，引入了GBZ 179—2006的有关规定；

——将对放射治疗设备的要求、放射治疗操作的要求及辐射剂量测量的要求中的有关条款合并为质量保证要求；

——增加了对放射治疗模拟机等辅助设备的质量控制要求；

——增加了对放射治疗计划系统的质量控制要求；

——增加了附录A、附录B。

本标准由中华人民共和国卫生部提出并归口。

本标准由中华人民共和国卫生部负责解释。

本标准起草单位：山东省医学科学院放射医学研究所。

本标准主要起草人：宋钢、卢峰、邓大平、朱建国、陈英民、李海亮、程玉峰、刘利平。

本标准所代替标准的历次版本发布情况为：

——GB 16362—1996。

远距治疗患者放射防护与质量保证要求

1 范围

本标准规定了远距治疗中患者防护与质量保证的基本原则和要求。

本标准适用于将医用电子加速器和医用γ射线装置用于体外射束治疗以及X、γ射线立体定向放射治疗(以下简称X刀、γ刀)等远距治疗的实践,不适用于深部X射线治疗机的治疗实践。

2 规范性引用文件

下列文件对于本文件的应用是必不可少的。凡是注日期的引用文件,仅注日期的版本适用于本文件。凡是不注日期的引用文件,其最新版本(包括所有的修改单)适用于本文件。

GB/T 17856 放射治疗模拟机 性能和试验方法

GB 18871 电离辐射防护与辐射源安全基本标准

GB/T 19046 医用电子加速器 验收试验与周期检验规程

GBZ 126 医用电子加速器卫生防护标准

GBZ 161 医用γ射束远距治疗防护与安全标准

GBZ 168 X、γ射线头部立体定向外科治疗放射卫生防护标准

GBZ 179 医疗照射放射防护基本要求

GBZ/T 201.1 放射治疗机房辐射屏蔽规范 第1部分:一般原则

3 术语和定义

下列术语和定义适用于本文件。

3.1

远距治疗 teletherapy

辐射源至皮肤间距离大于50 cm的体外辐射束放射治疗。

3.2

远距治疗的质量保证 quality assurance in teletherapy

实施远距治疗时,为保证照射的几何位置与靶区剂量的准确性,减少正常组织和器官的受照剂量,防止对受照人员形成误照射等所采取的一系列措施。

4 基本原则

4.1 开展远距离放射治疗的单位(以下简称为放疗单位)应符合国家放射诊疗管理规定及其有关放射治疗的配套标准中规定的人员与设备等方面的条件和要求。

4.2 放疗单位应设立放射防护和质量控制管理组织,放射肿瘤医师、医学物理人员和放射治疗技师等医技人员在各自的工作中实施防护和质量控制措施,并承担相应的责任。

4.3 放疗单位应按照GB 18871和GBZ 179的要求,制定患者防护制度与放射治疗质量保证计划,并

对从事远距治疗的工作人员进行患者防护与质量控制的定期培训，从管理制度和质量控制程序上保证放射治疗的正确实施。

4.4 放疗单位应配备相应的患者防护与质量控制检测仪器，并按照规定定期进行检定或校准，取得合格证书。有效期内的检测仪器经可能涉及计量刻度的重大维修后，应重新进行检定或校准。

4.5 在对患者实施放射治疗前，应由中级专业技术任职资格以上的放射肿瘤医师逐例进行正当性判断。仅当利大于弊时，方能进行放射治疗，并应采取相对利益最大的治疗方案，并对每一个病例治疗过程资料存档。放射肿瘤医师在放射治疗前应把可能的风险书面告知患者或其家属。

4.6 放射治疗应严格掌握适应症，良性疾病尽量不采用放射治疗，严格控制对放射治疗敏感的良性疾病的体外放疗。

4.7 放射治疗装置（包括放射治疗模拟机等辅助设备）、场所和环境应符合 GB 18871、GBZ 126、GBZ 161、GBZ 168、GBZ/T 201.1 等相关放射防护标准，应保证联锁系统正常工作，防护门应有防挤压及强制手动措施。

4.8 放疗单位应对实施放疗时可能出现的故障或失误，制定应急预案，并进行培训和应急演练。

5 患者防护要求

5.1 远距治疗中患者防护的一般性要求应遵循 GBZ 179 中的有关规定。

5.2 放射治疗前应根据临床检查结果制定详细的放射治疗计划，包括放射治疗的类型、靶组织剂量分布、分割方式、治疗周期等。对放射治疗计划单要进行核对、签名确认与存档。治疗计划应由中级专业技术任职资格以上的放射肿瘤医师和医学物理人员共同签名。

5.3 制定患者放射治疗计划时，应对靶区外重要组织器官的吸收剂量进行测算，按病变情况，采用包括器官屏蔽在内的适当的技术和措施以保护正常组织与器官，在保证治疗要求的前提下，使其处于可合理达到的尽量低的水平。

5.4 除非在临床上有充分理由和明显指征，对怀孕或可能怀孕的妇女及儿童应慎重采用放射治疗。在对孕妇实施任何放射治疗时应进行更为缜密的放疗计划，以使胚胎或胎儿所受到的照射剂量减至最小。

5.5 在治疗过程中，应定期对患者进行检查与分析，根据病情变化的需要调整治疗计划，密切注意体外放疗中出现的辐射损伤效应与可能出现的放射损伤，采取必要的医疗保护措施。

5.6 放射治疗技师应把接受放射治疗时的注意事项告知患者，包括接受放疗时的体位保持、呼吸调节、在身体出现不适时如何示意工作人员等。

5.7 首次放疗时，主管放射肿瘤医师应指导放射治疗技师正确摆位，落实治疗计划。

5.8 照射过程中特别是 X 刀、γ 刀等精确放疗过程中应采取措施保持患者体位不变，对于儿童患者可适当使用镇静剂或麻醉剂。照射过程中应密切观察患者情况，发现体位变化或其他情况，应及时停止照射，并记录已照射的时间和剂量，处理结束后，如需继续治疗，应重新摆位，完成计划治疗剂量。

5.9 照射过程中，应密切观察设备运行情况，发现异常时，应立即停止照射，详细记录并查明原因，及时修正，在修正完成前不应对患者进行治疗。

5.10 放射治疗完成后，若发现远距离治疗 γ 射线装置的放射源未退回贮存位置，应迅速将患者从治疗室内转移出去，放射治疗技师应详细记录完成正常照射后患者在室内滞留时间和所处位置等信息，为估算患者超量受照剂量保留详细记录。

5.11 放射治疗装置自身防护性能应满足 GBZ 126、GBZ 161、GBZ 168 中对设备自身防护性能的要求。放射治疗装置的安全性能应在订购、安装调试、验收检测、定期检测、常规维护和校正性维修中予以保证。

6 质量保证要求

6.1 放疗单位放射防护和质量控制管理组织应有明确的岗位职责，其负责人一般为放射治疗科主任，人员包括放射肿瘤医师、医学物理人员、放射治疗技师及护士等。

6.2 放射防护和质量控制管理组织应建立完整的质量控制工作规程并组织实施，包括对放射治疗装置（放射源或射线装置）、模拟定位装置、放射治疗计划系统、放射治疗剂量仪等的质量控制工作。

6.3 用于放射治疗的计划设计软件系统应是经过验证并获得国家药品监督管理部门许可的原版正式产品。软件的使用者应经过厂家培训并全面掌握软件的使用。软件升级后应重新验证后方可使用。

6.4 放射治疗装置（包括放射治疗模拟定位装置等辅助设备）的质量控制检测包括以下三类：

6.4.1 放射治疗装置在新安装或对关键部件维修、更换后应由具有相应资质的检测机构进行验收检测。

6.4.2 放射治疗装置在正常运行状态下应由具有资质的检测机构每年进行一次状态检测。检测时检测人员与被检单位医学物理人员或放射防护管理人员应同时在场并签字确认。状态检测记录的格式与内容可参考附录 A。

6.4.3 放疗单位应按照有关放射治疗质量控制检测规范或标准的要求，对放射治疗装置定期进行稳定性检测，并将检测结果与验收检测得到的相应基线值进行比较，若二者偏差超过允许水平应查明原因并及时纠正，稳定性检测结果应完整记录并归档保存。

6.5 放射治疗装置质量控制检测应按照 GB/T 17856、GB/T 19046、GBZ 126、GBZ 161 与 GBZ 168 等有关标准中的规定进行。

6.6 放射治疗装置及放射治疗计划系统的质量控制检测项目依据检测周期可划分为日检、周检、月检与年检项目，具体内容可参考有关放射治疗质量控制检测规范或标准的要求。

6.7 放射治疗装置、模拟定位装置及放射治疗计划系统在使用中发现工作不稳定或质量控制检测指标不符合标准与规范要求时，应停止使用，经维修并检测合格后才能开展工作。

6.8 放疗单位所使用的临床治疗数据，例如总治疗时间、计划靶体积的说明、百分深度剂量等各种剂量数据、楔形板因子等，应由具有资格的医学物理人员采集、记录，并经负责人审核后才能应用于临床治疗。临床治疗数据应定期复检，一般 1 年检查一次，对设备关键部件维修、更换后，也需要复检，如参数不达标，应重新采集。

6.9 远距离放射治疗定位的总的不确定度应符合相应标准的要求。总的不确定度影响因素的分配示例见附录 B。

6.10 放疗单位应积极参加国内、国际或区域性邮寄 TLD 剂量比对活动。

附　录　A
（资料性附录）
状态检测记录的格式与内容

放射治疗装置的状态检测记录的格式与内容见表 A.1。

表 A.1　状态检测记录表

设备名称：　　　　　　　　　　　　　　　　型号：
生产厂家：　　　　　　　　　　　　　　　　编号：
检测环境条件：温度________℃　　相对湿度________%　　气压________ hPa
检测仪器：　　　　　　　　　　　　　　　　检测仪器检定/校准日期及有效期：
检测依据：

检测项目	检测值	参考值

检测结论与建议：

医学物理人员(签字)：　　　　　　　　　　放射防护和质量控制负责人(签字)：
放射防护管理人员(签字)：

年　　月　　日　　　　　　　　　　年　　月　　日

附　录　B
（资料性附录）
靶区位置及剂量的总的不确定度影响因素分配图

B.1　远距离放射治疗靶区几何位置各影响因素分配见图 B.1。

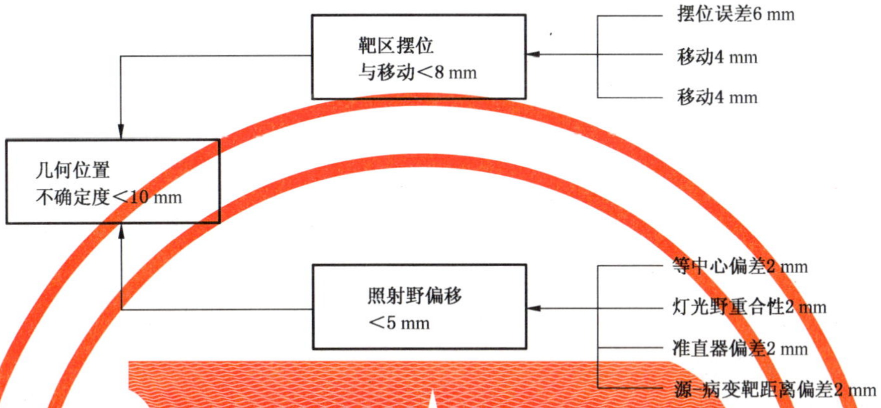

图 B.1　几何位置影响因素的偏差要求

B.2　远距离放射治疗物理剂量各影响因素分配见图 B.2。

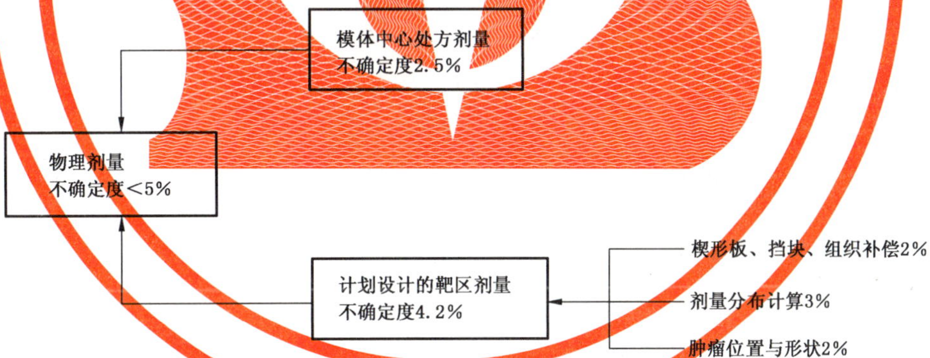

图 B.2　物理剂量影响因素的不确定度分配

ICS 77.120.99
H 65

中华人民共和国国家标准

GB/T 16476—2010
代替 GB/T 16476—1996

金 属 钪

Scandium metal

2011-01-14 发布　　2011-11-01 实施

中华人民共和国国家质量监督检验检疫总局
中国国家标准化管理委员会 发布

前 言

本标准代替GB/T 16476—1996《金属钪》。

本标准与GB/T 16476—1996相比主要变化如下：

——按GB/T 17803—1999《稀土产品牌号表示方法》的规定采用数字牌号；

——删除原表1对“不定值元素”的考核，并将原表1中对“Sc”的考核调整为对“RE”的考核；

——164055牌号中的钍量由“0.001 5%”调整为“0.000 50%”；

——对原标准的试验方法的采用进行了调整。

本标准由全国稀土标准化技术委员会(SAC/TC 229)归口。

本标准由湖南稀土金属材料研究院负责起草。

本标准由有研稀土新材料股份有限公司参加起草。

本标准主要起草人：翁国庆、刘荣丽、邬晔、庞思明、张耀静。

本标准所代替标准的历次版本发布情况为：

——GB/T 16476—1996。

金　属　钪

1　范围

本标准规定了金属钪的要求、试验方法、检验规则和标志、包装、运输、贮存。

本标准适用于金属热还原法或中间合金法，再经真空蒸馏法制得的，供宇航、火箭、导弹、电子、核子、激光、电光源、冶金等领域用的金属钪。

2　规范性引用文件

下列文件对于本文件的应用是必不可少的。凡是注日期的引用文件，仅注日期的版本适用于本文件。凡是不注日期的引用文件，其最新版本(包括所有的修改单)适用于本文件。

GB/T 8170　数值修约规则与极限数值的表示与判定

GB/T 13219—2010　氧化钪

3　要求

3.1　化学成分

金属钪的化学成分应符合表1的规定。需方如有特殊要求，供需双方可另行协议。

表 1

产品牌号				164055	164050	164045	164040
化学成分(质量分数)/%	RE，不小于			99.95	99.95	99.9	99.9
	Sc/RE，不小于			99.999 5	99.999	99.995	99.99
	杂质含量，不大于	稀土杂质	(La+Ce+Pr+Nd+Sm+Eu+Gd+Tb+Dy+Ho+Er+Tm+Yb+Lu+Y)/RE	0.000 50	0.001 0	0.005 0	0.010
		非稀土杂质	Si	0.001 5	0.003 0	0.004 0	0.008 0
			Fe	0.003 0	0.008 0	0.010	0.015
			Ca	0.001 5	0.003 0	0.005 0	0.010
			Al	0.002 0	0.003 0	0.004 0	0.005 0
			Th	0.000 50	0.002 0	0.002 5	0.003 0
			Ta	0.002 0	0.005 0	0.008 0	0.010
			Cu	0.001 0	0.001 5	0.002 0	0.002 5
			Mg	0.000 50	0.001 0	0.001 5	0.002 0
			Ni	0.002 5	0.004 5	0.006 0	0.008 0
			Zr	0.001 0	0.002 5	0.004 0	0.008 0

注 1：RE 含量为 100%减去非稀土杂质质量分数的和。

注 2：Sc/RE 含量为 100%减去稀土杂质的和/RE 的质量分数。

3.2 外观

3.2.1 产品为银白色，一般为蒸馏结晶块状，亦可为铸态块状。

3.2.2 表面应洁净，无肉眼可见的夹杂物和氧化物脱落粉末。

4 试验方法

4.1 稀土杂质含量的分析方法参照 GB/T 13219—2010 中附录 B(规范性附录)的规定进行。

4.2 非稀土杂质含量的分析方法参照 GB/T 13219—2010 中附录 C(规范性附录)的规定进行。

4.3 数值修约按 GB/T 8170 的规定进行。

4.4 产品外观用目视检查。

5 检验规则

5.1 检查与验收

5.1.1 产品由供方质量检验部门进行检验，保证产品质量符合本标准规定，并填写质量证明书。

5.1.2 需方应对收到的产品按本标准的规定进行检验，如检验结果与本标准规定不符，应在收到产品之日起 2 个月内向供方提出，由供需双方协商解决。如需仲裁，可委托双方认可的单位进行，并在需方共同取样。

5.2 组批

产品应成批提交检验，每批应由同一牌号的产品组成。

5.3 检验项目

每批产品应进行化学成分和外观检验。

5.4 取样与制样

化学成分仲裁取样按表 2 规定进行。蒸馏丝状样品可剪切取样；锭块样品用直径 5 mm～10 mm 的钻头在金属锭上下两面各钻二点以上，弃去深度 0.5 mm～1.0 mm 的表面钻屑，然后钻取试样。每件(瓶)取样为 3 g～5 g，将试样混匀后，装入带盖的磨口瓶内密封。

表 2

件(瓶)数	1～2	>2～10	>10
取样件(瓶)数	件(瓶)数的 100%	件(瓶)数的 50%，不小于 2 件(瓶)	件(瓶)数的 30%

5.5 检验结果的判定

化学成分仲裁分析结果与本标准规定不符时，则从该批产品中取双倍试样对不合格项目进行重复试验，如仍有一项结果不合格，则判定该批产品不合格。

外观检验结果与本标准规定不符时，则直接判定该批产品不合格。

6 标志、包装、运输、贮存及质量证明书

6.1 标志、包装

6.1.1 包装桶(箱)外应有不褪色标志,注明:供方名称、产品名称、牌号、批号、净重、毛重、出厂日期及"防潮"等标志或字样。

6.1.2 产品分装于双层塑料袋或塑料瓶中,每袋(瓶)净重 0.1 kg、0.25 kg、0.5 kg、1 kg,再将袋(瓶)置于采取防氧化措施的密封铁桶内(木箱、纸箱或塑料箱)内,每铁桶(木箱、纸箱或塑料箱)净重0.5 kg、1 kg、5 kg、10 kg。如需方对包装有特殊要求,由供需双方协商。

6.2 运输、贮存

产品运输时严防受潮,应存放在干燥处,不得露天放置,不得将金属锭暴露在空气中,以防氧化。

6.3 质量证明书

每批产品应附上质量证明书,注明:

a) 供方名称;
b) 产品名称;
c) 牌号、批号、净重、毛重、件数;
d) 各项分析检验结果和供方质量检验部门印记;
e) 本标准编号;
f) 检验日期;
g) 出厂日期。

ICS 77.120.99
H 14

中华人民共和国国家标准

GB/T 16477.1—2010
代替 GB/T 16477.1—1996

稀土硅铁合金及镁硅铁合金化学分析方法 第1部分：稀土总量的测定

Chemical analysis methods of rare earth ferrosilicon alloy and rare earth ferrosilicon magnesium alloy—Part 1: Determination of total rare earth content

2011-01-14 发布 2011-11-01 实施

中华人民共和国国家质量监督检验检疫总局
中国国家标准化管理委员会 发布

前　言

GB/T 16477《稀土硅铁合金及镁硅铁合金化学分析方法》共分 5 个部分：

——第 1 部分：稀土总量的测定；

——第 2 部分：钙、镁、锰量的测定　电感耦合等离子体发射光谱法；

——第 3 部分：氧化镁量的测定　电感耦合等离子体发射光谱法；

——第 4 部分：硅量的测定；

——第 5 部分：钛量的测定　电感耦合等离子体发射光谱法。

本部分为第 1 部分。

本部分是对 GB/T 16477.1—1996《稀土硅铁合金及镁硅铁合金化学分析方法　稀土总量测定》的修订。

本部分与 GB/T 16477.1—1996 相比，主要有如下变动：

——使用电感耦合等离子体发射光谱法代替三溴偶氮胂分光光度法测定稀土总量，测定范围由 0.20%～6.00%调整为 0.50%～6.00%；

——使用 EDTA 滴定法代替原草酸盐重量法测定稀土总量；

——增加了精密度条款；

——增加了质量保证和控制条款。

本部分两个方法的分析范围出现重叠时，以方法 1 作为仲裁分析方法。

本部分由全国稀土标准化技术委员会(SAC/TC 229)归口。

本部分由包头稀土研究院、中国有色金属工业标准计量质量研究所负责起草。

本部分方法 1 由包头稀土研究院起草。

本部分方法 1 由中国兵器工业集团第五二研究所、包头出入境检验检疫局参加起草。

本部分方法 1 主要起草人：崔爱端、李玉梅。

本部分方法 1 参加起草人：田小亭、王玥、孟传金、旭仁花、纪元。

本部分方法 2 由包头稀土研究院起草。

本部分方法 2 由中国兵器工业集团第五二研究所、包头出入境检验检疫局参加起草。

本部分方法 2 主要起草人：郝茜、周凯红。

本部分方法 2 参加起草人：段东升、王玥、田小亭、孟传金、旭仁花、杨春艳。

本部分所代替标准的历次版本发布情况为：

——GB/T 16477.1—1996。

稀土硅铁合金及镁硅铁合金
化学分析方法
第1部分:稀土总量的测定

方法1 电感耦合等离子体发射光谱法

1 范围

GB/T 16477的本部分方法1规定了稀土硅铁合金及镁硅铁合金中稀土总量的测定方法。

本部分方法1适用于稀土硅铁合金及镁硅铁合金中稀土总量的测定。测定范围:0.50%~6.00%。

2 原理

试料经硝酸和氢氟酸分解,高氯酸冒烟驱氟,在稀盐酸介质中,直接以氩等离子体光源激发,进行光谱测定。

3 试剂与材料

3.1 硝酸(ρ1.42 g/mL)。

3.2 氢氟酸(ρ1.15 g/mL)。

3.3 高氯酸(ρ1.66 g/mL)。

3.4 过氧化氢(30%)。

3.5 盐酸(1+1)。

3.6 硝酸(1+1)。

3.7 镧标准贮存溶液:称取0.117 3 g预先在900 ℃灼烧1 h并在干燥器中冷却至室温的氧化镧(REO>99.5%,La_2O_3/REO>99.99%)于150 mL烧杯中,加少量水湿润,加入10 mL盐酸(3.5)溶解,冷却至室温,移入100 mL容量瓶中,用水稀释至刻度,混匀,此溶液1 mL含1 mg镧。

3.8 铈标准贮存溶液:称取0.122 8 g预先在900 ℃灼烧1 h并在干燥器中冷却至室温的氧化铈(REO>99.5%,CeO_2/REO>99.99%)于150 mL烧杯中,加少量水湿润,加入10 mL硝酸(3.6),滴加过氧化氢(3.4),加热至溶解,冷却至室温,移入100 mL容量瓶中,用水稀释至刻度,混匀,此溶液1 mL含1 mg铈。

3.9 镨标准贮存溶液:称取0.120 8 g预先在900 ℃灼烧1 h并在干燥器中冷却至室温的氧化镨(REO>99.5%,Pr_6O_{11}/REO>99.99%)于150 mL烧杯中,加少量水湿润,加入10 mL盐酸(3.5)溶解,冷却至室温,移入100 mL容量瓶中,用水稀释至刻度,混匀,此溶液1 mL含1 mg镨。

3.10 钕标准贮存溶液:称取0.116 6 g预先在900 ℃灼烧1 h并在干燥器中冷却至室温的氧化钕(REO>99.5%,Nd_2O_3/REO>99.99%)于150 mL烧杯中,加少量水湿润,加入10 mL盐酸(3.5)溶解,冷却至室温,移入100 mL容量瓶中,用水稀释至刻度,混匀,此溶液1 mL含1 mg钕。

3.11 钐标准贮存溶液：称取 0.116 0 g 预先在 900 ℃灼烧 1 h 并在干燥器中冷却至室温的氧化钐（REO>99.5%，Sm_2O_3/REO>99.99%）于 150 mL 烧杯中，加少量水湿润，加入 10 mL 盐酸（3.5）溶解，冷却至室温，移入 100 mL 容量瓶中，用水稀释至刻度，混匀，此溶液 1 mL 含 1 mg 钐。

3.12 铕标准贮存溶液：称取 0.115 8 g 预先在 900 ℃灼烧 1 h 并在干燥器中冷却至室温的氧化铕（REO>99.5%，Eu_2O_3/REO>99.99%）于 150 mL 烧杯中，加少量水湿润，加入 10 mL 盐酸（3.5）溶解，冷却至室温，移入 100 mL 容量瓶中，用水稀释至刻度，混匀，此溶液 1 mL 含 1 mg 铕。

3.13 钆标准贮存溶液：称取 0.115 2 g 预先在 900 ℃灼烧 1 h 并在干燥器中冷却至室温的氧化钆（REO>99.5%，Gd_2O_3/REO>99.99%）于 150 mL 烧杯中，加少量水湿润，加入 10 mL 盐酸（3.5）溶解，冷却至室温，移入 100 mL 容量瓶中，用水稀释至刻度，混匀，此溶液 1 mL 含 1 mg 钆。

3.14 铽标准贮存溶液：称取 0.117 6 g 预先在 900 ℃灼烧 1 h 并在干燥器中冷却至室温的氧化铽（REO>99.5%，Tb_4O_7/REO>99.99%）于 150 mL 烧杯中，加少量水湿润，加入 10 mL 盐酸（3.5）溶解，冷却至室温，移入 100 mL 容量瓶中，用水稀释至刻度，混匀，此溶液 1 mL 含 1 mg 铽。

3.15 镝标准贮存溶液：称取 0.114 8 g 预先在 900 ℃灼烧 1 h 并在干燥器中冷却至室温的氧化镝（REO>99.5%，Dy_2O_3/REO>99.99%）于 150 mL 烧杯中，加少量水湿润，加入 10 mL 盐酸（3.5）溶解，冷却至室温，移入 100 mL 容量瓶中，用水稀释至刻度，混匀，此溶液 1 mL 含 1 mg 镝。

3.16 钬标准贮存溶液：称取 0.114 5 g 预先在 900 ℃灼烧 1 h 并在干燥器中冷却至室温的氧化钬（REO>99.5%，Ho_2O_3/REO>99.99%）于 150 mL 烧杯中，加少量水湿润，加入 10 mL 盐酸（3.5）溶解，冷却至室温，移入 100 mL 容量瓶中，用水稀释至刻度，混匀，此溶液 1 mL 含 1 mg 钬。

3.17 铒标准贮存溶液：称取 0.114 4 g 预先在 900 ℃灼烧 1 h 并在干燥器中冷却至室温的氧化铒（REO>99.5%，Er_2O_3/REO>99.99%）于 150 mL 烧杯中，加少量水湿润，加入 10 mL 盐酸（3.5）溶解，冷却至室温，移入 100 mL 容量瓶中，用水稀释至刻度，混匀，此溶液 1 mL 含 1 mg 铒。

3.18 铥标准贮存溶液：称取 0.114 2 g 预先在 900 ℃灼烧 1 h 并在干燥器中冷却至室温的氧化铥（REO>99.5%，Tm_2O_3/REO>99.99%）于 150 mL 烧杯中，加少量水湿润，加入 10 mL 盐酸（3.5）溶解，冷却至室温，移入 100 mL 容量瓶中，用水稀释至刻度，混匀，此溶液 1 mL 含 1 mg 铥。

3.19 镱标准贮存溶液：称取 0.113 9 g 预先在 900 ℃灼烧 1 h 并在干燥器中冷却至室温的氧化镱（REO>99.5%，Yb_2O_3/REO>99.99%）于 150 mL 烧杯中，加少量水湿润，加入 10 mL 盐酸（3.5）溶解，冷却至室温，移入 100 mL 容量瓶中，用水稀释至刻度，混匀，此溶液 1 mL 含 1 mg 镱。

3.20 镥标准贮存溶液：称取 0.113 7 g 预先在 900 ℃灼烧 1 h 并在干燥器中冷却至室温的氧化镥（REO>99.5%，Lu_2O_3/REO>99.99%）于 150 mL 烧杯中，加少量水湿润，加入 10 mL 盐酸（3.5）溶解，冷却至室温，移入 100 mL 容量瓶中，用水稀释至刻度，混匀，此溶液 1 mL 含 1 mg 镥。

3.21 钇标准贮存溶液：称取 0.127 0 g 预先在 900 ℃灼烧 1 h 并在干燥器中冷却至室温的氧化钇（REO>99.5%，Y_2O_3/REO>99.99%）于 150 mL 烧杯中，加少量水湿润，加入 10 mL 盐酸（3.5）溶解，冷却至室温，移入 100 mL 容量瓶中，用水稀释至刻度，混匀，此溶液 1 mL 含 1 mg 钇。

3.22 钐标准溶液：分取 5.00 mL 钐标准贮存溶液（3.11）于 100 mL 容量瓶中，加入 10 mL 盐酸（3.5），用水稀释至刻度，混匀，此溶液 1 mL 含 50.0 μg 钐。

3.23 铕标准溶液：分取 5.00 mL 铕标准贮存溶液（3.12）于 100 mL 容量瓶中，加入 10 mL 盐酸（3.5），用水稀释至刻度，混匀，此溶液 1 mL 含 50.0 μg 铕。

3.24 钆标准溶液：分取 5.00 mL 钆标准贮存溶液（3.13）于 100 mL 容量瓶中，加入 10 mL 盐酸（3.5），用水稀释至刻度，混匀，此溶液 1 mL 含 50.0 μg 钆。

3.25 铽标准溶液：分取 5.00 mL 铽标准贮存溶液（3.14）于 100 mL 容量瓶中，加入 10 mL 盐酸（3.5），用水稀释至刻度，混匀，此溶液 1 mL 含 50.0 μg 铽。

3.26 镝标准溶液：分取 5.00 mL 镝标准贮存溶液（3.15）于 100 mL 容量瓶中，加入 10 mL 盐酸

(3.5),用水稀释至刻度,混匀,此溶液 1 mL 含 50.0 μg 镝。

3.27 钬标准溶液:分取 5.00 mL 钬标准贮存溶液(3.16)于 100 mL 容量瓶中,加入 10 mL 盐酸(3.5),用水稀释至刻度,混匀,此溶液 1 mL 含 50.0 μg 钬。

3.28 铒标准溶液:分取 5.00 mL 铒标准贮存溶液(3.17)于 100 mL 容量瓶中,加入 10 mL 盐酸(3.5),用水稀释至刻度,混匀,此溶液 1 mL 含 50.0 μg 铒。

3.29 铥标准溶液:分取 5.00 mL 铥标准贮存溶液(3.18)于 100 mL 容量瓶中,加入 10 mL 盐酸(3.5),用水稀释至刻度,混匀,此溶液 1 mL 含 50.0 μg 铥。

3.30 镱标准溶液:分取 5.00 mL 镱标准贮存溶液(3.19)于 100 mL 容量瓶中,加入 10 mL 盐酸(3.5),用水稀释至刻度,混匀,此溶液 1 mL 含 50.0 μg 镱。

3.31 镥标准溶液:分取 5.00 mL 镥标准贮存溶液(3.20)于 100 mL 容量瓶中,加入 10 mL 盐酸(3.5),用水稀释至刻度,混匀,此溶液 1 mL 含 50.0 μg 镥。

3.32 钇标准溶液:分取 5.00 mL 钇标准贮存溶液(3.21)于 100 mL 容量瓶中,加入 10 mL 盐酸(3.5),用水稀释至刻度,混匀,此溶液 1 mL 含 50.0 μg 钇。

3.33 混合标准溶液:分取 5.00 mL 镧标准贮存溶液(3.7),10.00 mL 铈标准贮存溶液(3.8),1.00 mL 镨标准贮存溶液(3.9),3.00 mL 钕标准贮存溶液(3.10),4.00 mL 钐标准溶液(3.22),2.00 mL 铕标准溶液(3.23),4.00 mL 钆标准溶液(3.24),8.00 mL 铽标准溶液(3.25),4.00 mL 镝标准溶液(3.26),4.00 mL 钬标准溶液(3.27),4.00 mL 铒标准溶液(3.28),2.00 mL 铥标准溶液(3.29),2.00 mL 镱标准溶液(3.30),2.00 mL 镥标准溶液(3.31),4.00 mL 钇标准溶液(3.32)于 200 mL 容量瓶中,加入 5 mL 盐酸(3.5),用水稀释至刻度,混匀。此溶液浓度见表 1。

表 1

元素	质量浓度/(μg/mL)	元素	质量浓度/(μg/mL)
镧	25.0	镝	1.00
铈	50.0	钬	1.00
镨	5.00	铒	1.00
钕	15.0	铥	0.50
钐	1.00	镱	0.50
铕	0.50	镥	0.50
钆	1.00	钇	1.00
铽	2.00	—	—

3.34 氩气(纯度>99.99%)。

4 仪器

4.1 电感耦合等离子体光谱仪,分辨率<0.006 nm(200 nm 处)。

4.2 光源:氩等离子体光源。

5 试样

合金样品制成粉末样,过 0.125 mm 筛。

6 分析步骤

6.1 试料

称取 0.2 g 试样(5),精确至 0.000 1 g。

6.2 测量次数

称取两份试料(6.1)进行平行测定,取其平均值。

6.3 空白试验

随同试料(6.1)做空白试验。

6.4 分析试液的制备

6.4.1 将试料(6.1)置于 100 mL 干燥的聚四氟乙烯烧杯中,加入 5 mL 硝酸(3.1),缓慢滴加 3 mL～5 mL 氢氟酸(3.2),加热至分解完全,加入 5 mL 高氯酸(3.3),加热冒烟至近干,稍冷,加入 10 mL 盐酸(3.5),2 滴过氧化氢(3.4),加热溶解盐类,冷却至室温,移至 50 mL 容量瓶中,用水稀释至刻度,混匀。

6.4.2 按表 2 分取试液于 25 mL 容量瓶中,用水稀释至刻度,混匀,待测定。

6.4.3 按表 2 分取试液于 25 mL 容量瓶中,加入标准溶液,加入浓度同标准系列溶液(6.5)的 2 号标液,待测定。

表 2

稀土总量质量分数/%	>0.50～1.50	>1.50～3.00	>3.00～6.00
分取试液体积/mL	10	5	2

6.5 标准系列溶液的制备

移取 0 mL、5.0 mL、25.0 mL 标准混合溶液(3.33)于一组 50 mL 容量瓶中,加入 5 mL 盐酸(3.5),用水稀释至刻度,混匀。标准系列溶液质量浓度见表 3。

表 3

标液标号	各稀土(以单质计)质量浓度/(μg/mL)							
	镧	铈	镨	钕	钐	铕	钆	铽
1	0	0	0	0	0	0	0	0
2	2.50	5.00	0.50	1.50	0.10	0.050	0.10	0.20
3	12.5	25.00	2.50	7.50	0.50	0.25	0.50	1.00
标液标号	各稀土(以单质计)质量浓度/(μg/mL)							
	镝	钬	铒	铥	镱	镥	钇	—
1	0	0	0	0	0	0	0	—
2	0.10	0.10	0.10	0.050	0.050	0.050	0.10	—
3	0.50	0.50	0.50	0.25	0.25	0.25	0.50	—

6.6 测定

6.6.1 分析线波长见表 4。

表 4

元素	分析线/nm	元素	分析线/nm
La	408.671;398.852	Dy	349.468
Ce	380.153;446.021	Ho	345.600
Pr	417.939;422.532	Er	369.262
Nd	378.425;397.326	Tm	313.125
Sm	360.949;359.259	Yb	369.419
Eu	412.972	Lu	291.139
Gd	418.426	Y	377.433
Tb	350.914	—	—

6.6.2 按仪器使用参数,依次测定标准溶液(6.5)、空白溶液(6.3)、试样溶液(6.4.2)及试样溶液的标准加入溶液(6.4.3)。由计算机输出空白溶液(6.3)、试样溶液(6.4.2)及试样溶液的标准加入溶液(6.4.3)中被测元素的质量浓度(ρ)。

7 分析结果的计算与表述

按式(1)计算稀土的质量分数(%):

$$w(\mathrm{RE})=\sum\frac{(\rho_i-\rho_0)VV_0\times10^{-6}}{mV_1k_i}\times100 \qquad (1)$$

式中:

ρ_i——被测试液(6.4.2)中每一稀土元素的质量浓度,单位为微克每毫升(μg/mL);

ρ_0——由计算机输出的空白试液(6.3)中每一稀土元素的质量浓度,单位为微克每毫升(μg/mL);

V——被测试液(6.4.2)的体积,单位为毫升(mL);

V_0——试液(6.4.1)的总体积,单位为毫升(mL);

V_1——分取试液的体积,单位为毫升(mL);

m——试料(6.1)的质量,单位为克(g);

k_i——基体效应系数[(试样溶液的标准加入溶液(6.4.3)中被测元素的浓度－试样溶液(6.4.2)中被测元素的浓度)÷标准系列溶液(6.5)的 2 号标液中对应的被测元素的浓度]。

8 精密度

8.1 重复性

在重复性条件下获得的两次独立测试结果的测定值,在以下给出的平均值的范围内,这两个测试结果的绝对差值不超过重复性限(r),超过重复性限(r)的情况不超过 5%,重复性限(r)按表 5 数据采用线性内插法求得:

表 5

稀土总量(质量分数)/%	重复性限(r)/%
1.50	0.10
3.82	0.10
5.58	0.31
注：重复性限(r)为 2.8×S_r,S_r 为重复性标准差。	

8.2　允许差

实验室之间分析结果的差值应不大于表 6 所列允许差：

表 6

质量分数/%	允许差/%
0.50～1.00	0.10
>1.00～3.00	0.20
>3.00～6.00	0.35

9　质量保证和控制

每周用自制的控制标样(如有国家级或行业级标样时,应首先使用)校核一次本标准分析方法的有效性。当过程失控时,应找出原因,纠正错误,重新进行校核。

方法 2　EDTA 滴定法

10　范围

本部分方法 2 规定了稀土硅铁合金及镁硅铁合金中稀土总量的测定方法。

本部分方法 2 适用于稀土硅铁合金及镁硅铁合金中稀土总量的测定,测定范围:2.00%～42.00%。

11　方法原理

试料以硝酸-氢氟酸溶解,以氟化物形式将稀土和钍沉淀,与铁分离,硝酸、高氯酸破坏滤纸,盐酸提取,调节 pH 5.5,用六次甲基四胺沉淀钍,以抗坏血酸还原铈(Ⅳ)、铁(Ⅲ),乙酰丙酮掩蔽钛、铝等元素,以二甲酚橙为指示剂,用 EDTA 标准溶液滴定稀土。

12　试剂

12.1　抗坏血酸。

12.2　硝酸(ρ1.42 g/mL)。

12.3　氢氟酸(ρ1.15 g/mL)。

12.4　高氯酸(ρ1.67 g/mL)。

12.5　过氧化氢(30%)。

12.6　盐酸(1+1)。

12.7　氨水(1+1)。

12.8　混酸洗液:在100 mL溶液中含硝酸及氢氟酸各5 mL。

12.9　六次甲基四胺溶液:200 g/L。

12.10　乙酰丙酮溶液:(1+19)。

12.11　溴甲酚绿指示剂溶液(0.2%):0.2 g溴甲酚绿指示剂溶解于5.8 mL 0.05 mol/L NaOH溶液中,以水稀释至100 mL。

12.12　二甲酚橙指示剂溶液(0.1%)。

12.13　锌标准溶液(1 g/L):称取0.200 0 g金属锌(纯度>99.9%)于250 mL烧杯中,加10 mL水,10 mL盐酸(12.6)低温加热至完全溶解。溶液移入200 mL容量瓶中,加5 mL盐酸(12.6),以水稀释至刻度,混匀。

12.14　乙二胺四乙酸二钠(EDTA)标准滴定溶液[c(EDTA)≈0.015 mol/L]。

12.14.1　配制:称取11.2 g乙二胺四乙酸二钠(EDTA)于250 mL烧杯中,以少量水溶解,移入2 L容量瓶中,以水稀释至刻度,混匀。

12.14.2　标定:分取20.00 mL锌标准溶液(12.13)于250 mL三角瓶中,加50mL水,用盐酸(12.6)或氨水(12.7)调节溶液pH 5~5.5,加5 mL六次甲基四胺(12.9),2滴二甲酚橙指示剂溶液(12.12),用EDTA标准滴定溶液(12.14)滴定至溶液由紫红色变为亮黄色,即为终点。平行标定3份,所消耗EDTA标准滴定溶液(12.14)体积的极差值应不超过0.10 mL,取其平均值。

按式(2)计算EDTA标准滴定溶液(12.14)的实际浓度:

$$c=\frac{c_0V_1}{V_2M} \qquad \cdots\cdots(2)$$

式中:

c_0——锌标准溶液的浓度,单位为摩尔每升(mol/L);

V_1——移取锌标准溶液(12.13)的体积,单位为毫升(mL);

V_2——滴定锌消耗EDTA标准溶液(12.14)的体积,单位为毫升(mL);

M——锌的摩尔质量,单位为克每摩尔(g/mol)。

13　试样

合金样品制成粉末样,过0.125 mm筛。

14　分析步骤

14.1　试料

按表7称取试样(13),精确至0.000 1 g。

表7

稀土总量质量分数/%	试料/g
<10.00	0.2
≥10.00	0.1

14.2 测定数量

称取两份试料(14.1)进行平行测定,取其平均值。

14.3 测定

14.3.1 将试料(14.1)置于250 mL聚四氟乙烯烧杯中,加10 mL硝酸(12.2),12 mL~14 mL氢氟酸(12.3),1 mL过氧化氢(12.5),使试样溶解完全后,加20 mL~30 mL水,使总体积为50 mL,充分搅拌1 min,静置15 min,用慢速滤纸包角过滤,用混酸洗液(12.8)洗烧杯3次,洗沉淀7~8次。

14.3.2 将沉淀连同滤纸移入300 mL烧杯中,加15 mL硝酸(12.2),5 mL高氯酸(12.4),置于电炉上加热破坏滤纸并溶解沉淀,蒸发至冒浓烟,并浓缩至体积约2 mL,取下冷却,加2 mL盐酸(12.6),30 mL水,加热煮沸,取下冷却。

14.3.3 加入2滴溴甲酚绿指示剂(12.11),用六次甲基四胺溶液(12.9)调至溶液由黄色变为微绿色并过量1~2滴,再加热煮沸1 min~2 min,使溶液由绿色变微蓝色,流水冷却至室温,加入0.5 g抗坏血酸(12.1),摇匀,加10 mL乙酰丙酮溶液(12.10),5 mL六次甲基四胺溶液(12.9),混匀,滴入1滴二甲酚橙指示剂溶液(12.12),用EDTA标准滴定溶液(12.14)滴定至溶液由红紫色变为黄绿色即为终点。

15 分析结果的计算与表述

按式(3)计算稀土的质量分数(%):

$$w(\mathrm{RE})=\frac{cVM\times10^{-6}}{m}\times100 \qquad (3)$$

$$M=\sum(\rho_i\times k_i) \qquad (4)$$

式中:

c ——EDTA标准溶液的浓度,单位为摩尔每升(mol/L);

V ——滴定时消耗EDTA标准滴定溶液的体积,单位为毫升(mL);

M——试料中稀土元素相对比例相一致的混合稀土金属的摩尔质量,单位为克每摩尔(g/mol),按式(4)计算;

m ——试料的质量,单位为克(g);

ρ_i ——各稀土金属在试料所含相应混合稀土金属总量中所占的质量分数(%);

k_i ——各稀土元素的摩尔质量,单位为克每摩尔(g/mol)。

16 精密度

16.1 重复性

在重复性条件下获得的两次独立测试结果的测定值,在以下给出的平均值范围内,这两个测试结果的绝对差值不超过重复性限(r),超过重复性限(r)的情况不超过5%,重复性限(r)按表8数据采用线性内插法求得。

表8

稀土总量(质量分数)/%	重复性限(r)
5.36	0.08
25.54	0.20
注:重复性限(r)为$2.8\times S_r$,S_r为重复性标准差。	

16.2 允许差

实验室之间分析结果的差值应不大于表9所列允许差。

表9

稀土总量(质量分数)/%	允许差/%
2.00～5.00	0.20
>5.00～10.00	0.25
>10.00～20.00	0.30
>20.00～30.00	0.35
>30.00～42.00	0.45

17 质量保证和控制

每周用自制的控制标样(如有国家级或行业级标样时,应首先使用)校核一次本标准分析方法的有效性。当过程失控时,应找出原因,纠正错误,重新进行校核。

ICS 77.120.99
H 14

中华人民共和国国家标准

GB/T 16477.2—2010
代替 GB/T 16477.2—1996

稀土硅铁合金及镁硅铁合金化学分析方法 第2部分：钙、镁、锰量的测定 电感耦合等离子体发射光谱法

Chemical analysis methods of rare earth ferrosilicon alloy and rare earth ferrosilicon magnesium alloy—Part 2: Determination of calcium, magnesium and manganese contents—Inductively coupled plasma atomic emission spectrometry

2011-01-14 发布　　　　2011-11-01 实施

中华人民共和国国家质量监督检验检疫总局
中国国家标准化管理委员会　发布

前　言

GB/T 16477《稀土硅铁合金及镁硅铁合金化学分析方法》共分 5 个部分：

——第 1 部分：稀土总量的测定；

——第 2 部分：钙、镁、锰量的测定　电感耦合等离子体发射光谱法；

——第 3 部分：氧化镁量的测定　电感耦合等离子体发射光谱法；

——第 4 部分：硅量的测定；

——第 5 部分：钛量的测定　电感耦合等离子体发射光谱法。

本部分为第 2 部分。

本部分是对 GB/T 16477.2—1996《稀土硅铁合金及镁硅铁合金化学分析方法　钙、镁、锰量的测定》的修订。

本部分与 GB/T 16477.2—1996 相比，主要有如下变动：

——采用电感耦合等离子体光谱法代替原火焰原子吸收光谱法测定钙、镁、锰含量。锰的测定范围由 0.20%～4.00%调整为 0.50～4.00%；

——增加了精密度条款；

——增加了质量保证和控制条款。

本部分由全国稀土标准化技术委员会(SAC/TC 229)归口。

本部分由包头稀土研究院、中国有色金属工业标准计量质量研究所负责起草。

本部分由包头稀土研究院起草。

本部分由包钢钢联股份有限公司技术中心、中国兵器工业集团第五二研究所参加起草。

本部分主要起草人：金斯琴高娃、刘晓杰。

本部分参加起草人：刘钢耀、乔宇、田小亭、段东升。

本部分所代替标准的历次版本发布情况为：

——GB/T 16477.2—1996。

稀土硅铁合金及镁硅铁合金
化学分析方法
第2部分:钙、镁、锰量的测定
电感耦合等离子体发射光谱法

1 范围

GB/T 16477 的本部分规定了稀土硅铁合金及镁硅铁合金中钙、镁、锰量的测定方法。

本部分适用于稀土硅铁合金及镁硅铁合金中钙、镁、锰量的测定。测定范围:钙:0.50%~6.00%,镁:0.20%~11.00%,锰:0.50%~4.00% 。

2 原理

试料经硝酸和氢氟酸分解,高氯酸冒烟,在稀盐酸介质中,直接以氩等离子体光源激发,进行光谱测定。

3 试剂与材料

3.1 盐酸(ρ1.19 g/mL)。

3.2 盐酸(1+1)。

3.3 硝酸(ρ1.42 g/mL)。

3.4 硝酸(1+1)。

3.5 氢氟酸(ρ1.15 g/mL)。

3.6 高氯酸(ρ1.66 g/mL)。

3.7 钙标准贮存溶液:称取 0.139 9 g 预先在 850 ℃灼烧 0.5 h 并在干燥器中冷却至室温的氧化钙(纯度>99.99%),置于 150 mL 烧杯中,加少量水湿润,加入 10 mL 盐酸(3.2)溶解,冷却至室温,移入 100 mL 容量瓶中,用水稀释至刻度,混匀,此溶液 1 mL 含 1 mg 钙。

3.8 镁标准贮存溶液:称取 0.165 8 g 预先在 850 ℃灼烧 0.5 h 并在干燥器中冷却至室温的氧化镁(纯度>99.99%)于 150 mL 烧杯中,加少量水湿润,加入 10 mL 盐酸(3.2)溶解,冷却至室温,移入 100 mL 容量瓶中,用水稀释至刻度,混匀,此溶液 1 mL 含 1 mg 镁。

3.9 锰标准贮存溶液:称取 0.158 2 g 预先在 105 ℃烘 1 h 并在干燥器中冷却至室温的二氧化锰(纯度>99.99%)于 150 mL 烧杯中,加少量水湿润,加入 10 mL 盐酸(3.2),5 mL 硝酸(3.4)加热使之溶解完全后,冷却至室温,移入 100 mL 容量瓶中,用水稀释至刻度,混匀,此溶液 1 mL 含 1 mg 锰。

3.10 混合标准溶液:移取 5.00 mL 钙标准贮存溶液(3.7)、5.00 mL 镁标准贮存溶液(3.8)、5.00 mL 锰标准贮存溶液(3.9)于 100 mL 容量瓶中,加入 5 mL 盐酸(3.2),用水稀释到刻度,此溶液 1 mL 含 50 μg 钙、50 μg 镁、50 μg 锰。

3.11 氩气:(纯度>99.99%)。

4 仪器

4.1 电感耦合等离子体光谱仪，分辨率<0.006 nm(200 nm 处)。

4.2 光源:氩等离子体光源。

5 试料

合金制成粉状，过 0.125 mm 筛。

6 分析步骤

6.1 试料

称取 0.1 g 试样(5)，精确至 0.000 1 g。

6.2 测量次数

称取两份试料(6.1)进行平行测定，取其平均值。

6.3 空白试验

随同试料(6.1)做空白试验。

6.4 分析试液的配制

6.4.1 将试料(6.1)置于干燥的聚四氟乙烯烧杯中，加入 5 mL 硝酸(3.3)，缓慢滴加 2 mL 氢氟酸(3.5)分解，低温加热至分解完全，加入 5 mL 高氯酸(3.6)，加热冒烟至近干，加入 5 mL 盐酸(3.1)加热溶解盐类，冷却至室温，移至 200 mL 容量瓶中，用水稀释到刻度，混匀。

6.4.2 按表 1 准确分取试液(6.4.1)于 50 mL 容量瓶中，加入 2.5 mL 盐酸(3.2)用水稀释到刻度，混匀。

表 1

质量分数/%	分取体积/mL
0.20～0.60	全量测定
>0.60～3.00	10.00
>3.00～11.00	2.00

6.5 标样溶液的配制

移取 0 mL 、1.00 mL、2.00 mL、6.00 mL 混合标准溶液(3.10)于一组 100 mL 容量瓶中，加入 5 mL 盐酸(3.2)，用水稀释到刻度，混匀。标样溶液的浓度见表 2。

表 2

标样溶液系列	各元素质量浓度/(μg/mL)
1	0
2	0.50
3	1.00
4	3.00

6.6 测定

6.6.1 分析线波长见表 3。

表 3

测定元素	波长/nm
Ca	317.933、396.847
Mg	279.553、280.213
Mn	257.610、293.931

6.6.2 按仪器选定工作条件依次测定标样溶液(6.5)、空白试液(6.3)、分析试液(6.4.2),由计算机输出分析试液(6.4.2)中被测元素的质量浓度。

7 分析结果的计算与表述

按式(1)计算钙、镁、锰的质量分数(%):

$$w(X)\% = \frac{(\rho_2 - \rho_1)VV_2 \times 10^{-6}}{mV_1} \times 100 \qquad \cdots\cdots(1)$$

式中:

ρ_2——计算机输出的分析试液中被测元素的质量浓度,单位为微克每毫升(μg/mL);

ρ_1——计算机输出的空白溶液中被测元素的质量浓度,单位为微克每毫升(μg/mL);

V—— 试液总体积,单位为毫升(mL);

V_2——分析试液体积,单位为毫升(mL);

m—— 试料的质量,单位为克(g);

V_1——分取试液体积,单位为毫升(mL)。

8 精密度

8.1 重复性

在重复性条件下获得的两次独立测试结果的测定值,在以下给出的平均值范围内,这两个测试结果的绝对差值不超过重复性限(r),超过重复性限(r)的情况不超过5%,重复性限(r)按表4数据采用线性内插法求得；超过表 4 中含量的测定值，其重复性限(r)用外推法计算求得。

表 4

测定元素	质量分数/%	重复性限(r)/%
Ca	0.53	0.07
	1.45	0.08
	1.80	0.13
	3.05	0.13
Mg	0.20	0.03
	8.43	0.26
	9.87	0.31
Mn	0.30	0.02
	0.66	0.06
	4.87	0.15
注：重复性限(r)为 $2.8\times S_r$，S_r 为重复性标准差。		

8.2 允许差

实验室之间分析结果的差值应不大于表 5 所列允许差。

表 5

元素	含量/%	允许差/%
Ca	0.50～1.00	0.08
	>1.00～2.50	0.15
	>2.50～4.50	0.20
	>4.50～6.00	0.25
Mg	0.20～0.50	0.03
	>0.50～1.00	0.08
	>1.00～5.00	0.15
	>5.00～8.00	0.25
	>8.00～11.00	0.35
Mn	0.50～1.00	0.08
	>1.00～2.50	0.15
	>2.50～4.00	0.25

9 质量保证和控制

每周用自制的控制标样(如有国家级或行业级标样时,应首先使用)校核一次本标准分析方法的有效性。当过程失控时,应找出原因,纠正错误,重新进行校核。

ICS 77.120.99
H 14

中华人民共和国国家标准

GB/T 16477.3—2010
代替 GB/T 16477.3—1996

稀土硅铁合金及镁硅铁合金化学分析方法 第3部分:氧化镁量的测定 电感耦合等离子体发射光谱法

Chemical analysis methods of rare earth ferrosilicon alloy and rare earth ferrosilicon magnesium alloy—Part 3:Determination of magnesia content—Inductively coupled plasma atomic emission spectrometry

2011-01-14 发布　　2011-11-01 实施

中华人民共和国国家质量监督检验检疫总局
中国国家标准化管理委员会　发布

前　言

GB/T 16477《稀土硅铁合金及镁硅铁合金化学分析方法》共分5个部分：

——第1部分：稀土总量的测定；

——第2部分：钙、镁、锰量的测定　电感耦合等离子体发射光谱法；

——第3部分：氧化镁量的测定　电感耦合等离子体发射光谱法；

——第4部分：硅量的测定；

——第5部分：钛量的测定　电感耦合等离子体发射光谱法。

本部分为第3部分。

本部分是对GB/T 16477.3—1996《稀土硅铁合金及镁硅铁合金化学分析方法　氧化镁量的测定》的修订。

本部分与GB/T 16477.3—1996相比，主要有如下变动：

——采用电感耦合等离子体光谱法代替火焰原子吸收光谱法测定氧化镁量；

——增加了精密度条款；

——增加了质量保证和控制条款。

本部分全国稀土标准化技术委员会(SAC/TC 229)归口。

本部分由包头稀土研究院、中国有色金属工业标准计量质量研究所负责起草。

本部分由包头稀土研究院起草。

本部分由中国兵器工业集团第五二研究所、包头出入境检验检疫局参加起草。

本部分主要起草人：刘晓杰、金斯琴高娃、崔爱端。

本部分参加起草人：田甜、董海成、田小亭、段东升、王玥、旭仁花。

本部分所代替标准的历次版本发布情况为：

——GB/T 16477.3—1996。

稀土硅铁合金及镁硅铁合金 化学分析方法 第3部分:氧化镁量的测定 电感耦合等离子体发射光谱法

1 范围

GB/T 16477的本部分规定了稀土硅铁合金、稀上镁硅铁合金中氧化镁量的测定方法。

本部分适用于稀土硅铁合金、稀土镁硅铁合金中氧化镁量的测定。测定范围:0.30%～3.00%。

2 方法原理

试料用重铬酸钾溶液浸取分离,在稀盐酸介质中,采用电感耦合等离子体发射光谱法,在波长280.270 nm处,测定氧化镁的含量。

3 试剂与材料

3.1 盐酸(1+1)。

3.2 重铬酸钾溶液(40 g/L):称取40 g重铬酸钾,置于250 mL烧杯中,用水溶解后移入1 000 mL容量瓶中,用稀释至刻度,混匀。

3.3 氧化镁标准贮存溶液:称取0.250 0 g预先在850 ℃灼烧至恒重并在干燥器中冷却至室温的氧化镁(纯度>99.99%),置于150 mL烧杯中,加10 mL盐酸(3.1)加热溶解,冷却至室温,移入250 mL容量瓶中,以水稀释至刻度,混匀。此溶液1 mL含1 mg氧化镁。

3.4 氧化镁标准溶液:移取5.00 mL氧化镁标准贮存溶液(3.3)于100 mL容量瓶中,加2 mL盐酸(3.1),以水稀释至刻度,混匀,此溶液1 mL含50 μg氧化镁。

4 仪器

4.1 全谱直读等离子体发射光谱仪,分辨率<0.006 nm(200 nm处)。

4.2 光源:氩等离子体光源,使用功率不小于1.0 kW。

4.3 振荡器。

5 试样

合金样品制成粉末,过0.125 mm筛。

6 分析步骤

6.1 试料

称取0.2 g试样(5),精确至0.000 1 g。

6.2 测量次数

称取两份试料(6.1)进行平行测定,取其平均值。

6.3 空白试验

随同试料(6.1)做空白试验。

6.4 分析试液的制备

6.4.1 将试料(6.1)置于150 mL锥形瓶中,加入25 mL重铬酸钾溶液(3.2),用胶皮塞塞紧瓶口,置于振荡器(4.3)上振荡35 min,取下用中速滤纸过滤于250 mL容量瓶中。用水冲洗锥形瓶3~4次,洗涤滤纸至无重铬酸钾溶液的黄色,弃去滤纸,以水稀释至刻度,混匀。

6.4.2 按表1将试液移入25 mL容量瓶中,加入5 mL盐酸(3.1),以水稀释至刻度,混匀。

表 1

氧化镁质量分数/%	移取试液体积/mL
≤1.00	5.00
>1.00	2.00

6.5 标准系列溶液的制备

移取0.50 mL、1.00 mL、2.00 mL氧化镁标准溶液(3.4)于一系列50 mL容量瓶中,加入5 mL盐酸(3.1),以水稀释至刻度,混匀,此标准系列溶液质量浓度分别为0.50 μg/mL、1.00 μg/mL、2.00 μg/mL。

6.6 测定

6.6.1 分析线波长

分析线波长见表2。

表 2

测定元素	镁
波长/nm	280.270,285.213

6.6.2 依次测定标准系列溶液(6.5),空白溶液(6.3),试液(6.4.2),由计算机输出分析试液(6.4.2)的质量浓度。

7 分析结果的计算与表述

按式(1)计算氧化镁的质量分数(%):

$$w(\mathrm{MgO})=\frac{(\rho_2-\rho_1)V_0V_2\times10^{-6}}{mV_1}\times100 \qquad\cdots\cdots(1)$$

式中:

ρ_2 ——自工作曲线上查得试料溶液中氧化镁的质量浓度,单位为微克每毫升(μg/mL);

ρ_1 ——自工作曲线上查得空白溶液中氧化镁的质量浓度，单位为微克每毫升(μg/mL)；
V_0——试液总体积，单位为毫升(mL)；
V_2——被测试液体积，单位为毫升(mL)；
m ——试料的质量，单位为克(g)；
V_1——试液分取体积，单位为毫升(mL)。

8 精密度

8.1 重复性

在重复性条件下获得的两次独立测试结果的测定值，在以下给出的平均值的范围内，这两个测试结果的绝对差值不超过重复性限(r)，超过重复性限(r)的情况不超过5%，重复性限(r)按表3数据采用线性内插法求得：

表 3

氧化镁质量分数/%	重复性限(r)/%
0.88	0.06
1.18	0.15
1.99	0.18
注：重复性限(r)为 2.8×S_r，S_r 为重复性标准差。	

8.2 允许差

实验室间分析结果的差值应不大于表4所列允许差。

表 4

氧化镁质量分数/%	允许差
0.30～0.60	0.15
>0.60～1.00	0.20
>1.00～2.00	0.25
>2.00～3.00	0.30

9 质量保证和控制

每周用自制的控制标样(如有国家级或行业级标样时，应首先使用)校核一次本标准分析方法的有效性，当过程失控时，应找出原因，纠正错误，重新进行校核。

ICS 77.120.99
H 14

中华人民共和国国家标准

GB/T 16477.4—2010
代替 GB/T 16477.4—1996

稀土硅铁合金及镁硅铁合金 化学分析方法 第4部分:硅量的测定

Chemical analysis methods of rare earth ferrosilicon alloy and rare earth ferrosilicon magnesium alloy—Part 4:Determination of silicon content

2011-01-14 发布　　2011-11-01 实施

中华人民共和国国家质量监督检验检疫总局
中国国家标准化管理委员会　发布

前　言

GB/T 16477《稀土硅铁合金及镁硅铁合金化学分析方法》共分5个部分：

——第1部分：稀土总量的测定；

——第2部分：钙、镁、锰量的测定　电感耦合等离子体发射光谱法；

——第3部分：氧化镁量的测定　电感耦合等离子体发射光谱法；

——第4部分：硅量的测定；

——第5部分：钛量的测定　电感耦合等离子体发射光谱法。

本部分为第4部分。

本部分是对GB/T 16477.4—1996《稀土硅铁合金及镁硅铁合金化学分析方法　硅量的测定》的修订。

本部分与GB/T 16477.4—1996相比，主要有如下变动：

——方法1由两次高氯酸脱水调整为一次高氯酸脱水加分光光度法测定滤液残余硅量；

——方法2采用以碱中和游离酸代替抽滤洗去游离酸；

——方法2中的指示剂由溴麝香草酚蓝改为酚酞；

——方法2中对测定温度给出了明确的规定；

——测定范围由30.00%～50.00%调整为20.00%～50.00%；

——增加了精密度条款；

——增加了质量保证和控制条款。

本部分方法1为仲裁方法。

本部分由全国稀土标准化技术委员会(SAC/TC 229)归口。

本部分由包头稀土研究院、中国有色金属工业标准计量质量研究所负责起草。

本部分方法1由赣州有色冶金研究所起草。

本部分方法1由包头稀土研究院、中国兵器工业集团第五二研究所参加起草。

本部分方法1主要起草人：杨峰、潘建忠、刘柏禄。

本部分方法1参与起草人：李建亭、郝茜、田小亭、段东升。

本部分方法2由赣州有色冶金研究所起草。

本部分方法2由包头稀土研究院、中国兵器工业集团第五二研究所参加起草。

本部分方法2主要起草人：赖剑、钟道国、王林生。

本部分方法2参与起草人：王东杰、王素梅、王玥、田甜、董海成。

本部分所代替标准的历次版本发布情况为：

——GB/T 16477.4—1996。

稀土硅铁合金及镁硅铁合金
化学分析方法
第4部分:硅量的测定

方法1 重量法

1 范围

GB/T 16477的本部分方法1规定了稀土硅铁合金及镁硅铁合金中硅量的测定方法。

本部分方法1适用于稀土硅铁合金及镁硅铁合金中硅量的测定。测定范围:20.00%～50.00%。

2 原理

试样以氢氧化钠-过氧化钠熔融,使硅转化为硅酸盐,经高氯酸脱水,于高温下灼烧为二氧化硅,用氢氟酸除硅,重量法测定沉淀中硅的含量,用硅钼蓝分光光度法测定滤液中残留的硅含量,两者合量即为硅的最终含量。

3 试剂

3.1 氢氧化钠。

3.2 过氧化钠。

3.3 盐酸(ρ1.19 g/mL)。

3.4 高氯酸(ρ1.67 g/mL)。

3.5 氢氟酸(ρ1.15 g/mL)。

3.6 盐酸溶液(1+9)。

3.7 对硝基酚乙醇溶液(1g/L)。

3.8 氨水溶液(1+1)。

3.9 硫酸溶液(1+35)。

3.10 钼酸铵溶液(50 g/L)。

3.11 草酸-硫酸混合溶液:2 g草酸溶于100 mL硫酸(1+2)中。

3.12 抗坏血酸溶液(100 g/L,用时现配)。

3.13 硫氰酸钾溶液(100 g/L)。

3.14 硝酸银溶液(10 g/L)。

3.15 硅标准贮存溶液:准确称取0.107 1 g预先于950 ℃灼烧30 min并在干燥器中冷却至室温的二氧化硅[$w(SiO_2)\geqslant 99.9\%$]于铂坩埚中,加入6 g基准无水碳酸钠,于950 ℃～1 000 ℃马弗炉中熔融至缨红并保持5 min,取出稍冷。在300 mL聚乙烯烧杯中用热水浸取,用水洗净铂坩埚,冷却后移入于500 mL容量瓶中,用水稀释至刻度,混匀。立即转入塑料瓶中保存,此溶液1 mL含100 μg硅。

3.16 硅标准溶液:准确移取50.00 mL硅标准贮存溶液(3.15)于500 mL容量瓶中,以水稀释至刻度,混匀,立即转入塑料瓶中保存,此溶液1 mL含10 μg硅。

4 仪器

分光光度计。

5 试样

合金制成粉状,过 0.125 mm 筛。

6 分析步骤

6.1 试料

称取 0.20 g 试样(5),精确至 0.000 1 g。

6.2 测定次数

称取二份试料(6.1),进行平行测定,取其平均值。

6.3 空白试验

随同试料(6.1)做空白试验。

6.4 测定

6.4.1 将试料(6.1)置于预先盛有已在电炉上加热除去水分的 2 g 氢氧化钠(3.1)的 30 mL 镍坩埚中,再用 1.5 g 过氧化钠(3.2)覆盖试料,加盖后在电炉上加热除去水份,摇动坩埚使试样散开,取下稍冷,置于 750 ℃马弗炉中熔融至缨红并保持 5 min,取出稍冷。

6.4.2 坩埚外壁用水洗净后,在 300 mL 塑料烧杯中用 100 mL 热水浸出熔块,用水洗净坩埚及坩埚盖,在不断搅拌下加入盐酸(3.3)使溶液中和至酸性并过量 10 mL,将溶液转移至 400 mL 烧杯中,加入 30 mL 高氯酸(3.4),低温蒸发至干,取下冷却。

6.4.3 加入 10 mL 盐酸(3.3),用水吹洗杯壁及表面皿,于低温溶解盐类至清亮,取下,趁热用慢速定量滤纸过滤于 250 mL 容量瓶中,用擦棒擦净烧杯,用热盐酸(3.6)洗涤烧杯 2 遍,洗沉淀至无铁离子[用硫氰酸钾(3.13)检验],再用热水洗至无氯离子[用硝酸银(3.14)检验],滤液用水稀至刻度,混匀。

6.4.4 将滤纸取下置入已恒重的铂皿中,于低温灰化完全,在 950 ℃马弗炉中灼烧 40 min,取出,置于干燥器内冷却至室温,迅速称重。

6.4.5 将铂皿滴入少许水润湿,加入 5 mL 氢氟酸(3.5),于水浴上蒸至冒尽白烟,重复 4～5 遍。取下铂皿,置于 950 ℃马弗炉中灼烧 30 min,取出,置于干燥器内冷却至室温,迅速称重。

6.4.6 准确移取 5 mL 滤液(6.4.3)于 50 mL 容量瓶中,加入 1～2 滴对硝基酚乙醇溶液(3.7),用氨水溶液(3.8)中和至黄色,再用硫酸溶液(3.9)中和至黄色褪去并过量 4 mL,混匀,加入 5 mL 钼酸铵溶液(3.10),混匀,放置 10 min,加入 5 mL 草酸-硫酸混合溶液(3.11),混匀,加入 2.5 mL 抗坏血酸溶液(3.12),用水稀释至刻度,混匀。10 min 后以空白溶液(6.3)做参比,用 3 cm 比色皿,于分光光度计 650 nm 处测其吸光度,在工作曲线上查出相应硅的含量。

6.5 工作曲线的绘制

准确移取 0 mL、1.00 mL、2.00 mL、3.00 mL、4.00 mL、5.00mL 硅标准溶液(3.16)于一组 50mL

容量瓶中，以下按(6.4.6)步骤进行，将部分溶液移入 3cm 比色皿中，于 721 分光光度计波长 650nm 处测量其吸光度。以硅量为横坐标，吸光度为纵坐标绘制工作曲线。

7 分析结果的计算与表述

按式(1)计算硅的质量分数(%)：

$$w(\mathrm{Si})=\frac{[(m_1-m_2)-(m_3-m_4)]\times 0.4674}{m_0}\times 100+\frac{m_5\times V_0}{m_0\times V_1\times 10^6}\times 100 \quad \cdots\cdots\cdots(1)$$

式中：

m_1 ——测得不纯的二氧化硅和铂坩埚(6.4.4)的质量，单位为克(g)；

m_2 ——测得杂质和铂坩埚(6.4.5)的质量，单位为克(g)；

m_3 ——空白试验中测得不纯的二氧化硅和铂坩埚的质量，单位为克(g)；

m_4 ——空白试验中测得杂质和铂坩埚的质量，单位为克(g)；

0.467 4——二氧化硅换算为硅的系数；

m_5 ——从工作曲线上查得硅量，单位为微克(μg)；

V_0 ——试液总体积，单位为毫升(mL)；

m_0 ——试样量，单位为克(g)；

V_1 ——分取试液体积，单位为毫升(mL)。

8 精密度

8.1 重复性

在重复性条件下获得的两次独立测试结果的测定值，在以下给出的平均值范围内，这两个测试结果的绝对差值不超过重复性限(r)，超过重复性限(r)的情况不超过 5%，重复性限(r)按表 1 数据采用线性内插法求得。

表 1

质量分数/%	重复性限(r)/%
42.14	0.34
50.23	0.39
注：重复性限(r)为 $2.8\times S_r$，S_r 为重复性标准差。	

8.2 允许差

实验室之间分析结果的差值应不大于表 2 所列允许差。

表 2

质量分数/%	允许差/%
20.00～30.00	0.40
>30.00～50.00	0.60

9 质量保证和控制

每周用自制的控制标样(如有国家级或行业级标样时,应首先使用)校核一次本标准分析方法的有效性。当过程失控时,应找出原因,纠正错误,重新进行校核。

方法2 容量法

10 范围

本部分方法2规定了稀土硅铁合金及镁硅铁合金中硅量的测定方法。

本部分方法2适用于稀土硅铁合金及镁硅铁合金中硅量的测定。测定范围:20.00～50.00%。

11 方法原理

试样以硝酸、氢氟酸溶解,使硅转化为氟硅酸,加入饱和硝酸钾生成氟硅酸钾沉淀,加沸水使氟硅酸钾水解释放出氢氟酸,用氢氧化钠标准溶液滴定。

12 试剂

12.1 硝酸(ρ1.42 g/mL)。

12.2 氢氟酸(ρ1.15 g/mL)。

12.3 过氧化氢(30%)。

12.4 酒石酸-尿素混合液:称取20 g酒石酸溶于100 mL水中,加10 g尿素混匀。

12.5 硝酸钾饱和溶液:配制后放置饱和,或加热后放置至室温析出硝酸钾,以保证达到饱和。

12.6 硝酸钾-乙醇洗液(100 g/L):取硝酸钾溶液(100 g/L)与乙醇溶液(1+9)按1∶1混匀。

12.7 中性水:将蒸馏水或离子交换水煮沸15 min,以酚酞作指示剂,滴加氢氧化钠溶液中和至微红色。

12.8 酚酞指示剂(10 g/L)。

12.9 氢氧化钠标准贮存液:称取160 g氢氧化钠于耐热烧杯中,加80 mL煮沸过的二次水,快速搅拌冷至室温后稀至1 L,数日后待溶液澄清贮于塑料瓶中。此溶液浓度为4 mol/L。

12.10 氢氧化钠标准溶液[c(NaOH)≈0.2 mol/L]。

12.10.1 配制:移取50 mL氢氧化钠标准贮存液(12.9),以煮沸冷却后的二次水稀释至1 L,混匀,贮于塑料瓶中。此溶液浓度为0.2 mol/L,七日后进行标定。

12.10.2 标定:称取1.000 g于105 ℃～110 ℃烘至恒重的基准苯二甲酸氢钾,溶于80 mL无二氧化碳的水中,加入3～4滴酚酞指示剂(12.8),用氢氧化钠标准溶液(12.10)滴定至微红色,同时作空白试验。平行标定三份,所消耗氢氧化钠标准溶液(12.10)的体积极差不应大于0.10 mL,取其平均值。

按式(2)计算氢氧化钠标准溶液的实际浓度:

$$c(\mathrm{NaOH})=\frac{m}{(V_2-V_3)\times 204.2\times 10^{-3}} \qquad \cdots\cdots(2)$$

式中:

m ——苯二甲酸氢钾的质量,单位为克(g);

V_2 ——滴定消耗氢氧化钠溶液的体积,单位为毫升(mL);

V_3 ——空白消耗氢氧化钠溶液的体积，单位为毫升(mL)；

204.2 ——苯二甲酸氢钾的摩尔质量，单位为克每摩尔(g/mol)。

13 试样

合金制成粉状，过 0.125 mm 筛。

14 分析步骤

14.1 试料

称取 0.10 g 试样(13)，精确到 0.000 1 g。

14.2 测定次数

称取二份试料(14.1)，进行平行测定，取其平均值。

14.3 空白试验

随同试料(14.1)，做空白试验。

14.4 测定

14.4.1 将试料(14.1)置于 300 mL 塑料烧杯中，加入 10 mL 硝酸(12.1)，稍冷，缓慢滴加 5 mL 氢氟酸(12.2)，滴加 4～5 滴过氧化氢(12.3)，溶解试料，用少量水吹洗杯壁，加 3 mL 酒石酸-尿素混合液(12.4)，用塑料棒搅拌后，加少许纸浆，加 20 mL 硝酸钾饱和溶液(12.5)，搅拌 1 min，在 20 ℃左右静置 15 min，用塑料漏斗和中速定量滤纸过滤，用硝酸钾-乙醇洗液(12.6)洗烧杯和沉淀各 4 次。

14.4.2 将沉淀和滤纸置于原烧杯中，加 20 mL～30 mL 硝酸钾-乙醇洗液(12.6)，3～4 滴酚酞指示剂(12.8)，用氢氧化钠标准溶液(12.10)滴至溶液呈紫红色，用塑料棒搅碎滤纸。继续用氢氧化钠标准溶液(12.10)滴定至红色瞬间不变(不计读数)，加入 150 mL 不含二氧化碳的沸水，补加 5～6 滴酚酞指示剂(12.8)，用氢氧化钠标准溶液(12.10)滴定溶液至微红色为终点。

15 分析结果的计算

按式(3)计算硅的质量分数(%)：

$$w(\mathrm{Si})=\frac{c(\mathrm{NaOH})\times(V_5-V_4)\times 7.022}{m_6\times 10^3}\times 100 \quad \cdots\cdots(3)$$

式中：

$c(\mathrm{NaOH})$——氢氧化钠标准溶液的浓度，单位为摩尔每升(mol/L)；

V_5 ——滴定消耗氢氧化钠溶液的体积，单位为毫升(mL)；

V_4 ——空白消耗氢氧化钠溶液的体积，单位为毫升(mL)；

7.022 ——被测物质基本单元(Si/4)摩尔质量，单位为克每摩尔(g/mol)；

m_6 ——试样量，单位为克(g)。

16 精密度

16.1 重复性

在重复性条件下获得的两次独立测试结果的测定值，在以下给出的平均值范围内，这两个测试结果的绝对差值不超过重复性限(r)，超过重复性限(r)的情况不超过5%，重复性限(r)按表3数据采用线性内插法求得。

表3

质量分数/%	重复性限(r)/%
42.20	0.35
50.43	0.51
注：重复性限(r)为$2.8\times S_r$，S_r为重复性标准差。	

16.2 允许差

实验室之间分析结果的差值应不大于表4所列允许差。

表4

质量分数/%	允许差/%
20.00～30.00	0.40
>30.00～50.00	0.60

17 质量保证和控制

每周用自制的控制标样(如有国家级或行业级标样时，应首先使用)校核一次本标准分析方法的有效性。当过程失控时，应找出原因，纠正错误，重新进行校核。

ICS 77.120.99
H 14

中华人民共和国国家标准

GB/T 16477.5—2010
代替 GB/T 16477.5—1996

稀土硅铁合金及镁硅铁合金化学分析方法 第5部分:钛量的测定 电感耦合等离子体发射光谱法

Chemical analysis methods of rare earth ferrosilicon alloy and rare earth ferrosilicon magnesium alloy—Part 5: Determination of titanium content—Inductively coupled plasma atomic emission spectrometry

2011-01-14 发布 2011-11-01 实施

中华人民共和国国家质量监督检验检疫总局
中国国家标准化管理委员会 发布

前　　言

GB/T 16477《稀土硅铁合金及镁硅铁合金化学分析方法》共分5个部分：

——第1部分：稀土总量的测定；

——第2部分：钙、镁、锰量的测定　电感耦合等离子体发射光谱法；

——第3部分：氧化镁量的测定　电感耦合等离子体发射光谱法；

——第4部分：硅量的测定；

——第5部分：钛量的测定　电感耦合等离子体发射光谱法。

本部分为第5部分。

本部分是对GB/T 16477.5—1996《稀土硅铁合金及镁硅铁合金化学分析方法　钛量的测定》的修订。

本部分与GB/T 16477.5—1996相比，主要有如下变动：

——采用电感耦合等离子体光谱法代替原分光光度法测定钛的含量。测定范围由0.30%～3.00%调整为0.30%～5.00%；

——增加了精密度条款；

——增加了质量保证和控制条款。

本部分由全国稀土标准化技术委员会(SAC/TC 229)归口。

本部分由包头稀土研究院、中国有色金属工业标准计量质量研究所负责起草。

本部分由包头稀土研究院起草。

本部分由包钢钢联股份有限公司技术中心、中国兵器工业集团第五二研究所参加起草。

本部分主要起草人：李玉梅、崔爱端。

本部分参加起草人：乔宇、李锋、田小亭、段东升。

本部分所替代标准的历次版本发布情况为：

——GB/T 16477.5—1996。

稀土硅铁合金及镁硅铁合金
化学分析方法
第5部分：钛量的测定
电感耦合等离子体发射光谱法

1 范围

GB/T 16477的本部分规定了稀土硅铁合金及镁硅铁合金中钛量的测定方法。

本部分适用于稀土硅铁合金及镁硅铁合金中钛量的测定。测定范围：0.30%～5.00%。

2 原理

试料用硝酸、氢氟酸溶解，高氯酸冒烟驱氟，根据钛的发射光谱特征谱线采用电感耦合等离子体发射光谱法进行测定。

3 试剂与材料

3.1 盐酸（ρ1.19 g/mL）。

3.2 硫酸（ρ1.84 g/mL）。

3.3 硝酸（ρ1.42 g/mL）。

3.4 盐酸（1+1）。

3.5 硫酸（5+95）。

3.6 氢氟酸（ρ1.15 g/mL）。

3.7 高氯酸（ρ1.67g/mL）。

3.8 钛标准贮存溶液：称取0.166 9 g经850 ℃灼烧1 h并在干燥器中冷却至室温的二氧化钛（纯度＞99.99%）置于铂金坩埚中，加入3 g～4 g焦硫酸钾于650 ℃～700 ℃熔融至红色透明，取出稍冷，将其放入400 mL烧杯中，加入100 mL硫酸（3.5），低温加热浸取，用硫酸（3.5）洗出坩埚，溶液冷却至室温移入1 000 mL容量瓶中，用硫酸（3.5）稀释至刻度，混匀，此溶液1 mL含100 μg钛。

3.9 氩气：（纯度＞99.99%）。

4 仪器

4.1 电感耦合等离子体光谱仪，分辨率＜0.006 nm（200 nm处）。

4.2 光源：氩等离子体光源。

5 试样

合金制成粉状，过0.125 mm筛。

6 分析步骤

6.1 试料

称取0.1 g试样(5),精确至0.000 1 g。

6.2 测量次数

称取两份试料(6.1)进行平行测定,取其平均值。

6.3 空白试验

随同试料做空白试验。

6.4 分析试液的制备

6.4.1 将试料(6.1)置于干燥的聚四氟乙烯烧杯中,缓慢滴加5 mL硝酸(3.3)、2 mL氢氟酸(3.6),边加边摇,待试料溶解后加入3 mL高氯酸(3.7),加热至高氯酸浓烟冒尽,取下稍冷,加入约10 mL盐酸(3.4)加热溶解盐类,定容至200 mL容量瓶中。

6.4.2 钛含量0.30%~2.00%可以直接测定试液(6.4.1)。

6.4.3 钛含量>2.00%~5.00%时,分取10.00 mL试液(6.4.1)于100 mL容量瓶中,加入4 mL盐酸(3.4),稀释至刻度,混匀待测。

6.5 标准系列溶液的制备

移取0 mL、0.50 mL、2.50 mL、5.00 mL钛标准贮存溶液(3.8)分别于系列50 mL容量瓶中,加入2 mL盐酸(3.4),稀释至刻度,混匀。此标准系列溶液质量浓度分别为0 μg/mL、1.00 μg/mL、5.00 μg/mL、10.00 μg/mL。

6.6 测定

6.6.1 分析线见表1。

表 1

测定元素	钛
波长/nm	334.941、336.121

6.6.2 按仪器选定工作条件依次测定标准系列溶液(6.5)、空白溶液(6.3)、分析试液(6.4.2)或(6.4.3),由计算机输出空白溶液(6.3)、分析试液(6.4.2)或(6.4.3)中被测元素的质量浓度。

7 分析结果的计算与表述

按式(1)计算钛的质量分数(%):

$$w(\mathrm{Ti})=\frac{(\rho-\rho_0)\times V_0\times V_2\times 10^{-6}}{m\times V_1}\times 100 \quad \cdots\cdots(1)$$

式中:

ρ ——计算机输出的分析试液中钛的质量浓度,单位为微克每毫升(μg/mL);

ρ_0 ——计算机输出的空白溶液中钛的质量浓度，单位为微克每毫升(μg/mL)；

V_0——试液总体积，单位为毫升(mL)；

V_2——分析试液的体积，单位为毫升(mL)；

m ——试料的质量，单位为克(g)；

V_1——分取试液的体积，单位为毫升(mL)。

8 精密度

8.1 重复性

在重复性条件下获得的两次独立测试结果的测定值，在以下给出的平均值的范围内，这两个测试结果的绝对差值不超过重复性限(r)，超过重复性限(r)的情况不超过5%，重复性限(r)按表2数据采用线性内插法求得。

表 2

钛质量分数/%	重复性限(r)/%
0.32	0.04
1.25	0.08
3.50	0.25
注：重复性限(r)为 $2.8\times S_r$，S_r 为重复性标准差。	

8.2 允许差

实验室之间分析结果的差值应不大于表3所列允许差。

表 3

钛质量分数/%	允许差/%
0.30～0.50	0.05
>0.50～1.00	0.15
>1.00～3.00	0.20
>3.00～5.00	0.25

9 质量保证和控制

每周用自制的控制标样(如有国家级或行业级标样时，应首先使用)校核一次本标准分析方法的有效性。当过程失控时，应找出原因，纠正错误，重新进行校核。

ICS 81.060.20
Q 32

中华人民共和国国家标准

GB/T 16537—2010
代替 GB/T 16537—1996

陶瓷熔块釉化学分析方法

Chemical analysis methods of fritted glaze for ceramics

2010-09-02 发布　　　　2011-05-01 实施

中华人民共和国国家质量监督检验检疫总局
中国国家标准化管理委员会　发布

前　言

本标准代替 GB/T 16537—1996《陶瓷熔块釉化学分析方法》。

本标准与 GB/T 16537—1996 的主要差异如下：

——将标准的结构和格式进行了调整；

——扩展了分析方法的测定范围、修改了分析方法的允许误差(原标准表 2,现标准表 1)；

——增加了通则(见第 3 章)；

——修改完善了测定氧化铝、氧化锌 EDTA 容量法(原标准第 9 章,现标准第 11 章)；

——修改完善了测定氧化钙、氧化镁的 EDTA 容量法(原标准第 11 章、第 12 章,现标准第 13 章、14 章)；

——增加了过氧化氢分光光度测定二氧化钛分析方法(第 15.3 条)；

——增加了质量保证和控制(第 18 章)；

——增加了试验报告(第 19 章)；

——增加了附录 B(原标准第 15 章)。

本标准的附录 A 为规范性附录,附录 B 为资料性附录。

本标准由中国建筑材料联合会提出。

本标准由全国工业陶瓷标准化技术委员会(SAC/TC 194)归口。

本标准起草单位:国家陶瓷与耐火材料产品质量监督检验中心 、山东工业陶瓷研究设计院。

本标准主要起草人:李环亭、刘晓毅、孙晓红、范春红、陈志伟。

陶瓷熔块釉化学分析方法

1 范围

本标准规定了陶瓷熔块釉中灼烧减量及硅、铁、铝、钛、硼、钙、镁、锌、铅、锆、钾、钠等元素氧化物的分析方法。

本标准适用于陶瓷熔块釉和具有类似化学组成陶瓷釉的化学成分分析，其有效测定范围见表1。

2 规范性引用文件

下列文件中的条款通过本标准的引用而成为本标准的条款。凡是注日期的引用文件，其随后所有的修改单(不包括勘误的内容)或修订版均不适用于本标准，然而，鼓励根据本标准达成协议的各方研究是否可使用这些文件的最新版本。凡是不注日期的引用文件，其最新版本适用于本标准。

GB/T 601 化学试剂 标准滴定溶液的制备

GB/T 4984—2007 含锆耐火材料化学分析方法

GB/T 6900—2006 铝硅系耐火材料化学分析方法

GB/T 6901—2008 硅质耐火材料化学分析方法

GB/T 7728—1987 冶金产品化学分析 火焰原子吸收光谱法通则

GB/T 8170 数值修约规则与极限数值的表示和判断

GB/T 12805—1991 实验室玻璃仪器 滴定管

GB/T 12806—1991 实验室玻璃仪器 单标线容量瓶

GB/T 12808—1991 实验室玻璃仪器 单标线吸量管

GB/T 16399—1996 粘土化学分析方法

3 通则

3.1 一般规定

除非另有说明，在分析中仅使用认可为分析纯的试剂和蒸馏水或去离子水或相当纯度的水。

3.2 测定次数

在重复性条件下应测定2次。

3.3 空白试验

在重复性条件下应做空白试验。

3.4 结果表述

所得结果应按GB/T 8170修约，保留2位小数；当含量<0.10%时结果保留2位有效数字；如果委托方合同或有关标准另有要求时，按要求的位数修约。

3.5 分析结果的采用

当所得试样的2个有效分析值之差不大于表1所规定的允许差时，以其算术平均值作为最终分析结果；否则，应按附录A的规定进行追加分析和数据处理。

4 仪器和设备

4.1 分析天平(感量0.1 mg)。

4.2 铂坩埚或瓷坩埚(30 mL)。

4.3 铂皿(75 mL)。

4.4 自动控温干燥箱(300 ℃)。

4.5 高温炉:最高使用温度≥1 100 ℃,且能自动控温的箱式电炉。

4.6 分光光度计:波长范围约 380 nm～780 nm。

4.7 火焰光度计。

火焰光度计应达到下列指标:

——稳定性:同一测试溶液在 15 秒内连续进样,仪器读数漂移应不大于 2。

——重现性:同一测试溶液重复测定 7 次,测量值的相对偏差<1.5%。

4.8 吸量管:应符合 GB/T 12808—1991 A 类要求。

4.9 滴定管:应符合 GB/T 12805—1991 A 类要求。

4.10 容量瓶:应符合 GB/T 12806—1991 A 类要求。

4.11 原子吸收光谱仪:备有空气-乙炔燃烧器,锌、钙、铁、镁、铅、钾、钠空心阴极灯。空气和乙炔气体要足够纯净,以提供稳定清澈的贫燃火焰。其"精密度的最低要求"、"特征浓度"、"检出限"和"标准曲线的线性(弯曲程度)"应符合 GB/T 7728—1987 的要求。

4.12 银坩埚(30 mL)。

5 试样制备

5.1 将实验室样品全部破碎至 6.7 mm 以下,按四分法缩分至约 100 g。

5.2 当合同另有取样约定或由于产品形式的限制,无法取得≥100 g 的实验室样品时,可以按合同约定或双方协商。

5.3 将缩分后的样品粉碎至 0.5 mm 以下,继续缩分,并加工成粒度小于 0.09 mm 的试样。

5.4 试样分析前应在 105 ℃～110 ℃烘 2 h,置于干燥器中冷却至室温。

6 灼烧减量(LOI)的测定

6.1 原理

试料在 700 ℃±50 ℃灼烧至恒重,损失的质量百分数为灼烧减量。

6.2 试样量

称取 1 g～2 g 试料,精确至 0.1 mg。

6.3 测定

将试料置于已恒重的瓷坩埚中,置于高温炉内,从室温升至 700 ℃±50 ℃,灼烧 1 h,取出,冷却,置于干燥器中冷却至室温,称量。如此反复操作(每次灼烧 30 min)直至恒重。

6.4 分析结果的计算

灼烧减量用质量分数 $w(\mathrm{LOI})$ 计,数值以%表示,按式(1)计算:

$$w(\mathrm{LOI})=\frac{m_1-m_2}{m}\times 100 \qquad\cdots\cdots(1)$$

式中:

m_1——灼烧前试料和坩埚的总质量,单位为克(g);

m_2——灼烧后试料和坩埚的总质量,单位为克(g);

m——灼烧前试料质量,单位为克(g)。

7 试料溶液制备

7.1 试剂

7.1.1 氢氧化钠(固体)。

7.1.2 硝酸(1+1)。

7.1.3 盐酸(浓)。

7.1.4 盐酸(1+1)。

7.1.5 无水碳酸钠(固体)。

7.1.6 硼砂(固体)。

7.1.7 硫酸(1+1)。

7.1.8 氢氟酸(40%)。

7.1.9 混合熔剂(2+1):2 份无水碳酸钠与 1 份硼砂研细,混匀。

7.2 空白试验溶液

随同试料制备空白试验溶液,所用试剂取同一瓶试剂。

7.3 试料量

称取约 0.5 g 试样,精确至 0.1 mg。

7.4 试料溶液的制备

将试料置于银坩埚中加 8 g 氢氧化钠,盖上坩埚盖(应留有缝隙),放入高温炉内,从室温升至 500 ℃,保温 10 min,再继续升温至 700 ℃,保温 40 min(中间可摇动熔融物一次),取出冷却,将坩埚放入盛有 100 mL 热水的烧杯中,盖上表面皿,待熔块完全被浸出后,立即取出坩埚,快速加入 30 mL 浓盐酸,立即用玻璃棒搅拌并用水和盐酸(1+1)洗出坩埚和盖,加几滴硝酸(1+1),加热煮沸至澄清透明的溶液,冷却至室温,移入 250 mL 容量瓶中,用水稀释至刻度,摇匀。供测硅、硼之用。此为试液 A。

将试料置于铂皿中加入 3 mL 硫酸(1+1)和 7 mL 氢氟酸,于低温电炉上蒸干,再加 3 mL 硫酸(1+1),加热蒸干后,加 3 g 混合熔剂(2+1),于喷灯上熔融至透明,再继续熔融 10 min,取下冷却,将坩埚置于盛有 100 mL 沸水及 30 mL 浓盐酸的烧杯中,加热至熔融物全部溶解,用水洗出坩埚及盖,再加 1 mL 硝酸(1+1),加热至沸,冷却至室温,移入 250 mL 容量瓶中,用水稀释至刻度,混匀。供测铁、铝、钛、锆、锌、铅、钛、钙、镁之用。此为试液 B。

8 二氧化硅(SiO_2)的测定

8.1 二氧化硅(SiO_2)的测定(盐酸一次脱水滤液比色法)

按照 GB/T 16399—1996 中 7.2 进行。

8.2 二氧化硅(SiO_2)的测定(氟硅酸钾容量法)

按照 GB/T 16399—1996 中 7.3 进行。

9 三氧化二硼(B_2O_3)的测定

9.1 原理

试样碱熔后经酸中和,硼以硼酸的形式存在,pH=6.5~7.0 条件下在碳酸钡作用下与铁、铝、钙、镁、钛、铅、锌等元素分离,过滤后将溶液中和。加入甘露醇,使其由弱酸成为强酸后而进行酸碱滴定。

9.2 试剂

9.2.1 甲基红指示剂溶液(1 g/L):称取 0.1 g 甲基红溶于 100 mL 乙醇中。

9.2.2 氢氧化钠溶液(500 g/L)。

9.2.3 酚酞指示剂溶液(10 g/L):称取 1 g 酚酞溶于 100 mL 乙醇中,用 0.15 mol/L NaOH 中和微红。

9.2.4 碳酸钡(固体)。

9.2.5 硝酸钠溶液(20 g/L)。

9.2.6 甘露醇(固体)。

9.2.7 盐酸(1+1)。

9.2.8 盐酸(1+4)。

9.2.9 氢氧化钠标准滴定溶液：$c(NaOH)=0.15$ mol/L(见 GB/T 601)。

9.3 空白试验

随同试料制备空白试验溶液，所用试剂取同一瓶试剂。

9.4 测定

吸取 100.00 mL 试液 A 于 400 mL 烧杯中，加入 1 滴甲基红指示剂溶液(1 g/L)，再滴加氢氧化钠溶液(500 g/L)至红色消失并显黄色，再用盐酸(1+1)中和至刚好红色，并过量 2 滴。小心加入 6 g 碳酸钡，搅拌，滴加几滴酚酞指示剂溶液(10 g/L)，用 0.15 mol/L 氢氧化钠标准滴定溶液中和至红色。于低温电炉上微沸 15 min，用中速定性滤纸过滤，用热硝酸钠溶液(20 g/L)洗涤烧杯及沉淀 10 次，弃去沉淀，将滤液用盐酸(1+4)中和至由红色变为黄色再变为红色(第一个红色是酚酞显色 pH=7～8，黄色 pH=5～6，第二个红色是甲基红显色，pH=4)加一小片滤纸压于玻璃棒下，于低温电炉上微沸 15 min，迅速冷却，用 0.15 mol/L 氢氧化钠标准滴定溶液滴定至溶液刚出现黄色，加入 10 滴酚酞指示剂(10 g/L) 和 1 g 甘露醇，用 0.15 mol/L 氢氧化钠标准滴定溶液滴定至溶液刚出现微红色，如此反复，直到稳定红色即为终点。

9.5 分析结果的计算

三氧化二硼量用质量分数 $w(B_2O_3)$计，数值以%表示，按式(2)计算：

$$w(B_2O_3)=\frac{c\times[(V_1-V_0)/1\,000]\times M}{2\times m\times V_2/V}\times 100 \qquad (2)$$

式中：

M——三氧化二硼的摩尔质量的数值，单位为克每摩[尔](g/mol)(M=69.62)；

c——氢氧化钠标准滴定溶液浓度的准确数值，单位为摩[尔]每升(mol/L)；

V_0——滴定空白试液所消耗氢氧化钠标准滴定溶液的体积的数值，单位为毫升(mL)；

V——试液溶液总体积的数值，单位为毫升(mL)；

V_1——滴定试液所消耗氢氧化钠标准滴定溶液的体积的数值，单位为毫升(mL)；

V_2——分取试液的体积的数值，单位为毫升(mL)；

m——试料的质量的数值，单位为克(g)。

10 氧化锆(ZrO_2)的测定

10.1 氧化锆(ZrO_2)的测定(苦杏仁酸重量法)

按照 GB/T 4984—2007 中 10.1 进行。

10.2 氧化锆(ZrO_2)的测定(EDTA 容量法)

按照 GB/T 4984—2007 中 10.2 进行。

11 三氧化二铝(Al_2O_3)和氧化锌(ZnO)的测定

11.1 三氧化二铝(Al_2O_3)和氧化锌(ZnO)的测定(EDTA 容量法)

11.1.1 原理

用氢氧化钠分离后，铝、锌、铅因两性而存在于溶液，过滤除去干扰，一份溶液加氟化铵，另一份溶液不加氟化铵，以二甲酚橙作指示剂，EDTA 标准滴定溶液滴定，差减法求出氧化铝和氧化锌的含量。

11.1.2 试剂

11.1.2.1 混合熔剂：2 份无水碳酸钠与 1 份硼砂研细，混匀，贮于磨口瓶中。

11.1.2.2 对硝基苯酚(10 g/L)：称取 1 g 对硝基苯酚溶于 100 mL 乙醇中。

11.1.2.3 盐酸(1+1)。

11.1.2.4 氢氧化钠溶液：(500 g/L)。

11.1.2.5 六次甲基四胺缓冲溶液(200 g/L)：称取 20 g 六次甲基四胺溶于水中，加 4 mL 盐酸，用水稀释至 100 mL。

11.1.2.6 二甲酚橙指示剂：(2 g/L)。

11.1.2.7 酚酞指示剂(10 g/L)：称取 1 g 酚酞溶于 100 mL 乙醇中。

11.1.2.8 三氧化二铝标准溶液 [c_1(1/2 Al_2O_3)＝0.02 mol/L]：称取 0.539 6 g 金属铝(99.99%)(如金属铝表面有氧化膜时，则用盐酸(1＋1)溶解除去，然后用水洗净，再用乙醇依次洗过，风干后使用)于塑料烧杯中，加 50 mL 水和 20 mL 氢氧化钠溶液(500 g/L)，使其溶解(必要时在水浴锅上加热溶解)，冷却，移入盛有 90 mL 盐酸(1＋1)溶液的烧杯中，加热煮沸使溶液透明后，冷却，移入 1 000 mL 容量瓶中，用水稀释至刻度，摇匀。

11.1.2.9 EDTA 标准滴定溶液：c(EDTA)＝0.010 mol/L。

配制：称取 3.72 g EDTA 于烧杯中，加水搅拌至全部溶解(必要时可稍加热)，冷却，用水稀释到 1 000 mL，摇匀。

标定方法：吸取 3 份 20.00 mL 三氧化二铝标准溶液[c_1(1/2Al_2O_3)＝0.02 mol/L]，分别于 400 mL烧杯中，分别准确加入 0.010 mol/L EDTA 标准滴定溶液 40.00 mL，用水稀释至 200 mL，加 2 滴酚酞指示剂(10 g/L)，用氢氧化钠(500 g/L)中和至微红色，再用盐酸(1＋1)调至微红色消失，煮沸 3 min～5 min，冷却，加 10 mL 六次甲基四胺缓冲溶液(200 g/L)，加 2 滴二甲酚橙指示剂(2 g/L)，以 0.010 mol/L 乙酸锌标准滴定溶液滴定至红色即为终点。3 份氧化铝标准溶液所消耗 EDTA 标准滴定溶液体积的极差应不超过 0.10 mL，取其平均值，否则，应重新标定。

EDTA 标准滴定溶液的浓度 c(EDTA)以物质的量浓度表示，单位为摩[尔]每升(mol/L)，按式(3)计算：

$$c(\text{EDTA})=\frac{c_1\times V}{V_1-V_2\times K} \qquad \cdots\cdots(3)$$

式中：

c_1——氧化铝标准溶液浓度的准确数值，单位为摩[尔]每升(mol/L)；

V——吸取氧化铝标准溶液体积的数值，单位为毫升(mL)；

V_1——加入 EDTA 标准滴定溶液的体积的平均数值，单位为毫升(mL)；

V_2——回滴过量 EDTA 标准溶液所消耗乙酸锌标准滴定溶液的体积的平均数值，单位为毫升(mL)；

K——乙酸锌标准滴定溶液换算成 EDTA 标准滴定溶液的系数。

11.1.2.10 乙酸锌标准滴定溶液：c(EDTA)＝0.010 mol/L

配制：称取 2.2 g 乙酸锌溶于水中，用水稀释至 1 000 mL，混匀。用冰醋酸调至约 pH＝5.7。

EDTA 标准滴定溶液与乙酸锌标准滴定溶液的体积比：从滴定管缓慢放 10.00 mL EDTA 标准滴定溶液(0.010 mol/L)于 300 mL 烧杯中，用水稀释至 150 mL，加 10 mL 六次甲基四胺缓冲溶液(200 g/L)，加 3 滴二甲酚橙指示剂(2 g/L)，用 0.01 mol/L 乙酸锌标准滴定溶液滴定至由黄色变为红色。3 份 EDTA 标准溶液所消耗乙酸锌标准滴定溶液毫升数的极差应不超过 0.10 mL，取其平均值，否则，应重新标定。

按式(4)计算 EDTA 与乙酸锌的体积比：

$$K=\frac{10.00}{V} \qquad \cdots\cdots(4)$$

式中：

10.00——移取 EDTA 标准溶液的体积的数值，单位为毫升(mL)；

V——滴定所消耗乙酸锌标准滴定溶液的体积的数值，单位为毫升(mL)；

K——乙酸锌标准滴定溶液换算成 EDTA 标准滴定溶液的系数。

11.1.3 空白试验

随同试料制备空白试验溶液，所用试剂取同一瓶试剂。

11.1.4 测定

移取 50.00 mL 试液 B 于 250 mL 容量瓶中，用水稀释至约 150 mL，滴加 2 滴酚酞指示剂（10 g/L），在摇动下加氢氧化钠溶液（500 g/L）使试液恰呈红色后再过量 16 mL，在 60 ℃～70 ℃水浴锅上保温 30 min，取下，冷却至室温，用水稀释至刻度，混匀，放置 10 min，用中速滤纸干过滤。

移取 100.00 mL 滤液于 400 mL 烧杯中，加入足量 0.01 mol/L EDTA 标准滴定溶液（V），并过量 5 mL～10 mL，用盐酸（1+1）中和至试液红色消失，加热煮沸 5 min，取下，冷却至室温，用水冲洗烧杯壁及表面皿，加 15 mL 六次甲基四胺缓冲溶液（200 g/L）和 2 滴二甲酚橙指示剂（2 g/L），以 0.01 mol/L 乙酸锌标准溶液滴定至紫红色即为终点（V_1）。

移取 100.00 mL 滤液于 400 mL 烧杯中，用盐酸（1+1）中和至试液红色消失，加 0.5 g～1 g 氟化铵，加热煮沸 5 min，取下，冷却至室温，用水冲洗烧杯壁及表面皿，加 15 mL 六次甲基四胺缓冲溶液（200 g/L）及 2 滴二甲酚橙指示剂（2 g/L），以 0.01 mol/L EDTA 标准滴定溶液滴定至黄色即为终点（V_2）。

11.1.5 分析结果的计算

三氧化二铝量用质量分数 $w(Al_2O_3)$ 计，数值以%表示，按式（5）计算：

$$w(Al_2O_3)=\frac{c\times[(V-V_1\times K-V_2-V_0)/1\ 000]\times M}{2\times m\times V_3/V_4}\times 100 \qquad \cdots\cdots(5)$$

式中：

c——EDTA 标准滴定溶液浓度的准确数值，单位为摩[尔]每升（mol/L）；

M——三氧化二铝的摩尔质量的数值，单位为克每摩[尔]（g/mol）（M=101.961）；

V_0——滴定空白试液所消耗 EDTA 标准滴定溶液的体积的数值，单位为毫升（mL）；

V——加入 EDTA 标准滴定溶液的体积的数值，单位为毫升（mL）；

V_1——回滴过量 EDTA 标准滴定溶液所消耗乙酸锌标准滴定溶液的体积的数值，单位为毫升（mL）；

V_2——滴定氧化锌时所消耗 EDTA 标准滴定溶液的体积的数值，单位为毫升（mL）；

V_3——分取试液的体积的数值，单位为毫升（mL）；

V_4——试液溶液总体积的数值，单位为毫升（mL）；

K——乙酸锌标准滴定溶液换算成 EDTA 标准滴定溶液的系数；

m——试料的质量的数值，单位为克（g）。

氧化锌量用质量分数 $w(ZnO)$ 计，数值以%表示，按式（6）计算：

$$w(ZnO)=\frac{c\times[(V_2-V_0)/1\ 000]\times M}{m\times V_3/V_4}\times 100-w(PbO)\times 0.364\ 6 \qquad \cdots\cdots(6)$$

式中：

c——EDTA 标准滴定溶液浓度的准确数值，单位为摩[尔]每升（mol/L）；

M——氧化锌的摩尔质量的数值，单位为克每摩[尔]（g/mol）（M=81.39）；

V_0——滴定空白试液所消耗 EDTA 标准滴定溶液的体积的数值，单位为毫升（mL）；

V_2——滴定试液所消耗 EDTA 标准滴定溶液的体积的数值，单位为毫升（mL）；

V_3——分取试液的体积的数值，单位为毫升（mL）；

V_4——试液溶液总体积的数值，单位为毫升（mL）；

$w(PbO)$——氧化铅的质量分数%；

0.364 6——氧化铅对氧化锌的换算系数；

m——分取试料的质量的数值，单位为克（g）。

11.2 氧化锌（ZnO）的测定（原子吸收分光光度法）

参见附录 B。

12 氧化铅(PbO)的测定

12.1 氧化铅(PbO)的测定(EDTA 容量法)

12.1.1 原理

试样以氢氟酸-硫酸分解,除去二氧化硅,然后,在稀硫酸溶液中,预先使铅、钡呈硫酸盐沉淀而与其他元素分离。再用醋酸铵溶液处理沉淀,硫酸铅被溶解,用 EDTA 标准溶液滴定,测定氧化铅的含量。

12.1.2 试剂

12.1.2.1 硫酸(1+5)。

12.1.2.2 硫酸(2%)。

12.1.2.3 氢氟酸(40%)。

12.1.2.4 冰乙酸(浓)。

12.1.2.5 二甲酚橙指示剂(2 g/L)。

12.1.2.6 乳酸(1+2)。

12.1.2.7 硫酸铵(固体)。

12.1.2.8 乙酸-乙酸铵缓冲溶液:称取 20 g 乙酸铵加 100 mL 水溶解,加入 30 mL 冰乙酸(浓)摇匀。

12.1.2.9 EDTA 标准滴定溶液:c(EDTA)=0.010 mol/L(见 11.1.2.9)。

12.1.3 空白试验

随同试料制备空白试验溶液,所用试剂取同一瓶试剂。

12.1.4 试料量

称取约 0.2 g 试样,精确至 0.1 mg。

12.1.5 测定

将试料置于铂皿中,加入 1 mL 硫酸(1+5)和 7 mL 氢氟酸(40%),于低温电炉上蒸发至浓三氧化硫白烟冒尽,再继续加热 5 min,冷却,加 5 mL 乳酸(1+2),加 3 mL 硫酸(1+5),10 mL 水,加热溶解,移到 250 mL 烧杯中,以水稀释到 100 mL,加热煮沸 10 min,加 2 g 硫酸铵,继续煮沸 2 min,冷却,放置 4 小时后,过滤,用硫酸溶液(2%)洗涤沉淀 6 次,用水洗涤 3 次,沉淀移回原烧杯中,加 20 mL 乙酸-乙酸铵缓冲溶液,加 50 mL 水,加热煮沸 5 min,冷却,加入 2 滴二甲酚橙指示剂(2 g/L),用 0.010 mol/L EDTA 标准滴定溶液滴定至黄色为终点。

12.1.6 分析结果的计算

氧化铅量用质量分数 w(PbO)计,数值以%表示,按式(7)计算:

$$w(\mathrm{PbO})=\frac{c\times[(V_1-V_0)/1\,000]\times M}{m}\times 100 \qquad \cdots\cdots(7)$$

式中:

M——氧化铅的摩尔质量的数值,单位为克每摩[尔](g/mol)(M=223.2);

c——EDTA 标准滴定溶液浓度的准确数值,单位为摩[尔]每升(mol/L);

V_1——滴定试液所消耗 EDTA 标准滴定溶液的体积的数值,单位为毫升(mL);

V_0——滴定空白试液所消耗 EDTA 标准滴定溶液的体积的数值,单位为毫升(mL);

m——试料的质量的数值,单位为克(g)。

12.2 氧化铅(PbO)的测定(原子吸收分光光度法)

参见附录 B。

13 氧化钙(CaO)的测定

13.1 氧化钙(CaO)的测定(EDTA 容量法)

按照 GB/T 6900—2006 中 12.2 进行。

13.2 氧化钙(CaO)的测定(原子吸收分光光度法)

参见附录B。

14 氧化镁(MgO)的测定

14.1 氧化镁(MgO)的测定(EDTA容量法)

按照GB/T 6900—2006中12.2进行。

14.2 氧化镁(MgO)的测定(原子吸收分光光度法)

参见附录B。

15 二氧化钛(TiO_2)的测定

15.1 二氧化钛(TiO_2)的测定(三元络合物分光光度)

15.1.1 原理

利用三元络合物的显色反应,其色强度与钛的含量符合比尔定理,进行分光光度测定。

15.1.2 试剂

15.1.2.1 盐酸。

15.1.2.2 抗坏血酸溶液(10 g/L):用时现配。

15.1.2.3 二安替比林甲烷溶液(10 g/L):称10 g二安替比林甲烷溶于20 mL盐酸中,用水稀释至1 000 mL,摇匀。

15.1.2.4 变色酸溶液(3 g/L):称变色酸1.5 g,无水亚硫酸钠及碳酸钠各1.5 g溶于水中稀释至500 mL,贮于棕色瓶中,保留一周。

15.1.2.5 硫酸溶液(3+97)。

15.1.2.6 二氧化钛标准溶液(0.1 mg/mL)

准确称取在1 000 ℃灼烧至恒重的二氧化钛(99.99%)0.100 0 g于铂坩埚中,加10 g硫酸铵及20 mL硫酸(1+1),加热至溶解完全,冷却后移入1 000 mL容量瓶中,用水稀释至刻度,摇匀。

15.1.3 仪器

分光光度计。

15.1.4 空白试验

随同试料制备空白试验溶液,所用试剂取同一瓶试剂。

15.1.5 测定

移取20.00 mL试液B溶液于100 mL容量瓶中,加20 mL硫酸溶液(3+97),5 mL抗坏血酸溶液(10 g/L),放置1 min后,加7 mL二安替比林甲烷溶液(10 g/L),7 mL变色酸溶液(3 g/L),用水稀释至刻度,摇匀。放置10 min后,选波长510 nm及合适比色皿,以试剂空白为参比,测量其吸光度。

15.1.6 分析结果的计算

二氧化钛量用质量分数$w(TiO_2)$计,数值以%表示,按式(8)计算:

$$w(TiO_2)=\frac{c/1\,000}{m\times V_1/V}\times 100 \qquad \cdots\cdots(8)$$

式中:

c——从标准曲线查得的试液中二氧化钛的浓度的准确数值,单位为毫克(mg);

V_1——分取试液的体积的数值,单位为毫升(mL);

V——试液溶液总体积的数值,单位为毫升(mL);

m——试料的质量的数值,单位为克(g)。

15.1.7 绘制标准曲线

逐级吸取二氧化钛标准溶液(0.1 mg/mL)0.0 mL;1.0 mL;2.0 mL;4.0 mL;6.0 mL;8.0 mL分别于100 mL容量瓶中,步骤同15.1.5测量其吸光度,绘制标准曲线。

15.2 二氧化钛(TiO_2)的测定(二安替比林甲烷分光光度)

按照 GB/T 6900—2006 中 11.1 进行。

15.3 二氧化钛(TiO_2)的测定(过氧化氢分光光度)

按照 GB/T 6900—2006 中 11.2 进行。

16 三氧化二铁(Fe_2O_3)的测定

16.1 三氧化二铁(Fe_2O_3)的测定(邻菲罗啉分光光度法)

按照 GB/T 6901—2008 中第 10 章进行。

16.2 三氧化二铁(Fe_2O_3)的测定(原子吸收分光光度法)

参见附录 B。

17 氧化钾(K_2O)和氧化钠(Na_2O)的测定

17.1 氧化钾(K_2O)和氧化钠(Na_2O)的测定(火焰光度法)

按照 GB/T 16399—1996 中 13.2 进行。

17.2 氧化钾(K_2O)和氧化钠(Na_2O)的测定(原子吸收分光光度法)

参见附录 B。

18 质量保证和控制

18.1 已绘制的工作曲线应定期(不超过 3 个月)用标准物质校准一次。如果仪器维修或更换部件,应重新绘制工作曲线,并用同类型标准物质校准。当标准物质的分析值与标准值之差大于表 1 所规定允许差的 0.7 倍时,应重新绘制工作曲线。

18.2 一般情况下,标准滴定溶液的浓度应每 2 个月重新标定一次;如果温度变化超过 10 ℃时,应及时标定一次。重新标定后,应用标准物质进行验证,当标准物质的分析值与标准值之差不大于表 1 所规定允许差的 0.7 倍时,则标定结果有效,否则无效。

18.3 仲裁试验时,应随同试样分析同类型标准物质。当标准物质的分析值与标准值之差不大于表 1 所规定允许差的 0.7 倍时,则试样分析值有效,否则无效。

表 1 测定范围及分析值允许差

分析项目	含量范围(质量分数)/%	各元素允许误差/%
LOI	≤1.5	0.10
SiO_2	40~70	0.35
Al_2O_3	≤15	0.25
TiO_2	≤15	0.20
ZrO_2	≤10	0.20
B_2O_3	≤15	0.20
ZnO	≤15	0.20
CaO	≤5	0.05
	≤20	0.30
MgO	≤5	0.10
Fe_2O_3	≤0.5	0.05
PbO	≤5	0.15
K_2O、Na_2O	≤5	0.10
注:对于微量成分,当分析值的平均值小于允许差的 2 倍时,其允许差为该分析值的 1/2。		

19 试验报告

试验报告应至少包括以下内容：

——委托单位；

——试样名称；

——分析结果；

——使用标准(GB/T 16537—2010)；

——与规定的分析步骤的差异(如有必要)；

——在试验中观察到的异常现象(如有必要)；

——试验日期。

附　录　A
（规范性附录）
验收分析值程序

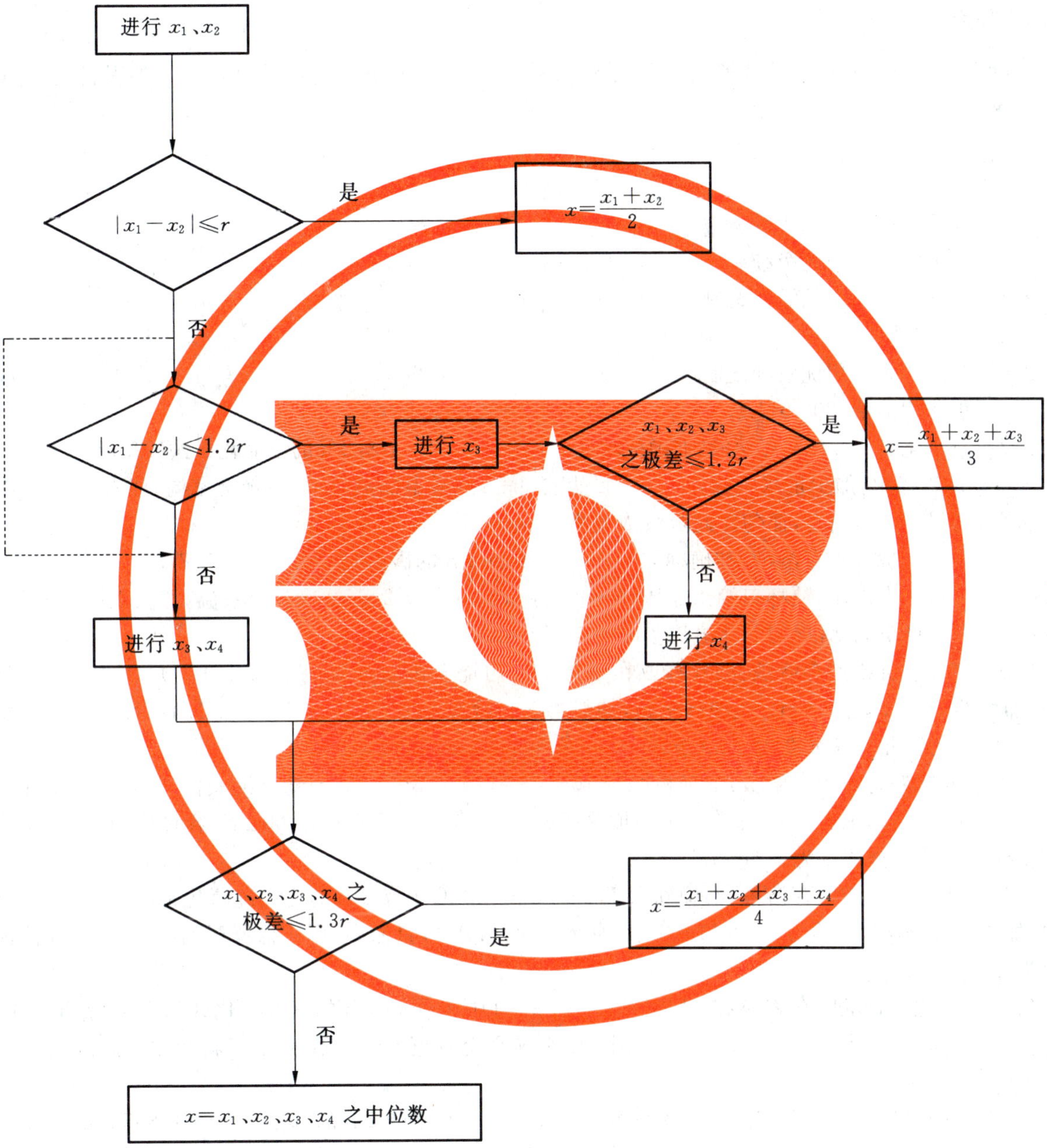

x_i——分析值；

r——允许值。

图 A.1　验收分析值程序

附 录 B
（资料性附录）
原子吸收分光光度法测定三氧化二铁、氧化钙、氧化镁、氧化锌、氧化铅、氧化钾、氧化钠

B.1 原理

试样经氢氟酸和高氯酸分解，制成盐酸性溶液，用原子吸收分光光度计测定元素的吸光度，计算元素的含量。

B.2 试剂

B.2.1 高氯酸(70%)优级纯。
B.2.2 氢氟酸(40%)优级纯。
B.2.3 盐酸(1+1)用优级纯配制。
B.2.4 盐酸(浓)。
B.2.5 氨水(1+1)用优级纯配制。
B.2.6 氯化锶溶液(200 g/L)。
B.2.7 三氧化二铁标准贮存溶液：准确称取在105 ℃～110 ℃干燥2 h的三氧化二铁(99.99%)1.000 0 g于300 mL烧杯中，加少量水润湿，加20 mL盐酸(1+1)，低温加热溶解，冷却至室温，移入1 000 mL容量瓶中，用水稀释至刻度，摇匀。此溶液浓度为1 mg/mL。
B.2.8 氧化钙标准贮存溶液：准确称取于150 ℃干燥2 h的碳酸钙(99.99%) 1.783 8 g于烧杯中，加50 mL水，盖上表面皿，从杯口滴入盐酸(1+1)溶解，加热煮沸2 min，冷却至室温，移入1 000 mL容量瓶中，用水稀释至刻度，摇匀。此溶液浓度为1 mg/mL。
B.2.9 氧化镁标准贮存溶液：准确称取在1 000 ℃灼烧至恒重的氧化镁(99.99%)1.000 0 g于烧杯中，加水约50 mL，加20 mL盐酸(1+1)，加热溶解。冷却至室温，移入1 000 mL容量瓶中，用水稀释至刻度，摇匀。此溶液浓度为1 mg/mL。
B.2.10 氧化锌标准贮存溶液：准确称取于105 ℃～110 ℃干燥2 h的光谱纯氧化锌1.000 0 g于烧杯中，加水约50 mL，加20 mL盐酸(1+1)加热溶解，冷却至室温，移入1 000 mL容量瓶中，用水稀释至刻度摇匀。此溶液浓度为1 mg/mL。
B.2.11 氧化铅标准贮存溶液：准确称取于105 ℃～110 ℃干燥2 h的光谱纯氧化铅1.000 0 g于烧杯中，加40 mL硝酸，加热溶解，冷却至室温，移入1 000 mL容量瓶中，用水稀释至刻度，摇匀。此溶液浓度为1 mg/mL。
B.2.12 氧化钾标准贮存溶液：准确称取在105 ℃～110 ℃干燥2 h的基准氯化钾1.583 0 g于100 mL烧杯中，用水溶解，移入1 000 mL容量瓶中，用水稀释至刻度，摇匀，保存于塑料瓶中。此溶液浓度为1 mg/mL。
B.2.13 氧化钠标准贮存溶液：准确称取在105 ℃～110 ℃干燥2 h的基准氯化钠1.885 9 g于100 mL烧杯中，用水溶解，移入1 000 mL容量瓶中，用水稀释至刻度，摇匀，保存于塑料瓶中。此溶液浓度为1 mg/mL。
B.2.14 三氧化二铁、氧化钙、氧化镁、氧化锌、氧化铅、氧化钾、氧化钠混合标准溶液：分别吸取上述标准贮存溶液(B.2.7～B.2.13)100 mL，移入1 000 mL容量瓶中，用水稀释至刻度，摇匀，保存于塑料瓶中。此溶液浓度为100 μg/mL。
B.2.15 各氧化物混合标准溶液系列：分别吸取上述混合标准溶液(B.2.14)0.0 mL；1.0 mL；2.0 mL；3.0 mL；4.0 mL……15.0 mL于一组100 mL容量瓶中，用水稀释，加5 mL氯化锶溶液(200 g/L)，加入4 mL盐酸，用水稀释至刻度，摇匀，保存于塑料瓶中。此溶液混合元素氧化物浓度为

0.0 μg/mL;1.0 μg/mL;2.0 μg/mL;3.0 μg/mL;4.0 μg/mL……15.0 μg/mL 的标准系列。

B.3 仪器

原子吸收分光光度计。

B.4 空白试验

随同试料制备空白试验溶液,所用试剂取同一瓶试剂。

B.5 试料量

称取 0.1 g~0.2 g 试样,精确至 0.1 mg。

B.6 试料溶液的制备

将试料置于铂皿中,加少量水润湿,加 0.5 mL 高氯酸(70%)及 10 mL 氢氟酸(40%),于低温电炉上加热分解至冒尽白烟,取下冷却,用少量水冲洗器壁,加 0.3 mL 高氯酸(70%),继续加热至冒尽白烟,取下,冷却,加入 4 mL 盐酸(浓),加 10 mL 水,加热至残渣溶解,取下,冷却至室温。移入 100 mL 容量瓶中,加 5 mL 氯化锶溶液(200 g/L),用水稀释至刻度,摇匀放置澄清,备用。根据元素含量不同分取一定倍数试液用于测定。

B.7 测定

根据仪器型号,将使用的原子吸收分光光度计调整到最佳工作状态,采用空气-乙炔火焰和表 B.1 所示波长,比较测定标准溶液系列、试料溶液中各元素的吸光度值。

表 B.1 仪器测定元素波长

测定元素	K	Na	Ca	Mg	Fe	Pb	Zn
波长/nm	766.5	589.0	422.7	285.2	248.3	283.3	213.9

B.8 分析结果的计算

各元素氧化物的量用质量分数 $w(\mathrm{M})$ 计,数值以%表示,按式(B.1)计算:

$$w(\mathrm{M})=\frac{(C_x-C_0)\times V\times 10^{-6}}{m\times V_1/V}\times 100 \qquad \cdots\cdots(\mathrm{B.1})$$

式中:

C_x——试液溶液中各氧化物的质量的数值,单位为微克每毫升(μg/mL);

C_0——空白溶液中各氧化物的质量的数值,单位为微克每毫升(μg/mL);

V_1——分取试液的体积的数值,单位为毫升(mL);

V——试液溶液总体积的数值,单位为毫升(mL);

m——试料的质量的数值,单位为克(g)。

ICS 73.100.40
D 93

中华人民共和国国家标准

GB 16541—2010
代替 GB 16541—1996

竖井罐笼提升信号系统　安全技术要求

Shaft cage hoisting signal system—Safety technical requirements

2010-12-01 发布　　　　2011-10-01 实施

中华人民共和国国家质量监督检验检疫总局
中国国家标准化管理委员会　发布

前　言

本标准的第3章为推荐性的，其余为强制性的。

本标准代替GB 16541—1996《竖井罐笼提升信号系统安全技术要求》。

本标准与GB 16541—1996相比，主要变化如下：

——明确了标准适用于金属非金属矿山、煤矿及煤系矿山的竖井罐笼提升信号系统；

——补充了有爆炸危险的场所，信号系统的设备及装置应符合防爆的相关要求。

本标准由中国机械工业联合会提出。

本标准由全国矿山机械标准化技术委员会(SAC/TC 88)归口。

本标准起草单位：中钢集团武汉安全环保研究院。

本标准主要起草人：李晓飞、张开业、谷庆红、王红汉、岑元刚、杨现利。

本标准所代替标准的历次版本发布情况为：

——GB 16541—1996。

竖井罐笼提升信号系统　安全技术要求

1　范围

本标准规定了竖井罐笼提升信号系统的有关术语和定义、安全技术要求与使用要求。

本标准适用于竖井罐笼提升信号系统的设计、安装、使用和维护。该系统主要用于金属非金属矿山、煤矿及煤系矿山的竖井罐笼提升。

2　规范性引用文件

下列文件中的条款通过本标准的引用而成为本标准的条款。凡是注日期的引用文件,其随后所有的修改单(不包括勘误的内容)或修订版均不适用于本标准,然而,鼓励根据本标准达成协议的各方研究是否可使用这些文件的最新版本。凡是不注日期的引用文件,其最新版本适用于本标准。

GB/T 1251.1　人类工效学　公共场所和工作区域的险情信号　险情听觉信号(GB/T 1251.1—2008,ISO 7731:2003,IDT)

GB 3836.4　爆炸性气体环境用电气设备　第4部分:本质安全型"i"(GB 3836.4—2000,eqv IEC 60079-11:1999)

GB/T 7679.3　矿山机械术语　第3部分:提升设备

GB/T 12173　矿用一般型电气设备

GB/T 14778　安全色光通用规则

GB 16423　金属非金属矿山安全规程

煤矿安全规程(国家煤矿安全监察局发布　2006年)

3　术语和定义

GB/T 7679.3 确立的以及下列术语和定义适用于本标准。

3.1

信号　signal

提升系统中,通过电气设备用声响、灯光、文字、数字显示等方式传递的约定信息。

3.2

中段(水平)指示信号　level directions signal

当次罐笼运行至中段(水平)的信号。

3.3

提升类别信号　hoisting classifications signal

指明提人或提物等不同种类的信号。

3.4

检修信号　examining and repairing signal

井筒、提升设备或装置检修时所使用的信号。

3.5

工作执行信号　operating signal

要求提升机司机进行开车、停车和对罐等操作的信号。

3.6

事故信号　fault signal

提升系统运行过程中发生故障或事故时，要求提升机司机停车或采取其他安全措施的信号。

3.7

备用信号　spare signal

供特殊情况下(如信号系统因各种原因不能按正常程序工作时)使用的信号。

4　安全技术要求

4.1　信号要求

4.1.1　罐笼提升系统的井底、井下各中段(水平)、井口和提升机房等，相互之间应有声光或数显信号相联通，并装设直通电话或传话筒。

4.1.2　信号系统应设有工作执行信号、中段(水平)指示信号、提升类别信号、检修信号和事故信号。

工作执行信号应为声光信号或数显信号，事故信号应为声光信号，一般指示信号可采用灯光信号或数显信号。

4.1.3　采用声响信号区别提升类别时，应符合下列规定：

——具备清晰可听性、可分辨性和含义明确性。

——声级、频率特性、声级瞬时分布、频率瞬时分布和收听检验等应符合 GB/T 1251.1 的有关规定。

——停车：一声。

——上行：提人时，二声；提物时，一长声，一短声。

——下行：提人时，二短声，一长声；提物时，二长声，一短声。

——声响持续时间按表 1 所示的声级瞬时图确定。

——不应采用"三脉冲"信号。

——检修、事故处理和备用信号由矿山企业自定，并经主管矿长审批。

——同一井筒中有两套提升装置时，各自的声响信号应具有明显不同的特征。

注："三脉冲"信号是人员紧急撤离信号，不能用作一般联系信号。

4.1.4　井下各中段(水平)开车信号，应由井口总信号台转发给提升机司机。开车信号应有灯光保留或数显保留。提人、提物及检修的灯光保留信号或数显保留信号应分别设置。

4.1.5　停车信号应为直发信号，即各信号发送点均可直接向提升机房发送停车信号。停车信号发出后，应消除开车灯光或数显保留信号。

4.1.6　中段(水平)指示信号应为灯光保留信号或数显信号。

4.1.7　信号系统应设有井筒检修或事故处理指示灯，在井筒检修或事故处理的整个过程中指示灯应保持显示。沿井壁应敷设供检修人员发送开车、停车信号的装置或井筒感应电话。检修井筒及处理事故时必须在各中段挂警示牌。

4.1.8　各信号发送点均可直接向提升机房发送事故信号。事故信号发出后，信号发送点及提升机房应有灯光保留。事故信号的消除应由提升机房进行。

4.1.9　各保留信号的保留时间应与工作执行时间一致。

4.1.10　灯光信号与数显信号的色光选择和使用方法应符合 GB/T 14778 的有关规定。

表 1　竖井提升信号声级瞬时图

运行状态	提升类别	
	提人	提物
上行	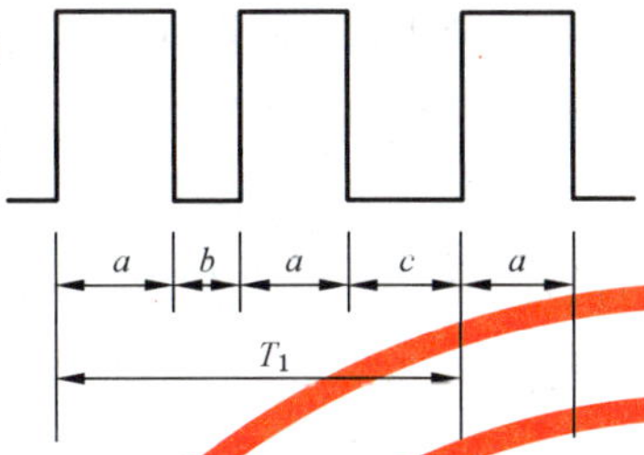	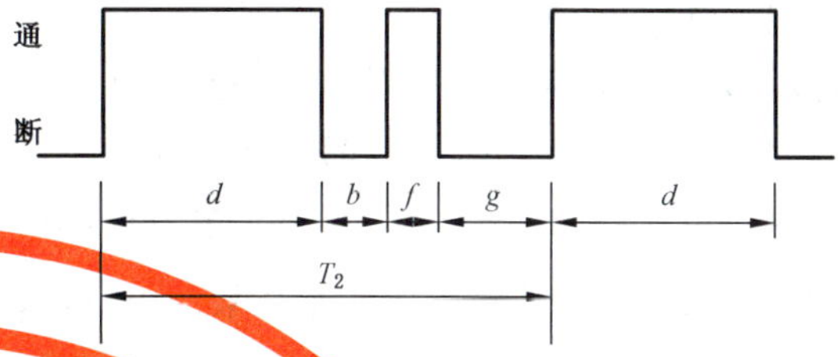
下行	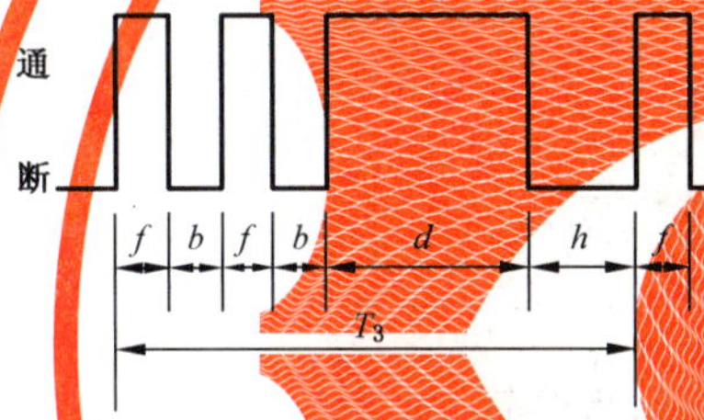	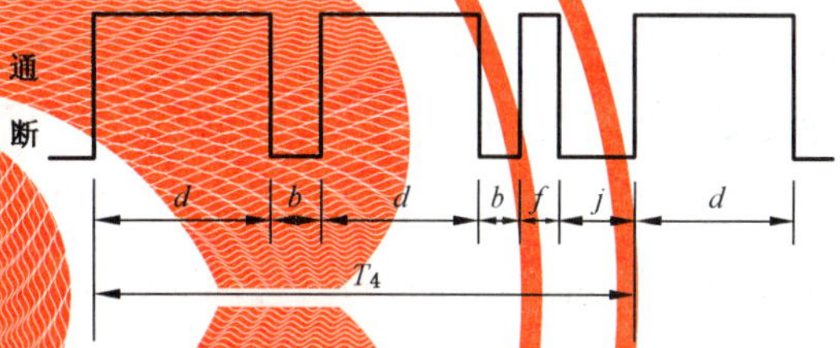
停车	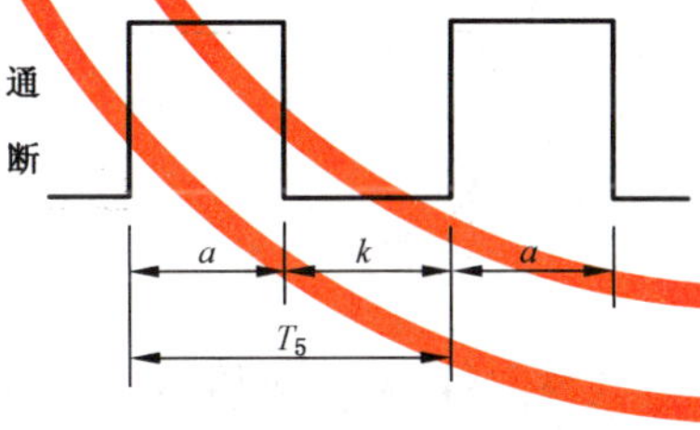	

注 1：a=2.0(1±10%)s 通；b=0.5(1±10%)s 断；c≥2.0(1±10%)s 断；d=4.0(1±10%)s 通；f=0.5(1±10%)s 通；g≥2.0(1±10%)s 断；h≥2.0(1±10%)s 断；j≥2.0(1±10%)s 断；k≥2.0(1±10%)s 断。

注 2：信号周期 T_1≥6.5(1±10%)s；T_2≥7.0(1±10%)s；T_3≥8.0(1±10%)s；T_4≥11.5(1±10%)s；T_5≥4.0(1±10%)s。

4.2 联锁要求

4.2.1 使用双层或多层罐笼提升人员且各层同时进出人员时，每一层均应在停罐点或出入平台处以有效的信号系统与井口总信号台联系并应闭锁，只有在井口信号工确认罐笼各层的所有人员出入完毕后方可发出开车信号。

4.2.2 信号装置与提升机的控制回路应闭锁，只有在井口总信号台发出开车信号后提升机才能启动。

4.2.3 各中段(水平)信号之间应闭锁，同一时间内只允许有一个中段(水平)向井口总信号台发出工作信号。只有当罐笼所在中段(水平)发出开车信号后，井口总信号台才能向提升机司机发出开车信号。

4.2.4 提人、提物及检修信号三者之间应闭锁。

4.2.5 下列情况下井下各中段(水平)可直接向提升机司机发出信号，但应在井口总信号台转换信号给提升机房后，提升机司机才能听从某一中段(水平)信号工指挥：

——提升矿石或废石；

——单个罐笼提升；

——井上、井下信号联锁的自动化提升系统。

4.2.6 井口和井下各中段(水平)安全门及摇台与提升信号应闭锁。只有在安全门关闭、摇台抬起后，才能发出开车信号。

4.2.7 罐笼提升设有罐座或托罐闸时，应设置罐座或托罐闸信号指示灯，且应设闭锁装置。只有在罐座或托罐闸打开后，才能发出开车信号。

4.3 信号设备及电缆要求

4.3.1 信号系统所用的材料和设备应符合有关国家标准和行业标准的规定。

4.3.2 信号系统除应设置常用信号装置外，还应设置备用信号装置。

4.3.3 信号系统电气设备的技术要求、试验方法和检验程序应符合 GB/T 12173 的有关规定。

4.3.4 井下信号系统应符合防潮、防腐和抗干扰要求。有爆炸危险的场所，信号系统的设备及装置应符合 GB 3836.4 的有关规定。

4.3.5 信号系统应设置专用电源变压器和电源指示灯，电源电压不宜超过 127 V。信号装置的直接供电线路上不应分接其他负荷。

4.3.6 井下直通电话线路，严禁利用大地作回路。

4.3.7 信号电缆应采用铠装电缆，并不应用作其他用途。

4.3.8 信号电缆的敷设应符合下列规定：

——敷设电缆的夹子、卡箍或其他夹持装置，应能承受电缆重量，且不应损坏电缆的外皮；

——电缆悬挂点的间距：井筒内不应超过 6 m，其他地点不应超过 1.5 m；

——信号电缆与电力电缆应分别挂在井巷的两侧。如果受条件限制，在井筒内应敷设在距电力电缆 0.3 m 以外的地方，在巷道内应敷设在电力电缆的上方 0.1 m 以上的地方。

4.3.9 井筒中的信号电缆不应有接头。如果因井筒太深需设接头时，应将接头设在中段(水平)巷道内，以便检修维护。

5 使用要求

5.1 竖井罐笼提升信号系统的使用应符合 GB 16423 和《煤矿安全规程》(2006 年版)的有关要求。

5.2 信号的发送或接收地点应张贴信号工操作规程、岗位责任制和交接班制度，明示信号的种类、用途和使用方法，并贯彻实施。

5.3 信号的传递和接收应由专职信号工负责。信号工应由经县级以上政府主管部门考核合格、取得安全操作证的人员担任。

5.4 各信号发送点，每班只能由一名信号工负责发送信号，并应采取措施防止信号工受环境噪声干扰。

5.5 信号系统发生故障时应使用备用信号装置，并及时向值班维修人员报告。备用信号装置应定期试验，确保可靠。

5.6 信号电缆的绝缘和外部检查，每季度至少应进行一次。发现问题应指派专人限期处理，并将检查处理结果记录存档。

ICS 73.100.40
D 93

中华人民共和国国家标准

GB 16542—2010
代替 GB 16542—1996

罐笼安全技术要求

Safety technical requirements for cage

2010-12-01 发布　　2011-10-01 实施

中华人民共和国国家质量监督检验检疫总局
中国国家标准化管理委员会　发布

前　言

本标准的第3章为推荐性的，其余为强制性的。

本标准代替GB 16542—1996《罐笼安全技术要求》。

本标准与GB 16542—1996相比，主要变化如下：

——明确了标准适用于金属非金属矿山、煤矿及煤系矿山的竖井提升用罐笼；

——删去了GB/T 7679.3—2005《矿山机械术语　第3部分：提升设备》中已有的术语；

——补充了对煤矿用罐笼材料的特殊要求；

——删去了原标准中的第5章“使用要求”；

——取消了“滚轮罐耳胶轮实际磨耗量”的检验，检验项目中补充了防坠器的检验；

——删去了原标准的附录A(提示的附录)。

本标准由中国机械工业联合会提出。

本标由全国矿山机械标准化技术委员会(SAC/TC 88)归口。

本标准起草单位：中钢集团武汉安全环保研究院。

本标准主要起草人：李晓飞、张开业、谷庆红、王红汉、岑元刚、杨现利。

本标准所代替标准的历次版本发布情况为：

——GB 16542—1996。

罐笼安全技术要求

1 范围

本标准规定了罐笼的相关术语和定义、安全技术要求、试验方法和检验规则。

本标准适用于金属非金属矿山、煤矿及煤系矿山的竖井提升罐笼的设计、制造和检验。

2 规范性引用文件

下列文件中的条款通过本标准的引用而成为本标准的条款。凡是注日期的引用文件,其随后所有的修改单(不包括勘误的内容)或修订版均不适用于本标准,然而,鼓励根据本标准达成协议的各方研究是否可使用这些文件的最新版本。凡是不注日期的引用文件,其最新版本适用于本标准。

GB/T 3323 金属熔化焊焊接接头射线照相(GB/T 3323—2005,EN 1435:1997,MOD)

GB/T 3632 钢结构用扭剪型高强度螺栓连接副

GB/T 7679.3 矿山机械术语 第3部分:提升设备

GB/T 11345 钢焊缝手工超声波探伤方法和探伤结果分级

GB 16423 金属非金属矿山安全规程

煤矿安全规程(国家煤矿安全监察局发布 2006年)

3 术语和定义

GB/T 7679.3确立的以及下列术语和定义适用于本标准。

3.1

罐体 cage main body

不含首绳悬挂装置、尾绳悬挂装置、导向装置与防坠器的罐笼本体部分。

3.2

导向装置 conveyance guide assemblies

滚轮罐耳、滑动导向套、滑动罐耳的统称。

3.3

滚轮罐耳 rolling guide shoes

罐笼沿刚性罐道正常运行的滚动导向件。

3.4

滑动导向套 sliding directive sleeve

罐笼沿柔性罐道正常运行的滑动导向件。

3.5

滑动罐耳 sliding guide shoes

在罐笼运行中起导向作用,在进出车水平起稳罐作用,过卷或过放时进入楔型罐道起安全作用的滑动导向件。

4 安全技术要求

4.1 一般要求

4.1.1 罐笼应符合本标准的要求,并按照经规定程序批准的图样和技术文件制造。

4.1.2 罐笼的使用应符合GB 16423和《煤矿安全规程》的有关要求。

4.1.3 罐笼的所有零件均应检验合格，外购件和外协件应有合格证明文件，方可进行装配。

4.1.4 每个罐笼均应在明显位置设置标牌。标牌内容应包括：罐笼型号、外形尺寸、额定载重量、自重、允许乘载人数、生产日期、制造厂名称和地址等。

4.1.5 罐笼顶部应设置可拆卸的安全篷（保护伞）和栏杆。

4.1.6 罐笼所用材料应符合有关国家标准和行业标准的要求，并具有供货单位的质量合格证明文件。允许以性能不低于标准规定的材料代替，主要零件的材料代用应征得设计单位的同意。用于煤矿的罐笼不得使用含镁铝合金等轻金属的材料制作。

4.1.7 材料代用后，厂家应向用户提供代用材料和原材料的型号、规格及因材料代用使罐笼增加或减少的重量，并测出罐笼实际重量，记入标牌。

4.1.8 悬挂装置和防坠器应由取得矿用产品安全标志证书的单位制造。

4.1.9 当井筒淋水量超过 5 m^3/h 时，罐体顶部应设弧形淋水棚。

4.1.10 除侧板、盘体盖板、安全篷和淋水棚外，应整料制作。

4.1.11 所有弯曲、锻造和冲压零件，不应有裂纹、断口和麻点等缺陷。

4.1.12 焊缝应平滑、整齐，不应出现烧穿、裂纹和弧坑等缺陷。

4.1.13 铆钉应牢固完整，不应有歪斜、裂纹与松动等缺陷。

4.1.14 零部件采用高强度螺栓连接时，其高强度螺栓应符合 GB/T 3632 的规定。

4.1.15 除高强度螺栓连接处构件的接触面外，零、部件组装前应进行防腐处理。铝合金罐笼的钢铝接合部位应进行防止电化学腐蚀的处理。

4.1.16 罐笼组装后，所有相对运动的零、部件动作应灵活、到位，无卡阻现象。

4.2 罐体要求

4.2.1 罐体制作及所用材料应符合下列要求：

——框架应采用经强度校核合格的钢材或铝合金制作。采用铝合金制作时，除满足强度要求外，受压杆件还应满足稳定性要求。

——罐体侧壁应采用厚度不小于 2.5 mm 的钢板或具有同等强度的铝合金板制作，罐体侧壁靠近罐道部分禁止使用带孔的板材。

——罐底应满铺厚度不小于 4 mm 的无孔花纹钢板或具有同等强度的无孔铝合金板，并应能承受正常或紧急落地时所产生的冲击力和应力。

——罐体各弦梁内的连接横梁应尽量布置在承受矿车轮压的部位，横梁的间距应根据弦梁上铺板的承载能力确定。

4.2.2 罐体内尺寸应符合下列要求：

——单层或多层罐笼最上层的净高（带弹簧的主拉杆除外）不应小于 1.9 m，其他各层净高不应小于 1.8 m。

——提升人员时，按允许乘载人数计算，每人所占底板面积不应小于 0.2 m^2。

——提升矿车时，矿车与罐体两侧的最小安全间隙：固定车厢不应小于 50 mm，翻转车厢不应小于 75 mm。矿车与罐体两端的最小安全间隙不应小于 100 mm。

4.2.3 罐体内两侧应设置供乘罐人员扶握的扶手。扶手与罐体的连接强度应根据其受力状况确定。扶手的设置高度应为 1 600 mm±50 mm。

4.2.4 罐笼门应符合下列要求：

——采用钢或铝合金（用于煤矿的罐笼除外）制作；

——门的形式应经设计和使用双方共同协商确定；

——门不应向外打开；

——应有锁闭装置，防止因受摇动或振动而自行打开；

——门的上部边缘离罐体底板不应小于 1 200 mm，下部边缘离罐体底板不应超过 250 mm，横竖杆各自的间距不应大于 200 mm。

4.2.5 载矿车的罐笼，罐体内应设置坚固可靠的阻车器。阻车器的阻爪在阻车时不应自行打开。采用橡胶压块式阻车器时，应具有足够的强度和刚度。采用带连杆装置的阻车器时，罐体底板应设置检查孔，检查孔应用厚度不小于 4 mm 的钢板封闭。

4.2.6 罐体顶部应设顶盖门，多层罐笼的中间隔板上应设人孔。顶盖门和人孔应用可打开的厚度不小于 4 mm 的钢板封闭。

4.2.7 载矿车的罐体底板应敷设轨道，且应敷设与轨道等长的护轨，严防罐内矿车掉道。轨道与摇台搭接部位应耐磨、耐冲击、易更换。

4.2.8 罐体采用焊接时，其主要受力连接点的焊缝强度不应低于母体材料。

4.2.9 罐体偏心力矩不应大于 200 N·m。

4.3 悬挂装置要求

4.3.1 主要零件，如连接叉、换向叉、销轴和内外侧板等应用探伤仪检查。检查的内容应符合 GB/T 11345 的规定，并填写探伤检查报告及做零件标记。

4.3.2 悬挂装置应以提升钢丝绳中心线为轴线对称平衡(楔形绳卡除外)。

4.3.3 采用楔形绳卡时，两夹铁之间的绳槽安装后所形成的楔角应与楔形绳环的绳槽夹角一致，其偏差不应大于 20′。夹铁、绳环与绳槽底间距尺寸偏差不应大于 1 mm。限位板在拉紧钢丝绳后应用高强度螺栓拧紧，以防止楔形绳环松脱。

4.3.4 首绳悬挂装置的安全系数应符合下列要求：

——在罐笼专作升降人员用或既作升降人员用又作升降物料用时，主连接件、保险链或其他类型的保险装置，安全系数不应小于 13；

——在罐笼专作升降物料时，主连接件、保险链或其他类型的保险装置，安全系数不应小于 10。

计算保险链的安全系数时，假定每条链子都平均地承受罐笼及其荷载，并应考虑链子的倾斜角度。

4.3.5 采用垫块式调绳方式时，首绳悬挂装置所需的千斤顶、快速接头、胶管、连通器和油泵等的使用压力不应小于 56 MPa；采用螺旋液压式调绳时，其使用压力不应小于 7.84 MPa。使用中不应有漏油现象。

4.3.6 安装好的保险链，不应有扭转或打结现象。单绳提升保险链的长度，应比其两端中心孔的直线距离大 6 mm～8 mm；多绳提升单点悬挂时，保险链的设置由设计人员确定。

4.3.7 尾绳悬挂装置应符合下列要求：

——所能连接的钢丝绳数量不应少于 2 根。

——在罐笼专作升降人员用或既作升降人员用又作升降物料用时，主连接件的安全系数不应小于 13；在罐笼专作升降物料用时，不应小于 10。

——圆尾绳悬挂装置的转动部分，装配时应注入足够的防水、抗压润滑脂，绳头连接套头应转动灵活。套筒内表面应光滑，以减少对尾绳的磨损。

——扁尾绳悬挂装置的对称绳环与扁钢丝绳的接触面应打磨平整，不应有粘砂、孔眼和裂纹等缺陷。

4.3.8 新安装或大修后的悬挂装置，使用前应进行外加载荷(静载)试验，合格后方可投入使用。

4.4 导向装置要求

4.4.1 导向装置与罐道的间隙应符合下列要求：

——木罐道，每侧不应超过 10 mm；

——钢丝绳罐道，滑动导向套内径应比罐道绳直径大 2 mm～5 mm；

——型钢罐道不采用滚轮罐耳时，滑动导向槽每侧间隙不应超过 5 mm；

——型钢罐道采用滚轮罐耳时，其滑动罐耳每侧间隙应保持 10 mm～15 mm。

4.4.2 滚轮罐耳应符合下列要求：

——滚轮材料应采用聚氨酯橡胶，允许用性能不低于聚氨酯橡胶的材料代用；

——轴承应充满润滑油脂；

——缓冲装置应采用碟形弹簧组，总缓冲行程不应超过表1规定的值；

——滚轮罐耳所承受的最大水平力，按罐笼总质量(罐笼加荷载)的1/24计算，应符合表1的规定。

表 1

基本参数	滚轮直径/mm				
	250	300	350	300(双排轮)	350(双排轮)
承受最大水平力/kN	12	16	24	20	28
缓冲行程/mm	13.00	13.16	12.65	13.11	12.40

4.5 防坠器要求

4.5.1 专作升降人员用的或既作升降人员用又作升降物料用的单绳提升罐笼，应装设可靠的防坠器。

4.5.2 防坠器在抓捕与制动过程中应保证人身安全。即在最小终端载荷(相当于罐内只乘一人)时，最大允许负加速度不应大于50 m/s^2，负加速度持续时间不应超过0.25 s；在最大终端载荷时的负加速度，钢丝绳制动防坠器不应小于10 m/s^2，木罐道防坠器不应小于5 m/s^2。

4.5.3 带弹簧的主拉杆应设保护套筒或其他限位装置。

4.5.4 主拉杆的安全系数不应低于13；其他零件按屈服极限计算，安全系数不应低于2；无屈服极限的材料，按极限强度计算，安全系数不应低于5。

4.5.5 防坠器的主要受力零件，不应用铸钢、铸铁、铸铜制造，锻制的主要零件应进行无损探伤检查。

4.5.6 防坠器动作空行程时间(从断绳瞬间到开始制动的时间)不应超过0.25 s。

4.5.7 两组抓捕机构制动时的动作时间差，用罐笼通过的距离来表示，不应超过0.5 m。

4.5.8 防坠器制动绳的安全系数，按动载荷计算不应小于3，按静载荷计算不应小于6。罐笼正常运行时，制动绳与抓捕机构中楔子之间的间隙应保持5 mm～8 mm。

4.5.9 缓冲绳的安全系数，按动载荷计算不应小于3，按静载荷计算不应小于6。缓冲绳的余留长度应为制动距离的2倍～3倍。缓冲绳的端部应用巴氏合金浇成锥体形，以防制动时缓冲绳从缓冲器里脱出。

4.5.10 防坠器应进行脱钩试验，确认动作可靠方可投入使用。

5 试验方法和检验规则

5.1 检验规则

5.1.1 每台罐笼应经制造厂质量检验部门检验合格，并附有证明产品质量合格的文件方可出厂。

5.1.2 罐笼的检验分出厂检验和现场检验。整体运输的罐笼，只进行出厂检验；解体运输的罐笼，应增加现场检验的内容。检验项目见表2。

表 2

序号	检验项目	检验种类	
		出厂检验	现场检验
1	罐笼主梁检验	√	—
2	铆接质量检验	√	—
3	焊缝质量检验	√	—
4	高强度螺栓连接质量检验	√	√
5	高强度螺栓连接处接触面摩擦系数试验	√	—

表 2（续）

序号	检验项目	检验种类	
		出厂检验	现场检验
6	几何尺寸检查	√	—
7	运动件检验	√	√
8	罐笼起吊平衡试验	√	√
9	代用材料检查	√	—
10	涂漆质量检查	√	√
11	挂罐调试	—	√
12	罐笼运转中高强度螺栓的检验	—	√
13	悬挂装置的外加载荷试验	√	—
14	防坠器检验	—	√
注：表中“√”的项目检验，“—”的项目不检验。			

5.2 试验方法

5.2.1 罐笼主梁（悬挂板）应进行无损探伤检查，并出具探伤报告。

5.2.2 铆接质量的检验方法：

——根据铆钉直径，选用 0.25 kg～0.4 kg 的小锤敲击检查；

——用样板检查铆钉头的尺寸；

——目测铆钉的外观质量，检查铆钉头是否有裂纹、残缺、扭曲和变形等缺陷；

——铆接后，零件间的密合程度用 0.1 mm 的塞尺检查。

不合格的铆钉应铲掉重铆，不允许用烤铆的方法进行二次铆合。更换有缺陷的铆钉数量不应超过本节点铆钉总数的 20%。

5.2.3 焊缝质量检验应遵守下列规定：

——焊缝外观检查应在涂漆前进行。

——目测或用 10 倍的放大镜检查是否有裂纹、夹渣、烧穿、飞溅残渣、焊瘤或未焊满、未焊透等缺陷。

——罐体主要受力连接点的焊缝质量应进行无损探伤。射线探伤不应低于 GB/T 3323 缺陷分级中的Ⅱ级，超声波探伤不应低于 GB/T 11345 缺陷等级分类中的Ⅰ级（检验等级为 B），并出具探伤报告。

5.2.4 有下列情况之一时，高强度螺栓应进行扭矩系数检验：

——没有规定扭矩系数范围；

——虽有规定扭矩系数，但使用时间已超过保证期；

——安装中觉察到扭矩系数不稳定。

检查时，取 5 个高强度螺栓，逐个安装在轴力测定装置上用扭矩扳手旋拧，当轴力测定装置上达到设计规定预紧力时读出扭矩值，并根据预紧力和扭矩值计算出扭矩系数。

测得的 5 个高强度螺栓的扭矩系数，如果稳定在 0.11～0.15 之间，其标准差小于 0.10 时，可采用常规的扭矩法施工。

测得的高强度螺栓的扭矩系数范围有变化时，可按测得的扭矩系数的平均值计算扭矩值，并以此作为扭矩法施工的依据。对不同批次、不同时间、不同放置条件下的螺栓，应分别检测其扭矩系数，确定扭矩值，再进行施工。

5.2.5 悬挂装置的外加载荷试验应在专用试验台上进行，试验载荷为设计破坏载荷的 0.2 倍，加载时间不应少于 20 min。试验中，钢丝绳连接处不应有窜动现象，所有受力件不应变形或损伤。试验结果和处理情况均应记录存档。

5.2.6 防坠器的检验，应遵守下列规定进行：

——检验前的准备　检验前应对井架、缓冲绳、罐道(制动绳)、悬挂装置、抓捕机构、驱动弹簧及制动绳拉紧装置等进行详细检查。

——检查性检验　检查抓捕机构动作情况：在驱动弹簧作用下拨杆应抬起滑楔并将制动绳卡住，测量滑楔垂直行程，不符合要求时应进行调整。这样的检查至少应重复 3 次。

——静负荷检验　抽出连接装置的固定销，此时驱动弹簧动作，使抓捕机构的滑楔接触罐道(制动绳)。将罐笼上提 600 mm～700 mm 停住，再下放罐笼，抓捕器在罐道(制动绳)上滑行一段距离后，制动绳被滑楔夹住。钢丝绳制动防坠器下滑距离不应超过 40 mm，木罐道防坠器下滑距离不应超过 200 mm。同样过程至少应重复 3 次，每次提升高度应大于前一次，以免在同一位置抓捕罐道(制动绳)。进行该项试验时，缓冲绳不应在缓冲器中拉动，如有拉动现象，应调整缓冲器的螺杆，直至无拉动为止。

——脱钩检验　脱钩检验应在静负荷检验合格后进行。检验时，在封闭井口钢梁上铺上枕木，枕木上放些软质材料，罐体内部四角用木柱支撑补强，连接装置与主拉杆之间连上脱钩器，最后将罐笼提升到井口封闭物上方 1 500 mm 处，打开脱钩器，待罐笼停稳后，测量抓捕机构沿罐道(制动绳)下滑距离(不包括制动绳的拉伸长度)。如果钢丝绳制动防坠器下滑距离超过 1 500 mm 或罐笼相对井架的降落高度超过 400 mm，木罐道防坠器下滑距离超过 400 mm，应调整后重新进行检验。脱钩检验应重复进行 3 次，一次用最小负荷(相当于罐笼内只乘一人)检验，一次用相当于满载人员的负荷检验，最后一次用最大负荷检验。

——检验结束后，应拉紧提升钢丝绳使抓捕机构恢复到正常运行状态，拉紧制动绳并检查拉紧装置，抓捕机构、缓冲器及制动绳应涂抹润滑脂。

ICS 39.060
D 59

GB

中华人民共和国国家标准

GB/T 16552—2010
代替 GB/T 16552—2003

珠宝玉石　名称

Gems—Nomenclature

2010-09-26 发布　　　　2011-02-01 实施

中华人民共和国国家质量监督检验检疫总局
中国国家标准化管理委员会　发布

前　言

本标准按 GB/T 1.1—2009 的编写规则起草。

本标准代替 GB/T 16552—2003。

本标准与 GB/T 16552—2003 相比，主要内容变化如下：

——调整了适用范围；

——增加了规范性引用文件；

——在合成宝石和人造宝石的定义中增加了“集合体”(见本标准 3.1.2.1 和 3.1.2.2)；

——修改了拼合宝石的定名规则(见本标准 4.1.2.3)；

——增加了“珠宝玉石饰品”的定义和定名规则(见本标准 3.5 和 4.5)；

——删除了原 3.13.2 常见优化处理方法；

——调整了优化处理的定名规则，增加了有关多种优化处理的定名规则(见本标准 4.4)；

——附录 A 中增加了品种名称；增加和删除了某些品种的亚种或商业名称；

——附录 A 中修改了某些品种的主要组成矿物；

——附录 B 中增加了某些品种的优化处理方法及类别；

——附录 B 中修改了珠宝玉石优化处理的效果。

本标准由全国珠宝玉石标准化技术委员会(SAC/TC 298)提出并归口。

本标准由国家珠宝玉石质量监督检验中心负责起草。

本标准主要起草人：张蓓莉、高岩、王曼君、沈美冬。

本标准所代替标准的历次版本发布情况：

——GB/T 16552—1996、GB/T 16552—2003。

珠宝玉石　名称

1　范围

本标准规定了珠宝玉石的术语和定义、定名规则和表示方法。

本标准适用于珠宝玉石鉴定、文物鉴定、商贸、海关、保险、典当、资产评估以及科研教学、文献出版等领域。

2　规范性引用文件

下列文件对于本文件的应用是必不可少的。凡是注日期的引用文件，仅注日期的版本适用于本文件。凡是不注日期的引用文件，其最新版本(包括所有的修改单)适用于本文件。

GB 11887　首饰　贵金属纯度的规定及命名方法

GB/T 16553　珠宝玉石　鉴定

QB/T 1689　贵金属饰品术语

QB/T 2997　贵金属覆盖层饰品

3　术语和定义

下列术语和定义适用于本文件。

3.1

珠宝玉石　gems

珠宝玉石是对天然珠宝玉石和人工珠宝玉石的统称，简称宝石。

3.1.1

天然珠宝玉石　natural gems

由自然界产出，具有美观、耐久、稀少性，具有工艺价值，可加工成饰品的物质，分为天然宝石、天然玉石和天然有机宝石。

3.1.1.1

天然宝石　natural gemstones

由自然界产出，具有美观、耐久、稀少性，可加工成饰品的矿物的单晶体(可含双晶)。

3.1.1.2

天然玉石　natural jades

由自然界产出的，具有美观、耐久、稀少性和工艺价值的矿物集合体，少数为非晶质体。

3.1.1.3

天然有机宝石　natural organic substances

由自然界生物生成，部分或全部由有机物质组成，可用于首饰及饰品的材料。

注1：养殖珍珠(简称“珍珠”)也归于此类。

3.1.2

人工宝石　artificial products

完全或部分由人工生产或制造用作首饰及饰品的材料(单纯的金属材料除外)，分为合成宝石、人造宝石、拼合宝石和再造宝石。

3.1.2.1

合成宝石 synthetic stones

完全或部分由人工制造且自然界有已知对应物的晶质体、非晶质体或集合体，其物理性质、化学成份和晶体结构与所对应的天然珠宝玉石基本相同。

3.1.2.2

人造宝石 artificial stones

由人工制造且自然界无已知对应物的晶质体、非晶质体或集合体。

3.1.2.3

拼合宝石 composite stones

由两块或两块以上材料经人工拼合而成，且给人以整体印象的珠宝玉石。

3.1.2.4

再造宝石 reconstructed stones

通过人工手段将天然珠宝玉石的碎块或碎屑熔接或压结成具整体外观的珠宝玉石。

3.2

仿宝石 imitation stones

用于模仿某一种天然珠宝玉石的颜色、特殊光学效应等外观特征的珠宝玉石或其他材料。“仿宝石”不代表珠宝玉石的具体类别。

3.3

特殊光学效应 optical phenomena

在可见光的照射下，珠宝玉石的结构、构造对光的折射、反射、衍射等作用所产生的特殊的光学现象。

3.3.1

猫眼效应 chatoyancy

在平行光线照射下，以弧面形切磨的某些珠宝玉石表面呈现的一条明亮光带，随珠宝玉石或光线的转动而移动的现象。

3.3.2

星光效应 asterism

在平行光线照射下，以弧面形切磨的某些珠宝玉石表面呈现出两条或两条以上交叉亮线的现象。常呈四射或六射星线，分别称为四射星光或六射星光。

3.3.3

变色效应 color changing

在不同的可见光光源照射下，珠宝玉石呈现明显颜色变化的现象。常用的光源为日光灯和白炽灯两种光源。

3.4

优化处理 enhancement

除切磨和抛光以外，用于改善珠宝玉石的颜色、净度、透明度、光泽或特殊光学效应等外观及耐久性或可用性的所有方法。分为优化和处理两类。

3.4.1

优化 enhancing

传统的、被人们广泛接受的、能使珠宝玉石潜在的美显现出来的优化处理方法。

3.4.2

处理 treating

非传统的、尚不被人们广泛接受的优化处理方法。

3.5

珠宝玉石饰品 gems ornaments

指以珠宝玉石为原料，经过切磨、雕琢、镶嵌等加工制作，用于装饰的产品。

4 定名规则和表示方法

4.1 珠宝玉石

珠宝玉石的定名应按附录 A 中的基本名称和本标准中规定的各类定名规则及附录 B 的要求进行确定。

a) 附录 A 中未列入的其他名称，使用时应加括号并在其前注明附录 A 中所列出的同种矿物（岩石）或材料的珠宝玉石名称。

b) 附录 A 中未列入的其他矿物（岩石）、材料名称可直接作为珠宝玉石名称。

c) “珠宝玉石”、“宝石”不能作为具体商品的名称。

4.1.1 天然珠宝玉石

4.1.1.1 天然宝石

直接使用天然宝石基本名称或其矿物名称，无需加“天然”二字。

a) 产地不参与定名，如：“南非钻石”、“缅甸蓝宝石”。

b) 禁止使用由两种或两种以上天然宝石组合名称定名某一种宝石，如：“红宝石尖晶石”、“变石蓝宝石”。“变石猫眼”除外。

c) 禁止使用含混不清的商业名称，如：“蓝晶”、“绿宝石”、“半宝石”。

4.1.1.2 天然玉石

直接使用天然玉石基本名称或其矿物（岩石）名称，在天然矿物或岩石名称后可附加“玉”字；无需加“天然”二字，“天然玻璃”除外。

a) 不用雕琢形状定名天然玉石。

b) 不能单独使用“玉”或“玉石”直接代替具体的天然玉石名称。

c) 附录 A 表 A.2 中列出的带有地名的天然玉石基本名称，不具有产地含义。

4.1.1.3 天然有机宝石

直接使用天然有机宝石基本名称，无需加“天然”二字，“天然珍珠”、“天然海水珍珠”、“天然淡水珍珠”除外。

a) “养殖珍珠”可简称为“珍珠”，“海水养殖珍珠”可简称为“海水珍珠”，“淡水养殖珍珠”可简称为“淡水珍珠”。

b) 产地不参与天然有机宝石定名，如：“波罗的海琥珀”。

4.1.2 人工宝石

4.1.2.1 合成宝石

必须在对应的天然珠宝玉石基本名称前加“合成”二字。

a) 禁止使用生产厂、制造商的名称直接定名，如：“查塔姆（Chatham）祖母绿”、“林德（Linde）祖母绿”。

b) 禁止使用易混淆或含混不清的名称定名，如：“鲁宾石”、“红刚玉”、“合成品”。

4.1.2.2 人造宝石

必须在材料名称前加“人造”二字，“玻璃”、“塑料”除外。

a) 禁止使用生产厂、制造商的名称直接定名。

b) 禁止使用易混淆或含混不清的名称定名，如：“奥地利钻石”。

c) 禁止用生产方法直接定名。

4.1.2.3 拼合宝石

必须在组成材料名称之后加“拼合石”三字或在其前加“拼合”二字。

a) 可逐层写出组成材料名称，如：“蓝宝石、合成蓝宝石拼合石”。

b) 可只写出主要材料名称，如：“蓝宝石拼合石”或“拼合蓝宝石”。

4.1.2.4 再造宝石

必须在所组成天然珠宝玉石基本名称前加“再造”二字。如：“再造琥珀”、“再造绿松石”。

4.2 仿宝石

4.2.1 仿宝石定名规则应为：

a) 在所仿的天然珠宝玉石基本名称前加“仿”字。

b) 应尽量确定具体珠宝玉石名称，且采用下列表示方式，如：“仿水晶(玻璃)”。

c) 确定具体珠宝玉石名称时应遵循本标准规定的所有定名规则。

d) “仿宝石”一词不应单独作为珠宝玉石名称。

4.2.2 使用“仿某种珠宝玉石”表示珠宝玉石名称时，意味着该珠宝玉石：

a) 不是所仿的珠宝玉石(如：“仿钻石”不是钻石)。

b) 所用的材料有多种可能性。(如：“仿钻石”可能是玻璃、合成立方氧化锆或水晶等)。

4.3 具特殊光学效应的珠宝玉石

4.3.1 猫眼效应

在珠宝玉石基本名称后加“猫眼”二字。只有“金绿宝石猫眼”可直接称为“猫眼”。

4.3.2 星光效应

在珠宝玉石基本名称前加“星光”二字。具有星光效应的合成宝石，在所对应天然珠宝玉石基本名称前加“合成星光”四字。

4.3.3 变色效应

在珠宝玉石基本名称前加“变色”二字。具有变色效应的合成宝石，在所对应天然珠宝玉石基本名称前加“合成变色”四字。“变石”、“变石猫眼”、“合成变石”除外。

4.3.4 其他特殊光学效应

除星光效应、猫眼效应和变色效应外，其他特殊光学效应不参与定名，可在相关质量文件中附注说明。

注1：砂金效应、晕彩效应、变彩效应等均属于其他特殊光学效应。

4.4 优化处理

4.4.1 优化

直接使用珠宝玉石名称，可在相关质量文件中附注说明具体优化方法。

4.4.2 处理

a) 在珠宝玉石基本名称处注明：
  ——名称前加具体处理方法，如：扩散蓝宝石，漂白、充填翡翠；
  ——名称后加括号注明处理方法，如：蓝宝石（扩散）、翡翠（漂白、充填）；
  ——名称后加括号注明“处理”二字，如：蓝宝石（处理）、翡翠（处理）；应尽量在相关质量文件中附注说明具体处理方法，如：扩散处理，漂白、充填处理。

b) 不能确定是否经过处理的珠宝玉石，在名称中可不予表示。但应在相关质量文件中附注说明“可能经××处理”或“未能确定是否经××处理”。

c) 经多种方法处理的珠宝玉石按 a 或 b 进行定名。也可在相关质量文件中附注说明“××经人工处理”，如：钻石（处理），附注说明“钻石颜色经人工处理”。

d) 经处理的人工宝石可直接使用人工宝石基本名称定名。

4.5 珠宝玉石饰品

珠宝玉石饰品按珠宝玉石名称＋饰品名称定名。珠宝玉石名称按本标准中各类相对应的定名规则进行定名；饰品名称依据 QB/T 1689 的规定进行定名。如：

——非镶嵌珠宝玉石饰品，可直接以珠宝玉石名称定名，或按照珠宝玉石名称＋饰品名称定名。如：“翡翠”，或“翡翠手镯”。

——由多种珠宝玉石组成的饰品，可以
  - 逐一命名各种材料；如：“碧玺、石榴石、水晶手链”；
  - 以其主要的珠宝玉石名称来定名，在其后加“等”字，但应在相关质量文件中附注说明其他珠宝玉石名称。

——贵金属镶嵌的珠宝玉石饰品，可按照贵金属名称＋珠宝玉石名称＋饰品名称进行定名。其中贵金属名称依据 GB 11887 的规定进行材料名称和纯度的定名。

——贵金属覆盖层材料镶嵌的珠宝玉石饰品，可按照贵金属覆盖层材料名称＋珠宝玉石名称＋饰品名称进行定名。其中贵金属覆盖层材料名称按照 QB/T 2997 的规定进行命名。

——其他金属材料镶嵌的珠宝玉石饰品，可按照金属材料名称＋珠宝玉石名称＋饰品名称进行定名。

附　录　A
（规范性附录）
珠宝玉石名称

表 A.1　天然宝石名称

天然宝石基本名称	英文名称	矿物名称
钻石	Diamond	金刚石
刚玉 　红宝石 　蓝宝石	Corundum Ruby Sapphire	刚玉
金绿宝石 　猫眼 　变石 　变石猫眼	Chrysoberyl Chrysoberyl cat's-eye Alexandrite Alexandrite cat's-eye	金绿宝石
绿柱石 　祖母绿 　海蓝宝石	Beryl Emerald Aquamarine	绿柱石
碧玺	Tourmaline	电气石
尖晶石	Spinel	尖晶石
锆石	Zircon	锆石
托帕石	Topaz	黄玉
橄榄石	Peridot	橄榄石
石榴石 　镁铝榴石 　铁铝榴石 　锰铝榴石 　钙铝榴石 　钙铁榴石 　翠榴石 　黑榴石 　钙铬榴石	Garnet Pyrope Almandite Spessartite Grossularite Andradite Demantoid Melanite Uvarovite	石榴石 镁铝榴石 铁铝榴石 锰铝榴石 钙铝榴石 钙铁榴石 翠榴石 黑榴石 钙铬榴石
水晶 　紫晶 　黄晶 　烟晶 　绿水晶 　芙蓉石 　发晶	Rock crystal Amethyst Citrine Smoky quartz Green quartz Rose quartz Rutilated quartz	石英

表 A.1 天然宝石名称（续）

天然宝石基本名称	英文名称	矿物名称
长石 　月光石 　天河石 　日光石 　拉长石	Feldspar Moonstone Amazonite Sunstone Labradorite	长石 正长石 微斜长石 奥长石 拉长石
方柱石	Scapolite	方柱石
柱晶石	Kornerupine	柱晶石
黝帘石 　坦桑石	Zoisite Tanzanite	黝帘石
绿帘石	Epidote	绿帘石
堇青石	Iolite	堇青石
榍石	Sphene	榍石
磷灰石	Apatite	磷灰石
辉石 　透辉石 　顽火辉石 　普通辉石 　锂辉石	Pyroxene Diopside Enstatite Augite Spodumene	辉石 透辉石 顽火辉石 普通辉石 锂辉石
红柱石 　空晶石	Andalusite Chiastolite	红柱石
矽线石	Sillimanite	矽线石
蓝晶石	Kyanite	蓝晶石
鱼眼石	Apophyllite	鱼眼石
天蓝石	Lazulite	天蓝石
符山石	Idocrase	符山石
硼铝镁石	Sinhalite	硼铝镁石
塔菲石	Taaffeite	塔菲石
蓝锥矿	Benitoite	蓝锥矿
重晶石	Barite	重晶石
天青石	Celestite	天青石
方解石 　冰洲石	Calcite Iceland spar	方解石
斧石	Axinite	斧石
锡石	Cassiterite	锡石

表 A.1 天然宝石名称(续)

天然宝石基本名称	英文名称	矿物名称
磷铝锂石	Amblygonite	磷铝锂石
透视石	Dioptase	透视石
蓝柱石	Euclase	蓝柱石
磷铝钠石	Brazilianite	磷铝钠石
赛黄晶	Danburite	赛黄晶
硅铍石	Phenakite	硅铍石

表 A.2 天然玉石名称

天然玉石基本名称	英文名称	主要组成矿物
翡翠	Jadeite,Feicui	硬玉、钠铬辉石、绿辉石
软玉	Nephrite	透闪石、阳起石
和田玉	Nephrite,Hetian Yu	
白玉	Nephrite	
青白玉	Nephrite	
青玉	Nephrite	
碧玉	Nephrite	
墨玉	Nephrite	
糖玉	Nephrite	
欧泊	Opal	蛋白石
白欧泊	White opal	
黑欧泊	Black opal	
火欧泊	Fire opal	
玉髓	Chalcedony	石英
玛瑙	Agate	
蓝玉髓	Chalcedony	
绿玉髓(澳玉)	Chalcedony	
黄玉髓(黄龙玉)	Chalcedony	
木变石	Tiger's-eye	石英
虎睛石	Tiger's-eye	
鹰眼石	Hawk's-eye	
石英岩	Quartzite	石英
东陵石	Aventurine quartz	
蛇纹石	Serpentine	蛇纹石
岫玉	Serpentine,Xiu Yu	
独山玉	Dushan Yu	斜长石-黝帘石
查罗石	Charoite	紫硅碱钙石

表 A.2 天然玉石名称(续)

天然玉石基本名称	英文名称	主要组成矿物
钠长石玉	Albite jade	钠长石
蔷薇辉石	Rhodonite	蔷薇辉石、石英
阳起石	Actinolite	阳起石
绿松石	Turquoise	绿松石
青金石	Lapis lazuli	青金石
孔雀石	Malachite	孔雀石
硅孔雀石	Chrysocolla	硅孔雀石
葡萄石	Prehnite	葡萄石
大理石 　汉白玉 　蓝田玉	Marble Marble Lantian Yu	方解石、白云石 蛇纹石化大理石
菱锌矿	Smithsonite	菱锌矿
菱锰矿	Rhodochrosite	菱锰矿
白云石	Dolomite	白云石
萤石	Fluorite	萤石
水钙铝榴石	Hydrogrossular	水钙铝榴石
滑石	Talc	滑石
硅硼钙石	Datolite	硅硼钙石
羟硅硼钙石	Howlite	羟硅硼钙石
方钠石	Sodalite	方钠石
赤铁矿	Hematite	赤铁矿
天然玻璃 　黑曜岩 　玻璃陨石	Natural glass Obsidian Moldavite	天然玻璃
鸡血石	Chicken-blood stone	血:辰砂 地:迪开石、高岭石、叶蜡石、明矾石
寿山石 　田黄	Larderite Tian Huang	迪开石、高岭石、珍珠陶土、叶蜡石
青田石	Qingtian stone	叶蜡石、迪开石、高岭石
水镁石	Brucite	水镁石
苏纪石	Sugilite	苏纪石
异极矿	Hemimorphite	异极矿
云母 　白云母 　锂云母	Mica Muscovite Lepidolite	云母 白云母 锂云母

表 A.2 天然玉石名称（续）

天然玉石基本名称	英文名称	主要组成矿物
针钠钙石	Pectolite	针钠钙石
绿泥石	Chlorite	绿泥石

表 A.3 天然有机宝石名称

天然有机宝石基本名称	英文名称	材料名称
天然珍珠 天然海水珍珠 天然淡水珍珠	Natural pearl Saltwater natural pearl Freshwater natural pearl	天然珍珠
养殖珍珠(珍珠) 海水养殖珍珠(海水珍珠) 淡水养殖珍珠(淡水珍珠)	Cultured pearl Saltwater cultured pearl Freshwater cultured pearl	养殖珍珠
珊瑚	Coral	珊瑚
琥珀 蜜蜡 血珀 金珀 绿珀 蓝珀 虫珀 植物珀	Amber	琥珀
煤精	Jet	褐煤
象牙	Ivory	象牙
龟甲 玳瑁	Tortoise shell	龟甲
贝壳	Shell	贝壳
硅化木	Petrified wood	硅化木

表 A.4 合成宝石名称

合成宝石基本名称	英文名称	材料名称
合成钻石	Synthetic diamond	合成金刚石
合成刚玉 合成红宝石 合成蓝宝石	Synthetic corundum Synthetic ruby Synthetic sapphire	合成刚玉
合成绿柱石 合成祖母绿	Synthetic beryl Synthetic emerald	合成绿柱石

表 A.4 合成宝石名称(续)

合成宝石基本名称	英 文 名 称	材 料 名 称
合成金绿宝石 合成变石	Synthetic chrysoberyl Synthetic alexandrite	合成金绿宝石
合成尖晶石	Synthetic spinel	合成尖晶石
合成欧泊	Synthetic opal	合成蛋白石
合成水晶 合成紫晶 合成黄晶 合成烟晶 合成绿水晶	Synthetic quartz Synthetic amethyst Synthetic citrine Synthetic smoky quartz Synthetic green quartz	合成水晶
合成金红石	Synthetic rutile	合成金红石
合成绿松石	Synthetic turquoise	合成绿松石
合成立方氧化锆	Synthetic cubic zirconia	合成立方氧化锆
合成碳硅石	Synthetic moissanite	合成碳硅石
合成翡翠	Synthetic jadeite	合成硬玉

表 A.5 人造宝石名称

人造宝石基本名称	英 文 名 称	材 料 名 称
人造钇铝榴石	YAG-artificial product	人造钇铝榴石
人造钆镓榴石	GGG-artificial product	人造钆镓榴石
人造钛酸锶	Strontium titanate-artificial product	人造钛酸锶
人造硼铝酸锶	Strontium aluminate borate-artificial product	人造硼铝酸锶
塑料	Plastic-artificial product	塑料
玻璃	Glass-artificial product	玻璃

附 录 B
（规范性附录）
优化处理珠宝玉石

表 B.1 常见珠宝玉石优化处理方法及类别

珠宝玉石基本名称	优化处理方法	效 果	优化处理类别
钻石	激光钻孔	改善净度	处理
	覆膜	改变颜色等外观	处理
	充填	改善净度	处理
	辐照(常附热处理)	改变颜色	处理
	高温高压	改善或改变颜色	处理
红宝石	热处理	改善外观	优化
	染色	改善或改变颜色	处理
	充填	改善外观	处理
	扩散	改善颜色或产生星光效应	处理
蓝宝石	热处理	改善外观	优化
	染色	改善或改变颜色	处理
	扩散	改善颜色或产生星光效应	处理
	辐照	改变颜色	处理
猫眼	辐照	改善光线和颜色等外观	处理
祖母绿	浸无色油	改善外观	优化
	染色	改善或改变颜色	处理
	充填	改善外观、耐久性	处理
	覆膜	改变颜色等外观	处理
海蓝宝石	热处理	改善颜色	优化
	充填	改善外观、耐久性	处理
绿柱石	热处理	改善颜色	优化
	辐照	改变颜色	处理
	覆膜	改变颜色等外观	处理
碧玺	热处理	改善颜色	优化
	染色	改善或改变颜色	处理
	充填	改善外观、耐久性	处理
	辐照	改变颜色	处理
	覆膜	改变颜色等外观	处理
锆石	热处理	改善或改变颜色	优化
	辐照	改变颜色	处理

表 B.1 常见珠宝玉石优化处理方法及类别（续）

珠宝玉石基本名称	优化处理方法	效　　果	优化处理类别
托帕石	热处理	改善或改变颜色	优化
	辐照	改变颜色	处理
	扩散	改变颜色等外观	处理
	覆膜	改变颜色等外观	处理
石榴石	热处理	改善颜色	优化
	充填	改善外观、耐久性	处理
水晶	热处理	改善或改变颜色	优化
	辐照	改变颜色	优化
	染色	改善或改变颜色	处理
	充填	改善外观、耐久性	处理
	覆膜	改变颜色等外观	处理
长石	浸蜡	改善外观、耐久性	优化
	覆膜	改变颜色等外观	处理
	扩散	改善或改变颜色	处理
	辐照	改变颜色	处理
方柱石	辐照	改变颜色	处理
黝帘石(坦桑石)	热处理	改善颜色	优化
	覆膜	改善或改变颜色	处理
锂辉石	辐照	改变颜色	处理
红柱石	热处理	改善颜色	优化
方解石	染色	改善或改变颜色	处理
	充填	改善外观、耐久性	处理
	辐照	改变颜色	处理
蓝柱石	辐照	改变颜色	处理
翡翠	热处理	改善或改变颜色	优化
	漂白、浸蜡	改善外观	处理
	漂白、充填	改变外观	处理
	染色	改善或改变颜色	处理
	覆膜	改变颜色等外观	处理
软玉	浸蜡	改善外观	优化
	染色	改善或改变颜色	处理
欧泊	浸无色油	改善外观	优化
	染色	改善外观	处理
	充填	改善外观、耐久性	处理
	覆膜	改变颜色等外观	处理

表 B.1 常见珠宝玉石优化处理方法及类别（续）

珠宝玉石基本名称	优化处理方法	效　果	优化处理类别
玉髓(玛瑙)	热处理	改善或改变颜色	优化
	染色	改善或改变颜色	优化
石英岩	染色	改善或改变颜色	处理
	充填	改善外观、耐久性	处理
蛇纹石	浸蜡	改善外观	优化
	染色	改善或改变颜色	处理
绿松石	浸蜡	改善外观	优化
	充填	改善颜色、耐久性	处理
	染色	改善或改变颜色	处理
青金石	浸蜡	改善外观	优化
	浸无色油	改善外观	优化
	染色	改善或改变颜色	处理
孔雀石	浸蜡	改善外观	优化
	充填	改善外观、耐久性	处理
大理石	染色	改变颜色	处理
	充填	改善外观、耐久性	处理
	覆膜	改变颜色等外观	处理
萤石	热处理	改善颜色	优化
	充填	改善外观、耐久性	处理
	覆膜	改善外观、耐久性	处理
	辐照	改变颜色	处理
滑石	染色	改变颜色	处理
	覆膜	改变颜色等外观	处理
羟硅硼钙石	染色	改变颜色	处理
鸡血石	充填	改善外观	处理
	染色	改善颜色	处理
	覆膜	改变颜色等外观	处理
寿山石	热处理	改善或改变颜色	优化
	染色	改善或改变颜色	处理
	覆膜	改变颜色等外观	处理
绿泥石	染色	改变颜色	处理
天然珍珠	漂白	改善外观	优化
	染色	改善或改变颜色	处理
养殖珍珠(珍珠)	漂白	改善颜色等外观	优化
	增白	改善颜色等外观	优化

表 B.1 常见珠宝玉石优化处理方法及类别(续)

珠宝玉石基本名称	优化处理方法	效　果	优化处理类别
养殖珍珠(珍珠)	染色	改善或改变颜色	处理
	辐照	改变颜色	处理
珊瑚	漂白	改善外观	优化
	浸蜡	改善外观	优化
	染色	改善或改变颜色	处理
	充填	改善外观、耐久性	处理
	覆膜	改变外观	处理
琥珀	热处理	改善颜色等外观	优化
	压固	改善外观、耐久性	优化
	无色覆膜	改善外观、耐久性	优化
	有色覆膜	改变颜色等外观	处理
	染色	改善或改变颜色	处理
	加温加压改色	改变颜色	处理
	充填	改善外观	处理
象牙	漂白	改善外观	优化
	浸蜡	改善外观	优化
	染色	改变颜色	处理
贝壳	覆膜	改善外观	处理
	染色	改善或改变颜色	处理

ICS 39.060
D 59

中华人民共和国国家标准

GB/T 16553—2010
代替 GB/T 16553—2003

珠宝玉石　鉴定

Gems—Testing

2010-09-26 发布　　　　2011-02-01 实施

中华人民共和国国家质量监督检验检疫总局
中国国家标准化管理委员会　发布

前　言

本标准按 GB/T 1.1—2009 的编写规则起草。

本标准代替 GB/T 16553—2003。

本标准与 GB/T 16553—2003 相比，主要内容变化如下：

——调整了标准的适用范围。

——增加了“光率体”、“一轴晶”、“二轴晶”、“光性方位、正光性、负光性”、“色散”，删除了“火彩”、“浸有色油”术语。（见第 3 章）

——增加了质量、发光图像分析等方法，补充了成分分析方法（无损和近无损）。（见第 4 章）

——补充了主要珠宝玉石的鉴定特征及光谱数据。（见第 5 章）

——增加了苏纪石、异极矿、绿泥石、合成翡翠、人造硼铝酸锶等品种及其鉴定特征（见第 5 章）。

——补充了部分品种的亚种名称及鉴定特征（见第 5 章）。

——增加了主要宝石品种的优化处理类型及其鉴定特征。（见第 5 章）

——对珠宝玉石名称进行了相应调整。

本标准由全国珠宝玉石标准化技术委员会（SAC/TC 298）提出并归口。

本标准由国家珠宝玉石质量监督检验中心负责起草。

本标准主要起草人：张蓓莉、李景芝、沈美冬、张钧、苏隽、李海波。

本标准所代替标准的历次版本发布情况：

——GB/T 16553—1996、GB/T 16553—2003。

珠宝玉石　鉴定

1　范围

本标准规定了珠宝玉石的术语和定义、鉴定方法及鉴定特征。

本标准适用于珠宝玉石鉴定、文物鉴定、商贸、海关、保险、典当、资产评估以及科研教学、文献出版等领域。

2　规范性引用文件

下列文件对于本文件的应用是必不可少的。凡是注日期的引用文件，仅注日期的版本适用于本文件。凡是不注日期的引用文件，其最新版本（包括所有的修改单）适用于本文件。

GB/T 16552　珠宝玉石　名称

3　术语

下列术语和定义适用于本文件。

3.1

晶体　crystal

晶体是具有格子构造的固体，其内部质点在空间作有规律的周期性重复排列。

3.2

晶质体　crystalline

指结晶质的固体（晶体）。

3.3

晶质集合体　crystalline aggregate

由无数个结晶个体组成的块体称晶质集合体。晶质集合体包括显晶质集合体和隐晶质集合体。

3.4

非晶质体　non-crystalline

组成物质的内部质点在空间上呈不规则排列，不具格子构造的固体物质。

3.5

晶系　crystal system

晶系指反映晶体对称特点的晶体分类，按晶体的对称程度分为七个晶系：等轴晶系（cubic system）、六方晶系（hexagonal system）、四方晶系（tetragonal system）、三方晶系（trigonal system）、斜方晶系（orthorhombic system）、单斜晶系（monoclinic system）、三斜晶系（triclinic system）。

3.6

晶体习性　crystal habit

指某种矿物在一定的外界条件下，趋向于结晶成某一种形态的特性。

3.7

双晶　双晶纹　twin，twinning striation

双晶是两个或两个以上的同种晶体按一定的对称规律形成的规则连生。按双晶个体连生方式分为接触双晶、穿插双晶和环状双晶。接触双晶又分为简单接触双晶和聚片双晶。

双晶纹是双晶接合面在晶面、解理面或宝石切磨平面上呈现的线状条纹。

3.8

晶面　晶面条纹　crystal face, striation

晶面指晶体生长过程中自然形成的包围晶体表面的平面。

晶面条纹是指在晶体晶面上现的一系列平行或交叉的条纹,分为聚形纹和双晶纹两种类型。单晶体晶面上的聚形纹是晶体生长过程中所形成的,又称生长条纹。

3.9

颜色　colour

颜色是眼底视神经对光波(可见光 390 nm～780 nm)的感应而在大脑中产生的感觉。可见光经物体选择性吸收后,其剩余光波混合而产生的颜色即为该物体的颜色。

3.10

色带　colour band

晶体内部显示出的颜色呈带状(也有块状)不均匀分布现象。原生色带是晶体生长过程中,由于介质成分及生长环境变化,导致颜色深浅变化或色彩的变化,如蓝宝石、碧玺(电气石)。

3.11

光性特征　optical character

指材料对入射光的方向和传播方向发生作用,而产生的各种现象,包括材料的均质性、非均质性、非均质体的轴性和正负光性等特征。

3.12

光性均质体　isotropic material

指光学性质在各个方向上均相同的物质,简称均质体。等轴晶系和非晶质的材料为光性均质体。

3.13

光性非均质体　anisotropic material

指光学性质在各个方向不同的物质,简称非均质体。除等轴晶系和非晶质的材料外,均为光性非均质体。

3.14

光率体　optical indicatrix

光率体是表示光波在晶体中传播时,光波振动方向与相应折射率之间关系的一种光性指示体。

3.15

一轴晶　uniaxial crystal

指只有一个特殊方向(一个光轴),当光平行该方向入射时不发生双折射的晶体。三方晶系、四方晶系、六方晶系的晶体为一轴晶。

3.16

二轴晶　biaxial crystal

指具有两个特殊方向(二个光轴),当光平行该二个方向入射时不发生双折射的晶体。斜方晶系、单斜晶系、三斜晶系的晶体为二轴晶。

3.17

光性方位　正光性　负光性　optical orientation, positive character, negative character

光性方位指光率体主轴与晶体结晶轴之间的空间关系。一轴晶宝石当其常光折射率(N_o)小于非常光折射率(N_e)时,为正光性。反之,为负光性;二轴晶宝石三个主折射率值按大、中、小分别用 N_g、N_m、N_p 表示,当 $N_g - N_m > N_m - N_p$ 时,为正光性,反之为负光性。

3.18

折射率　双折射率　refractive index,birefringence

光在空气(或真空)中与在宝石材料中传播速度的比值为折射率,也称折光率。

非均质体中两个或三个主折射率之间的最大差值为双折射率,也称重折射率(或重折光率)。

宝石检测中的折射率是在空气中测得的相对折射率。

3.19

多色性　二色性　三色性　pleochroism,dichroism,trichroism

多色性是非均质的彩色宝石由于不同结晶方向上对光波的选择性吸收呈现不同颜色的现象。分为二色性和三色性。

二色性是一轴晶彩色宝石在二个主振动方向上呈现的二种不同颜色的现象。

三色性是二轴晶彩色宝石在不同主振动方向上呈现三种不同颜色。

3.20

吸收光谱　absorption spectrum

指连续光谱的光照射珠宝玉石材料时,被选择吸收而产生的光谱。狭义的是指在可见光(400 nm～700 nm)范围内由于选择性吸收而产生的光谱,在光谱图上表现为黑带或黑线的现象。

3.21

光泽　luster

材料表面反射光的能力和特征。按光泽的强弱分为:金属光泽(metallic luster)、半金属光泽(sub-metallic luster)、金刚光泽(adamantine)和玻璃光泽(vitreous luster);由集合体或表面特征所引起的特殊光泽有:油脂光泽(greasy luster)、蜡状光泽(waxy luster)、珍珠光泽(pearly luster)、丝绢光泽(silky luster)等。

3.22

透明度　transparency

指珠宝玉石材料透光的程度。可依次分为:透明(transparent)、亚透明(semitransparent)、半透明(translucent)、微透明(semitranslucent)和不透明(opaque)。

3.23

紫外荧光　ultraviolet fluorescence

指珠宝玉石在紫外光照射下,发射出可见光的现象。按发光的强弱分为:强、中、弱、无。

3.24

磷光性　phosphorescence

指激发光源撤除后,物体在短时间内继续发光的现象。宝石鉴定中的激发源常用紫外光。

3.25

特殊光学效应　optical phenomena

在可见光的照射下,珠宝玉石的结构、构造对光的折射、反射等作用所产生的特殊的光学现象。

3.26

猫眼效应　chatoyancy

在平行光线照射下,以弧面形切磨的某些珠宝玉石表面呈现的一条明亮光带,随样品或光线的转动而移动的现象,称为猫眼效应。猫眼效应多数是由所含的密集平行排列的针状、管状或片状包体造成的,也有由于结构特征、固溶体出溶或纤维状晶体平行排列而致。

3.27

星光效应　asterism

在平行光线照射下,以弧面形切磨的某些珠宝玉石表面呈现出两条或两条以上交叉亮线的现象,称为星光效应。常呈四射或六射星线,分别称为四射星光或六射星光。星光效应多是由于内部含有密集排列的两向或三向包体所致。

3.28

变彩效应 play of colour

宝石的某些特殊结构对光的干涉或衍射作用而产生的颜色,随光源或观察方向的变化而变化的现象。如欧泊。

3.29

晕彩效应 iridescence

因光的干涉、衍射等作用,致使某些光波减弱或消失,某些光波加强,而产生的颜色现象称为晕彩效应。如拉长石的晕彩,可称为拉长石晕彩(labradorescence)。

3.30

变色效应 change of colour

在不同的可见光光源照射下,珠宝玉石呈现明显颜色变化的现象。常用的光源为日光灯和白炽灯两种光源。

3.31

砂金效应 aventurescence

宝石内部细小片状矿物包体对光的反射所产生的闪烁现象,称为砂金效应。

3.32

色散 色散值 fire,dispersion value

色散指当白色复合光通过具棱镜性质的材料时,材料将复合光分解而形成不同波长光谱的现象。

色散值是反映材料色散强度的物理量。理论上用该材料相对于红光(B=686.7 nm)的折射率与紫光(G=430.8 nm)的折射率的差值来表示,差值越大,色散强度越大。

3.33

密度 density

指单位体积物质的质量。单位为 g/cm^3。

3.34

硬度 hardness

指材料抵抗外来刻划、压入或研磨等机械作用的能力。宝石硬度采用矿物学中的摩氏硬度表示。

3.35

解理 断口 裂理 cleavage,fracture,parting

解理是指晶体在外力作用下沿一定的结晶方向裂开呈光滑平面的性质。解理分为极完全、完全、中等、不完全、无。

断口是指晶体在外力作用下产生不规则破裂面的性质。常见断口类型有:不平坦状、锯齿状、贝壳状等。

裂理是晶体在外力作用下沿一定结晶方向(如双晶结合面)产生破裂的性质。

3.36

内部特征 internal character

是指宝石材料中所含的固相、液相、气相包裹体,特殊类型的包裹体(如:负晶)及与宝石的晶体结构有关的现象。如:生长纹、色带、双晶纹、解理、裂理等。

3.37

外部特征 external character

外部特征分为晶体的外部特征和切磨宝石的外部特征。

晶体的外部特征是指除晶形、颜色、透明度和光泽外，与晶体结构有关的特殊现象，如晶面横纹、纵纹、双晶纹、生长凹坑、生长丘及蚀象、溶丘等现象。

切磨宝石的外部特征是指在切磨抛光过程中留下的现象，如：刮痕、抛光纹(痕)、微缺口、空洞、损伤、烧痕、撞击痕、须状腰棱、额外刻面、棱线尖锐或圆滑等现象。

3.38

热处理　heating

通过人工控制温度和氧化还原环境等条件，对样品进行加热的方法称热处理。其目的是改善或改变珠宝玉石颜色、净度和/或特殊光学效应。

3.39

高温高压处理　high pressure and high temperature treatment (HPHT)

在高温高压条件下，对宝石进行处理的方法，主要用于改善或改变宝石的颜色。

3.40

漂白　bleaching

采用化学溶液对样品进行浸泡，使珠宝玉石的颜色变浅或去除杂质。

3.41

浸蜡　waxing

将无色蜡浸入珠宝玉石表层的缝隙中，用以改善外观。

3.42

浸无色油　colourless oiling

将无色油浸入珠宝玉石的缝隙，用以改善外观。

3.43

充填处理(玻璃充填、塑料充填或其他聚合物等固化材料充填)　filling or impregnation (glass filling, plastic filling or polymer filling or filling with other harden material)

用玻璃、塑料、树脂或其他聚合物等固化材料充填多孔的珠宝玉石或珠宝玉石表面的缝隙、孔洞。

3.44

染色处理　dyeing

将致色物质(如有色油、有色蜡、染料等)渗入珠宝玉石，达到改善或改变颜色的目的。

3.45

辐照处理　irradiation

用高能射线辐照珠宝玉石，使其颜色发生改变。辐照处理常附加热处理。

3.46

激光钻孔　laser drilling

用激光束和化学品去除钻石内部深色包体，所留下的痕迹称为激光痕，管状或漏斗状的激光痕称为激光孔。

3.47

覆膜处理　coating

用涂、镀、衬等方法在珠宝玉石表面覆着薄膜，以改变珠宝玉石的光泽、颜色或产生特殊效应。

3.48

扩散处理　diffusion

在一定温度条件下，将外来元素扩散进入宝石，以改变其颜色或产生特殊光学效应。

4 鉴定方法

4.1 常规鉴定方法

4.1.1 肉眼观察

4.1.1.1 方法原理：珠宝玉石的某些性质，可以通过肉眼观察的方法来确定，包括颜色、形状、透明度、光泽、特殊光学效应、解理、断口以及某些内、外部特征。

4.1.1.2 适用范围：适用于任何珠宝玉石。

4.1.1.3 观察步骤：在检测前，首先进行肉眼观察，可借助一些自然光线或人工光源照明。

a) 通常首先观察颜色、形状、透明度、光泽、特殊光学效应等项目。

b) 观察是否具解理、断口及一些切工特征。

c) 若是晶体原石，可根据晶体形态单形或聚形，判断所属晶族或晶系。

d) 在光源照明下，观察较为明显的内部特征。

4.1.1.4 结果表示：根据肉眼观察直接描述。其中：

颜色：直接用组成白光的光谱色或其混合色及白色、黑色、无色来描述。常以主色在后，辅色在前，如：黄绿色，绿黄色。必要时在颜色前加上深浅及明暗程度的描述，如：浅黄绿色，暗绿色。

形状：具晶形的原石可描述其晶形组成单形或聚形，并可据此判断所属晶系、晶族。

已加工的珠宝玉石可根据加工形状直接描述，如：椭圆形刻面、椭圆形弧面、圆形弧面等。

4.1.2 放大检查

4.1.2.1 方法原理：珠宝玉石的内外部特征常因细小需进行放大观察。

4.1.2.2 仪器：各种类型的放大镜和显微镜，可附加散射白板、油浸、强光照明等方法。

4.1.2.3 适用范围：各种类型珠宝玉石。

4.1.2.4 操作步骤：

a) 将样品擦洗干净，置于放大镜或显微镜下。

b) 用反射光观察样品的表面特征，用透射光观察样品的内部特征。

c) 特殊情况下，可附加散射白板、油浸等方法，观察内部生长纹、颜色分布特征等现象。

d) 从各个角度观察，并记录观察现象，作为判断依据。

4.1.2.5 结果表示：直接描述所观察到的内、外部特征，特别是具鉴定意义的特征。

4.1.3 折射率 双折射率

4.1.3.1 方法原理：不同珠宝玉石材料具有特征的折射率或折射率范围。通过测定折射率和双折射率，可判断珠宝玉石的光性特征，如非均质体/均质体、一轴晶/二轴晶甚至光性符号。

4.1.3.2 仪器：阿贝型宝石折射仪，反射型折射仪。

阿贝型宝石折射仪，最小分度值为0.01，接触油的折射率 $N_{油}$ 常为1.79～1.81；测量范围：1.35～$N_{油}$，测量上限值取决于接触油的折射率 $N_{油}$。

4.1.3.3 适用范围：适用于具光滑面的珠宝玉石。下列情况下不易或不能测定折射率、双折射率：

a) 样品无光滑面(如抛光面、晶面等)，不易测定折射率、双折射率。

b) 样品过小(平面直径＜2 mm)或样品所镶嵌的金属超出样品平面时，不易测定折射率、双折射率。

c) 样品与折射仪接触面过小(如小刻面、弧面)时，可用点测法测定折射率，但不易测定双折射率。

d) 样品折射率超过折射仪及接触油的测量范围时，不能测定折射率、双折射率。

e） 接触油对样品有损害时（如多孔隙或结构松散的样品），不能测定折射率、双折射率。

f） 样品为晶质集合体或有机宝石时，不易测定双折射率。

4.1.3.4 操作步骤：

a） 清洗或擦试被测样品。

b） 将适量的接触油滴在测量台上。

c） 将样品的抛光面或晶面朝下，轻放于测量台的接触油上。

d） 全方位转动样品和偏光片，并由观测目镜读出明暗交界线的刻度值即折射率值。

e） 非均质体可测得一个最大值和一个最小值，两值之差即为双折射率。

f） 依据明暗交界线的变化情况，可判断样品的光性特征。

4.1.3.5 结果表示：

a） 光滑平面珠宝玉石折射率、双折射率的实测值，保留到小数点后三位。

b） 接触面小的珠宝玉石如弧面型、小刻面珠宝玉石、原石等，用点测法测得折射率，可保留到小数点后两位，并在其后加注“（点测法）”。点测法的测量精度一般为±0.01。

c） 遇 4.1.3.3 中不易或不能测定折射率、双折射率情况时，可标注“不可测”。

d） 样品折射率超过折射仪及接触油测量范围时，可用“$>N_{油}$”表示。当 $N_{油}$ 为 1.79 或 1.81 时，可表示为>1.79 或>1.81。

4.1.4 光性特征

4.1.4.1 方法原理：根据光的传播方式及特征，珠宝玉石材料可分为均质体和非均质体；非均质体进一步分为一轴晶和二轴晶；根据光轴特点，一轴晶和二轴晶可各自分为正光性和负光性。

偏光镜检测方法原理：在正交偏光下，宝石各方向转动 360°，均质体均保持全黑（全消光）。而非均质体，除光沿样品光轴方向外，转动 360°出现明暗各 4 次。利用干涉球（或博氏镜）和消色板，还可确定非均质体宝石的轴性和光性符号。

4.1.4.2 仪器：偏光镜，偏光显微镜，折射仪，二色镜。

4.1.4.3 适用范围：

a） 偏光镜检测光性特征时，适用于透明－半透明的珠宝玉石材料。

注意：（i） 宝石内部含大量包体或裂隙时，测试的可靠性差。

（ii） 某些光性均质体，由于内部应力作用或其他作用，会呈现异常消光。

（iii） 折射率很高的材料，由于外界光线经宝石反射后的反射光会产生偏振化，影响判断结果。

b） 偏光显微镜适用于粒度小或薄片状宝石。

c） 折射仪适用于折射率在折射仪测量范围内、具光滑面的珠宝玉石材料。详见 4.1.3 折射率、双折射率。

d） 二色镜适用于彩色非均质即具多色性的透明至半透明珠宝玉石材料。详见 4.1.5 多色性。

4.1.4.4 偏光镜操作步骤：

a） 使仪器上下偏振片处于正交位置（全黑）。

b） 把样品置于样品台上。

c） 转动样品或载物台，观察样品的明暗变化，确定样品为均质体或非均质体（在油浸槽中观察效果更佳）。

d） 如需测定样品的轴性和光性，先找出光轴所在方位，即干涉色最高方位，使其光轴直立然后将干涉球置于样品之上，根据干涉图形态确定轴性（即一轴晶、二轴晶），再用消色板判断样品的光性（正光性、负光性）。

4.1.4.5 结果表示：

a) 根据观测结果表示为均质体、非均质体、均质集合体、非均质集合体。

b) 对非均质体宝石，必要时可在非均质体后用括号表示出一轴晶或二轴晶，甚至其光性符号。如非均质体(一轴晶，+)或(二轴晶，-)等。

4.1.5 多色性

4.1.5.1 方法原理：当光进入非均质体宝石时，分解成两束振动方向相互垂直的偏振光，该两束光的传播速度有所不同，宝石对该两束光产生的选择性吸收也有差异，使不同方向上呈现的颜色色调或深浅有所不同，即多色性。一轴晶可见二色性，二轴晶宝石可见二色性或三色性。多色性的明显程度，分为强、中、弱、无。根据多色性可以辅助判断彩色宝石的光性特征及宝石晶体结构的定向。

4.1.5.2 仪器：二色镜。

4.1.5.3 适用范围：多色性观察适用于彩色透明至半透明非均质体宝石。但

a) 不透明或透明程度差的样品，无法或不易观测多色性。

b) 均质体宝石及无色的非均质体宝石，无多色性。浅色非均质体宝石的多色性常不明显。

c) 晶质集合体的多色性不能观测。

4.1.5.4 操作步骤

a) 使用自然光或白炽灯光。

b) 将样品置于二色镜前适当位置。

c) 转动样品或二色镜，在不同方向上观察。

d) 观察二色镜中出现颜色的变化，可以是颜色深浅或色彩的变化。

4.1.5.5 结果表示：

a) 直接描述观测到变化明显的两种或三种颜色，颜色间用逗号分开。如：蓝宝石的二色性：蓝，绿蓝。

b) 不透明或透明程度差的样品，无法或不易观测多色性时，表示为“不可测”。

c) 均质体及无色非均质体宝石，无多色性，表示为“无”。

d) 非均质集合体珠宝玉石，多色性不易观测，表示为“不可测”。

4.1.6 吸收光谱

4.1.6.1 方法原理：珠宝玉石中某些元素吸收了特定波长的光，而在可见光谱(400 nm～700 nm)中产生的黑色谱线或谱带。不同组分的同种珠宝玉石，其吸收光谱会有不同。

4.1.6.2 仪器：棱镜式或光栅式分光镜，紫外可见分光光度计，精度：±2 nm。

4.1.6.3 操作步骤：

a) 根据样品情况选择反射光或透射光。

b) 调节样品位置或光源方向，使样品的反射光或透射光进入仪器。

c) 观测吸收谱线或带，并读出所对应波长或波长范围。

4.1.6.4 适用范围：吸收光谱适用于样品大小合适、透明至半透明的样品。但

a) 样品太小时，不易测定。

b) 样品不透明时，不易测定。

4.1.6.5 结果表示：本标准所列吸收光谱数据是指该谱带的近似中间值，为常见典型的吸收光谱。

a) 实测光谱数据用波长值表示，单位：nm。实测光谱数据取整数。

b) 样品太小或不透明，不易测定吸收光谱时，表示“不可测”。

4.1.7 紫外荧光

4.1.7.1 方法原理：某些珠宝玉石受到紫外光辐照时，会受激发而发出可见光。不同珠宝玉石品种甚

至同一品种的不同样品，因其组成元素或微量杂质元素的不同，可呈现不同的荧光反应，表现不同的荧光颜色及荧光强度。根据荧光强度及有无荧光反应可分为强、中、弱、无。

某些具磷光性的珠宝玉石在停止紫外光照射后，仍能在一定时间继续发出可见光。

4.1.7.2　仪器：紫外灯，长波 365 nm，短波 254 nm。

4.1.7.3　适用范围：适用于任何样品短时间的观察。

4.1.7.4　操作步骤：

a）在未打开紫外灯开关之前，将样品放在样品台上。

b）分别按长波和短波按钮，观察样品的荧光反应。

c）如需观察磷光性，关闭开关，继续观察。

4.1.7.5　结果表示：紫外荧光为观察描述项目，可分别描述样品在长波和短波紫外光下的荧光强度和荧光颜色。描述时荧光强度在前，荧光颜色在后，中间用逗号分开，如长波：强，蓝白；短波：中，蓝白。

4.1.8　质量

4.1.8.1　方法原理：实测被测样品的质量。

4.1.8.2　仪器：天平，电子天平，电子秤等衡器

当样品质量 $m \leqslant 1$ g 时，衡器感量不低于 0.001 g；

当样品质量在 1 g$< m \leqslant$10 g 时，衡器感量不低于 0.01 g；

当样品质量在 10 g$< m \leqslant$100 g 时，衡器感量不低于 0.1 g；

当样品质量在 100 g$< m \leqslant$1 000 g 时，衡器感量不低于 1 g；

当样品质量 $m \geqslant$1 000 g 时，衡器感量不低于 10 g。

4.1.8.3　适用范围：适用于任何质量在天平称量范围内的珠宝玉石样品。

4.1.8.4　操作步骤（电子天平）：

a）电子天平预热，校准，稳定至零位。

b）将样品轻放至样品台，待显示屏上数字稳定后读数。

c）轻轻取出样品，称量结束。

4.1.8.5　结果表示：称量结果以克(g)表示。

注：国际珠宝业通常用克拉(ct)作为珠宝玉石的计量单位，1 g=5 ct，1 ct=0.20 g。本标准规定在使用克拉时必须在克的后面加括号表示，如：2.000 g(10.00 ct)。

4.1.9　密度

4.1.9.1　方法原理：不同珠宝玉石因化学组成和晶体结构不同，具不同的密度或密度范围，同种珠宝玉石因化学组成的差异或含杂质或混入物，密度会有一定的差异。根据阿基米德定律，采用静水称重法，样品的密度(ρ)可用样品在空气中的质量(m)和在液体介质(密度为 ρ_0)中的质量(m_1)，根据公式(1)计算得出。

$$\rho = \frac{m}{m - m_1} \times \rho_0 \qquad \cdots\cdots (1)$$

式中：

ρ ——样品在室温时的密度，单位为克每立方厘米(g/cm³)。

m ——样品在空气中的质量，单位为克(g)。

m_1——样品在液体介质中的质量，单位为克(g)。

ρ_0 ——液体介质在不同温度下的密度，单位为克每立方厘米(g/cm³)。

常用液体介质为纯水。纯水在不同温度下的介质密度 ρ_0 采用表 1 的规定(表 1 为 1990 年国际温标纯水密度)。

表 1　1990 年国际温标纯水密度表

T_{90}(℃)	0.0	0.1	0.2	0.3	0.4	0.5	0.6	0.7	0.8	0.9
0	0.999840	0.999846	0.999853	0.999859	0.999865	0.999871	0.999877	0.999883	0.999888	0.999893
1	0.999898	0.999904	0.999908	0.999913	0.999917	0.999921	0.999925	0.999929	0.999933	0.999937
2	0.999940	0.999943	0.999946	0.999949	0.999952	0.999954	0.999956	0.999959	0.999961	0.999962
3	0.999964	0.999966	0.999967	0.999968	0.999969	0.999970	0.999971	0.999971	0.999972	0.999972
4	0.999972	0.999972	0.999972	0.999971	0.999971	0.999970	0.999969	0.999968	0.999967	0.999965
5	0.999964	0.999962	0.999960	0.999958	0.999956	0.999954	0.999951	0.999949	0.999946	0.999943
6	0.999940	0.999937	0.999934	0.999930	0.999926	0.999923	0.999919	0.999915	0.999910	0.999906
7	0.999901	0.999897	0.999892	0.999887	0.999882	0.999877	0.999871	0.999866	0.999860	0.999854
8	0.999848	0.999842	0.999836	0.999829	0.999823	0.999816	0.999809	0.999802	0.999795	0.999788
9	0.999781	0.999773	0.999765	0.999758	0.999750	0.999742	0.999734	0.999725	0.999717	0.999708
10	0.999699	0.999691	0.999682	0.999672	0.999663	0.999654	0.999644	0.999634	0.999625	0.999615
11	0.999605	0.999595	0.999584	0.999574	0.999563	0.999553	0.999542	0.999531	0.999520	0.999508
12	0.999497	0.999486	0.999474	0.999462	0.999450	0.999439	0.999426	0.999414	0.999402	0.999389
13	0.999377	0.999364	0.999351	0.999338	0.999325	0.999312	0.999299	0.999285	0.999271	0.999258
14	0.999244	0.999230	0.999216	0.999202	0.999187	0.999173	0.999158	0.999144	0.999129	0.999114
15	0.999099	0.999084	0.999069	0.999053	0.999038	0.999022	0.999006	0.998991	0.998975	0.998959
16	0.998943	0.998926	0.998910	0.998893	0.998876	0.998860	0.998843	0.998826	0.998809	0.998792
17	0.998774	0.998757	0.998739	0.998722	0.998704	0.998686	0.998668	0.998650	0.998632	0.998613
18	0.998595	0.998576	0.998557	0.998539	0.998520	0.998501	0.998482	0.998463	0.998443	0.998424
19	0.998404	0.998385	0.998365	0.998345	0.998325	0.998305	0.998285	0.998265	0.998244	0.998224
20	0.998203	0.998182	0.998162	0.998141	0.998120	0.998099	0.998077	0.998056	0.998035	0.998013
21	0.997991	0.997970	0.997948	0.997926	0.997904	0.997882	0.997859	0.997837	0.997815	0.997792
22	0.997769	0.997747	0.997724	0.997701	0.997678	0.997655	0.997631	0.997608	0.997584	0.997561
23	0.997537	0.997513	0.997490	0.997466	0.997442	0.997417	0.997393	0.997369	0.997344	0.997320
24	0.997295	0.997270	0.997246	0.997221	0.997195	0.997170	0.997145	0.997120	0.997094	0.997069
25	0.997043	0.997018	0.996992	0.996966	0.996940	0.996914	0.996888	0.996861	0.996835	0.996809
26	0.996782	0.996755	0.996729	0.996702	0.996675	0.996648	0.996621	0.996594	0.996566	0.996539
27	0.996511	0.996484	0.996456	0.996428	0.996401	0.996373	0.996344	0.996316	0.996288	0.996260
28	0.996231	0.996203	0.996174	0.996146	0.996117	0.996088	0.996059	0.996030	0.996001	0.995972
29	0.995943	0.995913	0.995884	0.995854	0.995825	0.995795	0.995765	0.995735	0.995705	0.995675
30	0.995645	0.995615	0.995584	0.995554	0.995523	0.995493	0.995462	0.995431	0.995401	0.995370
31	0.995339	0.995307	0.995276	0.995245	0.995214	0.995182	0.995151	0.995119	0.995087	0.995055
32	0.995024	0.994992	0.994960	0.994927	0.994895	0.994863	0.994831	0.994798	0.994766	0.994733
33	0.994700	0.994667	0.994635	0.994602	0.994569	0.994535	0.994502	0.994469	0.994436	0.994402

表 1 1990 年国际温标纯水密度表（续）

T_{90}(℃)	0.0	0.1	0.2	0.3	0.4	0.5	0.6	0.7	0.8	0.9
34	0.994369	0.994335	0.994301	0.994267	0.994234	0.994200	0.994166	0.994132	0.994098	0.994063
35	0.994029	0.993994	0.993960	0.993925	0.993891	0.993856	0.993821	0.993786	0.993751	0.993716
36	0.993681	0.993646	0.993610	0.993575	0.993540	0.993504	0.993469	0.993433	0.993397	0.993361
37	0.993325	0.993289	0.993253	0.993217	0.993181	0.993144	0.993108	0.993072	0.993035	0.992999
38	0.992962	0.992925	0.992888	0.992851	0.992814	0.992777	0.992740	0.992703	0.992665	0.992628
39	0.992591	0.992553	0.992516	0.992478	0.992440	0.992402	0.992364	0.992326	0.992288	0.992250
40	0.992212									

4.1.9.2 仪器：天平，电子天平，电子秤等衡器，温度计（最小分度值不超过 0.1℃）参照 4.1.8.2。

4.1.9.3 适用范围：静水称重法测定密度，适用于单种珠宝玉石材料的检测。

下列情况下不能或不易测定密度。

a) 样品与其他物品串连、镶嵌、拼合等非独立情况下时，不能准确测定密度。

b) 样品为多孔质或会吸附介质、或介质对样品有损时，不能测定密度。

c) 样品过小时，测量值误差过大，不易准确测定密度。

d) 样品过大超过衡器称量范围时，不能测定密度。

4.1.9.4 操作步骤：

a) 调整天平至水平位置；

b) 测量样品在空气中的质量（m）；

c) 测量样品在液体介质中的质量（m_1）或直接测量样品在空气中质量与样品在液体介质中质量的差值（$m-m_1$）；

d) 测得测量时液体介质的温度，选择相应温度下液体介质的密度 ρ_0；

e) 代入密度计算公式，得出样品密度 ρ。

4.1.9.5 结果表示：

a) 密度单位 g/cm^3，保留小数点后二位数。

b) 遇 4.1.9.3 中各种不适用情况，不能或不易测定密度时，可表示为“不可测”。

4.2 特殊鉴定方法

4.2.1 热导性

4.2.1.1 方法原理：不同珠宝玉石传导热的性能不同，每种物质的热导率，即每秒钟通过一定厚度物体的热量是常数。测定珠宝玉石的热导率或利用热导率的相对大小，可辅助鉴定珠宝玉石。

4.2.1.2 仪器：热导仪

4.2.1.3 适用范围：常适用于鉴别某些具特殊热导率的珠宝玉石品种。

4.2.1.4 操作步骤：

a) 打开热导仪开关，预热。

b) 将样品置于样品台上，根据室温和样品大小，调至适当位置。

c) 用针头垂直接触样品。

d) 鸣响并指向钻石区，判断为钻石或合成碳硅石等热导率高的材料。

4.2.2 热反应

4.2.2.1 方法原理：某些珠宝玉石如琥珀、塑料等，具较低的熔点。根据热探头接触样品时，样品熔融的难易程度和散发的气味，来判断鉴别某些珠宝玉石。

4.2.2.2 仪器：热针，热探头等。

4.2.2.3 适用范围：某些具低熔点的珠宝玉石。微损，慎重使用。

4.2.2.4 操作步骤

a) 热针或热探头预热。

b) 选择样品背面或底部极不易见的位置。

c) 可借助放大镜或显微镜，观察样品熔融的难易程度，同时判断其散发的气味。

4.2.2.5 结果表示：直接描述样品熔融的难易程度和散发气味。

4.2.3 化学反应

4.2.3.1 方法原理：某些珠宝玉石品种因其结构、组成、成分（包括填充物、染色剂等）遇到某些化学物质或外来物质，可产生化学反应，其反应的现象及程度不同。据此可确定珠宝玉石的成分类型，以辅助鉴定某些品种。

4.2.3.2 试剂：常用稀盐酸、乙醚等试剂。

4.2.3.3 适用范围：只适用于具特殊化学性质的某些珠宝玉石品种。微损，慎重使用。

4.2.3.4 操作步骤：

a) 根据珠宝玉石品种或测试目的，选择所需试剂。

b) 选择样品背部或底部极不易见的位置进行测试。

c) 可借助放大镜或显微镜，观察反应程度及现象。

4.2.4 摩氏硬度

4.2.4.1 方法原理：不同珠宝玉石因其化学组成、化学键及晶体结构等的不同，抵抗外力压入刻划或研磨的性能不同，根据其相对硬度，可辅助鉴别某些外观相似的品种。

4.2.4.2 仪器：摩氏硬度计。硬度由低到高共分 10 级：1 滑石；2 石膏；3 方解石；4 萤石；5 磷灰石；6 正长石；7 石英；8 托帕石（黄玉）；9 刚玉；10 金刚石。

4.2.4.3 适用范围：主要用于原石，成品须谨慎使用。

4.2.4.4 操作步骤：

a) 选择被测样品的尖锐位置。

b) 在已知硬度的平面型矿物硬度计平面进行刻划，刻划硬度的测试由低到高依次进行。

c) 观察硬度计平面有无刻痕，轻擦平面，以防被测样品的粉末留在硬度计上，使判断失误。

d) 若硬度计平面有划痕，则样品硬度大于硬度计。再依次测试更高一级的硬度计，直至介于两个硬度级别之间或相当于某一硬度计为止。

4.2.4.5 结果表示：摩氏硬度计所测的相对硬度用 1～10 数字表示，根据实测情况，可分别用等于、大于、小于某硬度级别，表示样品摩氏硬度值或范围。

4.2.5 红外光谱分析

4.2.5.1 方法原理：物质的分子在红外线的照射下，吸收与其分子振动、转动频率一致的红外光。利用物质对红外光区电磁辐射的选择性吸收，对珠宝玉石的组成或结构进行定性或定量分析。

4.2.5.2 仪器：红外光谱仪（傅立叶变换红外光谱仪或光栅式红外光谱分析仪），可配红外显微镜。

4.2.5.3 适用范围：

直接透射法:无损,适用于薄至中等厚度、透明至半透明的珠宝玉石原料或成品。

直接反射法:无损,适用于具较大抛光平面的样品。

显微红外光谱法:无损,微区的反射和透射光谱。样品规格应符合仪器要求。

粉末透射法:微损,适用于原石、玉石雕件等。

4.2.5.4 操作步骤(傅里叶变换红外光谱仪):

a) 开机,预热。

b) 选择设置测试条件如扫描次数、分辨率、扫描范围等。

c) 背景扫描。

d) 测试样品。

e) 分析处理图谱。

4.2.6 紫外可见分光光谱分析

4.2.6.1 方法原理:不同材料具不同的紫外-可见光可透性,依据材料在紫外-可见光区的吸收光谱,可测定样品的吸收波长、波长范围及吸收强度,对样品中组成成分进行定性或定量分析。

4.2.6.2 仪器:紫外可见分光光度计。

4.2.6.3 适用范围:

a) 透射法:无损,适用于薄至中等厚度、透明至半透明的样品。

b) 反射法:无损,适用于具较大抛光平面的样品。

4.2.6.4 操作步骤:

a) 开机、预热。

b) 选择透射法或反射法及样品合适的方位。

c) 设置仪器条件及扫描参数。

d) 测试样品。

e) 根据所测图谱,进行分析处理。

4.2.7 激光拉曼光谱分析

4.2.7.1 方法原理:光照射在物质上,除按几何规律传播的光线之外,还存在着散射光,其中非弹性的拉曼散射光,能提供分子振动频率的信息。拉曼光谱能迅速定出分子振动的固有频率,判断分子的对称性、分子内部作用力的大小及一般分子动力学的性质。能无损快速地鉴定珠宝玉石及其内部包体或填充物。

4.2.7.2 仪器:激光拉曼光谱仪。

4.2.7.3 适用范围:适用于大小满足仪器要求的样品。

4.2.7.4 操作步骤:

a) 开机、预热。

b) 选择并调节样品测试位置。

c) 根据样品类型及测试目的,设置仪器条件及扫描参数。

d) 测试样品。

e) 根据所测图谱进行分析处理。

4.2.8 X射线衍射分析

4.2.8.1 方法原理:晶体中原子层相互间隔与X射线的波长相近,X射线在这些原理层间产生衍射,衍射后产生的X光图像不同,据此可以进行晶体结构、物相等分析。

4.2.8.2 仪器:X射线衍射仪等。

4.2.8.3 适用范围:主要用于细粒至隐晶质、单晶或集合体成分结构物相分析。

a) 粉末法,适用于未知材料及集合体;

b) 单晶法,适用于单晶材料;

c) 劳埃法,用于天然珍珠、养殖珍珠及其仿制品的区别。

4.2.8.4 操作步骤:

a) 样品准备;

b) 开机、设置仪器条件及测试参数;

c) 放置样品并测试;

d) 分析所得图像。

4.2.9 成分分析方法(无损或近无损)

4.2.9.1 方法原理:根据元素的特征谱,确定珠宝玉石的组成成分及含量。

4.2.9.2 仪器:X射线荧光光谱分析仪(XRF),电子探针(EPMA),激光烧蚀电感耦合等离子质谱仪(LA-ICPMS),激光诱导击穿光谱仪(LIBS)等。

4.2.9.3 适用范围:根据不同的元素检测要求选择相应的仪器进行分析。

4.2.10 发光图像分析

4.2.10.1 方法原理:根据特定光源照射产生的发光现象,分析珠宝玉石的成分、结构及其可能的成因。

4.2.10.2 仪器:阴极发光仪(CL),紫外荧光观察仪等。

4.2.10.3 适用范围:根据不同材料的发光特点选择相应的仪器进行分析。

4.3 鉴定项目

4.3.1 选择原则

4.3.1.1 常规鉴定方法为正常检测过程中需要全面检测的项目。综合判断各项目检测结果,以确保检测结论的准确性和惟一性。

4.3.1.2 有些项目因样品条件不符,不能作某些项目检测时,可不测。但其他检测项目所测结果的综合证据,应足以证明所得鉴定结论的准确性。

4.3.1.3 常规鉴定方法中,某些方法可同时推导出两个或两个以上的特征。实测过程中,依据样品条件选择最为适合的方法,以获得较为全面的鉴定特征。

4.3.1.4 用常规鉴定方法无法获得足够的鉴定依据时,须采用必要的特殊鉴定方法来辅助确定。

4.3.2 检测项目(样品状态允许时)(适用于监督检查及仲裁检验)

a) 外观描述(颜色、形状、光泽、解理等至少两项);

b) 质量或总质量;

c) 摩氏硬度(原石,必要时);

d) 密度;

e) 光性特征;

f) 多色性;

g) 折射率(在折射仪范围内);

h) 双折射率(在折射仪范围内);

i) 紫外荧光;

j) 吸收光谱;

k) 放大检查;

l) 特殊光学效应和特殊性质(必要时);

m) 其他的特殊检测方法(必要时)。

5 鉴定标准

5.1 天然宝石

5.1.1 钻石

5.1.1.1 英文名称:diamond。

5.1.1.2 矿物名称:金刚石。

5.1.1.3 材料性质

化学成分:C;可含有 N、B、H 等微量元素。Ⅰ型含 N;Ⅱ型含极少量的 N,Ⅱa 型不含 B,Ⅱb 型含 B。

结晶状态:晶质体。

晶　　系:等轴晶系。

晶体习性:常见八面体、菱形十二面体、立方体晶形,晶面常发育阶梯状生长纹、生长锥或蚀象。

颜　　色:无色至浅黄(褐、灰)系列:无色、淡黄、浅黄、浅褐、浅灰。

彩色系列:黄、褐、灰及浅至深的蓝、绿、橙、粉红、红、紫红,偶见黑色。

光　　泽:金刚光泽。

解　　理:中等解理。

摩氏硬度:10。

密　　度:3.52(±0.01)g/cm^3。

光性特征:均质体,偶见异常消光。

多 色 性:无。

折 射 率:2.417。

双折射率:无。

紫外荧光:无至强,蓝色、黄色、橙黄色、粉色等,短波常较长波弱。

吸收光谱:绝大多数Ⅰ型具有 415 nm、453 nm 和 478 nm 吸收线。

放大检查:浅色至深色矿物包体,云状物,点状包体,羽状纹,生长纹,内凹原始晶面,原始晶面,解理,刻面棱线锋利。

特殊性质:色散强(0.044)。

热导性:钻石热导率高。

发光性:将钻石置于日光下曝晒后,会发出淡青蓝色的磷光;在 X-射线下大多数发天蓝色或浅蓝色的荧光,极少数不发荧光;在阴极射线下发蓝色或绿色光。

导电性:Ⅱa 型钻石为非常好的绝缘体;Ⅱb 型钻石为优质高温半导体材料。

特殊光学效应:变色效应(极稀少)。

5.1.1.4 优化处理:

激光钻孔:放大检查可见钻石内部的白色管状物,并在钻石表面留有近圆形开口;或呈蜈蚣状包体出露钻石表面,呈不自然状弯曲的裂隙,有时会残留有未处理掉的黑色物质。

覆膜处理:放大检查可见覆膜表面光泽较弱,不具金刚光泽,结构有颗粒感,局部可见薄膜脱落现象。

充填处理:放大检查可见充填裂隙呈现闪光效应,暗域照明下呈橙黄或紫至紫红、粉红色等闪光,亮域照明下呈蓝至蓝绿、绿黄、黄色等闪光;充填物中可有残留气泡、流动构造、细小裂隙等,充填区域呈白色雾状,透明度降低;可有不完全充填区域;X 荧光光谱仪(XRF)可检测出充填材料中的重金属元素(如铅等)。

辐照处理(常附热处理):经辐照处理的彩色钻石,显微镜下油浸观察,颜色在表面富集,由表及里颜色变浅,其色带、色斑分布位置及形状与钻石琢形和辐照方向有关;红外光谱中 H_1a(1 450 cm^{-1})与 H_1b(4 940 cm^{-1})或 H_1c(5 170 cm^{-1})组合出现,可作为钻石经过辐照加热处理的鉴定依据。

高温高压(HPHT):放大检查可见包体周围有羽状裂隙,有时裂隙中可见黑色石墨;Ⅰa 型 HPHT 处理黄或黄绿色钻石,在长短波紫外光下,呈现强的白垩状黄绿色或绿黄色荧光。

光致发光(PL)测试(液氮温度下),钻石中出现 575 nm 峰和 637 nm 峰,未经处理的天然钻石多为 575 nm 峰占主导地位;当 637 nm 峰的强度大于 575 nm 峰时,钻石可能经 HPHT 处理,需根据样品情况综合分析。

5.1.2 红宝石

5.1.2.1 英文名称:ruby。

5.1.2.2 矿物名称:刚玉。

5.1.2.3 材料性质:

化学成分:Al_2O_3;可含有 Cr、Fe、Ti、Mn、V 等元素。

结晶状态:晶质体。

晶　　系:三方晶系。

晶体习性:六方柱状、桶状,少数呈板状或叶片状。

常见颜色:红、橙红、紫红、褐红色。

光　　泽:玻璃光泽至亚金刚光泽。

解　　理:无解理,双晶发育的宝石可显三组裂理。

摩氏硬度:9。

密　　度:4.00(±0.05)g/cm^3。

光性特征:非均质体,一轴晶,负光性。

多 色 性:强,紫红,橙红。

折 射 率:1.762～1.770(+0.009,−0.005)。

双折射率:0.008～0.010。

紫外荧光:长波:弱至强,红、橙红。

短波:无至中,红、粉红、橙红,少数强红。

吸收光谱:694 nm,692 nm,668 nm,659 nm 吸收线,620 nm～540 nm 吸收带,476 nm,475 nm 强吸收线,468 nm 弱吸收线,紫光区吸收。

放大检查:丝状物,针状包体,气液包体,指纹状包体,雾状包体,负晶,晶体包体,生长纹,生长色带,双晶纹。

特殊光学效应:星光效应,猫眼效应(稀少)。

5.1.2.4 优化处理:

热处理:放大检查可见宝石表面被局部熔融,内部固体包体周围出现片状、环状应力裂纹,负晶外围呈熔蚀状或浑圆状,丝状和针状包体呈断续丝状或微小点状。

染色处理:放大检查可见颜色集中于裂隙中,紫外光下可发橙黄-橙红色荧光,红外光谱出现染料吸收峰。

充填处理:10X 放大检查可见裂隙或表面空洞中的玻璃状充填物,残留气泡,表面光泽差异,其成分结构与红宝石不同,可用红外光谱或拉曼光谱等分析测定。

高铅玻璃充填红宝石放大检查或图像分析方法可见充填物呈不规则网脉状或斑块状沿裂隙分布，不同程度的蓝-蓝紫色“闪光”，强蓝色荧光，成分分析铅(Pb)含量异常。

扩散处理：a) 放大检查具有热处理宝石相似的特点，铬扩散红宝石可见缺陷如裂隙或凹坑等的边缘或内部有颜色集中；铍扩散红宝石可见表面微晶化，锆石包体有重结晶现象。

b) 油浸放大检查，可见颜色在刻面棱线及腰围边缘处集中，呈网状分布；铍扩散红宝石多不明显。

c) 铬扩散红宝石折射率值可高达 1.788～1.790。

d) 宝石表层所扩散元素(如铍等)含量异常，由表及里浓度降低。

5.1.3 蓝宝石

5.1.3.1 英文名称：sapphire。

5.1.3.2 矿物名称：刚玉。

5.1.3.3 材料性质：

化学成分：Al_2O_3；可含 Fe、Ti、Cr、V、Mn 等元素。

结晶状态：晶质体。

晶　　系：三方晶系。

晶体习性：六方柱状、桶状，少数呈板状或叶片状。

常见颜色：蓝色、蓝绿、绿、黄、橙、粉、紫、黑、灰、无色。

光　　泽：玻璃光泽至亚金刚光泽。

解　　理：无解理，双晶发育的宝石可显三组裂理。

摩氏硬度：9。

密　　度：4.00(+0.10，−0.05)g/cm^3。

光性特征：非均质体，一轴晶，负光性。

多 色 性：强。蓝色：蓝，绿蓝；绿色：绿，黄绿；黄色：黄，橙黄；橙色：橙，橙红；粉色：粉，粉红；紫色：紫，紫红。

折 射 率：1.762～1.770(+0.009，−0.005)。

双折射率：0.008～0.010。

紫外荧光：蓝色：长波：无至强，橙红；短波：无至弱，橙红。

粉色：长波：强，橙红；短波：弱，橙红。

橙色：一般无，长波下可呈强，橙红。

黄色：长波：无至中，橙红、橙黄；短波：弱红至橙黄。

紫色、变色：长波：无至强，红；短波：无至弱，红。

无色：无至中，红至橙。

黑色、绿色：无。

热处理的某些蓝宝石有弱蓝或弱绿白色荧光。

吸收光谱：蓝色、绿色、黄色：450 nm 吸收带或 450 nm，460 nm，470 nm 吸收线；粉红、紫色、变色蓝宝石具红宝石和蓝色蓝宝石的吸收谱线。

放大检查：色带，指纹状包体，负晶，气-液两相包体，针状包体，雾状包体，丝状包体，固体矿物包体，双晶纹。

特殊光学效应：变色效应，星光效应(可有六射星光，少见双星光)。

5.1.3.4 优化处理：

热处理：放大检查可见表面被局部熔融，内部固体包体周围出现片状、环状应力裂纹，负晶外围呈熔蚀状或浑圆状，丝状和针状包体呈断续丝状或微小点状，有些热处理蓝宝石在短波下呈弱蓝绿色荧光。

染色处理:放大检查可见颜色集中于裂隙中,多色性、吸收光谱异常,可见染料引起的特殊荧光。

扩散处理:a) 放大检查可见裂纹、凹坑等处颜色富集。扩散处理星光蓝宝石星线细而直,表层可见白点组成的絮状物。铍扩散蓝宝石可见表面微晶化,锆石包体有重结晶现象。钴扩散蓝宝石表面可见浅蓝色斑点。

b) 油浸或散射光放大观察可见颜色在棱线、腰围或裂隙处集中,呈网状分布。铍扩散蓝宝石多不明显。

c) 有些扩散处理的蓝色蓝宝石在短波紫外光下可有蓝白或蓝绿色荧光。

d) 有些扩散处理的蓝色蓝宝石无 450 nm 吸收带,钴扩散蓝宝石可见钴的特征吸收带。

e) 宝石表层所扩散的元素(如铍等)含量异常,由表及里浓度降低。

辐照处理:无色、浅黄色和某些浅蓝色蓝宝石经辐照可产生深黄色或橙黄色,极不稳定,不易检测。

5.1.4 金绿宝石

5.1.4.1 英文名称:chrysoberyl。

5.1.4.2 矿物名称:金绿宝石。

5.1.4.3 材料性质:

化学成分:$BeAl_2O_4$;可含有 Fe、Cr、Ti 等元素。

结晶状态:晶质体。

晶　　系:斜方晶系。

晶体习性:板状、柱状,假六方的三连晶。

常见颜色:浅至中等黄、黄绿、灰绿、褐色至黄褐色、浅蓝色(稀少)。

光　　泽:玻璃光泽至亚金刚光泽。

解　　理:三组不完全解理。

摩氏硬度:8～8.5。

密　　度:3.73(±0.02)g/cm^3。

光性特征:非均质体,二轴晶,正光性。

多 色 性:三色性,弱至中,黄,绿和褐色。

折 射 率:1.746～1.755(+0.004,−0.006)。

双折射率:0.008～0.010。

紫外荧光:长波:无;短波:黄色和绿黄色宝石一般为无至黄绿色。

吸收光谱:445 nm 强吸收带。

放大检查:指纹状包体,丝状包体,透明宝石可显双晶纹,阶梯状生长面。

特殊光学效应:星光效应(极少)。

5.1.4.4 优化处理:未知。

5.1.5 猫眼

5.1.5.1 英文名称:chrysoberyl cat′s-eye 或 cat′s-eye。

5.1.5.2 矿物名称:金绿宝石。

5.1.5.3 材料性质:

化学成分:$BeAl_2O_4$;可含有 Fe、Cr 等元素。

结晶状态:晶质体。

晶　　系:斜方晶系。

晶体习性:板状,粒状,假六方的三连晶。
常见颜色:黄至黄绿色、灰绿、褐至褐黄(变石猫眼呈蓝绿和紫褐色,稀少)。
光　　泽:玻璃光泽。
解　　理:三组不完全解理。
摩氏硬度:8～8.5。
密　　度:3.73(±0.02)g/cm³。
光性特征:非均质体,二轴晶,正光性。
多 色 性:三色性,弱,黄,黄绿和橙。
折 射 率:1.746～1.755(+0.004,-0.006),点测法 1.74 左右。
双折射率:0.008～0.010。
紫外荧光:无,变石猫眼呈弱至中的红色。
吸收光谱:445 nm 强吸收带。
放大检查:丝状包体,指纹状包体,负晶。
特殊光学效应:猫眼效应,变色效应。

5.1.5.4　优化处理:
辐照处理:经辐照可改善猫眼效应和颜色,不易检测。

5.1.6　变石

5.1.6.1　英文名称:alexandrite。
5.1.6.2　矿物名称:金绿宝石。
5.1.6.3　材料性质:
化学成分:$BeAl_2O_4$;可含 Fe、Cr、V 等元素。
结晶状态:晶质体。
晶　　系:斜方晶系。
晶体习性:板状,短柱状。
常见颜色:日光下:黄绿、褐绿、灰绿至蓝绿。
白炽灯光下:橙红、褐红至紫红。
光　　泽:抛光面呈玻璃光泽至亚金刚光泽,断口呈玻璃光泽至油脂光泽。
解　　理:三组不完全解理。
摩氏硬度:8～8.5。
密　　度:3.73(±0.02)g/cm³。
光性特征:非均质体,二轴晶,正光性。
多 色 性:三色性,强,绿,橙黄和紫红。
折 射 率:1.746～1.755(+0.004,-0.006)。
双折射率:0.008～0.010。
紫外荧光:长波:无至中,紫红;短波:无至中,紫红。
吸收光谱:680 nm,678 nm 强吸收线,665 nm,655 nm,645 nm 弱吸收线,580 nm 和 630 nm 之间部分吸收带,476 nm,473 nm,468 nm 三条弱吸收线,紫区全吸收。
放大检查:指纹状包体,丝状包体。
特殊光学效应:变色效应,猫眼效应。

5.1.6.4　优化处理:未知。

5.1.7　祖母绿

5.1.7.1　英文名称:emerald。

5.1.7.2 矿物名称：绿柱石。

5.1.7.3 材料性质：

化学成分：$Be_3Al_2Si_6O_{18}$；可含有 Cr、Fe、Ti、V 等元素。

结晶状态：晶质体。

晶　　系：六方晶系。

晶体习性：常呈六方柱状。

常见颜色：浅至深绿色、蓝绿色、黄绿色。

光　　泽：玻璃光泽。

解　　理：一组不完全解理。

摩氏硬度：7.5～8。

密　　度：2.72(+0.18，-0.05)g/cm^3。

光性特征：非均质体，一轴晶，负光性。

多 色 性：中等至强，蓝绿，黄绿。

折 射 率：1.577～1.583(±0.017)。

双折射率：0.005～0.009。

紫外荧光：一般无，也可呈长波：弱，橙红、红；短波：弱，橙红、红(较长波弱)。

吸收光谱：683 nm，680 nm 强吸收线，662 nm，646 nm 弱吸收线，630 nm～580 nm 部分吸收带，紫光区全吸收。

放大检查：气-液-固三相包体；气-液两相包体；矿物包体，如方解石、黄铁矿、云母、电气石、阳起石、透闪石、石英、赤铁矿等；裂隙常较发育。

特殊光学效应：猫眼效应，星光效应(稀少)。

5.1.7.4 优化处理：

浸无色油：达表面裂隙可见油呈无色至淡黄色；长波紫外光下可呈黄绿色或绿黄色荧光；热针接近可有油析出，红外光谱测试出现油的吸收峰。

染色处理：放大检查可见颜色在裂隙间集中；多色性、紫外吸收光谱等异常。

充填处理：达表面裂隙处有“闪光效应”；红外光谱测试在 2 800 cm^{-1}～3 000 cm^{-1}、3 036 cm^{-1}、3 058 cm^{-1} 附近可有有机物吸收峰；发光图像分析可见明显的充填物分布。

覆膜处理：在浅绿色祖母绿表面或底部覆上绿色薄膜，放大检查可见部分薄膜脱落。

5.1.8 海蓝宝石

5.1.8.1 英文名称：aquamarine。

5.1.8.2 矿物名称：绿柱石。

5.1.8.3 材料性质

化学成分：$Be_3Al_2Si_6O_{18}$；可含有 Fe 等元素。

结晶状态：晶质体。

晶　　系：六方晶系。

晶体习性：六方柱状，常见晶面纵纹。

常见颜色：绿蓝色至蓝绿色、浅蓝色，一般色调较浅。

光　　泽：玻璃光泽。

解　　理：一组不完全解理。

摩氏硬度：7.5～8。

密　　度：2.72(+0.18，-0.05)g/cm^3。

光性特征：非均质体，一轴晶，负光性。

多 色 性：弱至中等，蓝色和绿蓝色或不同色调的蓝色。

折 射 率：1.577～1.583(±0.017)。

双折射率：0.005～0.009。

紫外荧光：无。

吸收光谱：537 nm 和 456 nm 弱吸收线，427 nm 强吸收线，依颜色变深而变强。

放大检查：液体包体，气、液两相包体，三相包体，平行管状包体。

特殊光学效应：猫眼效应。

5.1.8.4 优化处理：

热处理：蓝绿色、黄色由铁致色的绿色加热后可转成蓝色，稳定，不易检测。

充填处理：用树脂等材料充填表面空洞或裂隙，以改善外观和耐久性。放大检查可见表面光泽差异，裂隙或空洞偶见气泡，裂隙处可见“闪光效应”，红外光谱测试出现树脂类有机物吸收峰。

5.1.9 绿柱石

5.1.9.1 英文名称：beryl。

5.1.9.2 矿物名称：绿柱石。

5.1.9.3 材料性质

化学成分：$Be_3Al_2Si_6O_{18}$；可含 Fe、Mg、V、Cr、Ti、Li、Mn、K、Cs、Rb 等微量元素。

结晶状态：晶质体。

晶　　系：六方晶系。

晶体习性：六方柱状，偶见六方板状，常见晶面纵纹。

常见颜色：无色、绿、黄、浅橙、粉、红、蓝、棕、黑，粉红色绿柱石可称为摩根石。

光　　泽：玻璃光泽，断口为玻璃光泽至松脂光泽。

解　　理：一组不完全解理。

摩氏硬度：7.5～8。

密　　度：2.72(+0.18，−0.05)g/cm³。

光性特征：非均质体，一轴晶，负光性。

多 色 性：因颜色各异。黄色：弱，绿黄色和黄色，或不同色调的黄色。

绿色：弱至中等，蓝绿和绿，或不同色调的绿色。

摩根石：弱至中等，浅红和紫红。

折 射 率：1.577～1.583(±0.017)。

双折射率：0.005～0.009。

紫外荧光：通常弱。无色：无至弱，黄或粉；黄、绿色：一般无；摩根石：无至弱，粉或紫。

吸收光谱：通常无或弱的铁吸收。

放大检查：可含有固体矿物包体、气液两相包体，或管状包体。

特殊光学效应：猫眼效应，星光效应(稀少)。

5.1.9.4 优化处理：

热处理：常用于摩根石的颜色处理及去除黄色调，而产生纯粉红色，不易检测，400 ℃以下稳定。

辐照处理：由无色、浅粉变成黄色、海蓝色等，不易检测。

覆膜处理：在浅色、无色绿柱石表面覆上薄膜，放大检查有时可见部分薄膜脱落。

无色绿柱石外层再生长合成祖母绿薄膜，放大检查可见表面网状裂纹，侧面观察有多层分布现象。

5.1.10 碧玺

5.1.10.1 英文名称：tourmaline。

5.1.10.2 矿物名称：电气石。

5.1.10.3 材料性质：

化学成分：$(Na,K,Ca)(Al,Fe,Li,Mg,Mn)_3(Al,Cr,Fe,V)_6(BO_3)_3(Si_6O_{18})(OH,F)_4$。

结晶状态：晶质体。

晶　　系：三方晶系。

晶体习性：浑圆三方柱状或复三方锥柱状晶体，晶面纵纹发育。

常见颜色：各种颜色，同一晶体内外或不同部位可呈双色或多色。

光　　泽：玻璃光泽。

解　　理：无。

摩氏硬度：7～8。

密　　度：3.06(+0.20，−0.60)g/cm^3。

光性特征：非均质体，一轴晶，负光性。

多 色 性：中至强，深浅不同的体色。

折 射 率：1.624～1.644(+0.011，−0.009)。

双折射率：0.018～0.040；通常 0.020，暗色可达 0.040。

紫外荧光：一般无；粉红、红色碧玺：长、短波下呈弱红至紫色。

吸收光谱：红、粉红碧玺：绿光区宽吸收带，有时可见 525 nm 窄带，451 nm，458 nm 吸收线。

蓝、绿碧玺：红区普遍吸收，498 nm 强吸收带。

放大检查：气液包体、不规则管状包体，平行线状包体。

特殊光学效应：猫眼效应，变色效应(稀少)。

5.1.10.4 优化处理：

热 处 理：深色碧玺经热处理可使颜色变浅，稳定，不易检测。

染色处理：用着色剂渗入空隙染成红、粉、紫等色，以改善外观，放大检查可见裂隙中染料，棉签擦试可见染料。

充填处理：用树脂等材料充填表面空洞裂隙，以改善外观和耐久性。10X 放大检查可见表面光泽差异，裂隙或空洞偶见气泡，沿裂隙可见“闪光效应”，红外光谱测试出现有机物吸收峰。

辐照处理：浅粉色、浅黄色、绿色、蓝色或无色碧玺经辐照处理产生深粉色至红或深紫红色、黄至橙黄色、绿色等，不稳定，加热易褪色，不易检测。

覆膜处理：无色或近无色碧玺经覆膜处理可呈各种颜色。颜色鲜艳，折射率异常，膜层可呈亚金属光泽。

5.1.11 尖晶石

5.1.11.1 英文名称：spinel。

5.1.11.2 矿物名称：尖晶石。

5.1.11.3 材料性质：

化学成分：$MgAl_2O_4$；可含有 Cr、Fe、Zn、Mn 等元素。

结晶状态：晶质体。

晶　　系：等轴晶系。

晶体习性：八面体晶形，有时与菱形十二面体成聚形。

常见颜色：红、橙红、粉红、紫红、无色、黄、橙黄、褐、蓝、绿、紫。

光　　泽：玻璃光泽至亚金刚光泽。

解　　理：不完全。

摩氏硬度：8。

密　　度：3.60(+0.10，−0.03)g/cm^3，黑色近于4.00 g/cm^3。

光性特征：均质体。

多 色 性：无。

折 射 率：1.718(+0.017，−0.008)。

双折射率：无。

紫外荧光：红、橙、粉色：长波：弱至强，红、橙红；短波：无至弱，红、橙红。

绿色：长波：无至中，橙至橙红。

其他颜色：一般无。

吸收光谱：红色：685 nm，684 nm 强吸收线，656 nm 弱吸收带，595 nm～490 nm 强吸收带。

蓝色、紫色：460 nm 强吸收带，430 nm～435 nm，480 nm，550 nm，565 nm～575 nm，590 nm，625 nm 吸收带。

放大检查：固体包体，细小八面体负晶，可单个或呈指纹状分布，双晶纹。

特殊光学效应：星光效应(稀少)，变色效应。

5.1.11.4　优化处理：未知。

5.1.12　锆石

5.1.12.1　英文名称：zircon。

5.1.12.2　矿物名称：锆石。

5.1.12.3　材料性质：

化学成分：$ZrSiO_4$；可含有Ca、Mg、Mn、Fe、Al、P、Hf、U、Th等元素。

结晶状态：晶质体；由于放射性微量元素影响，使结晶程度降低，根据结晶程度，可分为高、中、低型。

晶　　系：四方晶系。

晶体习性：晶体常呈四方双锥状，柱状，板柱状。

常见颜色：无色、蓝色、黄色、绿色、褐色、橙色、红色、紫色。

光　　泽：玻璃光泽至金刚光泽。

解　　理：无。

摩氏硬度：6～7.5。

密　　度：多数在3.90～4.73 g/cm^3。

高型：4.60～4.80 g/cm^3。

中型：4.10～4.60 g/cm^3。

低型：3.90～4.10 g/cm^3。

光性特征：非均质体，一轴晶，正光性。

多 色 性：一般弱，多色性颜色表现为不同色调的体色。

蓝色：强，蓝，棕黄至无色。

绿色：很弱，绿，黄绿。

橙至褐色：弱至中，紫棕至棕黄。

红色：中，紫红至紫褐。

折 射 率：高型：1.925～1.984(±0.040)。

中型：1.875～1.905(±0.030)。

低型：1.810～1.815(±0.030)。

双折射率：0.001～0.059。
紫外荧光：蓝色：长波：无至中，浅蓝；短波：无。
绿色：一般无。
黄、橙黄：长、短波：无至中，黄、橙。
红、橙红：长、短波：无至强，黄、橙。
棕、褐：长、短波：无至极弱，红。
吸收光谱：可见 2～40 多条吸收线，特征吸收为 653.5 nm 吸收线。
放大检查：高型锆石可见有愈合裂隙，矿物包体等，重影明显。中低型锆石中可显示平直的分带现象，絮状包体。性脆，棱角易磨损。
特殊光学效应：猫眼效应（稀少）。

5.1.12.4 优化处理：

热 处 理：几乎所有蓝色锆石都是热处理产生的，也可产生无色、红色、棕色、黄色等，通常稳定，少数遇光后会变化。
辐照处理：无色锆石经辐照处理可变成深红、褐红、紫、橘黄色，蓝色锆石辐照可变成褐-红褐色，不稳定，不易检测。

5.1.13 托帕石

5.1.13.1 英文名称：topaz。

5.1.13.2 矿物名称：黄玉。

5.1.13.3 材料性质：

化学成分：$Al_2SiO_4(F,OH)_2$；可含有 Li、Be、Ga 等微量元素，粉红色可含 Cr。
结晶状态：晶质体。
晶　　系：斜方晶系。
晶体习性：柱状，柱面常有纵纹。
常见颜色：无色、淡蓝、蓝、黄、粉、粉红、褐红、绿。
光　　泽：玻璃光泽。
解　　理：一组完全解理。
摩氏硬度：8。
密　　度：3.53(±0.04)g/cm^3。
光性特征：非均质体，二轴晶，正光性。
多 色 性：弱至中；黄色：褐黄，黄，橙黄；褐色：黄褐，褐；红、粉色：浅红，橙红，黄；绿色：蓝绿，浅绿；蓝色：不同色调的蓝色。
折 射 率：1.619～1.627(±0.010)。
双折射率：0.008～0.010。
紫外荧光：长波：无至中，橙黄、黄、绿。
短波：无至弱，橙黄、黄、绿白。
吸收光谱：不特征。
放大检查：气-液二相包体，气-液-固三相包体，矿物包体，负晶。
特殊光学效应：猫眼效应（稀少）。

5.1.13.4 优化处理：

热 处 理：黄色、橙色和褐色加热转成粉色或红色，稳定，不可测。
辐照处理：无色托帕石辐照处理成深蓝或褐绿色，常附加热处理产生蓝色；黄色、橙色、褐绿色可经辐照加深颜色或去除杂色。多数不可测。

扩散处理：无色托帕石经钴离子等扩散处理可形成蓝色、蓝绿色等。浸油放大检查表层颜色不均匀，呈斑点状。表层所扩散的元素(如钴等)含量异常。

覆膜处理：无色托帕石经覆膜或喷镀熔结处理可呈现各种颜色，光泽异常，放大检查可见部分膜层脱落。

5.1.14 橄榄石

5.1.14.1 英文名称：peridot。

5.1.14.2 矿物名称：橄榄石。

5.1.14.3 材料性质：

化学成分：$(Mg,Fe)_2SiO_4$。

结晶状态：晶质体。

晶　　系：斜方晶系。

晶体习性：呈柱状或短柱状，多为不规则粒状。

常见颜色：黄绿色、绿色、褐绿色。

光　　泽：玻璃光泽，断口为玻璃光泽至亚玻璃光泽。

解　　理：{010}解理中等不完全。

摩氏硬度：6.5～7。

密　　度：3.34(+0.14，−0.07)g/cm³。

光性特征：非均质体，二轴晶，正光性或负光性。

多 色 性：弱，黄绿色，绿色。

折 射 率：1.654～1.690(±0.020)。

双折射率：0.035～0.038，常为0.036。

紫外荧光：无。

吸收光谱：453 nm，477 nm，497 nm强吸收带。

放大检查：盘状气液两相包体，深色矿物包体，负晶。

特殊光学效应：星光效应，猫眼效应(稀少)。

5.1.14.6 优化处理：未知。

5.1.15 石榴石

5.1.15.1 英文名称：garnet。

5.1.15.2 矿物名称：石榴石。

5.1.15.3 材料性质：

化学成分：铝质系列：$Mg_3Al_2(SiO_4)_3$—$Fe_3Al_2(SiO_4)_3$—$Mn_3Al_2(SiO_4)_3$。

钙质系列：$Ca_3Al_2(SiO_4)_3$—$Ca_3Fe_2(SiO_4)_3$—$Ca_3Cr_2(SiO_4)_3$。

结晶状态：晶质体。

晶　　系：等轴晶系

晶体习性：菱形十二面体、四角三八面体、菱形十二面体与四角三八面体的聚形。

常见颜色：除蓝色之外的各种颜色。

镁铝榴石：中至深橙红色、红色。

铁铝榴石：橙红至红、紫红至红紫，色调较暗。

锰铝榴石：橙色至橙红。

钙铝榴石：浅至深绿、浅至深黄、橙红，无色(少见)。

钙铁榴石、翠榴石：黄、绿、褐黑。

钙铬榴石:绿。

光　　泽:玻璃光泽至亚金刚光泽。

解　　理:无。

摩氏硬度:7～8。

密　　度:3.50 g/cm^3～4.30 g/cm^3。

镁铝榴石:3.78(+0.09,-0.16)g/cm^3。

铁铝榴石:4.05(+0.25,-0.12)g/cm^3。

锰铝榴石:4.15(+0.05,-0.03)g/cm^3。

钙铝榴石:3.61(+0.12,-0.04)g/cm^3。

钙铁榴石、翠榴石:3.84(±0.03)g/cm^3。

钙铬榴石:3.75(±0.03)g/cm^3。

光性特征:均质体,常见异常消光。

多 色 性:无。

折 射 率:铝质系列:1.710～1.830。

钙质系列:1.734～1.940。

镁铝榴石:1.714～1.742,常见 1.74。

铁铝榴石:1.790(±0.030)。

锰铝榴石:1.810(+0.004,-0.020)。

钙铝榴石:1.740(+0.020,-0.010)。

钙铁榴石、翠榴石:1.888(+0.007,-0.033)。

钙铬榴石:1.85(±0.030)。

双折射率:无。

紫外荧光:一般无,近于无色、黄色,浅绿色钙铝榴石可呈弱橙黄色荧光。

吸收光谱:镁铝榴石:564 nm 宽吸收带,505 nm 吸收线,含铁者可有 440 nm,445 nm 吸收线,优质镁铝榴石可有铬吸收(红区)。

铁铝榴石:504 nm,520 nm,573 nm 强吸收带,423 nm,460 nm,610 nm,680 nm～690 nm 弱吸收线。

锰铝榴石:410 nm,420 nm,430 nm 吸收线,460 nm,480 nm,520 nm 吸收带,有时可有 504 nm,573 nm 吸收线。

钙铝榴石:铁致色的贵榴石(hessonite)可有 407 nm,430 nm 吸收带。

钙铁榴石、翠榴石:440 nm 吸收带,也可有 618 nm,634 nm,685 nm,690 nm 吸收线。

钙铬榴石:未知。

放大检查:针状包体,不规则或浑圆状晶体包体,锆石放射晕圈,钙铁榴石中可见"马尾状"包体。

特殊光学效应:星光效应(稀少),通常四射星光,偶见六射星光(铁铝榴石);变色效应。

附加说明:石榴石族是由铝质系列和钙质系列矿物组成,其间有类质同象产生的过渡型矿物亚种,常见的主要有贵榴石、铬钒钙铝榴石、翠榴石、红榴石、水钙铝榴石。

贵榴石:为褐黄色的钙铝榴石,特征同钙铝榴石。

铬钒钙铝榴石:为绿色含铬、钒钙铝榴石,折射率为 1.73～1.75。

红榴石:为铁铝榴石与镁铝榴石之间的过渡品种$(Mg,Fe)_2Al_2(SiO_4)_3$,折射率 1.760(+0.010,-0.020),密度 3.84(±0.10)g/cm^3,吸收光谱基本与铁铝榴石相同。

翠榴石:为钙铁榴石含铬的变种,折射率 1.89,密度(3.81～3.87)g/cm^3,红区有 701 nm 铬吸收谱线。

5.1.15.4 **优化处理**

热 处 理:暗红色石榴石经热处理后颜色变浅。不可测。

充填处理:用树脂等材料充填表面空洞或裂隙,以改善外观和耐久性。放大检查可见表面光泽差异,裂隙或空洞偶见气泡,沿裂隙处有“闪光效应”。红外光谱测试出现有机物吸收峰。

5.1.16 水晶

5.1.16.1 英文名称:rock crystal。

5.1.16.2 矿物名称:石英。

5.1.16.3 材料性质:

化学成分:SiO_2;可含有 Ti、Fe、Al 等元素。

结晶状态:晶质体。

晶　　系:三方晶系。

晶体习性:六方柱状晶体,柱面横纹发育。

常见颜色:无色,浅至深的紫色,浅黄、中至深黄色,浅至深褐、棕色,绿至黄绿色,浅至中粉红。

紫晶:浅至深的紫色。

黄晶:浅黄、中至深黄色。

烟晶:浅至深褐、棕色。

绿水晶:绿至黄绿色。

芙蓉石:浅至中粉红,色调较浅。

发晶:无色、浅黄、浅褐等,可因含金红石常呈金黄、褐红等色,含电气石常呈灰黑色;含阳起石而呈灰绿色。

光　　泽:玻璃光泽。

解　　理:无。

摩氏硬度:7。

密　　度:2.66(+0.03,−0.02)g/cm³。

光性特征:非均质体,一轴晶,正光性,可有“牛眼”干涉图,紫晶常有巴西律双晶。

多 色 性:弱,颜色深浅变化。

折 射 率:1.544~1.553。

双折射率:0.009。

紫外荧光:长波:无;短波:无。

吸收光谱:不特征。

放大检查:色带,液体及气液二相包体,气-液-固三相包体,针状金红石、电气石及其他固体矿物包体,负晶。

特殊光学效应:星光效应(六射,常见于淡粉色石英中);猫眼效应。

5.1.16.4 优化处理:

热 处 理:a) 非常暗的紫晶加热可变浅。

b) 可去除烟色色调。

c) 紫晶加热转变成黄晶和绿水晶。

d) 有些烟晶加热转变成带绿色调的黄色水晶。

热处理的水晶类宝石颜色稳定,不易检测。

辐照处理:a) 无色水晶辐照后转变成烟晶,不易测定。

b) 芙蓉石辐照后可加深颜色,颜色稳定,不易测定。

染色处理：采用淬火炸裂纹，将粉色或其他颜色的染料浸入裂隙中，可通过放大检查和紫外荧光鉴别。

充填处理：用树脂等材料充填表面空洞或裂隙，以改善外观和耐久性。放大检查可见表面光泽差异，裂隙或空洞偶见气泡，沿裂隙处有“闪光效应”。红外光谱测试出现有机物吸收峰。

覆膜处理：无色水晶经覆膜处理可呈各种颜色，膜层呈亚金属光泽，可见膜层脱落。

5.1.17 **长石**

5.1.17.1 英文名称：fledspar。

5.1.17.2 矿物名称：长石。

5.1.17.3 材料性质：

化学成分：$XAlSi_3O_8$；X 为 Na、K、Ca-Al。

钾长石：$KAlSi_3O_8$；可含有 Ba、Na、Rb、Sr 等元素。

斜长石：$NaAlSi_3O_8$-$CaAl_2Si_2O_8$。

结晶状态：晶质体。

晶　　系：月光石，天河石：单斜或三斜晶系。

日光石，拉长石：三斜晶系。

晶体习性：板状，短柱状晶形。常发育卡氏双晶、聚片双晶、格子状双晶等。

常见颜色：常见无色至浅黄色、绿色、橙色、褐色。

月光石：无色至白色，常见蓝色、无色或黄色等晕彩。

天河石：亮绿或亮蓝绿至浅蓝色，常见绿色和白色的格子状色斑。

日光石：黄、橙黄至棕色，具红色或金色砂金效应。

拉长石：灰至灰黄、橙色至棕、棕红色、绿，具晕彩效应。

光　　泽：玻璃光泽，断口呈玻璃光泽至珍珠光泽或油脂光泽。

解　　理：两组完全解理。

摩氏硬度：6～6.5。

密　　度：2.55 g/cm^3～2.75 g/cm^3。

月光石：2.58(±0.03)g/cm^3。

天河石：2.56(±0.02)g/cm^3。

日光石：2.65(+0.02，−0.03)g/cm^3。

拉长石：2.70(±0.05)g/cm^3。

光性特征：非均质体，二轴晶，正光性或负光性。

多 色 性：通常无，也可有无至浅黄。

折 射 率：1.51～1.57。

月光石：1.518～1.526(±0.010)。

天河石：1.522～1.530(±0.004)。

日光石：1.537～1.547(+0.004，−0.006)。

拉长石：1.559～1.568(±0.005)。

双折射率：0.005～0.010。

月光石：0.005～0.008。

天河石：0.008(通常不可测)。

日光石：0.007～0.010。

拉长石：常为 0.009。

紫外荧光：无至弱，白、紫、红、黄等色。

吸收光谱：通常不特征。

放大检查：解理，双晶纹，气液包体，聚片双晶，针状包体等。

月光石：可见“蜈蚣状”包体，指纹状包体，针状包体。

天河石：常见网格状色斑。

日光石：常见红色或金色的板状包体，具金属质感。

拉长石：常见双晶纹，晕彩。

特殊光学效应：晕彩效应，猫眼效应，砂金效应，星光效应。

5.1.17.4 优化处理：

浸蜡：用以充填表面解理缝隙，中等稳定，热针可熔蜡，红外光谱测定。

覆膜处理：表面覆上蓝色或黑色薄膜，以产生晕彩。放大检查可见薄膜脱落。

扩散处理：经扩散产生鲜艳的颜色，表层所扩散元素(如 Cu 等)含量异常。

辐照处理：由白色微斜长石处理成蓝色天河石，很少见，不易检测。

5.1.18 方柱石

5.1.18.1 英文名称：scapolite。

5.1.18.2 矿物名称：方柱石。

5.1.18.3 材料性质：

化学成分：$Na_4Al_3Si_9O_{24}Cl$—$Ca_4Al_6Si_6O_{24}(CO_3,SO_4)$。

结晶状态：晶质体。

晶　　系：四方晶系。

晶体习性：柱状晶体，晶面常有纵纹。

常见颜色：无色、粉红、橙色、黄色、绿色、蓝色、紫色、紫红色。

光　　泽：玻璃光泽。

解　　理：一组中等解理，一组不完全解理。

摩氏硬度：6～6.5。

密　　度：2.60 g/cm^3～2.74 g/cm^3。

光性特征：非均质体，一轴晶，负光性

多 色 性：粉红、紫红、紫色：中至强，蓝和蓝紫红；黄色：弱至中，不同黄的色调。

折 射 率：1.550～1.564(+0.015，−0.014)。

双折射率：0.004～0.037。

紫外荧光：无至强，粉红、橙色或黄色。

吸收光谱：粉红色：663 nm 和 652 nm 吸收线。

放大检查：平行管状包体，针状包体，固体包体，气液包体，负晶。

特殊光学效应：猫眼效应。

5.1.18.4 优化处理：

辐照处理：由无色或黄色方柱石辐照处理成紫色、紫红色，不稳定，遇光会褪色。

5.1.19 柱晶石

5.1.19.1 英文名称：kornerupine。

5.1.19.2 矿物名称：柱晶石。

5.1.19.3 材料性质：

化学成分：$Mg_3Al_6(Si,Al,B)_5O_{21}(OH)$。

结晶状态：晶质体。

晶　　系:斜方晶系。

晶体习性:柱状晶体。

常见颜色:黄绿至褐绿、蓝绿、黄色、褐色、无色(少见)。

光　　泽:玻璃光泽。

解　　理:两组完全解理。

摩氏硬度:6～7。

密　　度:3.30(+0.05,−0.03)g/cm^3。

光性特征:非均质体,二轴晶,负光性,可显一轴晶干涉图假像。

多 色 性:褐绿色:强,绿色,黄色和红褐色。

折 射 率:1.667～1.680(±0.003)。

双折射率:0.012～0.017。

紫外荧光:长、短波:无至强,黄色。

吸收光谱:503 nm 吸收带。

放大检查:固体及气液包体,针状包体。

特殊光学效应:猫眼效应,星光效应(极稀少)。

5.1.19.4　优化处理:未知。

5.1.20　黝帘石

5.1.20.1　英文名称:zoisite。

5.1.20.2　矿物名称:黝帘石。

5.1.20.3　材料性质:

化学成分:$Ca_2Al_3(Si_2O_7)(SiO_4)O(OH)$;可含有 V、Cr、Mn 等元素。

结晶状态:晶质体。

晶　　系:斜方晶系。

晶体习性:柱状或板柱状。

常见颜色:坦桑石:蓝、紫蓝至蓝紫色;其他呈褐色、黄绿色、粉色。

光　　泽:玻璃光泽。

解　　理:一组完全解理。

摩氏硬度:8。

密　　度:3.35(+0.10,−0.25)g/cm^3。

光性特征:非均质体,二轴晶,正光性。

多 色 性:三色性强。

坦桑石:强,蓝色,紫红色和绿黄色。

褐色:强,绿色,紫色和浅蓝色。

黄绿色:强,暗蓝色,黄绿色和紫色。

折 射 率:1.691～1.700(±0.005)。

双折射率:0.008～0.013。

紫外荧光:无。

吸收光谱:蓝色:595,528 nm;黄色:455 nm 吸收线。

放大检查:气液包体,阳起石、石墨和十字石等矿物包体。

特殊光学效应:猫眼效应(稀少)。

附加说明:绿色黝帘石常与红宝石晶体及黑色角闪石共生,常呈集合体形态。

5.1.20.4　优化处理:

热 处 理：某些带褐色调的黝帘石加热后产生紫蓝色，稳定，不可测。

覆膜处理：表面覆上蓝色等颜色薄膜。放大检查可见薄膜脱落。

5.1.21 绿帘石

5.1.21.1 英文名称：epidote。

5.1.21.2 矿物名称：绿帘石。

5.1.21.3 材料性质：

化学成分：$Ca_2(Al,Fe)_3(Si_2O_7)(SiO_4)O(OH)$。

结晶状态：晶质体。

晶　　系：单斜晶系。

晶体习性：柱状或柱状集合体，常发育晶面纵纹。

常见颜色：浅至深绿色至棕褐色、黄、黑。

光　　泽：玻璃光泽至油脂光泽。

解　　理：一组完全解理。

摩氏硬度：6～7。

密　　度：3.40(+0.10，−0.15)g/cm^3。

光性特征：非均质体，二轴晶，负光性。

多 色 性：三色性，强，绿色，褐色和黄色。

折 射 率：1.729～1.768(+0.012，−0.035)。

双折射率：0.019～0.045。

紫外荧光：一般无。

吸收光谱：445 nm 强吸收带，有时具 475 nm 弱吸收线，不特征。

放大检查：气液包体，固体矿物包体。

特殊性质：遇热盐酸能部分溶解；遇氢氟酸能快速溶解。

5.1.21.4 优化处理：未知。

5.1.22 堇青石

5.1.22.1 英文名称：iolite。

5.1.22.2 矿物名称：堇青石。

5.1.22.3 材料性质：

化学成分：$Mg_2Al_4Si_5O_{18}$；可含有 Na、K、Ca、Fe、Mn 等元素及 H_2O。

结晶状态：晶质体。

晶　　系：斜方晶系。

晶体习性：短柱状晶形，常见双晶。

常见颜色：常见浅至深的蓝和紫色。也可有无色、略带黄的白色、绿、灰或褐色。

光　　泽：玻璃光泽。

解　　理：一组完全解理。

摩氏硬度：7～7.5。

密　　度：2.61(±0.05)g/cm^3。

光性特征：非均质体，二轴晶，负光性。

多 色 性：三色性，强。

紫色：浅紫，深紫，黄褐。

蓝色：无色至黄色，蓝灰，深紫。

折 射 率：1.542～1.551(+0.045，−0.011)。
双折射率：0.008～0.012。
紫外荧光：无。
吸收光谱：426 nm，645 nm 弱吸收带。
放大检查：颜色分带，气液包体。
特殊光学效应：星光效应，猫眼效应，砂金效应(稀少)。

5.1.22.4 优化处理：未知。

5.1.23 榍石

5.1.23.1 英文名称：sphene。
5.1.23.2 矿物名称：榍石。
5.1.23.3 材料性质：

化学成分：$CaTiSiO_5$。
结晶状态：晶质体。
　　晶　　系：单斜晶系。
　　晶体习性：扁平信封状晶体，横截面呈楔形。
常见颜色：黄色、绿色、褐色、橙色、无色，少见红色。
光　　泽：金刚光泽。
解　　理：两组中等解理。
摩氏硬度：5～5.5。
密　　度：3.52(±0.02)g/cm^3。
光性特征：非均质体，二轴晶，正光性。
多 色 性：黄绿色至褐色榍石：中～强，浅黄绿色，褐橙色和褐黄色。
折 射 率：1.900～2.034(±0.020)。
双折射率：0.100～0.135。
紫外荧光：无。
吸收光谱：有时见 580 nm 双吸收线。
放大检查：双折射线清晰，指纹状包体，矿物包体，双晶。
特殊性质：色散强(0.051)。

5.1.23.4 优化处理：未知。

5.1.24 磷灰石

5.1.24.1 英文名称：apatite。
5.1.24.2 矿物名称：磷灰石。
5.1.24.3 材料性质：

化学成分：$Ca_5(PO_4)_3(F,OH,Cl)$。
结晶状态：晶质体。
　　晶　　系：六方晶系。
　　晶体习性：六方柱状晶体。
常见颜色：无色、黄色、绿色、紫色、紫红色、粉红色、褐色、蓝色。
光　　泽：玻璃光泽。
解　　理：两组不完全解理。
摩氏硬度：5～5.5。

密　　度：3.18(±0.05)g/cm³。

光性特征：非均质体；一轴晶，负光性。

多 色 性：蓝色：强，蓝色，黄色至无色；其他颜色：极弱至弱。

折 射 率：1.634～1.638(+0.012，−0.006)。

双折射率：0.002～0.008，多为0.003。

紫外荧光：黄色：紫粉红；蓝色：蓝至浅蓝；绿色：绿黄；

　　紫色：长波：绿黄，短波：浅紫红。

吸收光谱：黄色、无色及具猫眼效应的宝石见580 nm双线。

放大检查：气液包体，固体矿物包体。

特殊光学效应：猫眼效应。

5.1.24.4　优化处理：未知。

5.1.25　辉石

5.1.25.1　英文名称：pyroxene。

5.1.25.2　矿物名称：辉石。

5.1.25.3　材料性质：

化学成分：XYZ_2O_6，X为Ca、Mg、Fe、Mn、Na、Li。

　　Y为Mg、Fe、Mn、Al、Cr、Ti、V。

　　Z为Si、Al。

　　透辉石：$CaMgSi_2O_6$；可含有Cr、Fe、V、Mn等元素。

　　顽火辉石：$(Mg,Fe)_2Si_2O_6$；可含有Ca、Al等元素。

　　普通辉石：$(Ca,Mg,Fe)_2(Si,Al)_2O_6$。

　　锂辉石：$LiAlSi_2O_6$；可含有Fe、Mn、Ti、Ga、Cr、V、Co、Ni、Cu、Sn等元素。

结晶状态：晶质体。

　　晶　　系：透辉石：单斜晶系。

　　　　顽火辉石：斜方晶系。

　　　　普通辉石：单斜晶系。

　　　　锂辉石：单斜晶系。

　　晶体习性：常见柱状晶体，也可呈片状、放射状、纤维状集合体，普通辉石可见板状晶体。

常见颜色：透辉石：常见蓝绿色至黄绿色、褐色、黑色、紫色、无色至白色。

　　顽火辉石：红褐色、褐绿色、黄绿色、无色(稀少)。

　　普通辉石：灰褐、褐、紫褐、绿黑色。

　　锂辉石：粉红色至蓝紫红色、绿色、黄色、无色、蓝色，通常色调较浅。

光　　泽：玻璃光泽。

解　　理：两组完全解理。

摩氏硬度：5～6；锂辉石6.5～7。

密　　度：3.10 g/cm³～3.52 g/cm³。

　　透辉石：3.29(+0.11，−0.07)g/cm³。

　　顽火辉石：3.25(+0.15，−0.02)g/cm³。

　　普通辉石：3.23～3.52 g/cm³。

　　锂辉石：3.18(±0.03)g/cm³。

光性特征：非均质体，二轴晶，正光性。

多 色 性：弱至强，三色性。

透辉石：浅至深绿色。

顽火辉石：褐黄，黄；绿，黄绿。

普通辉石：浅绿，浅褐，绿黄色。

锂辉石：粉红色至蓝紫红色：中等至强，粉红色至浅紫红色；无色、绿色：中等，蓝绿和黄绿。

折 射 率：1.660～1.772。

透辉石：1.675～1.701(+0.029，-0.010)，点测法 1.68 左右。

顽火辉石：1.663～1.673(±0.010)。

普通辉石：1.670～1.772。

锂辉石：1.660～1.676(±0.005)。

双折射率：0.008～0.033。

透辉石：0.024～0.030。

顽火辉石：0.008～0.011。

普通辉石：0.018～0.033。

锂辉石：0.014～0.016。

紫外荧光：通常无。

透辉石：绿色透辉石：长波：绿色；短波：无。

锂辉石：粉红色至蓝紫红色：长波：中至强，粉红色至橙色；

短波：弱至中，粉红色至橙色。

黄绿色：长波：弱橙黄色；短波：极弱，橙黄色。

绿色：无。

吸收光谱：透辉石：505 nm 吸收线；铬透辉石：635 nm，655 nm，670 nm 吸收线，690 nm 双吸收线。

顽火辉石：505 nm，550 nm 吸收线。

普通辉石：不特征。

锂辉石：不特征。

黄绿色：433 nm，438 nm 吸收线。

绿色：646 nm，669 nm，686 nm 吸收线，620 nm 附近宽带。

放大检查：气液包体，纤维状包体，矿物包体，解理。

特殊光学效应：星光效应(四射星光)，猫眼效应。

5.1.25.4 优化处理：

辐照处理：常用于锂辉石，无色或近于无色的锂辉石经辐照可转变成粉色，紫色调可转变成暗绿色，稍加热或见光会褪色。辐照产生的橙色、黄色、黄绿色锂辉石残留放射性，稳定，不易检测。

5.1.26 红柱石

5.1.26.1 英文名称：andalusite。

5.1.26.2 矿物名称：红柱石。

5.1.26.3 材料性质：

化学成分：Al_2SiO_5；可含有 V、Mn、Ti、Fe 等元素。

结晶状态：晶质体。

晶　　系：斜方晶系。

晶体习性：柱状晶体。

常见颜色：黄绿色、黄褐色，也有绿色、褐色、粉色、紫色(少见)。

内有黑色十字者称为空晶石。

光　　泽：玻璃光泽。

解　　理：一组中等解理。

摩氏硬度：7～7.5。

密　　度：3.17(±0.04)g/cm^3。

光性特征：非均质体，二轴晶，负光性。

多 色 性：三色性，强，褐黄绿，褐橙色和褐红色。

折 射 率：1.634～1.643(±0.005)。

双折射率：0.007～0.013。

紫外荧光：无至中等的绿至黄绿色(短波)。

吸收光谱：绿色、淡红、褐红在紫区可显 436 nm 和较弱的 445 nm 吸收线。

放大检查：针状包体，空晶石变种为黑色碳质包体呈十字形分布。

特殊光学效应：未见。

5.1.26.4　优化处理：

热 处 理：一些绿色红柱石加热产生粉色，稳定，不可测。

5.1.27　矽线石

5.1.27.1　英文名称：sillimanite。

5.1.27.2　矿物名称：矽线石。

5.1.27.3　材料性质：

化学成分：Al_2SiO_5；可含有 Fe 等元素。

结晶状态：晶质体。

晶　　系：斜方晶系。

晶体习性：柱状或纤维状。

常见颜色：白色至灰色、褐色、绿色、紫蓝色至灰蓝色(稀少)。

光　　泽：玻璃光泽至丝绢光泽。

解　　理：一组完全解理。

摩氏硬度：6～7.5。

密　　度：3.25(+0.02，－0.11)g/cm^3。

光性特征：非均质体，二轴晶，正光性；或呈非均质集合体。

多 色 性：蓝色矽线石：强，无色，浅黄色和蓝色。

折 射 率：1.659～1.680(+0.004，－0.006)。

双折射率：0.015～0.021。

紫外荧光：蓝色：弱，红色(长、短波)。

吸收光谱：410 nm，441 nm，462 nm 弱吸收带。

放大检查：纤维状结构。

特殊光学效应：猫眼效应。

5.1.27.4　优化处理：未知。

5.1.28　蓝晶石

5.1.28.1　英文名称：kyanite。

5.1.28.2　矿物名称：蓝晶石。

5.1.28.3　材料性质：

化学成分：Al_2SiO_5；可含有 Cr、Fe、Ca、Mg、Ti 等元素。
结晶状态：晶质体。
晶　　系：三斜晶系。
晶体习性：常呈柱状晶形，常见双晶。
常见颜色：浅至深蓝、绿、黄、灰、褐、无色。
光　　泽：玻璃光泽，断口可具玻璃光泽至珍珠光泽。
解　　理：一组完全解理，一组中等解理。
摩氏硬度：平行 C 轴方向：4～5；垂直 C 轴方向：6～7。
密　　度：3.68(+0.01，−0.12)g/cm^3。
光性特征：非均质体，二轴晶，负光性。
多 色 性：蓝色蓝晶石：中等，无色，深蓝和紫蓝。
折 射 率：1.716～1.731(±0.004)。
双折射率：0.012～0.017。
紫外荧光：长波：弱，红；短波：无。
吸收光谱：435 nm，445 nm 吸收带。
放大检查：固体矿物包体，解理，色带。
特殊光学效应：猫眼效应。

5.1.28.4　优化处理：未知。

5.1.29　鱼眼石

5.1.29.1　英文名称：apophyllite。

5.1.29.2　矿物名称：鱼眼石。

5.1.29.3　材料性质：

化学成分：$KCa_4Si_8O_{20}(F,OH)\cdot 8H_2O$。
结晶状态：晶质体。
晶　　系：四方晶系。
晶体习性：柱状、板状晶体，假立方晶体。
常见颜色：无色、黄色、绿色、紫色和粉红色。
光　　泽：玻璃光泽至珍珠光泽。
解　　理：一组完全解理。
摩氏硬度：4～5。
密　　度：2.40(±0.10)g/cm^3。
光性特征：非均质体，一轴晶，负光性。
多 色 性：深浅不同色调的颜色。
折 射 率：1.535～1.537。
双折射率：0.002。
紫外荧光：短波：无至弱，淡黄色。
吸收光谱：不特征。
放大检查：气液包体。
特殊光学效应：未见。

5.1.29.4　优化处理：未知。

5.1.30　天蓝石

5.1.30.1　英文名称：lazulite。

5.1.30.2 矿物名称：天蓝石。

5.1.30.3 材料性质：

化学成分：$MgAl_2(PO_4)_2(OH)_2$。

结晶状态：晶质体

晶　　系：单斜晶系。

晶体习性：柱状和锥状，集合体呈块状。

常见颜色：深蓝、蓝绿、紫蓝、蓝白、天蓝。

光　　泽：玻璃光泽。

解　　理：不清晰，少见。

摩氏硬度：5～6。

密　　度：3.09(+0.08，−0.01)g/cm³。

光性特征：非均质体，二轴晶，负光性。

多 色 性：强，暗紫蓝色，浅蓝，无色。

折 射 率：1.612～1.643(±0.005)。

双折射率：0.031。

紫外荧光：无。

吸收光谱：不特征。

放大检查：块状集合体，可含有白色包体。

特殊光学效应：未见。

5.1.30.4 优化处理：未知。

5.1.31 符山石

5.1.31.1 英文名称：idocrase(vesuvianite)。

5.1.31.2 矿物名称：符山石。

5.1.31.3 材料性质：

化学成分：$Ca_{10}Mg_2Al_4(SiO_4)_5(Si_2O_7)_2(OH)_4$；可含有Cu、Fe等元素。

结晶状态：晶质体。

晶　　系：四方晶系。

晶体习性：柱状晶体，块状集合体。

常见颜色：黄绿、棕黄、浅蓝至绿蓝、灰、白，常见斑点状色斑。

光　　泽：玻璃光泽。

解　　理：不完全。

摩氏硬度：6～7。

密　　度：3.40(+0.10，−0.15)g/cm³。

光性特征：非均质体，一轴晶，正光性或负光性。

多 色 性：无至弱，因颜色而异。

折 射 率：1.713～1.718(+0.003，−0.013)，点测常为1.71。

双折射率：0.001～0.012。

紫外荧光：无。

吸收光谱：464 nm吸收线，528.5 nm弱吸收线。

放大检查：气液包体，矿物包体。

特殊光学效应：未见。

5.1.31.4 优化处理：未知。

5.1.32 **硼铝镁石**

5.1.32.1 英文名称:sinhalite。

5.1.32.2 矿物名称:硼铝镁石。

5.1.32.3 材料性质:

化学成分:$MgAlBO_4$;可含有 Fe 等元素。

结晶状态:晶质体。

晶　　系:斜方晶系。

晶体习性:柱状晶体。

常见颜色:绿黄至褐黄色、褐色、浅粉(稀少)。

光　　泽:玻璃光泽。

解　　理:不清晰。

摩氏硬度:6～7。

密　　度:3.48(±0.02)g/cm^3。

光性特征:非均质体,二轴晶,负光性。

多 色 性:中等,浅褐,暗褐色。

折 射 率:1.668～1.707(+0.005,-0.003)。

双折射率:0.036～0.039。

紫外荧光:无。

吸收光谱:493 nm,475 nm,463 nm,452 nm 吸收线。

放大检查:可含各种天然包体。

特殊光学效应:未见。

5.1.32.4 优化处理:未知。

5.1.33 **塔菲石**

5.1.33.1 英文名称:taaffeite。

5.1.33.2 矿物名称:塔菲石。

5.1.33.3 材料性质:

化学成分:$MgBeAl_4O_8$;可含有 Ca、Fe、Mn、Cr 等元素。

结晶状态:晶质体。

晶　　系:六方晶系。

晶体习性:具六方双锥,六方桶状晶形。

常见颜色:粉至红、蓝、紫、紫红、棕色、无色、绿色。

光　　泽:玻璃光泽。

解　　理:无。

摩氏硬度:8～9。

密　　度:3.61(±0.01)g/cm^3。

光性特征:非均质体,一轴晶,负光性。

多 色 性:随颜色变化。

折 射 率:1.719～1.723(±0.002)。

双折射率:0.004～0.005。

紫外荧光:无至弱,绿色。

吸收光谱:不特征,可有 458 nm 弱吸收带。

放大检查:矿物包体,气液包体。

特殊光学效应:未见。

5.1.33.4 优化处理:未知。

5.1.34 蓝锥矿

5.1.34.1 英文名称:benitoite。

5.1.34.2 矿物名称:蓝锥矿。

5.1.34.3 材料性质:

化学成分:$BaTiSi_3O_9$。

结晶状态:晶质体。

晶　　系:六方晶系。

晶体习性:板状或柱状晶体。

常见颜色:蓝、紫蓝,常见具环带的浅蓝、无色或白色,粉色稀少。

光　　泽:玻璃光泽至亚金刚光泽。

解　　理:一组不完全解理。

摩氏硬度:6～7。

密　　度:3.68(+0.01,−0.07)g/cm^3。

光性特征:非均质体,一轴晶,正光性。

多 色 性:蓝色:强,蓝色和无色;紫色:紫红,紫。

折 射 率:1.757～1.804。

双折射率:0.047。

紫外荧光:长波:无;短波:强,蓝白。

吸收光谱:不特征。

放大检查:指纹状包体,矿物包体,色带,重影。

特殊性质:色散强(0.044)。

5.1.34.4 优化处理:未知。

5.1.35 重晶石

5.1.35.1 英文名称:barite。

5.1.35.2 矿物名称:重晶石。

5.1.35.3 材料性质:

化学成分:$(Ba,Sr)SO_4$,Ba 含量大于 Sr 含量。

结晶状态:晶质体。

晶　　系:斜方晶系。

晶体习性:板状,有时可呈柱状、粒状,纤维状集合体,或钟乳状、结核状集合体。

常见颜色:无色至红、黄、绿、蓝和褐色。

解　　理:两组完全解理。

摩氏硬度:3～4。

密　　度:4.50(+0.10,−0.20)g/cm^3。

光性特征:非均质体,二轴晶,正光性。

多 色 性:无至弱,因颜色各异。

折 射 率:1.636～1.648(+0.001,−0.002)。

双折射率:0.012。

紫外荧光:偶有荧光和磷光,弱蓝或浅绿。

吸收光谱:不特征。

放大检查:包体很多,有一些气液两相包体。

特殊光学效应:未见。

5.1.35.4 优化处理:未知。

5.1.36 天青石

5.1.36.1 英文名称:celestite。

5.1.36.2 矿物名称:天青石。

5.1.36.3 材料性质:

化学成分:$(Sr,Ba)SO_4$,其中 Sr 含量大于 Ba 含量,可含有 Pb、Ca、Fe 等元素。

结晶状态:晶质体。

晶　　系:斜方晶系。

晶体习性:常见板状,有时可呈柱状、粒状、纤维状集合体,可呈钟乳状、结核状集合体。

常见颜色:浅蓝色、无色、黄色、橙色、绿色。

光　　泽:玻璃光泽。

解　　理:两组完全解理。

摩氏硬度:3～4。

密　　度:3.87 g/cm^3～4.30 g/cm^3。

光性特征:非均质体,二轴晶,正光性。

多 色 性:弱,因颜色而异。

折 射 率:1.619～1.637。

双折射率:0.018。

紫外荧光:通常无,有时可显弱荧光。

吸收光谱:不特征。

放大检查:矿物包体,气液包体。

特殊光学效应:未见。

5.1.36.4 优化处理:未知。

5.1.37 方解石

5.1.37.1 英文名称:calcite。

5.1.37.2 矿物名称:方解石。

5.1.37.3 材料性质:

化学成分:$CaCO_3$;可含有 Mg、Fe、Mn 等元素。

结晶状态:晶质体。

晶　　系:三方晶系。

晶体习性:常见板、柱状,也常呈集合体。

常见颜色:几乎所有颜色。常见有无色、白色、浅黄色等。无色透明者称为冰洲石。

光　　泽:玻璃光泽。

解　　理:三组完全解理。

摩氏硬度:3。

密　　度:2.70(±0.05)g/cm^3。

光性特征:非均质体,一轴晶,负光性。

多 色 性:无至弱。
折 射 率:1.486～1.658。
双折射率:0.172。
紫外荧光:随体色而变。
吸收光谱:因存在杂质而具吸收谱线。
放大检查:强双折射现象,解理。
特殊光学效应:猫眼效应。

5.1.37.4 优化处理:

染色处理:可染成各种颜色。解理缝隙中可见染料。
充填处理:用树脂等材料充填表面空洞或裂隙,以改善外观和耐久性。表面光则差异。
辐照处理:以产生蓝色、黄色和浅紫色。某些颜色加热或长时间曝光会褪色,不易检测。

5.1.38 斧石

5.1.38.1 英文名称:axinite。
5.1.38.2 矿物名称:斧石。
5.1.38.3 材料性质:

化学成分:$Ca_4(Mn,Fe,Mg)_2Al_4B_2(Si_2O_7)_2O_2(OH)_2$。
结晶状态:晶质体。
　　晶　　系:三斜晶系。
　　晶体习性:板状晶体。
常见颜色:褐、紫褐、紫、褐黄、蓝。
光　　泽:玻璃光泽。
解　　理:一组中等解理。
摩氏硬度:6～7。
密　　度:3.29(+0.07,−0.03)g/cm^3。
光性特征:非均质体,二轴晶,负光性。
多 色 性:强,紫至粉,浅黄,红褐色。
折 射 率:1.678～1.688(±0.005)。
双折射率:0.010～0.012。
紫外荧光:通常无,黄色者可有红色荧光(短波)。
吸收光谱:412 nm,466 nm,492 nm,512 nm 吸收线。
放大检查:矿物包体,气液包体。
特殊光学效应:未见。

5.1.38.4 优化处理:未知。

5.1.39 锡石

5.1.39.1 英文名称:cassiterite。
5.1.39.2 矿物名称:锡石。
5.1.39.3 材料性质:

化学成分:SnO_2;可含有 Fe、Nb、Ta 等元素。
结晶状态:晶质体。
　　晶　　系:四方晶系。
　　晶体习性:四方锥状、膝状双晶。

常见颜色:暗褐至黑色、黄褐、黄、无色。

光　　泽:金刚光泽至亚金刚光泽。

解　　理:两组不完全解理。

摩氏硬度:6～7。

密　　度:6.95(±0.08)g/cm^3。

光性特征:非均质体,一轴晶,正光性。

多 色 性:弱至中,浅至暗褐。

折 射 率:1.997～2.093(+0.009,-0.006)。

双折射率:0.096～0.098。

紫外荧光:无。

吸收光谱:不特征。

放大检查:常见色带,强的双折射线。

特殊性质:色散强(0.071)。

5.1.39.4　优化处理:未知。

5.1.40　磷铝锂石

5.1.40.1　英文名称:amblygonite。

5.1.40.2　矿物名称:磷铝锂石。

5.1.40.3　材料性质:

化学成分:$(Li,Na)Al(PO_4)(F,OH)$。

结晶状态:晶质体。

晶　　系:三斜晶系。

晶体习性:粒状结构。

常见颜色:通常无色至浅黄、绿黄、浅粉、绿、蓝或褐。

光　　泽:玻璃光泽。

解　　理:两组完全解理。

摩氏硬度:5～6。

密　　度:3.02(±0.04)g/cm^3。

光性特征:非均质体,二轴晶,正或负光性。

多 色 性:无至弱,因颜色而异。

折 射 率:1.612～1.636(-0.034)。

双折射率:0.020～0.027。

紫外荧光:非常弱的绿色(长波),浅蓝色的磷光(长、短波)。

吸收光谱:不特征。

放大检查:似脉状液体包体,平行解理方向的云状物。

5.1.40.4　优化处理:未知。

5.1.41　透视石

5.1.41.1　英文名称:dioptase。

5.1.41.2　矿物名称:透视石。

5.1.41.3　材料性质:

化学成分:$Cu_6Si_6O_{18}\cdot 6H_2O$。

结晶状态:晶质体。

晶　　系：三方晶系。

晶体习性：短柱状。

常见颜色：蓝绿色、绿色。

光　　泽：玻璃光泽。

解　　理：三组完全解理。

摩氏硬度：5。

密　　度：3.30(±0.05)g/cm³。

光性特征：非均质体，一轴晶，正光性。

多 色 性：弱，因颜色而异。

折 射 率：1.655～1.708(±0.012)。

双折射率：0.051～0.053。

紫外荧光：无。

吸收光谱：550 nm 宽吸收带。

放大检查：气液包体。

特殊光学效应：未见。

5.1.41.4　优化处理：未知。

5.1.42　蓝柱石

5.1.42.1　英文名称：euclase。

5.1.42.2　矿物名称：蓝柱石。

5.1.42.3　材料性质：

化学成分：$BeAlSiO_4(OH)$；可含有 Fe、Cr 等元素。

结晶状态：晶质体。

晶　　系：单斜晶系。

晶体习性：短柱状。

常见颜色：无色、带黄的蓝绿色、蓝、绿蓝，通常为浅色。

光　　泽：玻璃光泽。

解　　理：一组完全解理。

摩氏硬度：7～8。

密　　度：3.08(+0.04，−0.08)g/cm³。

光性特征：非均质体，二轴晶，负光性。

多 色 性：蓝色：蓝灰，浅蓝；绿色：灰绿，绿。

折 射 率：1.652～1.671(+0.006，−0.002)。

双折射率：0.019～0.020。

紫外荧光：无至弱。

吸收光谱：468 nm，455 nm 吸收带，绿区、红区有吸收。

放大检查：颜色环带，红或蓝色板状包体。

特殊光学效应：未见。

5.1.42.4　优化处理：

辐照处理：由无色者辐照成蓝或浅绿色，不易检测，稳定性不详。

5.1.43　磷铝钠石

5.1.43.1　英文名称：brazilianite。

5.1.43.2　矿物名称：磷铝钠石。

5.1.43.3　材料性质：

化学成分：$NaAl_3(PO_4)_2(OH)_4$。

结晶状态：晶质体。

晶　　系：单斜晶系。

晶体习性：粒状晶体。

常见颜色：黄绿色至绿黄色，偶见无色。

光　　泽：玻璃光泽。

解　　理：一组中等解理。

摩氏硬度：5～6。

密　　度：2.97(±0.03)g/cm^3。

光性特征：非均质体，二轴晶，正光性。

多 色 性：弱，黄绿，绿。

折 射 率：1.602～1.621(±0.003)。

双折射率：0.019～0.021。

紫外荧光：无。

吸收光谱：不特征。

放大检查：气液包体，固相包体

特殊光学效应：未见。

5.1.43.4　优化处理：未知。

5.1.44　赛黄晶

5.1.44.1　英文名称：danburite。

5.1.44.2　矿物名称：赛黄晶。

5.1.44.3　材料性质：

化学成分：$CaB_2(SiO_4)_2$。

结晶状态：晶质体。

晶　　系：斜方晶系。

晶体习性：常呈短柱状，也可呈块状或粒状集合体。

常见颜色：黄色、无色、褐色、偶见粉红。

光　　泽：玻璃光泽至油脂光泽。

解　　理：一组极不完全解理。

摩氏硬度：7。

密　　度：3.00(±0.03)g/cm^3。

光性特征：非均质体，二轴晶，正或负光性。

多 色 性：弱，因颜色而异。

折 射 率：1.630～1.636(±0.003)。

双折射率：0.006。

紫外荧光：长波：无至强，浅蓝至蓝绿；短波：较长波弱。

吸收光谱：某些可见 580 nm 双吸收线。

放大检查：气液包体，固相包体。

特殊光学效应：未见。

5.1.44.4　优化处理：未知。

5.1.45 硅铍石

5.1.45.1 英文名称：phenakite。

5.1.45.2 矿物名称：硅铍石，又名似晶石。

5.1.45.3 材料性质：

化学成分：Be_2SiO_4；常含有少量的 Mg、Ca、Al、Na 等元素。

结晶状态：晶质体。

晶　　系：三方晶系。

晶体习性：呈菱面体或菱面体与柱面聚合而成的短柱状，或呈细粒状集合体。

常见颜色：无色、黄色、浅红色、褐色。

光　　泽：玻璃光泽。

解　　理：一组中等解理，一组不完全解理。

摩氏硬度：7～8。

密　　度：2.95(±0.05)g/cm^3。

光性特征：非均质体，一轴晶，正光性。

多 色 性：弱至中等，因颜色而异。

折 射 率：1.654～1.670(+0.026，−0.004)。

双折射率：0.016。

紫外荧光：长、短波：无至弱，粉，浅蓝或绿。

吸收光谱：不特征。

放大检查：固体包体，常见片状云母或针硫铋铅矿。

特殊光学效应：未见。

5.1.45.4 优化处理：未知。

5.2 天然玉石

5.2.1 翡翠

5.2.1.1 英文名称：jadeite，feicui。

5.2.1.2 矿物(岩石)名称：主要由硬玉或由硬玉及其他钠质、钠钙质辉石(如钠铬辉石，绿辉石)组成，可含少量角闪石、长石、铬铁矿等矿物。

5.2.1.3 材料性质：

化学成分：硬玉 $NaAlSi_2O_6$；可含有 Cr、Fe、Ca、Mg、Mn、V、Ti 等元素。

结晶状态：晶质集合体，常呈纤维状、粒状或局部为柱状的集合体。

常见颜色：白色、各种色调的绿色、黄、红橙、褐、灰、黑、浅紫红、紫、蓝等。

光　　泽：玻璃光泽至油脂光泽。

解　　理：硬玉具两组完全解理，集合体可见微小的解理面闪光，称为“翠性”。

摩氏硬度：6.5～7。

密　　度：3.34(+0.06，−0.09)g/cm^3。

光性特征：非均质集合体。

多 色 性：集合体不可测。

折 射 率：1.666～1.680(±0.008)，点测法常为 1.66。

双折射率：集合体不可测。

紫外荧光：无至弱，白、绿、黄。

吸收光谱:437 nm 吸收线;铬致色的绿色翡翠具 630 nm,660 nm,690 nm 吸收线。

放大检查:星点、针状、片状闪光(翠性),纤维交织结构至粒状纤维结构,固体包体。

特殊光学效应:猫眼效应(罕见)。

5.2.1.4 优化处理:

热 处 理:常用于将浅棕黄色至无色的翡翠,热处理改善成棕红、棕黄色。不易检测。

漂白浸蜡处理:经酸漂洗后,用蜡浸泡,以改善颜色和透明度,可见表面蜡状光泽,内部结构受到破坏,红外光谱中蜡峰异常。

漂白充填处理:光泽:抛光面显示树脂光泽或蜡状光泽。

密度:3.00 g/cm^3～3.34 g/cm^3。

折射率:常为 1.65(点测法)。

紫外荧光:无或蓝绿、黄绿。

放大检查:纤维交织结构,结构松散;表面呈桔皮状构造或沟渠状构造;抛光面见显微细裂纹。

红外光谱:(2 400～2 600)cm^{-1}和(2 800～3 200)cm^{-1}有强吸收峰。

染色处理:染料沿粒隙呈网状分布,铬盐染绿色者常具 650 nm 吸收带,有些致色物在查尔斯滤色镜下可显红色,某些致色物在滤色镜下无反应。

覆膜处理:浅色翡翠覆着绿色膜,以改变颜色。折射率低,放大检查可见表面光泽弱,无颗粒感,局部可见薄膜脱落。

5.2.2 软玉

5.2.2.1 英文名称:nephrite。

5.2.2.2 矿物(岩石)名称:主要由透闪石、阳起石组成,以透闪石为主。

5.2.2.3 材料性质:

化学成分:$Ca_2(Mg,Fe)_5Si_8O_{22}(OH)_2$。

结晶状态:晶质集合体,常呈纤维状集合体。

常见颜色:浅至深绿色、黄色至褐色、白色、灰色、黑色。

白玉:纯白至稍带灰、绿、黄色调。

青玉:浅灰至深灰的黄绿、蓝绿色。

青白玉:介于白玉和青玉之间。

碧玉:翠绿至绿色。

墨玉:灰黑至黑。

糖玉:黄褐至褐色。

光　　泽:玻璃光泽至油脂光泽。

解　　理:透闪石具两组完全解理,集合体通常不见。

摩氏硬度:6～6.5。

密　　度:2.95(+0.15,−0.05)g/cm^3。

光性特征:非均质集合体。

多 色 性:集合体不可测。

折 射 率:1.606～1.632(+0.009,−0.006),点测法:1.60～1.61。

双折射率:集合体不可测。

紫外荧光:无。

吸收光谱:不特征,500 nm 可见有模糊吸收线,优质绿色软玉可在红区有模糊吸收线。

放大检查:纤维交织结构,黑色固体包体。

特殊光学效应：猫眼效应。

5.2.2.4 优化处理：

浸　　蜡：以无色蜡或石蜡充填表面裂隙。热针可熔，红外光谱可见有机物吸收峰。

染色处理：整体或部分进行染色。表面常染成褐红、棕红至黄等色，染料沿粒隙分布于浅表面。

5.2.3 欧泊

5.2.3.1 英文名称：opal。

5.2.3.2 矿物(岩石)名称：蛋白石。

5.2.3.3 材料性质：

化学成分：$SiO_2 \cdot nH_2O$。

结晶状态：非晶质体。

常见颜色：可出现各种体色。

白色变彩欧泊可称为白欧泊；

黑、深灰、蓝、绿、棕或其他深色体色欧泊，可称为黑欧泊；

橙色、橙红色、红色欧泊，可称为火欧泊。

光　　泽：玻璃光泽至树脂光泽。

解　　理：无。

摩氏硬度：5～6。

密　　度：2.15(+0.08，−0.90)g/cm^3。

光性特征：均质体，火欧泊常见异常消光。

多 色 性：集合体不可测。

折 射 率：1.450(+0.020，−0.080)，火欧泊可低达1.37，通常1.42～1.43。

双折射率：集合体不可测。

紫外荧光：黑色或白色体色：无至中等的白到浅蓝色，绿色或黄色荧光，可有磷光。

其他体色黑欧泊：无至强，绿或黄绿色，可有磷光。

火欧泊：无至中等，绿褐色，可有磷光。

吸收光谱：绿色欧泊：660 nm，470 nm吸收线，其他不特征。

放大检查：色斑呈不规则片状边界平坦且较模糊，表面呈丝绢状外观。

特殊光学效应：变彩效应，猫眼效应(稀少)。

5.2.3.4 优化处理：

浸无色油：注入无色油或非固化材料以改善外观，可见异常晕彩或闪光效应，不易检测。

染色处理：染料常在空隙中呈微粒状富集，遇水会失去变彩。

充填处理：注入有色或无色塑料，以改善外观。密度低，约为1.90 g/cm^3，特征包体有黑色细纹，有时可见不透明金属小包体。

覆膜处理：在欧泊底部覆黑色膜，以改善变彩。放大检查可见部分薄膜脱落。

5.2.4 玉髓

5.2.4.1 英文名称：chalcedony。

5.2.4.2 矿物(岩石)名称：石英。

5.2.4.3 材料性质：

化学成分：SiO_2；可含有Fe、Al、Ti、Mn、V等元素。

结晶状态：隐晶质集合体，呈致密块状，也可呈球粒状、放射状或微细纤维状集合体。

玛瑙：呈同心层状和规则的条带状，可分为缠丝玛瑙、条纹玛瑙、苔纹玛瑙、火玛瑙、缟玛瑙。

常见颜色:各种颜色。

光　　泽:油脂光泽至玻璃光泽。

解　　理:无解理,贝壳状断口。

摩氏硬度:6.5～7。

密　　度:2.60(+0.10,−0.05)g/cm^3。

光性特征:隐晶质集合体。

多 色 性:集合体不可测。

折 射 率:1.535～1.539,点测法 1.53 或 1.54。

双折射率:集合体不可测。

紫外荧光:通常无,有时可显弱至强的黄绿色荧光。

吸收光谱:不特征。

放大检查:隐晶质结构,特殊图纹。

特殊光学效应:晕彩效应,猫眼效应。

5.2.4.4 优化处理:

热 处 理:热处理改善颜色,不易检测。

染色处理:可有各种颜色,染料沿裂隙分布,染绿色可有 645 nm,670 nm 模糊吸收带。

5.2.5 木变石

5.2.5.1 英文名称:tiger's-eye。

5.2.5.2 矿物(岩石)名称:主要矿物为石英。

5.2.5.3 材料性质:

化学成分:SiO_2。

结晶状态:晶质集合体,常呈纤维状结构。

常见颜色:虎睛石:棕黄、棕至红棕色;鹰眼石:灰蓝、暗灰蓝。

光　　泽:抛光面:蜡状光泽;断口:玻璃至丝绢光泽。

解　　理:无。

摩氏硬度:7。

密　　度:2.64 g/cm^3～2.71 g/cm^3。

光性特征:非均质集合体。

多 色 性:集合体不可测。

折 射 率:1.544～1.553,点测法:1.53 或 1.54。

双折射率:集合体不可测。

紫外荧光:无。

吸收光谱:不特征。

放大检查:纤维状结构,虎睛石可具波状纤维结构,鹰眼石纤维清晰。

特殊光学效应:猫眼效应。

5.2.5.4 优化处理:未知。

5.2.6 石英岩

5.2.6.1 英文名称:quartzite。

5.2.6.2 矿物(岩石)名称:石英岩,主要矿物为石英,可含有云母类矿物及赤铁矿、针铁矿等。

5.2.6.3 材料性质:

化学成分:石英:SiO_2。

结晶状态:晶质集合体,粒状结构。

常见颜色:各种颜色,常见绿色、灰色、黄色、褐色、橙红色、白色、蓝色等。

东陵石为具砂金效应的石英岩,含铬云母等呈绿色;含蓝线石呈蓝色;含锂云母呈紫色。

光　　泽:玻璃光泽至油脂光泽。

解　　理:无。

摩氏硬度:7。

密　　度:2.64 g/cm^3～2.71 g/cm^3。

光性特征:非均质集合体。

多 色 性:集合体不可测。

折 射 率:1.544～1.553,点测法常为1.54。

双折射率:集合体不可测。

紫外荧光:一般无;含铬云母石英岩:无至弱,灰绿或红。

吸收光谱:不特征,含铬云母的石英岩:可具682 nm,649 nm吸收带。

放大检查:粒状结构,可含云母或其他矿物包体。

特殊光学效应:东陵石具砂金效应。

特殊性质:含铬云母石英岩在查尔斯滤色镜下呈红色。

5.2.6.4　优化处理:

染色处理:可染成各种颜色,放大检测可见染料在粒间分布。绿色染色石英岩可见650 nm吸收带。

充填处理:用树脂等材料充填裂隙,红外光谱检测可出现有机物吸收峰。

5.2.7　蛇纹石

5.2.7.1　英文名称:serpentine。

5.2.7.2　矿物(岩石)名称:蛇纹岩,主要矿物为蛇纹石。

5.2.7.3　材料性质:

化学成分:蛇纹石:$(Mg,Fe,Ni)_3Si_2O_5(OH)_4$,常见伴生矿物方解石、滑石、磁铁矿等。

结晶状态:晶质集合体,常呈细粒叶片状或纤维状。

常见颜色:绿至绿黄、白色、棕色、黑色。

光　　泽:蜡状光泽至玻璃光泽。

解　　理:无。

摩氏硬度:2.5～6。

密　　度:2.57(+0.23,−0.13)g/cm^3。

光性特征:非均质集合体。

多 色 性:集合体不可测。

折 射 率:1.560～1.570(+0.004,−0.070)。

双折射率:集合体不可测。

紫外荧光:长波:无至弱绿;短波:无。

吸收光谱:不特征。

放大检查:黑色矿物包体,白色条纹,叶片状、纤维状交织结构。

特殊光学效应:猫眼效应(极少)。

5.2.7.4　优化处理:

浸　　蜡:用无色蜡充填裂隙或缺口,以改善外观,一般较稳定,可用热针来检测。

染色处理：可染成各种颜色，放大检查可见染料沿缝隙分布；染绿者可具 650 nm 吸收带。

5.2.8 独山玉

5.2.8.1 英文名称：dushan yu。

5.2.8.2 矿物（岩石）名称：主要组成矿物为斜长石（钙长石）、黝帘石等。

5.2.8.3 材料性质：

化学成分：随组成矿物比例而变化。

结晶状态：晶质集合体，常呈细粒致密块状。

常见颜色：白色、绿色、紫色、蓝绿色、黄色、黑色。

光　　泽：玻璃光泽。

解　　理：无。

摩氏硬度：6～7。

密　　度：2.70 g/cm³～3.09 g/cm³，一般为 2.90 g/cm³。

光性特征：非均质集合体。

多 色 性：集合体不可测。

折 射 率：1.560～1.700。

双折射率：集合体不可测。

紫外荧光：无至弱，蓝白、褐黄、褐红。

吸收光谱：不特征。

放大检查：纤维粒状结构，可见蓝色、蓝绿色或紫色色斑。

特殊光学效应：未见。

特殊性质：查尔斯滤色镜下略显红色。

5.2.8.4 优化处理：未知。

5.2.9 查罗石

5.2.9.1 英文名称：charoite。

5.2.9.2 矿物（岩石）名称：主要组成矿物为紫硅碱钙石，可含有霓辉石、长石、硅钛钙钾石等。

5.2.9.3 材料性质：

化学成分：紫硅碱钙石：$(K,Na)_5(Ca,Ba,Sr)_8(Si_6O_{15})_2Si_4O_9(OH,F)\cdot 11H_2O$。

结晶状态：晶质集合体，块状、纤维状集合体。

常见颜色：紫色、紫蓝色，可含有黑色、灰色、白色或褐棕色色斑。

光　　泽：玻璃光泽至蜡状光泽。

解　　理：紫硅碱钙石具三组解理，集合体通常不见。

摩氏硬度：5～6。

密　　度：2.68（+0.10，−0.14）g/cm³，因成分不同有变化。

光性特征：非均质体，二轴晶，正光性；常为非均质集合体。

多 色 性：集合体不可测。

折 射 率：1.550～1.559（±0.002），随成分不同有变化。

双折射率：0.009，集合体不可测。

紫外荧光：长波：无至弱，斑块状红色；短波：无。

吸收光谱：不特征。

放大检查：纤维状结构，含绿黑色霓石、普通辉石、绿灰色长石等矿物，色斑。

特殊光学效应：未见。

5.2.9.4 优化处理：未知。

5.2.10 钠长石玉

5.2.10.1 英文名称：albite jade。

5.2.10.2 矿物（岩石）名称：主要组成矿物为钠长石。

5.2.10.3 材料性质：

化学成分：钠长石：$NaAlSi_3O_8$。

结晶状态：晶质集合体。

钠长石：三斜晶系，呈板状或板柱状。

常见颜色：灰白、灰绿白、灰绿、白色、无色。

光　　泽：油脂光泽至玻璃光泽。

解　　理：钠长石具{001}完全解理。

摩氏硬度：6。

密　　度：2.60 g/cm^3～2.63 g/cm^3。

光性特征：非均质集合体。

多 色 性：集合体不可测。

折 射 率：1.52～1.54，点测法常为 1.52～1.53。

双折射率：集合体不可测。

紫外荧光：无。

吸收光谱：不特征。

放大检查：纤维状或粒状结构。

特殊光学效应：未见。

5.2.10.4 优化处理：未知。

5.2.11 蔷薇辉石

5.2.11.1 英文名称：rhodonite。

5.2.11.2 矿物（岩石）名称：主要矿物为蔷薇辉石和石英，及脉状、点状黑色氧化锰。

5.2.11.3 材料性质：

化学成分：蔷薇辉石：$(Mn,Fe,Mg,Ca)SiO_3$；石英：SiO_2。

结晶状态：晶质集合体，常呈细粒块状集合体。

常见颜色：浅红色、粉红、紫红色、褐红色，常有黑色斑点或脉，有时杂有绿色或黄色色斑。

光　　泽：玻璃光泽。

解　　理：蔷薇辉石具两组完全解理，集合体通常不见。

摩氏硬度：5.5～6.5。

密　　度：3.50(+0.26，−0.20)g/cm^3，随石英含量增加而降低。

光性特征：非均质集合体；蔷薇辉石为二轴晶，负光性或正光性；石英：一轴晶，正光性。

多 色 性：集合体不可测。

折 射 率：蔷薇辉石：1.733～1.747(+0.010，−0.013)，点测法常为 1.73，因常含石英可低至 1.54。

双折射率：集合体不可测。

紫外荧光：无。

吸收光谱：545 nm 吸收宽带，503 nm 吸收线。

放大检查：粒状结构，可见黑色脉状或点状氧化锰。

特殊光学效应：未见。

5.2.11.4 优化处理:未知。

5.2.12 阳起石

5.2.12.1 英文名称:actinolite。

5.2.12.2 矿物(岩石)名称:主要矿物为阳起石。

5.2.12.3 材料性质:

化学成分:阳起石:$Ca_2(Mg,Fe)_5Si_8O_{22}(OH)_2$。

结晶状态:晶质集合体,常呈纤维状晶质集合体。

常见颜色:浅至深的绿色、黄绿色、黑色。

光　　泽:玻璃光泽。

解　　理:两组完全解理;集合体通常不见。

摩氏硬度:5～6。

密　　度:3.00(+0.10,−0.05)g/cm³。

光性特征:阳起石:非均质体,二轴晶,负光性;常为非均质集合体。

多 色 性:中等,黄至深绿;集合体不可测。

折 射 率:1.614～1.641(±0.014),点测法:1.63(±0.01)。

双折射率:0.022～0.027,集合体不可测。

紫外荧光:无。

吸收光谱:503 nm 弱吸收线。

放大检查:平行纤维结构。

特殊光学效应:猫眼效应。

5.2.12.4 优化处理:未知。

5.2.13 绿松石

5.2.13.1 英文名称:turquoise。

5.2.13.2 矿物(岩石)名称:绿松石。

5.2.13.3 材料性质:

化学成分:$CuAl_6(PO_4)_4(OH)_8 \cdot 5H_2O$。

结晶状态:通常呈块状或皮壳状隐晶质集合体。

常见颜色:浅至中等蓝色、绿蓝色至绿色,常有斑点、网脉或暗色矿物杂质。

光　　泽:蜡状光泽至玻璃光泽。

解　　理:无。

摩氏硬度:5～6。

密　　度:2.76(+0.14,−0.36)g/cm³。

光性特征:非均质集合体。

多 色 性:集合体不可测。

折 射 率:1.610～1.650,点测法通常为 1.61。

双折射率:集合体不可测。

紫外荧光:长波:无至弱,绿黄色;短波:无。

吸收光谱:偶见 420 nm,432 nm,460 nm 吸收带。

放大检查:常见暗色基质。

特殊光学效应:未见。

5.2.13.4 优化处理:

浸　　蜡：表面浸蜡用来封住细微的孔隙。热针可熔蜡，密度低，红外光谱可见蜡峰。

充填处理：表面注入无色或有色塑料或加有金属的环氧树脂等材料，以改善外观。密度低，热针可使有机物熔化，红外光谱测定有机物，放大检查。

染色处理：将无色或浅色的绿松石材料染色成蓝色、蓝绿至绿色；或用黑色液状鞋油等材料染色，模仿暗色基质。放大检查可见染料沿裂隙分布，热针可熔化。

5.2.14 青金石

5.2.14.1 英文名称：lapis lazuli。

5.2.14.2 矿物(岩石)名称：主要矿物为青金石、方钠石，次要矿物有方解石、黄铁矿和蓝方石，有时含透辉石、云母、角闪石等矿物。

5.2.14.3 材料性质：

化学成分：青金石：$(NaCa)_8(AlSiO_4)_6(SO_4,Cl,S)_2$。

结晶状态：晶质集合体，常呈粒状结构，块状构造。

常见颜色：中至深微绿蓝色至紫蓝色，常有铜黄色黄铁矿、白色方解石、墨绿色透辉石、普通辉石的色斑。

光　　泽：抛光面呈玻璃光泽至蜡状光泽。

解　　理：集合体无。

摩氏硬度：5～6。

密　　度：2.75(±0.25)g/cm³。

光性特征：集合体。

多 色 性：集合体不可测。

折 射 率：一般1.50，有时因含方解石，可达1.67。

双折射率：集合体不可测。

紫外荧光：长波：方解石包体可发粉红色荧光；短波：弱至中等绿色或黄绿色。

吸收光谱：不特征。

放大检查：粒状结构，常含有方解石、黄铁矿等。

特殊性质：查尔斯滤色镜下呈褚红色。

5.2.14.4 优化处理：

浸蜡或浸无色油：可用热针检验，放大检查。

染色处理：缝隙中可见染料，用丙酮、酒精或稀盐酸可擦掉染料。

5.2.15 孔雀石

5.2.15.1 英文名称：malachite。

5.2.15.2 矿物(岩石)名称：孔雀石。

5.2.15.3 材料性质：

化学成分：$Cu_2CO_3(OH)_2$。

结晶状态：晶质集合体，常呈纤维状集合体，皮壳状结构。

常见颜色：鲜艳的微蓝绿至绿色，常有杂色条纹。

光　　泽：丝绢光泽至玻璃光泽。

解　　理：无。

摩氏硬度：3.5～4。

密　　度：3.95(+0.15，−0.70)g/cm³。

光性特征：非均质集合体。

多 色 性:集合体不可测。

折 射 率:1.655~1.909。

双折射率:0.254,集合体不可测。

紫外荧光:无。

吸收光谱:不特征。

放大检查:条纹状、同心环状结构。

特殊性质:遇盐酸起泡。

5.2.15.4 优化处理:

浸　　蜡:将蜡从表面浸入,放大检查或热针熔化。

充填处理:用塑料或树脂充填以利于抛光和掩盖小裂缝,改善耐久性。热针可熔化塑料或树脂,放大检查可见充填物。

5.2.16 硅孔雀石

5.2.16.1 英文名称:chrysocolla。

5.2.16.2 矿物(岩石)名称:硅孔雀石。

5.2.16.3 材料性质:

化学成分:$(Cu,Al)_2H_2Si_2O_5(OH)_4 \cdot nH_2O$,可含其他杂质。

结晶状态:隐晶质或胶状集合体,呈钟乳状、皮壳状、土状,常作致色剂存在于玉髓中。

常见颜色:绿色、浅蓝绿色,含杂质时可变成褐色、黑色。

光　　泽:蜡状光泽,具陶瓷状外观,玻璃光泽,土状者呈土状光泽。

解　　理:集合体无。

摩氏硬度:2~4,有时可达6±。

密　　度:2.0 g/cm³~2.4 g/cm³。

光性特征:非均质集合体。

多 色 性:集合体不可测。

折 射 率:1.461~1.570,点测法1.50左右。

双折射率:集合体不可测。

紫外荧光:一般无。

吸收光谱:不特征。

放大检查:隐晶质结构。

特殊光学效应:未见。

5.2.16.4 优化处理:未知。

5.2.17 葡萄石

5.2.17.1 英文名称:prehnite。

5.2.17.2 矿物(岩石)名称:葡萄石。

5.2.17.3 材料性质:

化学成分:$Ca_2Al(AlSi_3O_{10})(OH)_2$,可含Fe、Mg、Mn、Na、K等元素。

结晶状态:晶质集合体,常呈板状、片状、葡萄状、肾状、放射状或块状集合体。

常见颜色:白色、浅黄、肉红、绿,常呈浅绿色。

光　　泽:玻璃光泽。

解　　理:一组完全至中等解理,集合体通常不见。

摩氏硬度:6~6.5。

密　　度：2.80 g/cm³～2.95 g/cm³。

光性特征：非均质体，二轴晶，正光性，常呈非均质集合体。

多 色 性：集合体不可测。

折 射 率：1.616～1.649(+0.016，-0.031)，点测常为1.63。

双折射率：0.020～0.035，集合体不可测。

紫外荧光：无。

吸收光谱：438 nm弱吸收带。

放大检查：纤维状结构，放射状排列。

特殊光学效应：猫眼效应(罕见)。

5.2.17.4　优化处理：未知。

5.2.18　大理石

5.2.18.1　英文名称：marble。

5.2.18.2　矿物(岩石)名称：主要矿物为方解石，可有白云石、菱镁矿、蛇纹石、绿泥石等矿物。蓝田玉为蛇纹石化大理岩。

5.2.18.3　材料性质：

化学成分：方解石：$CaCO_3$；可含有Mg、Fe、Mn等元素。

结晶状态：晶质集合体。

常见颜色：各种颜色，常见有白色、黑色及各种花纹和颜色。白色大理石常称为汉白玉。

光　　泽：玻璃光泽至油脂光泽。

解　　理：方解石具三组完全解理。

摩氏硬度：3。

密　　度：2.70(±0.05)g/cm³。

光性特征：非均质集合体；方解石：一轴晶，负光性。

多 色 性：集合体不可测。

折 射 率：1.486～1.658。

双折射率：集合体不可测。

紫外荧光：多变。

吸收光谱：大理石由于不纯净可显示吸收。

放大检查：粒状结构，可见三组解理发育；或片状(板状)结构；或纤维状结构。

特殊性质：遇盐酸起泡。

5.2.18.4　优化处理：

染色处理：可染成各种颜色，放大检查可见裂隙及解理中的颜色。

充填处理：用树脂等材料充填裂隙，红外光谱检测可出现有机物吸收峰。

覆膜处理：表面覆各种颜色的膜层，用于仿其他宝石。表面折射率偏低，放大检查可见膜层脱落现象。

5.2.19　菱锌矿

5.2.19.1　英文名称：smithsonite。

5.2.19.2　矿物(岩石)名称：菱锌矿。

5.2.19.3　材料性质：

化学成分：$ZnCO_3$；可含有Fe、Mn、Mg、Ca等元素。

结晶状态：晶质体或晶质集合体。

晶　　系：单晶：三方晶系。

晶体习性：菱形晶体(罕见)，常呈致密块状，钟乳状、条带状、肾状或粒状集合体。

常见颜色：绿、蓝、黄、棕、粉、白至无色。

光　　泽：玻璃光泽至亚玻璃光泽。

解　　理：三组完全解理，集合体通常不见。

摩氏硬度：4～5。

密　　度：4.30(+0.15)g/cm^3。

光性特征：菱锌矿：一轴晶，负光性；常为非均质集合体。

多 色 性：集合体不可测。

折 射 率：1.621～1.849。

双折射率：0.225～0.228，集合体不可测。

紫外荧光：无～强，颜色各异。

吸收光谱：不特征。

放大检查：单晶具三组完全解理，集合体常呈放射状结构。

特殊性质：遇盐酸起泡。

5.2.19.4　优化处理：未知。

5.2.20　菱锰矿

5.2.20.1　英文名称：rhodochrosite。

5.2.20.2　矿物(岩石)名称：主要矿物为菱锰矿。

5.2.20.3　材料性质：

化学成分：$MnCO_3$；可含有 Fe、Ca、Zn、Mg 等元素。

结晶状态：晶质体或晶质集合体。

晶　　系：三方晶系。

晶体习性：菱形晶体，多为晶质集合体，呈结核、鲕状、肾状。

常见颜色：粉红色，通常在粉红底色上可有白色、灰色、褐色或黄的条纹，透明晶体可呈深红色。

光　　泽：玻璃光泽至亚玻璃光泽。

解　　理：三组完全解理，集合体通常不见。

摩氏硬度：3～5。

密　　度：3.60(+0.10，−0.15)g/cm^3。

光性特征：一轴晶，负光性；常见非均质集合体。

多 色 性：透明晶体为中等至强，橙黄、红，集合体不可测。

折 射 率：1.597～1.817(±0.003)。

双折射率：0.220，集合体不可测。

紫外荧光：长波：无至中，粉；短波：无至弱，红。

吸收光谱：410 nm，450 nm，540 nm 弱吸收带。

放大检查：条带状，层纹状构造。

特殊性质：遇盐酸起泡。

5.2.20.4　优化处理：未知。

5.2.21　白云石

5.2.21.1　英文名称：dolomite。

5.2.21.2　矿物(岩石)名称：白云石。

5.2.21.3　材料性质：

化学成分：$CaMg(CO_3)_2$；可含有 Fe、Mn、Pb、Zn 等元素。

结晶状态：晶质体或晶质集合体。

晶　　系：三方晶系。

晶体习性：菱面体，常呈块状集合体。

常见颜色：无色、白、带黄色或褐色色调。

光　　泽：玻璃光泽至珍珠光泽。

解　　理：白云石具三组完全解理。

摩氏硬度：3～4。

密　　度：2.86 g/cm^3～3.20 g/cm^3。

光性特征：白云石为一轴晶，负光性；常为非均质集合体。

多 色 性：无至弱，集合体不可测。

折 射 率：1.505～1.743。

双折射率：0.179～0.184，集合体不可测。

紫外荧光：橙、蓝、绿、绿白。

吸收光谱：不特征。

放大检查：可见三组完全解理。

特殊性质：遇盐酸起泡。

5.2.21.4　优化处理：未知。

5.2.22　萤石

5.2.22.1　英文名称：fluorite。

5.2.22.2　矿物（岩石）名称：萤石。

5.2.22.3　材料性质：

化学成分：CaF_2。

结晶状态：晶质体晶系：等轴晶系。

晶体习性：常呈立方体、八面体、菱形十二面体及聚形，也呈条带状致密块状集合体。

常见颜色：绿、蓝、棕、黄、粉、紫、无色等。

光　　泽：玻璃光泽至亚玻璃光泽。

解　　理：四组完全解理。

摩氏硬度：4。

密　　度：3.18(+0.07,−0.18)g/cm^3。

光性特征：均质体，常呈集合体。

多 色 性：无。

折 射 率：1.434(±0.001)。

双折射率：无。

紫外荧光：随不同品种而异，一般具很强荧光，可具磷光。

吸收光谱：不特征，变化大，一般具强吸收。

放大检查：色带，两相或三相包体，可见解理呈三角形发育。

特殊光学效应：变色效应。

5.2.22.4　优化处理：

热 处 理：常将黑色、深蓝色热处理蓝色，稳定，避免 300 ℃以上的受热，不易检测。

充填处理：用树脂等充填表面裂隙，以保证加工时不裂开；在充填时加入荧光剂，使其具有或加强其磷光效应。放大检查可见裂隙内充填物残余，裂隙中可见荧光、磷光现象较强。

辐照处理：无色的萤石可辐照成紫色，但见光很快褪色，很不稳定。原来没有磷光效应的萤石也可通过辐照产生磷光效应。

覆膜处理：萤石表面覆膜以改善外观，增加耐久性。光泽差异，放大检查有时可见气泡、局部薄膜脱落。

5.2.23 水钙铝榴石

5.2.23.1 英文名称：hydrogrossular。

5.2.23.2 矿物（岩石）名称：水钙铝榴石，可与符山石共生。

5.2.23.3 材料性质：

化学成分：水钙铝榴石：$Ca_3Al_2(SiO_4)_{3-x}(OH)_{4x}$，其中（OH）可替代部分（$SiO_4$）。

结晶状态：晶质体或晶质集合体。

晶　　系：等轴晶系。

晶体习性：常呈块状集合体。

常见颜色：绿至蓝绿色、粉、白、无色。

光　　泽：抛光面：玻璃光泽；断口：油脂光泽至玻璃光泽。

解　　理：无。

摩氏硬度：7。

密　　度：3.47（+0.08，−0.32）g/cm^3。

光性特征：均质体，常呈集合体。

多 色 性：无。

折 射 率：1.720（+0.010，−0.050）。

双折射率：无。

紫外荧光：无。

吸收光谱：暗绿色：460 nm 以下全吸收；其他颜色：463 nm 附近吸收（因含符山石）。

放大检查：黑色点状包体。

特殊性质：查尔斯滤色镜下呈粉红至红色。

5.2.23.4 优化处理：未知。

5.2.24 滑石

5.2.24.1 英文名称：talc。

5.2.24.2 矿物（岩石）名称：滑石。

5.2.24.3 材料性质：

化学成分：$Mg_3Si_4O_{10}(OH)_2$。

结晶状态：晶质集合体。

晶　　系：单斜晶系。

晶体习性：板状晶体或呈块状或显微鳞片状集合体。

常见颜色：浅至深绿、白、灰、褐色。

光　　泽：蜡状光泽至油脂光泽。

解　　理：无。

摩氏硬度：1～3。

密　　度：2.75（+0.05，−0.55）g/cm^3。

光性特征：非均质体，二轴晶，负光性。常呈非均质集合体。

多 色 性:集合体不可测。

折 射 率:1.540～1.590(+0.010,-0.002)。

双折射率:0.050,集合体不可测。

紫外荧光:长波:无至弱,粉。

吸收光谱:不特征。

放大检查:常含有脉状、斑块状掺杂物,手感滑润。

特殊光学效应:未见。

5.2.24.4 优化处理:

染色处理:可染成各种颜色,放大检查可见染料。

覆膜处理:用塑料或石蜡等材料进行包膜,以掩盖表面裂隙或便于抛光,放大检查可见有薄膜脱落,锐器可刮。

5.2.25 硅硼钙石

5.2.25.1 英文名称:datolite。

5.2.25.2 矿物(岩石)名称:硅硼钙石。

5.2.25.3 材料性质:

化学成分:$CaBSiO_4(OH)$。

结晶状态:晶质体或晶质集合体。

晶　　系:单斜晶系。

晶体习性:常呈粒状或块状集合体。

常见颜色:无色、白、浅绿、浅黄、粉、紫、褐、灰色。

光　　泽:玻璃光泽。

解　　理:无。

摩氏硬度:5～6。

密　　度:2.95(±0.05)g/cm^3。

光性特征:非均质体,二轴晶,负光性;常呈非均质集合体。

多 色 性:集合体不可测。

折 射 率:1.626～1.670(-0.004)。

双折射率:0.044～0.046,集合体不可测。

紫外荧光:无至中,蓝色(短波)。

吸收光谱:不特征。

放大检查:双折射线,气液包体。

特殊光学效应:未见。

5.2.25.4 优化处理:未知。

5.2.26 羟硅硼钙石

5.2.26.1 英文名称:howlite。

5.2.26.2 矿物(岩石)名称:羟硅硼钙石,又名软硼钙石。

5.2.26.3 材料性质:

化学成分:$Ca_2B_5SiO_9(OH)_5$。

结晶状态:晶质集合体,常呈块状集合体。

常见颜色:白色、灰白色,常具深灰色和黑网脉。

光　　泽:玻璃光泽。

解　　理：无。

摩氏硬度：3～4。

密　　度：2.58(−0.13)g/cm³。

光性特征：非均质集合体。

多 色 性：集合体不可测。

折 射 率：1.586～1.605(±0.003)，点测法通常为1.59。

双折射率：0.019，集合体不可测。

紫外荧光：长波：褐黄色；短波：弱至中等，橙色。

吸收光谱：不特征。

放大检查：深灰色或黑色蛛网状脉。

特殊光学效应：未知。

5.2.26.4　优化处理：

染色处理：可染成绿色(模仿绿松石)、蓝色(模仿青金石)等颜色。颜色非天然分布，颜色集中于网脉中。会褪色，滤色镜下呈粉或红色。

5.2.27　方钠石

5.2.27.1　英文名称：sodalite。

5.2.27.2　矿物(岩石)名称：主要组成矿物为方钠石。

5.2.27.3　材料性质：

化学成分：方钠石：$Na_8Al_6Si_6O_{24}Cl_2$。

结晶状态：晶质体或晶质集合体。

　　晶　　系：等轴晶系。

　　晶体习性：通常呈块状、结核状集合体。

常见颜色：深蓝至紫蓝，常含白色脉(也可为黄色或红色)，少见灰色、绿色、黄色、白色或粉红色。

光　　泽：玻璃光泽至油脂光泽。

解　　理：菱形十二面体解理，集合体不易见。

摩氏硬度：5～6。

密　　度：2.25(+0.15，−0.10)g/cm³。

光性特征：均质体，常呈集合体。

多 色 性：无。

折 射 率：1.483(±0.004)。

双折射率：无。

紫外荧光：长波：无至弱，橙红色斑块状荧光。

吸收光谱：不特征。

放大检查：常见白色脉。

特殊性质：遇盐酸侵蚀。

特殊光学效应：变色效应。

5.2.27.4　优化处理：未知。

5.2.28　赤铁矿

5.2.28.1　英文名称：hematite。

5.2.28.2　矿物(岩石)名称：赤铁矿。

5.2.28.3　材料性质：

化学成分：Fe_2O_3。
结晶状态：晶质集合体，常为块状、粒状、放射状集合体。
常见颜色：深灰色至黑色。
光　　泽：金属光泽。
解　　理：无解理，锯齿状断口，断口光泽弱。
摩氏硬度：5～6。
密　　度：5.20(+0.08，－0.25)g/cm³。
光性特征：集合体。
多 色 性：集合体不可测。
折 射 率：2.940～3.220(－0.070)。
双折射率：0.280，集合体不可测。
紫外荧光：无。
吸收光谱：不特征。
放大检查：不可见，外部可见断口。
特殊性质：条痕及断口表面通常呈红褐色。

5.2.28.4　优化处理：未知。

5.2.29　天然玻璃

5.2.29.1　英文名称：natural glass。
5.2.29.2　矿物(岩石)名称：玻璃陨石，火山玻璃(黑曜岩，玄武玻璃)。
5.2.29.3　材料性质：

化学成分：主要为 SiO_2，可含多种杂质。
结晶状态：非晶质体。
常见颜色：玻璃陨石：中至深的黄色、灰绿色；火山玻璃：黑色(常带白色斑纹)，褐色至褐黄色、橙色、红色，绿色、蓝色、紫红色少见，黑曜岩常具白色斑块，有时呈菊花状。
光　　泽：玻璃光泽。
解　　理：无；具贝壳状断口。
摩氏硬度：5～6。
密　　度：玻璃陨石：2.36(±0.04)g/cm³；火山玻璃：2.40(±0.10)g/cm³。
光性特征：均质体，常见异常消光。
多 色 性：无。
折 射 率：1.490(+0.020，－0.010)。
双折射率：无。
紫外荧光：通常无。
吸收光谱：不特征。
放大检查：圆形和拉长气泡，流动构造，黑耀岩中常见晶体包体，似针状包体。
特殊光学效应：猫眼效应(稀少)。

5.2.29.4　优化处理：未知。

5.2.30　鸡血石

5.2.30.1　英文名称：chicken-blood stone。
5.2.30.2　矿物(岩石)名称："血"主要矿物为辰砂
　　　　"地"主要矿物为：迪开石、高岭石、叶蜡石、明矾石等。

5.2.30.3 材料性质：

化学成分：多种矿物集合，其中辰砂为 HgS。

结晶状态：隐晶质、微晶质集合体，致密块状。

常见颜色：由“血”和“地”两个部分组成。

“血”呈鲜红、朱红、暗色等红色，由辰砂的颜色、含量、粒度及分布状态决定。氧化后会变黑。

“地”常呈白色、灰白、灰黄白、灰黄、褐黄等色。

光　　泽：土状光泽，蜡状光泽至玻璃光泽。

解　　理：无。

摩氏硬度：2.5～7。

密　　度：$2.53\ g/cm^3 \sim 2.74\ g/cm^3$。

光性特征：非均质集合体。

多 色 性：集合体不可测。

折 射 率：“地”1.53～1.59(点测法)。

“血”>1.81。

双折射率：集合体不可测。

紫外荧光：不特征。

吸收光谱：不特征。

放大检查：“血”呈微细粒或细粒状，成片或零星分布于“地”中。

特殊光学效应：无。

5.2.30.4 优化处理：

充填处理：用胶或树脂充填于裂隙或凹坑中，表面呈蜡状或油脂光泽，热针可熔。

染色处理：将红色颜料或辰砂粉充填于裂隙或凹坑中，可见“血”颜色单一，多沿裂隙或凹坑分布，染料颗粒无定形。

覆膜处理：用辰砂粉或红色颜料与胶混合，涂于表层以增加“血”色。可见“血”色飘浮于透明层中，偶见涂刷痕迹。

5.2.31 寿山石

5.2.31.1 英文名称：larderite

5.2.31.2 矿物(岩石)名称：主要矿物为：迪开石、高岭石、珍珠陶土、伊利石、叶蜡石等

5.2.31.3 材料性质：

化学成分：多种矿物集合，其中迪开石：$Al_4(Si_4O_{10})(OH)_8$。

结晶状态：晶质集合体。

常见颜色：常为黄、白、红、褐等色。其中产于中坂田中的各种黄、红、白、黑色田坑石称为“田黄”。

光　　泽：土状光泽，抛光面呈蜡状光泽或油脂光泽。

解　　理：无，具贝壳状断口。

摩氏硬度：2～3。

密　　度：$2.5\ g/cm^3 \sim 2.7\ g/cm^3$。

光性特征：非均质集合体。

多 色 性：集合体不可测。

折 射 率：1.56(点测法)。

双折射率：集合体不可测。

紫外荧光：通常无。

吸收光谱：不特征。

放大检查：致密块状构造，隐晶质至细粒状呈显微鳞片状结构，其中田黄或某些水坑石常具特殊的“萝卜纹”状条纹构造。

特殊光学效应：无。

5.2.31.4 优化处理：

热处理：用烟熏或加化学试剂烧烤或恒温加热，将其表面处理成“黑色”或红色。其颜色分布均匀完整，且仅在浅表面，无“萝卜纹”。

染色处理：用蒸煮或罩染等方法将寿山石染成黄色或红色至暗红色，以仿“田黄”。其颜色沉淀集中于裂隙或孔洞中，无“萝卜纹”。

覆膜处理：用黄色石粉与环氧树脂混合调匀，涂染于表面，制成假石皮，以仿“田黄”。其表面光泽异常，易具擦痕，刮下石粉呈黄色，石质较干燥，无“萝卜纹”。

5.2.32 青田石

5.2.32.1 英文名称：qingtian stone。

5.2.32.2 矿物(岩石)名称：主要矿物为叶蜡石、迪开石、高岭石等。

5.2.32.3 材料性质：

化学成分：多种矿物集合，其中叶蜡石 $Al_2(Si_4O_{10})(OH)_2$。

结晶状态：晶质集合体，致密块状。

常见颜色：浅绿、浅黄、白色、灰色等。

光　　泽：玻璃光泽，块状呈油脂光泽。

解　　理：无。

摩氏硬度：1～1.5。

密　　度：2.65 g/cm^3～2.90 g/cm^3。

光性特征：非均质集合体。

多 色 性：集合体不可测。

折 射 率：1.53～1.60。

双折射率：集合体不可测。

紫外荧光：不特征。

吸收光谱：不特征。

放大检查：致密块状，可含有蓝色、白色等斑点。

特殊光学效应：无。

5.2.32.4 优化处理：未知。

5.2.33 水镁石

5.2.33.1 英文名称：brucite。

5.2.33.2 矿物(岩石)名称：水镁石。

5.2.33.3 材料性质：

化学成分：$Mg(OH)_2$。

结晶状态：晶质集合体。常呈片状或板状集合体。

常见颜色：白、灰、浅绿、黄色、褐红色等。

光　　泽：玻璃光泽，解理面上显珍珠光泽。

解　　理：(0001)极完全解理。

摩氏硬度：2～3。

密　　度：2.38 g/cm^3～3.40 g/cm^3。
光性特征：非均质集合体。
多 色 性：集合体不可测。
折 射 率：1.57（点测法）。
双折射率：集合体不可测。
紫外荧光：长波：无，短波：无。
吸收光谱：不特征。
放大检查：呈板状，结构细腻。
特殊光学效应：未见。
5.2.33.4　优化处理：未知。

5.2.34　苏纪石

5.2.34.1　英文名称：sugilite。
5.2.34.2　矿物名称：硅铁锂钠石。
5.2.34.3　材料性质：
化学成分：$KNa_2Li_2Fe_2Al(Si_{12}O_{30})\cdot H_2O$。
结晶状态：晶质集合体。
　　晶　　系：六方晶系。
　　晶体习性：单晶罕见，常为半自形粒状集合体。
常见颜色：红紫色，蓝紫色，少见粉红色。
光　　泽：蜡状光泽至玻璃光泽。
解　　理：无解理；不平坦状断口。
摩氏硬度：5.5～6.5。
密　　度：2.74(+0.05)g/cm^3。
光性特征：非均质集合体。
多 色 性：集合体不可测。
折 射 率：1.61（点测法）。
双折射率：集合体不可测。
紫外荧光：无至中，短波下蓝色。
吸收光谱：550 nm 处有强吸收带，411 nm，419 nm，437 nm，445 nm 有锰和铁吸收线。
放大检查：粒状结构。
特殊光学效应：未见。
5.2.34.4　优化处理：未知。

5.2.35　异极矿

5.2.35.1　英文名称：hemimorphite。
5.2.35.2　矿物（岩石）名称：异极矿。
5.2.35.3　材料性质：
化学成分：$Zn_4[Si_2O_7](OH)_2\cdot H_2O$。
结晶状态：晶质体或晶质集合体。
　　晶　　系：单晶：斜方晶系。
　　晶体习性：晶体呈板状；集合体常呈板粒状，具放射状构造，有时也呈皮壳状、肾状、钟乳状以及土状等。

常见颜色：无色或淡蓝色，也可呈白、灰、浅绿、浅黄、褐、棕等色。

光　　泽：玻璃光泽，解理面具珍珠光泽。

解　　理：{110}解理完全，{101}解理不完全。

摩氏硬度：4～5。

密　　度：3.40 g/cm^3～3.50 g/cm^3。

光性特征：二轴晶，正光性。

多 色 性：集合体不可测。

折 射 率：1.614～1.636。

双折射率：0.022，集合体不可测。

紫外荧光：常呈惰性。

吸收光谱：不特征。

放大检查：常具放射状结构。

特殊性质：未见。

5.2.35.4　优化处理：未知。

5.2.36　云母

5.2.36.1　英文名称：mica。

5.2.36.2　矿物(岩石)名称：云母。

5.2.36.3　材料性质：

化学成分：$X\{Y_{2-3}[Z_4O_{10}](OH)_2\}$

X：主要是 K，可为 Na、Ca、Ba、Rb、Cs。

Y：主要是 Al、Fe、Mg，可为 Li、Cr、Zn 等。

Z：主要是 Si、Al，可为 Fe、Cr。

锂云母：$K\{Li_{2-x}Al_{1+x}[Al_{2x}Si_{4-2x}O_{10}]F_2\}$，其中 $x=0\sim0.5$。

白云母：$K\{Al_2[AlSi_3O_{10}](OH)_2\}$

结晶状态：晶质体或晶质集合体。

晶　　系：单晶：多为单斜晶系。

晶体习性：单晶通常呈板状、片状或鳞片状，云母岩常呈片状或鳞片状集合体。

常见颜色：锂云母：浅紫色、玫瑰色、丁香紫色，有时为白色，含锰时呈桃红色。

丁香紫色者可称为丁香紫玉。

白云母：白、绿、黄、灰、红、棕褐等色

光　　泽：玻璃光泽，解理面具珍珠光泽。

解　　理：{001}解理极完全。

摩氏硬度：2～3。

密　　度：2.2 g/cm^3～3.4 g/cm^3。

光性特征：多为二轴晶，负光性。

多 色 性：集合体不可测。

折 射 率：锂云母：集合体 1.54～1.56(点测法)。

白云母：集合体 1.55～1.61(点测法)。

双折射率：集合体不可测。

紫外荧光：常呈惰性。

吸收光谱：不特征。

放大检查：常见鳞片状结构，致密块状构造。

特殊光学效应：猫眼效应(稀少)。

5.2.36.4 优化处理：未知。

5.2.37 针钠钙石

5.2.37.1 英文名称：pectolite。

5.2.37.2 矿物(岩石)名称：针钠钙石。

5.2.37.3 材料性质：

化学成分：$Na(Ca_{>0.5}Mn_{<0.5})_2[Si_3O_8(OH)]$。

结晶状态：晶质体或晶质集合体。

晶　　系：单晶：三斜晶系。

晶体习性：常呈致密针状或纤维状集合体，有时呈放射状球粒集合体。

常见颜色：无色，白色，灰白至黄白色、绿色、蓝色，有时呈浅粉红色。

光　　泽：玻璃光泽或丝绢光泽。

解　　理：{001}、{100}解理完全。

摩氏硬度：4.5～5。

密　　度：2.81(+0.09/−0.07)g/cm^3。

光性特征：二轴晶，正光性。

多 色 性：集合体不可测。

折 射 率：1.599～1.628(+0.017/−0.004)，点测法常为1.60。

双折射率：0.029～0.038，集合体不可测。

紫外荧光：无至中的绿黄色至橙色，通常短波下荧光较强，可有磷光。

吸收光谱：未见特征吸收光谱。

放大检查：常呈致密针状或纤维状结构，或放射状球粒结构。

特殊性质：未见。

5.2.37.4 优化处理：未知。

5.2.38 绿泥石

5.2.38.1 英文名称：chlorite。

5.2.38.2 矿物(岩石)名称：绿泥石。

5.2.38.3 材料性质：

化学成分：$(Mg,Fe,Al)_3(OH)_6\{(Mg,Fe,Al)_3[(Si,Al)_4O_{10}](OH)_2\}$。

结晶状态：晶质体或晶质集合体。

常见颜色：无色、灰白、浅黄、浅绿至深绿，颜色可随成分不同而变化。

光　　泽：玻璃光泽至土状光泽，解理面呈珍珠光泽。

解　　理：{001}解理完全。

摩氏硬度：2～3。

密　　度：2.6 g/cm^3～3.4 g/cm^3。

光性特征：二轴晶，正负光性。

多 色 性：集合体不可测。

折 射 率：1.572～1.685，点测法常为1.57。

双折射率：集合体不可测。

紫外荧光：通常无，常因成分不同而异。

吸收光谱：未见特征吸收光谱。

放大检查:常呈致密块状、粒状、鳞片状结构。

特殊性质:未见。

5.2.38.4 优化处理:

染色处理:常染成浅黄、棕黄或红色用以仿寿山石、田黄或鸡血石,放大检查可见裂隙及解理中的颜色集中。

5.3 天然有机宝石

5.3.1 天然珍珠

5.3.1.1 英文名称:natural pearl。

5.3.1.2 材料名称:无机成分:文石为主,少量方解石。

有机成分:硬蛋白质(conchaolin)。

5.3.1.3 材料性质:

化学成分:无机成分:$CaCO_3$。海水天然珍珠含较多的 Sr、S、Na、Mg 等微量元素,Mn 等微量元素相对较少;而淡水天然珍珠中 Mn 等微量元素相对富集,Sr、S、Na、Mg 等相对较少。

有机成分:C、H 化合物。

结晶状态:无机成分:斜方晶系(文石),三方晶系(方解石),放射状集合体。

有机成分:非晶态。

核　　心:微生物或生物碎屑、砂粒、病灶。

常见颜色:无色至浅黄色、粉红色、浅绿色、浅蓝色、黑色等。

光　　泽:珍珠光泽。

解　　理:集合体无。

摩氏硬度:2.5～4.5。

密　　度:海水珍珠:2.61 g/cm^3～2.85 g/cm^3。

淡水珍珠:2.66 g/cm^3～2.78 g/cm^3,很少超过 2.74 g/cm^3。

光性特征:非均质集合体。

多 色 性:集合体不可测。

折 射 率:1.530～1.685。

双折射率:集合体不可测。

紫外荧光:黑色:长波:弱至中等,红色、橙红色。

其他颜色:无至强,浅蓝色、黄色、绿色、粉红色等。

吸收光谱:不特征。

放大检查:同心放射层状结构,表面生长纹理。

特殊性质:遇酸起泡;过热燃烧变褐色;表面磨擦有砂感。

5.3.1.4 优化处理:

漂白处理:去除珍珠层表层的杂质,以改善颜色和外观,不易检测。

染色处理:表面凹坑处及孔中可见染料;用沾了丙酮的棉签擦试,可擦出染料;银盐染黑者可检测出有银元素。

5.3.2 养殖珍珠

5.3.2.1 英文名称:cultured pearl。

5.3.2.2 材料名称:养殖珍珠。

5.3.2.3 材料性质：

化学成分：无机成分：文石为主，方解石、少量球文石。海水珍珠含较多的 Sr、S、Na、Mg 等微量元素，Mn 等微量元素相对较少；而淡水珍珠中 Mn 等微量元素相对富集，Sr、S、Na、Mg 等相对较少。

有机成分：硬蛋白质(conchaolin)。

核心：无核珍珠核心为贝、蚌的外套膜；有核珍珠核心常为珠母贝壳。

结晶状态：无机成分：斜方晶系(文石)，三方晶系(方解石)，放射状集合体。

有机成分：非晶质。

常见颜色：无色至黄色、粉红色、绿色、蓝色、紫色等。

光　　泽：珍珠光泽。

解　　理：集合体无。

摩氏硬度：2.5～4。

密　　度：海水养殖珍珠：2.72 g/cm^3～2.78 g/cm^3。

淡水养殖珍珠：低于大多数天然淡水珍珠。

光性特征：非均质集合体。

多 色 性：集合体不可测。

折 射 率：1.500～1.685，多为 1.53～1.56。

双折射率：集合体不可测。

紫外荧光：无至强，浅蓝色、黄色、绿色、粉红。

吸收光谱：不特征。

放大检查：有核养殖珍珠具核层状结构，珍珠质层呈薄层同心放射状结构，表面微细层纹；珠核可呈平行层状，珠核处反白色冷光。

特殊性质：遇酸起泡；表面磨擦有砂感。

黑珍珠光致发光(PL)图谱在 600～700 nm 有 3 个特征谱带。紫外－可见吸收光谱在 400 nm、498 nm、698 nm 附近有 3 条特征吸收谱带。

黄色海水珍珠紫外可见吸收光谱在 330 nm～385 nm 和 385 nm～460 nm 处有吸收谱带，且前者强度大于后者。

5.3.2.4 优化处理：

漂　　白：去除养殖珍珠层中的杂质，以改善颜色和外观。

增　　白：在漂白的基础上，添加增白剂，以改善颜色。

染色处理：放大检查可见色斑，表面有点状沉淀物；用稀盐酸或丙酮棉签擦试可见染料，长波紫外光下呈惰性；银盐染色者可测出银元素；

染色黑珍珠 PL 光谱、紫外可见吸收光谱与天然黑珍珠光谱有差异。海水染色黄珍珠紫外可见吸收光谱在 356 nm 处无或具弱吸收谱带，但在 427 nm 附近可能有强吸收谱带。

辐照处理：珍珠经辐照可成黑、绿黑、蓝黑、灰色等，放大检查可见珍珠质层有辐照晕斑，拉曼光谱多具有强荧光背景。

5.3.3 珊瑚

5.3.3.1 英文名称：coral。

5.3.3.2 材料名称：珊瑚。

5.3.3.3 材料性质：

化学成分：钙质珊瑚：主要由无机成分($CaCO_3$)和有机成分等组成；

角质珊瑚：几乎全部由有机成分组成。

结晶状态:钙质珊瑚:无机成分为隐晶质集合体,有机成分为非晶质;
角质珊瑚:非晶质。
常见颜色:钙质珊瑚:浅粉红至深红色、橙色、白色及奶油色,偶见蓝色和紫色;
角质珊瑚:黑色、金黄色、黄褐色。
光　　泽:蜡状光泽,抛光面呈玻璃光泽。
解　　理:无。
摩氏硬度:3～4。
密　　度:钙质珊瑚:2.65(±0.05)g/cm^3;
角质珊瑚:1.35(+0.77,−0.05)g/cm^3。
光性特征:集合体。
多 色 性:集合体不可测。
折 射 率:钙质珊瑚:1.486～1.658;角质珊瑚:1.560～1.570(±0.010)。
双折射率:集合体不可测。
紫外荧光:钙质珊瑚:白色珊瑚呈无至强的蓝白色荧光,浅(粉、橙)红至红色珊瑚呈无至橙(粉)红色荧光,深红色珊瑚呈无至暗(紫)红色荧光。
角质珊瑚:无反应。
吸收光谱:不特征。
放大检查:钙质珊瑚:颜色和透明度稍有不同的平行条带,波状构造;
角质珊瑚:年轮状构造;珊瑚原枝纵面表层具丘疹状外观,横截面可见弯月形图案。
特殊性质:钙质珊瑚遇盐酸起泡,角质珊瑚遇盐酸无反应。
钙质珊瑚的拉曼光谱显示无机成分($CaCO_3$)的特征峰,浅(粉、橙)红至红色珊瑚中的天然有机色素峰主要位于1 520 cm^{-1}、1 130 cm^{-1}左右。

5.3.3.4　优化处理:

漂　　白:改善颜色和外观,不易检测。
浸　　蜡:改善外观,不易检测。
染色处理:丙酮擦拭可见染料;放大检查可见染料沿生长条带分布,在裂隙间富集。
染色红珊瑚的拉曼光谱不具有天然有机色素峰,出现染色剂的拉曼谱峰。
充填处理:用树脂等物质充填多孔质的珊瑚。放大检查可见充填物表面多为树脂光泽,不具波状构造;也可用热针法和密度法检测。
覆膜处理:常用于角质珊瑚的表面处理。放大检查可见,覆膜珊瑚表面光泽较强,丘疹状突起平缓,局部可见薄膜脱落现象。

5.3.4　琥珀

5.3.4.1　英文名称:amber。

5.3.4.2　材料名称:琥珀。

5.3.4.3　材料性质:

化学成分:$C_{10}H_{16}O$,可含 H_2S。
结晶状态:非晶质体。
常见颜色:浅黄、黄至深棕红色、橙色、红色、白色,偶见绿色。
光　　泽:树脂光泽。
解　　理:无。
摩氏硬度:2～2.5。
密　　度:1.08(+0.02,−0.08)g/cm^3。

光性特征：均质体，常见异常消光。

多 色 性：无。

折 射 率：1.540(+0.005，-0.001)。

双折射率：无。

紫外荧光：弱至强，黄绿色至橙黄色、白色、蓝白或蓝色。

吸收光谱：无。

放大检查：气泡，流动线，昆虫或动、植物碎片，其他有机和无机包体。

特殊性质：热针熔化，并有芳香味，摩擦可带电；红外光谱检测能有效鉴别琥珀及其相关仿制品。

附加说明：蜜蜡：半透明至不透明的琥珀；

血珀：棕红至红色透明的琥珀；

金珀：黄色至金黄色透明的琥珀；

绿珀：浅绿至绿色透明的琥珀，较稀少；

蓝珀：透视观察琥珀体色为黄、棕黄、黄绿和棕红等色，自然光下呈现独特的不同色调的蓝色，紫外光下可更明显。主要产于多米尼加。

虫珀：包含有昆虫或其他生物的琥珀。

植物珀：包含有植物(如花、叶、根、茎、种子等)的琥珀。

5.3.4.4 优化处理：

热 处 理：可附加压处理，加深琥珀表面颜色；或使琥珀内部产生片状炸裂纹，通常称为“睡莲叶”或“太阳光芒”；或使琥珀变透明。

染色处理：模仿棕红色、绿色或其他颜色的琥珀，可见染料沿裂隙分布。

无色覆膜：增强琥珀表面光泽和耐磨性。

有色覆膜：放大检查可见覆膜琥珀表面颜色层浅，无过渡，着色不均匀，经常留有喷涂痕迹；用针挑拨或丙酮浸泡后，薄膜有时会成片脱落；红外光谱能检测出薄膜的成分，可与琥珀区分开。

压固处理：分层琥珀原石经压固变致密，放大检查可见流动状红褐色纹，多保留有原始表皮及孔洞，可与再造琥珀相区别。

加温加压改色处理：多次加温加压处理，可使琥珀颜色发生变化，呈绿色或其他稀少的颜色。

充填处理：放大检查可见充填物多呈下凹状，并伴随有充填过程中残留的气泡。

5.3.5 煤精

5.3.5.1 英文名称：jet。

5.3.5.2 材料名称：褐煤。

5.3.5.3 材料性质：

化学成分：以 C 为主，含有一些 H、O。

结晶状态：非晶质体。

常见颜色：黑，褐黑。

光　　泽：树脂光泽至玻璃光泽。

解　　理：无。

摩氏硬度：2～4。

密　　度：1.32(±0.02)g/cm^3。

光性特征：均质体(非晶质体)。

多 色 性：无。

折 射 率：1.66(±0.02)。

双折射率：无。

紫外荧光：无。

吸收光谱：不特征。

放大检查：条纹构造。

特殊性质：可燃烧，烧后有煤烟味，摩擦带电。

5.3.5.4 优化处理：未知。

5.3.6 象牙

5.3.6.1 英文名称：ivory。

5.3.6.2 材料名称：无。

5.3.6.3 材料性质：

化学成分：主要组成为磷酸钙、胶原质和弹性蛋白。猛犸象牙部分至全部石化，主要组成为 SiO_2。

结晶状态：非晶质。

常见颜色：白色至淡黄，浅黄。

光　　泽：油脂光泽至蜡状光泽。

解　　理：断口。

摩氏硬度：2～3。

密　　度：1.70 g/cm³～2.00 g/cm³。

光性特征：集合体。

多 色 性：集合体不可测。

折 射 率：1.535～1.540，点测法常为 1.540。

双折射率：集合体不可测。

紫外荧光：长、短波下呈弱至强蓝白色荧光或紫蓝色荧光(长波稍强些)。

吸收光谱：不特征。

放大检查：波状结构纹(引擎纹效应)。

特殊性质：硝酸、磷酸能使其变软。

5.3.6.4 优化处理：

漂　　白：使其颜色变浅或去除斑点。稳定，不易检测。

浸　　蜡：增强其光泽，以改善外观。可见表面蜡感，不易检测。

染色处理：以产生古象牙的外观，不常见。放大检查可见颜色沿结构纹集中或见色斑。

5.3.7 龟甲

5.3.7.1 英文名称：tortoise shell。

5.3.7.2 材料名称：无。

5.3.7.3 材料性质：

化学成分：有机质。

结晶状态：非晶质。

常见颜色：黄色和棕色斑纹，有时黑色或白色。玳瑁龟的龟甲常称为玳瑁。

光　　泽：暗淡，油脂光泽至蜡状光泽。

解　　理：无。

摩氏硬度：2～3。

密　　度：1.29(＋0.06，－0.03)g/cm³。

光性特征：均质体(非晶质体)。

多 色 性:无。

折 射 率:1.550(−0.010)。

双折射率:无。

紫外荧光:长、短波下无色、黄色部分呈蓝白色荧光。

吸收光谱:不特征。

放大检查:球状颗粒组成斑纹结构。

特殊性质:硝酸能溶,不与盐酸反应;热针能熔,具头发烧焦味;沸水中变软。

5.3.7.4 优化处理:未知。

5.3.8 贝壳

5.3.8.1 英文名称:shell。

5.3.8.2 材料名称:无机成分主要矿物为文石、方解石。

5.3.8.3 材料性质:

化学成分:$CaCO_3$,有机成分:C、H 化合物、壳角蛋白。

结晶状态:无机成分:斜方晶系(文石),三方晶系(方解石),呈放射状集合体。
有机成分:非晶质。

常见颜色:可呈各种颜色,一般为白、灰、棕、黄、粉等色。

光　　泽:油脂光泽至珍珠光泽。

解　　理:无。

摩氏硬度:3～4。

密　　度:2.86(+0.03,−0.16)g/cm^3。

光性特征:集合体。

多 色 性:集合体不可测。

折 射 率:1.530～1.685。

双折射率:集合体不可测。

紫外荧光:因贝壳种类而异。

吸收光谱:不特征。

放大检查:层状结构,表面叠复层结构,“火焰状”结构等。

特殊性质:遇盐酸起泡。

特殊光学效应:可具晕彩效应,珍珠光泽。

5.3.8.4 优化处理:

覆膜处理:表面覆涂珍珠精液等材料,可仿珍珠,放大检查,可见部分薄膜脱落,表面光滑无砂感,光泽异常,内部呈层状结构。

染色处理:可染成各种颜色,放大检查可见粒层间或粒隙颜色集中。

5.3.9 硅化木

5.3.9.1 英文名称:pertrified wood。

5.3.9.2 材料名称:主要为石英类矿物,结晶程度不同,玉髓、蛋白石等;有机质。

5.3.9.3 材料性质:

化学成分:无机成分:SiO_2、$SiO_2 \cdot nH_2O$;有机质:C、H 化合物。

结晶状态:隐晶质集合体至非晶质体,常呈纤维状集合体。

常见颜色:浅黄至黄色、褐、红、棕、黑、灰、白。

光　　泽:抛光面具玻璃光泽。

解　　理:无。

摩氏硬度:7。

密　　度:2.50 g/cm^3～2.91 g/cm^3。

光性特征:集合体。

多 色 性:集合体不可测。

折 射 率:1.544～1.553,一般为 1.54 或 1.53(点测法)。

双折射率:集合体不可测。

紫外荧光:一般无。

吸收光谱:不特征。

放大检查:木质纤维状结构,木纹。

特殊光学效应:未知。

5.3.9.4　优化处理:未知。

5.4　人工宝石

5.4.1　合成钻石

5.4.1.1　英文名称:synthetic diamond。

5.4.1.2　材料名称:合成金刚石。

5.4.1.3　材料性质:

化学成分:C;可含有 N、B、H 等微量元素。

结晶状态:晶质体。

　　晶　　系:等轴晶系。

　　晶体习性:高温高压合成钻石(简称 HPHT 合成钻石)多为八面体{111}与立方体{100}的聚形,晶面常出现树枝状、阶梯状生长纹;

　　气相沉淀法合成钻石(简称 CVD 合成钻石)呈板状,{111}和{110}面不发育。

常见颜色:黄色、蓝色、橙色、粉色、紫红色、红色、无色、褐黄。

光　　泽:金刚光泽。

解　　理:中等解理。

摩氏硬度:10。

密　　度:3.52(±0.01)g/cm^3。

光性特征:均质体,偶见异常消光。

多 色 性:无。

折 射 率:2.417。

双折射率:无。

紫外荧光:长波:HPHT 合成钻石常呈惰性。CVD 合成钻石呈弱桔黄色或惰性;

　　短波:HPHT 合成钻石常呈无至中的淡黄色、橙黄色、绿黄色,不均匀,不同生长区特征不同,部分有磷光。CVD 合成钻石呈弱桔黄色或惰性,有时呈现与生长有关的条纹。

吸收光谱:常温下无特征吸收。

放大检查:HPHT 合成钻石内部可见金属包体,呈云雾状分布的点状包体,与生长区相对应的色带或色块;CVD 合成钻石内部可见点状包体,可沿某一个面分布或杂乱分布。

特殊性质:阴极发光或短波紫外线照射下,HPHT 合成钻石多呈明显的生长区特征,不同生长区发不同颜色的荧光;CVD 合成钻石多呈弱桔黄色或惰性,有时呈现与生长有关的条纹。

5.4.1.4 优化处理:可通过辐照处理(可附热处理)或HPHT处理等手段改变合成钻石的颜色。

5.4.2 合成红宝石

5.4.2.1 英文名称:synthetic ruby。
5.4.2.2 材料名称:合成刚玉。
5.4.2.3 材料性质:

化学成分:Al_2O_3;可含有Cr等元素,助熔剂法还可含有Pb、Pt、Ni、W、La、Mo、Fe、V、Ti等助熔剂成分,水热法可含Ca、As、K等元素。

结晶状态:晶质体。

晶　　系:三方晶系。

晶体习性:焰熔法:棒状;助熔剂法:菱面体;水热法:呈板状。

常见颜色:红色、橙红色、紫红色。

光　　泽:玻璃光泽至亚金刚光泽。

解　　理:无解理。

摩氏硬度:9。

密　　度:4.00(±0.05)g/cm^3。

光性特征:非均质体,一轴晶,负光性。

多 色 性:强,紫红色和橙红色。

折 射 率:1.762～1.770(+0.009,-0.005)。

双折射率:0.008～0.010。

紫外荧光:长波:强,红或橙红;短波:中至强,红或粉红,粉白。

吸收光谱:694 nm,692 nm,668 nm,659 nm吸收线,620 nm～540 nm吸收带,476 nm,475 nm,468 nm吸收线,紫光区吸收。

放大检查:焰熔法:气泡,弧形生长纹。

助熔剂法:助熔剂包裹体,铂金属片呈三角形、六边形,彗星状包体,糖浆状纹理。

水热法:树枝状生长纹,色带,金黄色金属片,无色透明的纱网状包体或钉状包体。

红外光谱:水热法合成红宝石,3 800 cm^{-1}～2 800 cm^{-1}范围有明显吸收,有别于天然红宝石。

特殊光学效应:星光效应。

5.4.3 合成蓝宝石

5.4.3.1 英文名称:synthetic sapphire。
5.4.3.2 材料名称:合成刚玉。
5.4.3.3 材料性质:

化学成分:Al_2O_3;可含有Fe、Ti、Cr、V等元素。

结晶状态:晶质体。

晶　　系:三方晶系。

晶体习性:焰熔法:梨形,助熔剂法:呈板状,水热法:呈板状。

常见颜色:蓝色、绿色、紫蓝色(变色)、粉色、黄色、橙色、无色。

光　　泽:玻璃光泽。

解　　理:无。

摩氏硬度:9。

密　　度:4.00(+0.10,-0.05)g/cm^3。

光性特征:非均质体,一轴晶,负光性。

多 色 性:蓝色:蓝,绿蓝;绿色:绿,黄绿;变色:紫,紫蓝;粉色:粉,粉红;橙黄色:黄,橙黄。

折 射 率:1.762～1.770(+0.009,−0.005)。

双折射率:0.008～0.010。

紫外荧光:蓝色:长波:无;短波:弱至中,蓝白色或黄绿色。

绿色:长波:弱,橙色;短波:褐红色。

粉色:长波:中至强,红色;短波:红粉色。

黄色:短波:非常弱的红色。

无色:无至弱,蓝白色(长、短波)。

变色:呈中等的橙红色(长、短波)。

吸收光谱:蓝色:无,助熔剂法合成蓝宝石可有 450 nm 弱吸收线。

绿色:530 nm 和 687 nm 吸收线。

橙色、紫色、粉色:690 nm 吸收线,650 nm,670 nm 吸收线,580 nm～510 nm 宽吸收带。

变色:474 nm 吸收线。

放大检查:焰熔法:弧形生长纹,气泡,未熔残余物。

助熔剂法:指纹状包体,束状、纱幔状、球状、微滴状助熔剂残余,六边形或三角形金属板。

水热法:树枝状生长纹,色带,金黄色金属片,无色透明的纱网状包体或钉状包体。

特殊光学效应:星光效应,变色效应,猫眼效应(少见)。

5.4.3.4 优化处理:未知。

5.4.4 合成祖母绿

5.4.4.1 英文名称:synthetic emerald。

5.4.4.2 材料名称:合成绿柱石。

5.4.4.3 材料性质:

化学成分:$Be_3Al_2Si_6O_{18}$。

结晶状态:晶质体。

晶　　系:六方晶系。

晶体习性:助熔法为六方柱状、水热法为板状。

常见颜色:中等至深绿色、蓝绿色、黄绿色。

光　　泽:玻璃光泽。

解　　理:无。

摩氏硬度:7.5～8。

密　　度:2.65 g/cm^3～2.73 g/cm^3。

光性特征:非均质体,一轴晶,负光性。

多 色 性:中等,绿和蓝绿色。

折 射 率:通常:1.561～1.568(助熔剂法)或 1.566～1.578(水热法)。

双折射率:通常:0.003～0.004(助熔剂法)或 0.005～0.006(水热法)。

紫外荧光:弱至中等红色或强红色(长波较强),中等至强红色(长波较强);助熔剂法吉尔森型无荧光。

吸收光谱:除助熔剂法吉尔森型具 427 nm 铁吸收线外,其他吸收同天然祖母绿。

放大检查:助熔剂法:助熔剂残余(面纱状、网状,有时呈小滴状),铂金片,硅铍石晶体,均匀的平行生长面。

水热法:钉状包体("钉头"为硅铍石晶体,"钉尖"为气-液两相包体),树枝状生长纹,硅铍石晶体,金属包裹体,无色种晶片,平行线状微小的两相包裹体,平行管状两相包裹体。

红外光谱:助熔剂法合成祖母绿无水吸收峰。

5.4.4.4 优化处理:未知。

5.4.5 合成绿柱石

5.4.5.1 英文名称:synthetic berly。

5.4.5.2 材料名称:合成绿柱石。

5.4.5.3 材料性质:

化学成分:$Be_3Al_2Si_6O_{18}$可含有 Mn、Fe、Ni、Cu、Zn、Ga 和 Rb,红色者还含 Ti、Cr。

结晶状态:晶质体。

晶　　系:六方晶系。

晶体习性:助熔法为六方柱状、水热法为板状。

常见颜色:红色、紫色、粉色、浅蓝色等。

光　　泽:玻璃光泽。

解　　理:一组解理。

摩氏硬度:7.5～8。

密　　度:2.65 g/cm^3～2.73 g/cm^3。

光性特征:非均质体,一轴晶,负光性。

多 色 性:红色:橙红,紫红色,强;红紫色:橙红色,红紫色,强。

折 射 率:通常:1.568～1.572(助熔剂法)或 1.575～1.581(水热法)。

双折射率:通常:0.004～0.006。

紫外荧光:长短波下呈惰性。

吸收光谱:具 585 nm,560 nm 吸收线,545 nm 吸收带,530 nm,500 nm 弱带,435 nm～465 nm 宽带。

放大检查:助熔剂法:助熔剂残余(面纱状、网状,有时呈小滴状),铂金片,硅铍石晶体,均匀的平行生长面。

水热法:树枝状生长纹,钉状包体,硅铍石晶体,金属包裹体,无色种晶片,平行线状微小的两相包裹体,平行管状两相包裹体。

红外光谱:助熔剂法合成绿柱石无水吸收峰。

5.4.5.4 优化处理:未知

5.4.6 合成金绿宝石

5.4.6.1 英文名称:synthetic chrysoberyl。

5.4.6.2 材料名称:合成金绿宝石。

5.4.6.3 材料性质:

化学成分:$BeAl_2O_4$;可含有 Cr、Fe 等元素。

结晶状态:晶质体。

晶　　系:斜方晶系。

晶体习性:板状晶体。

常见颜色:浅至中等黄、黄绿、灰绿、褐色至黄褐色。

光　　泽:玻璃光泽。

解　　理:无。

摩氏硬度:8～9。

密　　度:3.73(±0.02)g/cm^3。

光性特征:非均质体,二轴晶,正光性。

多 色 性:黄,绿和褐红。

折 射 率:1.746～1.755(+0.004,−0.006)。

双折射率:0.008～0.010。

紫外荧光:长波:无。

短波:黄色和绿黄色宝石:无至黄绿。

吸收光谱:黄色、黄绿色宝石有 445 nm 吸收带。

放大检查:助熔剂包裹体,呈三角形、六边形的铂金属片。

特殊光学效应:未知。

5.4.6.4　优化处理:未知。

5.4.7　合成变石

5.4.7.1　英文名称:synthetic alexandrite。

5.4.7.2　材料名称:合成金绿宝石。

5.4.7.3　材料性质:

化学成分:$BeAl_2O_4$。

结晶状态:晶质体。

　　　　晶　　系:斜方晶系。

　　　　晶体习性:短柱状。

常见颜色:日光下呈蓝绿色,白炽灯光下呈褐红至紫红色。

光　　泽:玻璃光泽至亚金刚光泽。

解　　理:无。

摩氏硬度:8.5。

密　　度:3.73(±0.02)g/cm^3。

光性特征:非均质体,二轴晶,正光性。

多 色 性:强,绿色,橙色,紫红。

折 射 率:1.746～1.755(+0.004,−0.006)。

双折射率:0.008～0.010。

紫外荧光:长波:中等至强,红色;

　　　　短波:中等至强,红色。

吸收光谱:680 nm,678 nm 强吸收线,665 nm,655 nm 和 645 nm 弱吸收线,580 nm,630 nm 之间部分吸收,476 nm,473 nm,468 nm 三条弱吸收线,紫光区吸收。

放大检查:助熔剂法:纱幔状包体,残余助熔剂,金属铂片,平行生长纹。

　　　　提拉法:针状包体,弯曲生长纹。

　　　　区域熔炼法:气泡,漩涡结构。

特殊光学效应:变色效应,猫眼效应。

5.4.7.4　优化处理:未知。

5.4.8　合成尖晶石

5.4.8.1　英文名称:synthetic spinel。

5.4.8.2　材料名称:合成尖晶石。

5.4.8.3　材料性质:

化学成分：$MgAl_2O_3$；其中 Al_2O_3、MgO 的比例一般为 2.5∶1，可高达 4∶1（天然尖晶石中 Al_2O_3MgO 的比例为 1∶1）；可含有 Fe、Co、Cr 等元素。

结晶状态：晶质体。

晶　　系：等轴晶系，内部晶格常发生畸变。

晶体习性：不规则外形。

常见颜色：无色、浅至深蓝色、浅至深绿色、红色、黄色、紫色、暗蓝色（仿青金石）。

光　　泽：玻璃光泽。

解　　理：无。

摩氏硬度：8。

密　　度：3.64（+0.02，−0.12）g/cm^3。

光性特征：均质体，常具异常光性（晶格畸变）。

多 色 性：无。

折 射 率：焰熔法：1.728（+0.012，−0.008）；助熔剂法：1.719（±0.003）。

双折射率：无。

紫外荧光：无色：长波：无至弱，绿；短波：弱至强，绿蓝、蓝白。

蓝色：长波：弱至强，红、橙红、红紫；短波：弱至强，蓝白或斑杂蓝色、红至红紫。

绿色、黄绿色：长波：强，黄绿或紫红；短波：中至强，黄绿、绿白。

变色：长、短波：中，暗红。

红色：长波：强，红、紫红至橙红；短波：弱至强，红至橙红。

吸收光谱：红色：688 nm 吸收线，695 nm 吸收带，680 nm～690 nm 吸收带。

变色：525 nm～660 nm 吸收带，690 nm 吸收带。

仿青金石：455 nm 吸收带，515 nm～560 nm 吸收带，650 nm～680 nm 弱吸收带。

灰蓝色：590 nm 吸收带，640 nm 吸收带，550 nm～560 nm 弱吸收带。

粉色：640 nm～700 nm 强吸收带。

深蓝色：550 nm 强吸收带，570 nm～600 nm 强吸收带，625 nm～650 nm 吸收带。

绿、绿蓝色：425 nm 吸收带。

放大检查：焰熔法：洁净，偶见弧形生长纹，气泡。

助熔剂法：残余助熔剂（呈滴状或面纱状），金属薄片。

特殊光学效应：变色效应。

5.4.8.4　优化处理：未知。

5.4.9　合成欧泊

5.4.9.1　英文名称：synthetic opal。

5.4.9.2　材料名称：合成蛋白石。

5.4.9.3　材料性质：

化学成分：$SiO_2 \cdot nH_2O$。

结晶状态：非晶质体。

常见颜色：白色、黑色、灰色、深蓝及橙色体色。

光　　泽：玻璃光泽至树脂光泽。

解　　理：无。

摩氏硬度：4.5～6。

密　　度：1.97 g/cm^3～2.20 g/cm^3。

光性特征：均质体，可有异常光性。

多 色 性：无。

折 射 率：1.43～1.47。

双折射率：无。

紫外荧光：白色：长波：中等，蓝白至黄色；短波：弱至强，蓝色至白色；无磷光。

黑色：长波：无；短波：弱至强，黄色至黄绿白；无磷光。

吸收光谱：无。

放大检查：变彩色斑呈镶嵌状结构，边缘呈锯齿状，每个镶嵌块内可有蛇皮、蜂窝状、阶梯状结构。

特殊光学效应：变彩效应。

5.4.9.4 优化处理：未知

5.4.10 合成水晶

5.4.10.1 英文名称：synthetic quartz。

5.4.10.2 材料名称：合成水晶。

5.4.10.3 材料性质：

化学成分：SiO_2。

结晶状态：晶质体。

晶　　系：三方晶系。

晶体习性：六方板柱状晶体，晶面常具“鹅卵石”结构。

常见颜色：无色、紫色、黄色、绿黄、灰绿色和钴蓝色（天然水晶中未曾发现）。

光　　泽：玻璃光泽。

解　　理：无。

摩氏硬度：7。

密　　度：2.66（+0.03，−0.02）g/cm^3。

光性特征：非均质体，一轴晶，正光性。

多 色 性：不同色调、深浅的紫、黄、粉、褐、蓝、绿黄、灰绿色。

折 射 率：1.544～1.553。

双折射率：0.009。

紫外荧光：长波：无；短波：无至弱，紫。

吸收光谱：一般不特征。钴蓝色：640 nm，650 nm 吸收带，550 nm，490 nm～500 nm 吸收带。

放大检查：渣状包体，气液两相钉状包体（垂直于种晶板）及色带（平行种晶板），应力裂隙（与种晶板成直角），缺乏巴西律双晶、火焰状双晶（偏光镜下检查）。

特殊光学效应：未知。

5.4.10.4 优化处理：未知。

5.4.11 合成金红石

5.4.11.1 英文名称：synthetic rutile。

5.4.11.2 材料名称：合成金红石。

5.4.11.3 材料性质：

化学成分：TiO_2。

结晶状态：晶质体

晶　　系：四方晶系。

晶体习性：块状。

常见颜色：浅黄色，也可有蓝、蓝绿、橙色。

光　　泽：亚金刚光泽至亚金属光泽。

解　　理：不完全。

摩氏硬度：6～7。

密　　度：4.26(+0.03，−0.03)g/cm^3。

光性特征：非均质体，一轴晶，正光性。

多 色 性：很弱，浅黄，无色。

折 射 率：2.616～2.903。

双折射率：0.287。

紫外荧光：无。

吸收光谱：黄和蓝色在 430 nm 以下全吸收。

放大检查：强重影(双折射)，一般洁净，偶见有气泡。

特殊性质：色散强(0.330)。

5.4.11.4　优化处理：未知。

5.4.12　合成绿松石

5.4.12.1　英文名称：synthetic turquoise。

5.4.12.2　材料名称：合成绿松石。

5.4.12.3　材料性质：

化学成分：$CuAl_6(PO_4)_4(OH)_8 \cdot 5H_2O$。

结晶状态：晶质集合体，常呈块状隐晶质集合体。

常见颜色：浅至中蓝，时有网状脉或暗色矿物杂质。

光　　泽：蜡状光泽至玻璃光泽。

解　　理：无。

摩氏硬度：5～6。

密　　度：2.76(+0.14，−0.36)g/cm^3。

光性特征：非均质集合体。

多 色 性：集合体不可测。

折 射 率：1.610～1.650，点测法通常为 1.61。

双折射率：集合体不可测。

紫外荧光：长波：无至弱，绿黄色；短波：无。

吸收光谱：不特征。

放大检查：浅色基底中见细小蓝色微粒，蓝色丝状包体，人工加入的黑色网脉。

特殊光学效应：未知。

5.4.12.4　优化处理：未知。

5.4.13　合成立方氧化锆

5.4.13.1　英文名称：synthetic cubic zirconia。

5.4.13.2　材料名称：合成立方氧化锆。

5.4.13.3　材料性质：

化学成分：ZrO_2，常加 CaO 或 Y_2O_3 等稳定剂及多种致色元素。

结晶状态：晶质体。

　　晶　　系：等轴晶系。

　　晶体习性：块状。

常见颜色：可呈各种颜色，常见有无色、粉、红、黄，橙、蓝、黑等。
光　　泽：亚金刚光泽。
解　　理：无。
摩氏硬度：8.5。
密　　度：5.80(±0.20)g/cm^3。
光性特征：均质体。
多 色 性：无。
折 射 率：2.15(+0.030)。
双折射率：无。
紫外荧光：因颜色各异。无色：短波常呈弱至中，橙黄：长波：中至强，绿黄或橙黄。
吸收光谱：因致色元素而异。
放大检查：通常洁净，可含未熔氧化锆残余，有时呈面包渣状，气泡。
特殊性质：色散强(0.060)。

5.4.13.4　优化处理：未知。

5.4.14　合成碳硅石

5.4.14.1　英文名称：synthetic moissanite。

5.4.14.2　材料名称：合成碳硅石。

5.4.14.3　材料性质：

化学成分：SiC。
结晶状态：晶质体。
　　晶　　系：六方晶系。
　　晶体习性：块状。
常见颜色：无色或略带浅黄、浅绿色调，绿色、黑色。
光　　泽：亚金刚光泽。
解　　理：无。
摩氏硬度：9.25。
密　　度：3.22 g/cm^3±0.02 g/cm^3。
光性特征：非均质体，一轴晶，正光性。
多 色 性：不特征。
折 射 率：2.648～2.691。
双折射率：0.043。
紫外荧光：长波：无至橙色。
吸收光谱：未见特征吸收光谱或低于425 nm弱吸收。
放大检查：可有点状、丝状包体，双折射现象明显。
特殊性质：导热性强，热导仪测试可发出鸣响；色散强(0.104)。

5.4.14.4　优化处理：未知。

5.4.15　合成翡翠

5.4.15.1　英文名称：synthetic jadeite。

5.4.15.2　材料名称：合成硬玉。

5.4.15.3　材料性质：

化学成分：$NaAlSi_2O_6$；可含有Cr、Fe、Ca、Mg、Mn等元素。

结晶状态:晶质集合体。
常见颜色:多为绿～黄绿色。
光　　泽:玻璃光泽。
解　　理:无。
摩氏硬度:6.5～7。
密　　度:3.31 g/cm^3～3.37 g/cm^3。
光性特征:非均质集合体。
多 色 性:集合体不可测。
折 射 率:点测法常为1.66。
双折射率:集合体不可测。
紫外荧光:LW:弱,蓝白,白;SW:中-强,灰绿,浅绿。
吸收光谱:红区可见3条吸收强度不等的吸收窄带。
放大检查:微晶结构为主,局部呈定向平行排列或卷曲状至波状构造。
特殊光学效应:未见。
红外光谱:3 400cm^{-1}～3 700 cm^{-1}有3个特征吸收峰。

5.4.15.4　优化处理:未知。

5.4.16　人造钇铝榴石

5.4.16.1　英文名称:yttrium aluminium garnet(YAG)-artificial product。
5.4.16.2　材料名称:人造钇铝榴石。
5.4.16.3　材料性质:
化学成分:$Y_3Al_5O_{12}$。
结晶状态:晶质体。
　　晶　　系:等轴晶系。
　　晶体习性:块状。
常见颜色:无色、绿色(可具变色)、蓝色、粉红色、红、橙、黄、紫红色。
光　　泽:玻璃光泽至亚金刚光泽。
解　　理:无。
摩氏硬度:8。
密　　度:4.50 g/cm^3～4.60 g/cm^3。
光性特征:均质体。
多 色 性:无。
折 射 率:1.833(±0.010)。
双折射率:无。
紫外荧光:无色:无至中等橙色(长波),无至红橙色(短波);粉红色、蓝色:无。
　　黄绿色:强黄色,可具磷光。绿色:强,红色(长波),弱红色(短波)。
吸收光谱:浅粉色及浅蓝色:600 nm～700 nm多条吸收线。
放大检查:洁净,偶见气泡。
特殊光学效应:变色效应。

5.4.16.4　优化处理:未知。

5.4.17　人造钆镓榴石

5.4.17.1　英文名称:gadolinium gallium garnet(GGG)-artificial product。

5.4.17.2 材料名称：人造钆镓榴石。

5.4.17.3 材料性质：

化学成分：$Gd_3Ga_5O_{12}$。

结晶状态：晶质体

晶　　系：等轴晶系。

晶体习性：块状。

常见颜色：通常无色至浅褐或黄色。

光　　泽：玻璃光泽至亚金刚光泽。

解　　理：无。

摩氏硬度：6～7。

密　　度：7.05(+0.04，−0.10)g/cm³。

光性特征：均质体。

多 色 性：无。

折 射 率：1.970(+0.060)。

双折射率：无。

紫外荧光：短波：中至强，粉橙色。

吸收光谱：不特征。

放大检查：可有气泡，三角形板状金属包体，气液包体。

特殊性质：色散强(0.045)。

5.4.17.4 优化处理：未知。

5.4.18 人造钛酸锶

5.4.18.1 英文名称：strontium titanate-artificial product。

5.4.18.2 材料名称：人造钛酸锶。

5.4.18.3 材料性质：

化学成分：$SrTiO_3$。

结晶状态：晶质体。

晶　　系：等轴晶系。

晶体习性：块状。

常见颜色：无色、绿色。

光　　泽：玻璃光泽至亚金刚光泽。

解　　理：无。

摩氏硬度：5～6。

密　　度：5.13(±0.02)g/cm³。

光性特征：均质体。

多 色 性：无。

折 射 率：2.409。

双折射率：无。

紫外荧光：一般无。

吸收光谱：不特征。

放大检查：气泡(少见)，抛光差(硬度很低)。

特殊性质：色散强(0.190)。

5.4.18.4 优化处理：未知。

5.4.19 人造硼铝酸锶

5.4.19.1 英文名称：strontium aluminate borate-artificial product。

5.4.19.2 材料名称：人造硼铝酸锶。

5.4.19.3 材料性质：

化学成分：M·N·$Al_{2-x}B_xO_4$。M表示Sr、Mg、Ca、Ba碱土金属，N表示Eu、Dy稀土类元素，$0.1\leqslant x\leqslant 1$。

结晶状态：晶质集合体。

晶　　系：单斜晶系。

晶体习性：块状。

常见颜色：浅黄色、黄色、绿色、黄绿色、橙红色、紫灰色。

光　　泽：玻璃光泽。

解　　理：无。

摩氏硬度：6.5。

密　　度：3.20 g/cm³～3.58 g/cm³。

光性特征：非均质集合体。

多 色 性：集合体不可测。

折 射 率：1.65～1.68(点测法)。

双折射率：集合体不可测。

紫外荧光：长波：中至强，黄绿色。短波：中至强，黄，蓝绿，黄绿色。

吸收光谱：黄绿色：450 nm以下全吸收；橙红色：560 nm以下全吸收；紫灰色：586 nm强吸收。

放大检查：气泡。

特殊性质：强磷光。

5.4.19.4 优化处理：未知。

5.4.20 塑料

5.4.20.1 英文名称：plastic-artificial product。

5.4.20.2 材料名称：塑料。

5.4.20.3 材料性质：

化学成分：主要成分为C、H、O。

结晶状态：非晶质体。

常见颜色：可有各种颜色，常见有红色、橙黄、黄色等。

光　　泽：蜡状光泽，玻璃光泽。

透明度：透明至不透明。

解　　理：无。

摩氏硬度：1～3。

密　　度：一般为1.05 g/cm³～1.55 g/cm³。

光性特征：均质体。

多 色 性：无。

折 射 率：一般在1.46～1.700之间。

双折射率：无。

紫外荧光：无至强，各种颜色。

吸收光谱：不特征。

放大检查：气泡，流动线，桔皮效应，浑圆状刻面棱线。

特殊性质：热针熔化，并有辛辣味，磨擦带电，触摸温感。

5.4.20.4 优化处理：未知。

5.4.21 玻璃

5.4.21.1 英文名称：glass-artificial product。

5.4.21.2 材料名称：玻璃。

5.4.21.3 材料性质：

化学成分：主要为 SiO_2；可含有 Na、Fe、Al、Mg、CO、Pb、稀土元素等元素。

结晶状态：非晶质体。

常见颜色：各种颜色。

光　　泽：玻璃光泽。

解　　理：无。

摩氏硬度：5～6。

密　　度：2.30 g/cm³～4.50 g/cm³。

光性特征：均质体，常见异常光性。

多 色 性：无。

折 射 率：1.470～1.700（含稀土元素玻璃1.80±）。

双折射率：无。

紫外荧光：弱至强，因颜色而异。一般短波强于长波。

吸收光谱：不特征，因致色元素而异。

放大检查：气泡，表面洞穴，拉长的空管，流动线，“桔皮”效应，浑圆状刻面棱线。

特殊光学效应：砂金效应，猫眼效应，变色效应，光彩效应，晕彩效应，变彩效应，星光效应。

5.4.21.4 优化处理：

覆膜处理：部分或全部覆膜以仿天然宝石，常见部分薄膜脱落。

ICS 39.060
D 59

中华人民共和国国家标准

GB/T 16554—2010
代替 GB/T 16554—2003

钻 石 分 级

Diamond grading

2010-09-26 发布　　2011-02-01 实施

中华人民共和国国家质量监督检验检疫总局
中国国家标准化管理委员会　发布

前　言

本标准按 GB/T 1.1—2009 的编写规则起草。

本标准代替 GB/T 16554—2003。

本标准与 GB/T 16554—2003 相比，主要内容变化如下：

——适用范围中增加了：

- 质量小于 0.040 0 g(0.20 ct)的未镶嵌及镶嵌抛光钻石、质量大于 0.200 0 g(1.00 ct)的镶嵌抛光钻石可参照本标准执行。
- 非无色至浅黄(褐、灰)色系列的未镶嵌及镶嵌抛光钻石，其净度分级可参照本标准执行；其标准圆钻型切工的切工分级可参照本标准执行。
- 非标准圆钻型切工的未镶嵌及镶嵌抛光钻石，其颜色分级、净度分级及切工分级中的修饰度(抛光和对称)分级可参照本标准执行。

——增加了星刻面长度比、下腰面长度比、抛光和对称性、超重比例、刷磨和剔磨等切工评价要素术语和定义。

——修改了台宽比、冠高比等术语的英文名称。

——修改了“比色石”术语(见本标准 3.3.1)。

——增加了灰色调或褐色调钻石的颜色分级规则(见本标准 3.5.16)。

——增加了净度级别的划分规则(见本标准 5.2.1)。

——增加了星刻面长度比、下腰面长度比切工测量项目。调整了切工测量数位保留要求。(见本标准 6.1)

——删除了切工比率测量方法有关“目测法”的相关内容。

——修改了切工比率级别、修饰度级别的分级规则(见本标准 6.2、6.3)。

——增加了影响比率级别的有关因素(见本标准 6.2.3)。

——增加了对称性和抛光的分级规则及其影响因素(见本标准 6.3)。

——增加了切工级别及划分规则(见本标准 6.4)。

——增加了克拉重量单位及其表示方法，修订了质量称量天平的分度值，(见本标准 7.1 和 7.2)。

——调整了分级证书的内容(见本标准 8)。

——附录 A 表 A.1 增加了针状物，删除了破口、击痕。

——附录 A 表 A.2 中增加击痕、人工印记。

——附录 B 删除了切工分级中有关仪器测量法的内容。

——增加了附录 C 切工比率分级表。

——增加了附录 D 钻石建议克拉重量表。

请注意本文件的某些内容可能涉及专利。本文件的发布机构不承担识别这些专利的责任。

本标准由全国珠宝玉石标准化技术委员会(SAC/TC 298)提出并归口。

本标准由国家珠宝玉石质量监督检验中心负责起草。

本标准主要起草人：张蓓莉、柯捷、沈美冬、田晶、郭涛、蓝延、谢俊、吕晓敏、王薇薇。

本标准所代替标准的历次版本发布情况：

——GB/T 16554—1996、GB/T 16554—2003。

钻 石 分 级

1 范围

本标准规定了天然的未镶嵌及镶嵌抛光钻石的术语和定义、钻石颜色、净度、切工的分级规则、钻石质量和钻石分级证书。

本标准适用于珠宝玉石鉴定、文物鉴定、商贸、海关、保险、典当、资产评估以及科研教学、文献出版等领域的钻石分级及相关活动。

本标准中的颜色分级适用于无色至浅黄(褐、灰)色系列的未镶嵌及镶嵌抛光钻石。

本标准中的切工分级适用于切工为标准圆钻型的未镶嵌及镶嵌抛光钻石。

本标准中的分级规则适用于未经覆膜、裂隙充填等优化处理的未镶嵌及镶嵌抛光钻石。

本标准中的分级规则适用于质量大于等于0.040 0 g(0.20 ct)的未镶嵌抛光钻石、质量在0.040 0 g(0.20 ct,含)至0.200 0 g(1.00 ct,含)之间的镶嵌抛光钻石。质量小于0.040 0 g(0.20 ct)的未镶嵌及镶嵌抛光钻石、质量大于0.200 0 g(1.00 ct)的镶嵌抛光钻石可参照本标准执行。

非无色至浅黄(褐、灰)色系列的未镶嵌及镶嵌抛光钻石,其净度分级可参照本标准执行;其标准圆钻型切工的切工分级可参照本标准执行。

非标准圆钻型切工的未镶嵌及镶嵌抛光钻石,其颜色分级、净度分级及切工分级中的修饰度(抛光和对称)分级可参照本标准执行。

2 规范性引用文件

下列文件对于本文件的应用是必不可少的。凡是注日期的引用文件,仅注日期的版本适用于本文件。凡是不注日期的引用文件,其最新版本(包括所有的修改单)适用于本文件。

GB/T 16552 珠宝玉石 名称

GB/T 16553 珠宝玉石 鉴定

GB/T 18303 钻石色级目视评价方法

3 术语和定义

下列术语和定义适用于本文件。

3.1

钻石 diamond

由碳原子组成的等轴晶系天然矿物,摩氏硬度10,密度3.52(±0.01) g/cm³,折射率2.417,色散值0.044。

3.2

钻石分级 diamond grading

从颜色(color)、净度(clarity)、切工(cut)及质量(carat[①])四个方面对钻石进行等级划分,简称4C分级。

---

① 注:钻石贸易中仍然沿用克拉重量单位,1.00 ct=0.200 0 g。

3.3

颜色分级　color grading

采用比色法，在规定的环境下对钻石颜色进行等级划分。

3.3.1

比色石　diamond master-stone set

一套已标定颜色级别的标准圆钻型切工钻石样品，依次代表由高至低连续的颜色级别，其级别可以溯源至钻石颜色分级比色石国家标准样品。比色石的级别代表该颜色级别的下限。

3.3.2

比色灯　diamond light

色温在 5 500 K～7 200 K 范围内的荧光灯。

3.3.3

比色板、比色纸　white background

用作比色背景的无荧光、无明显定向反射作用的白色板或白色纸。

3.3.4

荧光强度　fluorescence degree

钻石在长波紫外光照射下发出的可见光强弱程度。

3.3.5

荧光强度对比样品　master-stone of fluorescence degree

一套已标定荧光强度级别的标准圆钻型切工的钻石样品，由 3 粒组成，依次代表强、中、弱三个级别的下限。

3.4

净度分级　clarity grading

在 10 倍放大条件下，对钻石内部和外部的特征进行等级划分。

3.4.1

钻石的内部特征　internal characteristics

包含在或延伸至钻石内部的天然包裹体、生长痕迹和人为造成的特征。(详见附录表 A.1)

3.4.2

钻石的外部特征　external characteristics

仅存在于钻石外表的天然生长痕迹和人为造成的特征。(详见附录表 A.2)。

3.5

切工分级　cut grading

通过测量和观察，从比率和修饰度两个方面对钻石加工工艺的完美性进行等级划分。

3.5.1

标准圆钻型切工　round brilliant cut

由 57 或 58 个刻面按一定规律组成的圆形切工(见图 1)。标准圆钻型切工各部分名称见图 2、图 3。可简称为圆钻形。

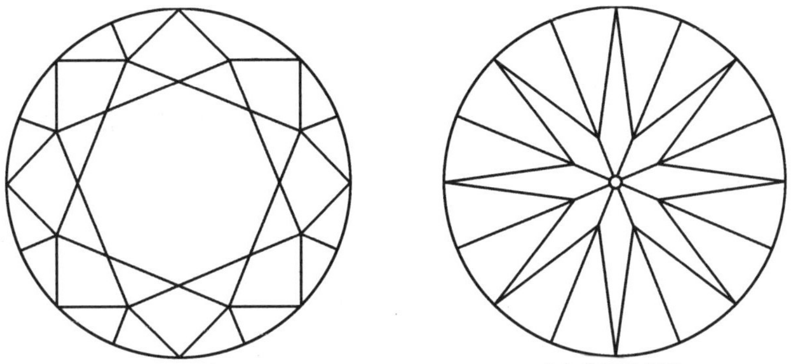

冠部俯视示意图　　亭部俯视示意图

图1　标准圆钻型切工冠部、亭部俯视示意图

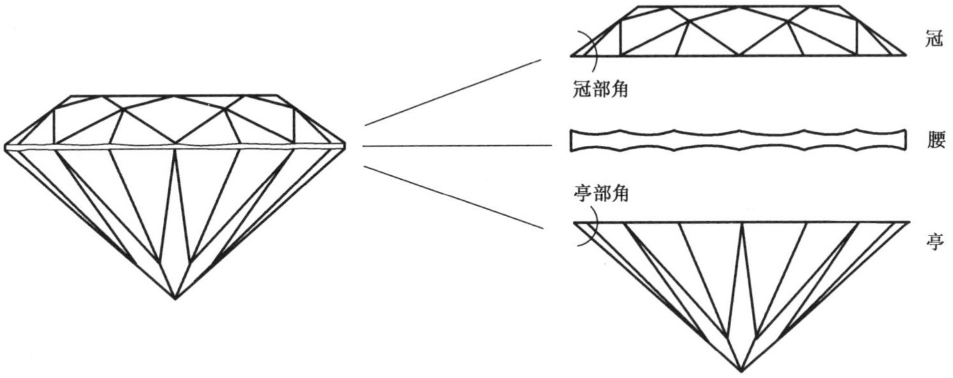

图2　标准圆钻型切工侧视示意图

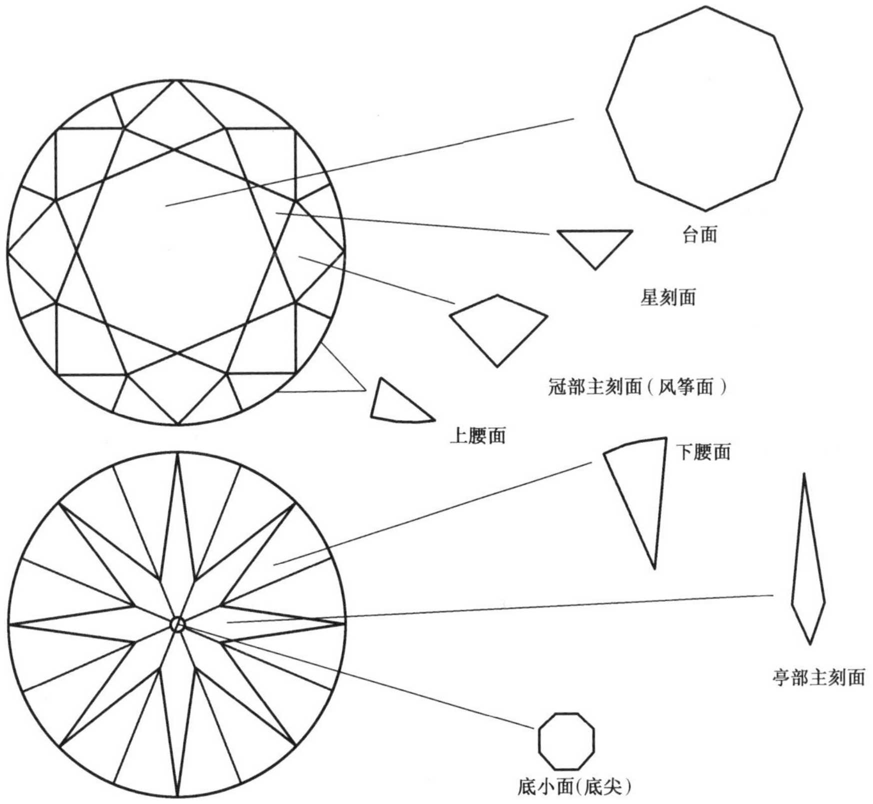

图3　标准圆钻型切工各刻面名称示意图

3.5.2

直径　diameter

钻石腰部圆形水平面的直径。其中最大值称为最大直径,最小值称为最小直径,$\frac{1}{2}$(最大直径+最小直径)值称为平均直径。

3.5.3

全深　total depth

钻石台面至底尖之间的垂直距离。

3.5.4

腰　girdle

钻石中直径最大的圆周部分。

3.5.5

冠部　crown

腰以上部分,有33个刻面。

3.5.6

亭部　pavilion

腰以下部分,有24或25个刻面。

3.5.7

台面　table facet

冠部八边形刻面。

3.5.8

冠部主刻面(风筝面)　upper main facet

冠部四边形刻面。

3.5.9

星刻面　star facet

冠部主刻面与台面之间的三角形刻面。

3.5.10

上腰面　upper girdle facet

腰与冠部主刻面之间的似三角形刻面。

3.5.11

亭部主刻面　pavilion main facet

亭部四边形刻面。

3.5.12

下腰面　lower girdle facet

腰与亭部主刻面之间的似三角形刻面。

3.5.13

底尖(或底小面)　culet

亭部主刻面的交汇处,呈点状或呈八边形小刻面。

3.5.14

冠角 α　crown angle α

冠部主刻面与腰部水平面的夹角。

3.5.15

亭角 β　pavilion angle β

亭部主刻面与腰部水平面的夹角。

3.5.16

比率 proportion

各部分相对于平均直径的百分比。包括以下要素(详见图 4)。

3.5.16.1

台宽比 table size

台面宽度相对于平均直径的百分比。

$$台宽比=\frac{台面宽度(ab)}{平均直径}\times 100\% \quad \cdots\cdots(1)$$

3.5.16.2

冠高比 crown height

冠部高度相对于平均直径的百分比。

$$冠高比=\frac{冠部高度(h_c)}{平均直径}\times 100\% \quad \cdots\cdots(2)$$

3.5.16.3

腰厚比 girdle thickness

腰部厚度相对于平均直径的百分比。

$$腰厚比=\frac{腰部厚度(h_g)}{平均直径}\times 100\% \quad \cdots\cdots(3)$$

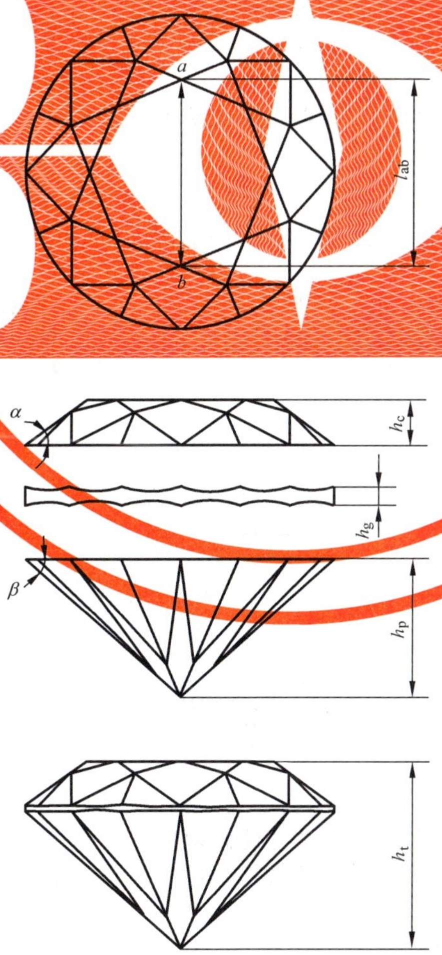

图 4 标准圆钻型切工比率要素示意图

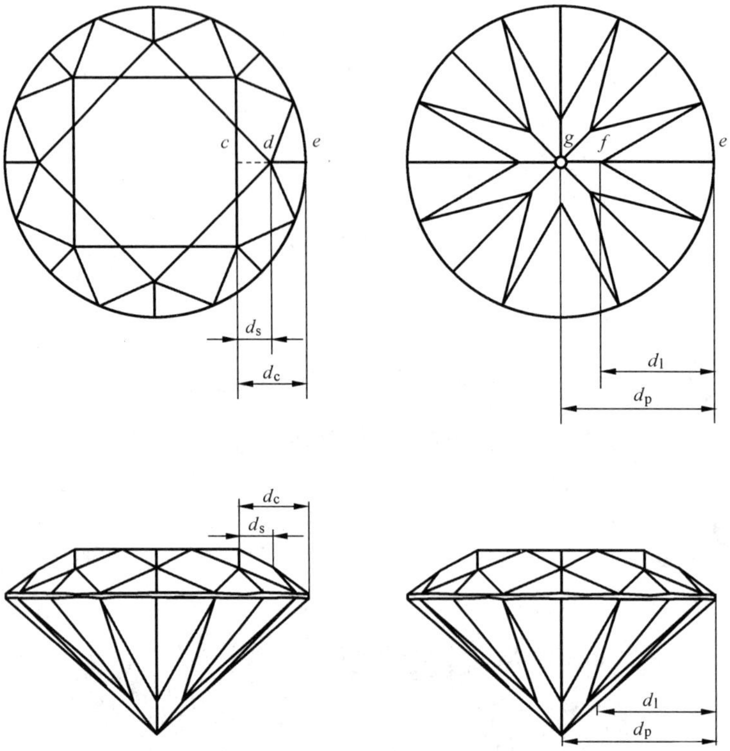

图 4　标准圆钻型切工比率要素示意图（续）

3.5.16.4

亭深比　pavilion depth

亭部深度相对于平均直径的百分比。

$$\text{亭深比}=\frac{\text{亭部深度}(h_p)}{\text{平均直径}}\times 100\% \qquad \cdots\cdots(4)$$

3.5.16.5

全深比　total depth

全深相对于平均直径的百分比。

$$\text{全深比}=\frac{\text{全深}(h_t)}{\text{平均直径}}\times 100\% \qquad \cdots\cdots(5)$$

3.5.16.6

底尖比　culet size

底尖直径相对于平均直径的百分比。

$$\text{底尖比}=\frac{\text{底尖直径}}{\text{平均直径}}\times 100\% \qquad \cdots\cdots(6)$$

3.5.16.7

星刻面长度比　star facet length

$$\text{星刻面长度比}=\frac{\text{星刻面顶点到台面边缘距离的水平投影}(d_s)}{\text{台面边缘到腰边缘距离的水平投影}(d_c)}\times 100\% \qquad \cdots\cdots(7)$$

3.5.16.8

下腰面长度比　lower girdle facet length

$$\text{下腰面长度比}=\frac{\text{相邻两个亭部主刻面的联结点，到腰边缘上最近点之间距离的水平投影}(d_l)}{\text{底尖中心到腰边缘距离的水平投影}(d_p)}\times 100\%$$

$$\cdots\cdots(8)$$

3.5.17

修饰度　finish

对抛磨工艺的评价，分为对称性和抛光两个方面进行评价。

3.5.17.1

对称性　symmetry

对切磨形状，包括对称排列、刻面位置等精确程度的评价。

3.5.17.2

抛光　polish

对切磨抛光过程中产生的外部特征影响抛光表面完美程度的评价。

3.5.17.3

刷磨　painting

上腰面联结点与下腰面联结点之间的腰厚，大于风筝面与亭部主刻面之间腰厚的现象。详见图5中 $B>A$。

3.5.17.4

剔磨　digging out

上腰面联结点与下腰面联结点之间的腰厚，小于风筝面与亭部主刻面之间腰厚的现象。详见图5中 $B<A$。

3.5.17.5

建议克拉重量　suggested carat weight

标准圆钻型切工钻石的直径所对应的克拉重量。

3.5.17.6

超重比例　overweight

$$超重比例=\frac{实际克拉重量-建议克拉重量}{建议克拉重量}\times 100\% \quad \cdots\cdots(9)$$

3.5.17.7

“蜥蜴皮”效应　lizard skin

已抛光钻石表面上呈现透明的凹陷波浪纹理，其方向接近解理面的方向。

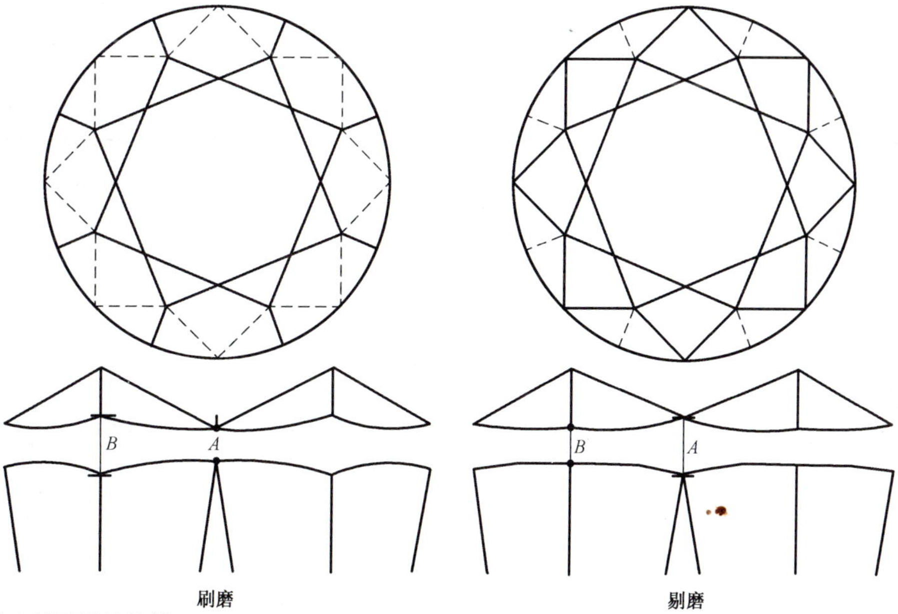

注：虚线表示不明显棱线。

图5　刷磨和剔磨

4 颜色分级

4.1 颜色级别

4.1.1 颜色级别

按钻石颜色变化划分为12个连续的颜色级别，由高到低用英文字母D、E、F、G、H、I、J、K、L、M、N、<N代表不同的色级。亦可用数字表示，详见表1。

4.1.2 颜色级别划分规则

4.1.2.1 待分级钻石颜色饱和度与某一比色石相同，则该比色石的颜色级别为待分级钻石的颜色级别。

4.1.2.2 待分级钻石颜色饱和度介于相邻两粒连续的比色石之间，则以其中较低级别表示待分级钻石颜色级别。

4.1.2.3 待分级钻石颜色饱和度高于比色石的最高级别，仍用最高级别表示该钻石的颜色级别。

4.1.2.4 待分级钻石颜色饱和度低于"N"比色石，则用<N表示。

4.1.2.5 灰色调至褐色调的待分级钻石，以其颜色饱和度与比色石比较，参照4.1.2.1至4.1.2.4划分规则进行分级。

表1 钻石颜色级别对照表

钻 石 颜 色 级 别		钻 石 颜 色 级 别	
D	100	J	94
E	99	K	93
F	98	L	92
G	97	M	91
H	96	N	90
I	95	<N	<90

4.2 荧光强度级别

4.2.1 荧光强度级别

按钻石在长波紫外光下发光强弱，划分为"强"、"中"、"弱"、"无"四个级别。

4.2.2 荧光强度级别划分规则

4.2.2.1 待分级钻石的荧光强度与荧光强度比对样品中的某一粒相同，则该样品的荧光强度级别为待分级钻石的荧光强度级别。

4.2.2.2 待分级钻石的荧光强度介于相邻的两粒比对样品之间，则以较低级别代表该钻石的荧光强度级别。

4.2.2.3 待分级钻石的荧光强度高于比对样品中的"强"，仍用"强"代表该钻石的荧光强度级别。

4.2.2.4 待分级钻石的荧光强度低于比对样品中的"弱"，则用"无"代表该钻石的荧光强度级别。

4.3 分级要求

4.3.1 环境要求

颜色分级应在无阳光直射的室内环境中进行，分级环境色调应为白色或灰色。分级时采用专用的比色灯，并以比色板或比色纸为背景。

4.3.2 人员要求

从事颜色分级的技术人员应受过专门的技能培训，掌握正确的操作方法。由2～3名技术人员独立完成同一样品的颜色分级，并取得统一结果。

5 净度分级

5.1 净度级别

分为LC、VVS、VS、SI、P五个大级别，又细分为FL、IF、VVS_1、VVS_2、VS_1、VS_2、SI_1、SI_2、P_1、P_2、P_3十一个小级别。

对于质量低于(不含)0.094 0 g(0.47 ct)的钻石，净度级别可划分为五个大级别。

5.2 净度级别的划分规则

5.2.1 LC级

在10倍放大条件下，未见钻石具内外部特征，细分为FL、IF。

5.2.1.1 在10倍放大条件下，未见钻石具内外部特征，定为FL级。下列外部特征情况仍属FL级：

5.2.1.1.1 额外刻面位于亭部，冠部不可见。

5.2.1.1.2 原始晶面位于腰围，不影响腰部的对称，冠部不可见。

5.2.1.2 在10倍放大条件下，未见钻石具内部特征，定为IF级。下列特征情况仍属IF级：

5.2.1.2.1 内部生长纹理无反光，无色透明，不影响透明度。

5.2.1.2.2 可见极轻微外部特征，经轻微抛光后可去除。

5.2.2 VVS级

在10倍放大镜下，钻石具极微小的内、外部特征，细分为VVS_1、VVS_2。

5.2.2.1 钻石具有极微小的内、外部特征，10倍放大镜下极难观察，定为VVS_1级。

5.2.2.2 钻石具有极微小的内、外部特征，10倍放大镜下很难观察，定为VVS_2级。

5.2.3 VS级

在10倍放大镜下，钻石具细小的内、外部特征，细分为VS_1、VS_2。

5.2.3.1 钻石具细小的内、外部特征，10倍放大镜下难以观察，定为VS_1级。

5.2.3.2 钻石具细小的内、外部特征，10倍放大镜下比较容易观察，定为VS_2级。

5.2.4 SI级

在10倍放大镜下，钻石具明显的内、外部特征，细分为SI_1、SI_2。

5.2.4.1 钻石具明显内、外部特征，10倍放大镜下容易观察，定为SI_1级。

5.2.4.2 钻石具明显内、外部特征，10倍放大镜下很容易观察，定为SI_2级。

5.2.5 **P 级**

从冠部观察，肉眼可见钻石具内、外部特征，细分为 P_1、P_2、P_3。

5.2.5.1 钻石具明显的内、外部特征，肉眼可见，定为 P_1。

5.2.5.2 钻石具很明显的内、外部特征，肉眼易见，定为 P_2。

5.2.5.3 钻石具极明显的内、外部特征，肉眼极易见并可能影响钻石的坚固度，定为 P_3。

5.3 分级要求

5.3.1 环境要求

在 10 倍放大条件下分级，采用比色灯照明。

5.3.2 人员要求

从事净度分级的技术人员应受过专门的技能培训，掌握正确的操作方法。由 2～3 名技术人员独立完成同一样品的净度分级，并取得统一结果。

6 切工分级

6.1 测量项目及测量方法

6.1.1 规格

表 2 单位为毫米

规格测量项目	最大直径	最小直径	全深
精确至	0.01	0.01	0.01

6.1.2 比率

表 3 %

比率测量项目	台宽比	冠高比	腰厚比	亭深比	全深比	底尖比	星刻面长度比	下腰面长度比
保留至	1	0.5	0.5	0.5	0.1	0.1	5	5

6.1.3 冠角

单位：度(°)，保留至 0.2。

6.1.4 亭角

单位：度(°)，保留至 0.2。

6.1.5 测量方法

仪器测量法：使用全自动切工测量仪以及各种微尺、卡尺，直接对各测量项目进行测量。

6.2 比率分级

6.2.1 比率级别

比率级别分为极好(Excellent,简写为EX)、很好(Very Good,简写为VG)、好(Good,简写为G)、一般(Fair,简写为F)、差(Poor,简写为P)五个级别。

6.2.2 比率级别划分规则

6.2.2.1 依据附录C中各台宽比条件下,冠角(α)、亭角(β)、冠高比、亭深比、腰厚比、底尖比、全深比、$\alpha+\beta$、星刻面长度比、下腰面长度比等项目确定各测量项目对应的级别。
6.2.2.2 比率级别由全部测量项目中的最低级别表示。

6.2.3 影响比率级别的其他因素

6.2.3.1 超重比例

6.2.3.1.1 根据待分级钻石的平均直径,查附录D钻石建议克拉重量表,得出待分级钻石在相同平均直径、标准圆钻型切工的建议克拉重量。
6.2.3.1.2 计算超重比例,根据超重比例,查表4得到比率级别。

表4

比率级别	极好 EX	很好 VG	好 G	一般 F
超重比例/%	<8	8～16	17～25	>25

6.2.3.2 刷磨和剔磨

根据刷磨和剔磨的严重程度可分为无、中等、明显、严重四个级别。不同程度和不同组合方式的刷磨和剔磨会影响比率级别,严重的刷磨和剔磨可使比率级别降低一级。

6.2.3.2.1 刷磨和剔磨划分规则

10倍放大条件下,由侧面观察腰围最厚区域。

6.2.3.2.2 无

钻石上腰面联结点与下腰面联结点之间的腰厚,等于风筝面与亭部主刻面之间腰厚。

6.2.3.2.3 中等

钻石上腰面联结点与下腰面联结点之间的腰厚,对比风筝面与亭部主刻面之间腰厚有较小偏差,钻石台面向上外观没有受到可注意的影响。

6.2.3.2.4 明显

钻石上腰面联结点与下腰面联结点之间的腰厚,对比风筝面与亭部主刻面之间腰厚有明显偏差,钻石台面向上外观受到影响。

6.2.3.2.5 严重

钻石上腰面联结点与下腰面联结点之间的腰厚,对比风筝面与亭部主刻面之间腰厚有显著偏差,钻石台面向上外观受到严重影响。

6.3 修饰度分级

修饰度级别分为极好(Excellent,简写为 EX)、很好(Very Good,简写为 VG)、好(Good,简写为 G)、一般(Fair,简写为 F)、差(Poor,简写为 P)五个级别。包括对称性分级和抛光分级。以对称性分级和抛光分级中的较低级别为修饰度级别。

6.3.1 对称性分级

6.3.1.1 对称性级别

对称性级别分为极好(Excellent,简写为 EX)、很好(Very Good,简写为 VG)、好(Good,简写为 G)、一般(Fair,简写为 F)、差(Poor,简写为 P)五个级别。

6.3.1.2 影响对称性的要素特征

a) 腰围不圆。
b) 台面偏心。
c) 底尖偏心。
d) 冠角不均。
e) 亭角不均。
f) 台面和腰围不平行。
g) 腰部厚度不均。
h) 波状腰。
i) 冠部与亭部刻面尖点不对齐。
j) 刻面尖点不尖。
k) 刻面缺失。
l) 刻面畸形。
m) 非八边形台面。
n) 额外刻面。

6.3.1.3 对称性级别划分规则

6.3.1.3.1 极好 EX

10 倍放大镜下观察,无或很难看到影响对称性的要素特征。

6.3.1.3.2 很好 VG

10 倍放大镜下台面向上观察,有较少的影响对称性的要素特征。

6.3.1.3.3 好 G

10 倍放大镜下台面向上观察,有明显的影响对称性的要素特征。肉眼观察,钻石整体外观可能受影响。

6.3.1.3.4 一般 F

10 倍放大镜下台面向上观察,有易见的、大的影响对称性的要素特征。肉眼观察,钻石整体外观受到影响。

6.3.1.3.5 **差 P**

10倍放大镜下台面向上观察,有显著的、大的影响对称性的要素特征。肉眼观察,钻石整体外观受到明显的影响。

6.3.2 抛光分级

6.3.2.1 抛光级别

抛光级别分为:极好(Excellent,简写为EX)、很好(Very Good,简写为VG)、好(Good,简写为G)、一般(Fair,简写为F)、差(Poor,简写为P)五个级别。

6.3.2.2 影响抛光级别的要素特征

a) 抛光纹。
b) 划痕。
c) 烧痕。
d) 缺口。
e) 棱线磨损。
f) 击痕。
g) 粗糙腰围。
h) "蜥蜴皮"效应。
i) 粘杆烧痕。

6.3.2.3 抛光级别划分规则

6.3.2.3.1 **极好 EX**

10倍放大镜下观察,无至很难看到影响抛光的要素特征。

6.3.2.3.2 **很好 VG**

10倍放大镜下台面向上观察,有较少的影响抛光的要素特征。

6.3.2.3.3 **好 G**

10倍放大镜下台面向上观察,有明显的影响抛光的要素特征。肉眼观察,钻石光泽可能受影响。

6.3.2.3.4 **一般 F**

10倍放大镜下台面向上观察,有易见的影响抛光的要素特征。肉眼观察,钻石光泽受到影响。

6.3.2.3.5 **差 P**

10倍放大镜下台面向上观察,有显著的影响抛光的要素特征。肉眼观察,钻石光泽受到明显的影响。

6.4 切工级别的划分规则

6.4.1 切工级别分为极好(Excellent,简写为EX)、很好(Very Good,简写为VG)、好(Good,简写为G)、一般(Fair,简写为F)、差(Poor,简写为P)五个级别。

6.4.2 切工级别根据比率级别、修饰度(对称性级别、抛光级别)进行综合评价。

6.4.3 根据比率级别和修饰度级别，查表5得出切工级别。

表5 切工级别划分规则

切工级别		修饰度级别				
		极好 EX	很好 VG	好 G	一般 F	差 P
比率级别	极好 EX	极好	极好	很好	好	差
	很好 VG	很好	很好	很好	好	差
	好 G	好	好	好	一般	差
	一般 F	一般	一般	一般	一般	差
	差 P	差	差	差	差	差

6.5 分级要求

6.5.1 环境设施要求

采用仪器测量法测量时，所用仪器应满足各测量项目的精度要求。

6.5.2 人员要求

技术人员应受过专业技能培训，正确掌握仪器测量和10倍放大镜目测的方法和技巧。应由2-3名技术人员独立完成同一样品的抛光分级和对称性分级，并取得统一结果。

7 钻石的质量

7.1 质量单位

钻石的质量单位为克(g)。钻石贸易中仍可用“克拉(ct)”作为克拉重量单位。1.000 0 g=5.00 ct。

钻石的质量表示方法为：在质量数值后的括号内注明相应的克拉重量。例0.200 0 g(1.00 ct)。钻石贸易中可用克拉重量表示，例0.200 0 g钻石的克拉重量表示为1.00 ct。

7.2 质量的称量

用分度值不大于0.000 1 g的天平称量。质量数值保留至小数点后第4位。换算为克拉重量时，保留至小数点后第2位。克拉重量小数点后第3位逢9进1，其他可忽略不计。

8 钻石分级证书

8.1 钻石分级证书的内容(样品状态、测试条件允许时)

8.1.1 证书编号

8.1.2 检验结论

8.1.3 质量

8.1.4 颜色级别：荧光强度级别

8.1.5 净度级别：可列出内部特征、外部特征

8.1.6 切工

形状/规格：标准圆钻型规格的表示方式：最大直径×最小直径×全深

比率级别：全深比，台宽比，腰厚比，亭深比，底尖比或其他参数

修饰度级别：对称性级别，抛光级别

8.1.7 检验依据

8.1.8 签章和日期

8.2 其他可选择内容

颜色坐标、净度坐标、净度素描图、切工比例截图、备注等。

附　录　A
（资料性附录）
常见钻石内、外部特征类型

表 A.1　常见钻石内部特征类型符号表

编号	名　称	英文名称	符号	说　明
01	点状包体	pinpoint		钻石内部极小的天然包裹物。
02	云状物	cloud		钻石中朦胧状、乳状、无清晰边界的天然包裹物。
03	浅色包裹体	crystal inclusion		钻石内部的浅色或无色天然包裹物。
04	深色包裹体	dark inclusion		钻石内部的深色或黑色天然包裹物。
05	针状物	needle		钻石内部的针状包裹体。
06	内部纹理	internal graining		钻石内部的天然生长痕迹。
07	内凹原始晶面	extended natural		凹入钻石内部的天然结晶面。
08	羽状纹	feather		钻石内部或延伸至内部的裂隙，形似羽毛状。
09	须状腰	beard		腰上细小裂纹深入内部的部分。
10	空洞	cavity		大而深的不规则破口。
11	激光痕	laser mark		用激光束和化学品去除钻石内部深色包裹物时留下的痕迹。管状或漏斗状痕迹称为激光孔。可被高折射率玻璃充填。

表 A.2 常见的钻石外部特征类型符号表

编号	名　　称	英 文 名 称	符号	说　　明
01	原始晶面	natural		为保持最大质量而在钻石腰部或近腰部保留的天然结晶面。
02	表面纹理	surface graining		钻石表面的天然生长痕迹。
03	抛光纹	polish lines	///////////	抛光不当造成的细密线状痕迹，在同一刻面内相互平行。
04	刮痕	scratch		表面很细的划伤痕迹。
05	烧痕	burn mark	B	抛光不当所致的糊状疤痕。
06	额外刻面	extra facet		规定之外的所有多余刻面。
07	缺口	nick	∧	腰或底尖上细小的撞伤。
08	击痕	pit	X	表面受到外力撞击留下的痕迹。
09	棱线磨损	abrasion		棱线上细小的损伤，呈磨毛状。
10	人工印记	inscription		在钻石表面人工刻印留下的痕迹。在备注中注明印记的位置。

附　录　B
（规范性附录）
镶嵌钻石分级规则

B.1　镶嵌钻石的颜色等级

B.1.1　镶嵌钻石颜色采用比色法分级，分为7个等级，与未镶嵌钻石颜色级别的对应关系详见表B.1。

表B.1　镶嵌钻石颜色等级对照表

镶嵌钻石颜色等级	D-E		F-G		H	I-J		K-L		M-N		＜N
对应的未镶嵌钻石颜色级别	D	E	F	G	H	I	J	K	L	M	N	＜N

B.1.2　镶嵌钻石颜色分级应考虑金属托对钻石颜色的影响，注意加以修正。

B.2　镶嵌钻石的净度等级

在10倍放大镜下，镶嵌钻石净度分为：LC、VVS、VS、SI、P五个等级。

B.3　镶嵌钻石的切工测量与描述

B.3.1　对满足切工测量的镶嵌钻石，采用10倍放大镜目测法，测量台宽比、亭深比等比率要素。

B.3.2　对满足切工测量的镶嵌钻石，采用10倍放大镜目测法，对影响修饰度（包括对称性和抛光）的要素加以描述。

附　录　C
（规范性附录）
比率分级表

C.1　台宽比＝44%～49%

项　　目	差	一般	差
冠角（α）/(°)	<20.0	20.0～41.4	>41.4
亭角（β）/(°)	<37.4	37.4～44.0	>44.0
冠高比/%	<7.0	7.0～21.0	>21.0
亭深比/%	<38.0	38.0～48.0	>48.0
腰厚比/%	—	≤10.5	>10.5
腰厚	—	极薄-极厚	极厚
底尖大小/%	—	—	—
全深比/%	<50.9	50.9～70.9	>70.9
α+β/(°)	—	—	—
星刻面长度比/%	—	—	—
下腰面长度比/%	—	—	—

C.2　台宽比＝50%

项　　目	差	一般	好	很好	好	一般	差
冠角(α)/(°)	<20.0	20.0～21.6	21.8～26.0	26.2～36.2	36.4～37.8	38.0～41.4	>41.4
亭角(β)/(°)	<37.4	37.4～38.4	38.6～39.6	39.8～42.4	42.6～43.0	43.2～44.0	>44.0
冠高比/%	<7.0	7.0～8.5	9.0～10.0	10.5～18.0	18.5～19.5	20.0～21.0	>21.0
亭深比/%	<38.0	38.0～39.5	40.0～41.0	41.5～45.0	45.5～46.5	47.0～48.0	>48.0
腰厚比/%	—	—	<2.0	2.0～5.5	6.0～7.5	8.0～10.5	>10.5
腰厚	—	—	极薄	很薄-厚	很厚	极厚	极厚
底尖大小/%	—	—	—	<2.0	2.0～4.0	>4.0	—
全深比/%	<50.9	50.9～59.0	59.1～61.0	61.1～64.5	64.6～66.9	67.0～70.9	>70.9
α+β/(°)	—	<65.0	65.0～68.6	68.8～79.4	79.6～80.0	>80.0	—
星刻面长度比/%	—	—	<40	40～70	>70	—	—
下腰面长度比/%	—	—	<65	65～90	>90	—	—

C.3 台宽比＝51%

项　　目	差	一般	好	很好	好	一般	差
冠角(α)/(°)	＜20.0	20.0～21.6	21.8～26.0	26.2～36.6	36.8～38.0	38.2～41.4	＞41.4
亭角(β)/(°)	＜37.4	37.4～38.4	38.6～39.6	39.8～42.4	42.6～43.0	43.2～44.0	＞44.0
冠高比/%	＜7.0	7.0～8.5	9.0～10.0	10.5～18.0	18.5～19.5	20.0～21.0	＞21.0
亭深比/%	＜38.0	38.0～39.5	40.0～41.0	41.5～45.0	45.5～46.5	47.0～48.0	＞48.0
腰厚比/%	—	—	＜2.0	2.0～5.5	6.0～7.5	8.0～10.5	＞10.5
腰厚	—	—	极薄	很薄-厚	很厚	极厚	极厚
底尖大小/%	—	—	—	＜2.0	2.0～4.0	＞4.0	—
全深比/%	＜50.9	50.9～58.8	58.9～61.0	61.1～64.5	64.6～66.9	67.0～70.9	＞70.9
α＋β/(°)	—	＜65.0	65.0～68.6	68.8～79.4	79.6～80.0	＞80.0	—
星刻面长度比/%	—	—	＜40	40～70	＞70	—	—
下腰面长度比/%	—	—	＜65	65～90	＞90	—	—

C.4 台宽比＝52%

项　　目	差	一般	好	很好	极好	很好	好	一般	差
冠角(α)/(°)	＜20.0	20.0～21.6	21.8～26.0	26.2～31.0	31.2～36.0	36.2～37.2	37.4～38.6	38.8～41.4	＞41.4
亭角(β)/(°)	＜37.4	37.4～38.4	38.6～39.6	39.8～40.4	40.6～41.8	42.0～42.4	42.6～43.0	43.2～44.0	＞44.0
冠高比/%	＜7.0	7.0～8.5	9.0～10.0	10.5～11.5	12.0～17.0	17.5～18.0	18.5～19.5	20.0～21.0	＞21.0
亭深比/%	＜38.0	38.0～39.5	40.0～41.0	41.5～42.5	43.0～44.5	45.0	45.5～46.5	47.0～48.0	＞48.0
腰厚比/%	—	—	＜2.0	2.0	2.5～4.5	5.0～5.5	6.0～7.5	8.0～10.5	＞10.5
腰厚	—	—	极薄	很薄	薄-稍厚	厚	很厚	极厚	极厚
底尖大小/%	—	—	—	—	＜1.0	1.0～1.9	2.0～4.0	＞4.0	—
全深比/%	＜50.9	50.9～58.6	58.7～60.7	60.8～61.5	61.6～63.2	63.3～64.5	64.6～66.9	67.0～70.9	＞70.9
α＋β/(°)	—	＜65.0	65.0～68.6	68.8～72.8	73.0～77.0	77.2～79.4	79.6～80.0	＞80.0	—
星刻面长度比/%	—	—	＜40	40	45～65	70	＞70	—	—
下腰面长度比/%	—	—	＜65	65	70～85	90	＞90	—	—

C.5 台宽比＝53%

项　目	差	一般	好	很好	极好	很好	好	一般	差
冠角(α)/(°)	＜20.0	20.0～21.6	21.8～26.0	26.2～31.0	31.2～36.0	36.2～37.6	37.8～39.0	39.2～41.4	＞41.4
亭角(β)/(°)	＜37.4	37.4～38.4	38.6～39.6	39.8～40.4	40.6～41.8	42.0～42.4	42.6～43.0	43.2～44.0	＞44.0
冠高比/%	＜7.0	7.0～8.5	9.0～10.0	10.5～11.5	12.0～17.0	17.5～18.0	18.5～19.5	20.0～21.0	＞21.0
亭深比/%	＜38.0	38.0～39.5	40.0～41.0	41.5～42.5	43.0～44.5	45.0	45.5～46.5	47.0～48.0	＞48.0
腰厚比/%	—	—	＜2.0	2.0	2.5～4.5	5.0～5.5	6.0～7.5	8.0～10.5	＞10.5
腰厚	—	—	极薄	很薄	薄-稍厚	厚	很厚	极厚	极厚
底尖大小/%	—	—	—	—	＜1.0	1.0～1.9	2.0～4.0	＞4.0	—
全深比/%	＜50.9	50.9～58.0	58.1～60.3	60.4～61.3	61.4～63.2	63.3～64.5	64.6～66.9	67.0～70.9	＞70.9
α+β/(°)	—	＜65.0	65.0～68.6	68.8～72.8	73.0～77.0	77.2～79.4	79.6～80.0	＞80.0	—
星刻面长度比/%	—	—	＜40	40	45～65	70	＞70	—	—
下腰面长度比/%	—	—	＜65	65	70～85	90	＞90	—	—

C.6 台宽比＝54%

项　目	差	一般	好	很好	极好	很好	好	一般	差
冠角(α)/(°)	＜20.0	20.0～21.6	21.8～26.0	26.2～31.0	31.2～36.0	36.2～38.2	38.4～39.6	39.8～41.4	＞41.4
亭角(β)/(°)	＜37.4	37.4～38.4	38.6～39.6	39.8～40.4	40.6～41.8	42.0～42.4	42.6～43.0	43.2～44.0	＞44.0
冠高比/%	＜7.0	7.0～8.5	9.0～10.0	10.5～11.5	12.0～17.0	17.5～18.0	18.5～19.5	20.0～21.0	＞21.0
亭深比/%	＜38.0	38.0～39.5	40.0～41.0	41.5～42.5	43.0～44.5	45.0	45.5～46.5	47.0～48.0	＞48.0
腰厚比/%	—	—	＜2.0	2.0	2.5～4.5	5.0～5.5	6.0～7.5	8.0～10.5	＞10.5
腰厚	—	—	极薄	很薄	薄-稍厚	厚	很厚	极厚	极厚
底尖大小/%	—	—	—	—	＜1.0	1.0～1.9	2.0～4.0	＞4.0	—
全深比/%	＜50.9	50.9～57.8	57.9～60.0	60.1～61.1	61.2～63.2	63.3～64.7	64.8～66.9	67.0～70.9	＞70.9
α+β/(°)	—	＜65.0	65.0～68.6	68.8～72.8	73.0～77.0	77.2～79.4	79.6～80.0	＞80.0	—
星刻面长度比/%	—	—	＜40	40	45～65	70	＞70	—	—
下腰面长度比/%	—	—	＜65	65	70～85	90	＞90	—	—

C.7 台宽比=55%

项　目	差	一般	好	很好	极好	很好	好	一般	差
冠角(α)/(°)	<20.0	20.0~21.6	21.8~26.0	26.2~31.0	31.2~36.0	36.2~38.8	39.0~40.0	40.2~41.4	>41.4
亭角(β)/(°)	<37.4	37.4~38.4	38.6~39.6	39.8~40.4	40.6~41.8	42.0~42.4	42.6~43.0	43.2~44.0	>44.0
冠高比/%	<7.0	7.0~8.5	9.0~10.0	10.5~11.5	12.0~17.0	17.5~18.0	18.5~19.5	20.0~21.0	>21.0
亭深比/%	<38.0	38.0~39.5	40.0~41.0	41.5~42.5	43.0~44.5	45.0	45.5~46.5	47.0~48.0	>48.0
腰厚比/%	—	—	<2.0	2.0	2.5~4.5	5.0~5.5	6.0~7.5	8.0~10.5	>10.5
腰厚	—	—	极薄	很薄	薄-稍厚	厚	很厚	极厚	极厚
底尖大小/%	—	—	—	—	<1.0	1.0~1.9	2.0~4.0	>4.0	—
全深比/%	<50.9	50.9~57.5	57.6~59.7	59.8~60.9	61.0~63.2	63.3~64.7	64.8~66.9	67.0~70.9	>70.9
α+β/(°)	—	<65.0	65.0~68.6	68.8~72.8	73.0~77.0	77.2~79.4	79.6~80.0	>80.0	—
星刻面长度比/%	—	—	<40	40	45~65	70	>70	—	—
下腰面长度比/%	—	—	<65	65	70~85	90	>90	—	—

C.8 台宽比=56%

项　目	差	一般	好	很好	极好	很好	好	一般	差
冠角(α)/(°)	<20.0	20.0~21.6	21.8~26.0	26.2~31.0	31.2~36.0	36.2~38.8	39.0~40.0	40.2~41.4	>41.4
亭角(β)/(°)	<37.4	37.4~38.4	38.6~39.6	39.8~40.4	40.6~41.8	42.0~42.4	42.6~43.0	43.2~44.0	>44.0
冠高比/%	<7.0	7.0~8.5	9.0~10.0	10.5~11.5	12.0~17.0	17.5~18.0	18.5~19.5	20.0~21.0	>21.0
亭深比/%	<38.0	38.0~39.5	40.0~41.0	41.5~42.5	43.0~44.5	45.0	45.5~46.5	47.0~48.0	>48.0
腰厚比/%	—	—	<2.0	2.0	2.5~4.5	5.0~5.5	6.0~7.5	8.0~10.5	>10.5
腰厚	—	—	极薄	很薄	薄-稍厚	厚	很厚	极厚	极厚
底尖大小/%	—	—	—	—	<1.0	1.0~1.9	2.0~4.0	>4.0	—
全深比/%	<50.9	50.9~57.3	57.4~59.5	59.6~60.6	60.7~63.2	63.3~64.7	64.8~66.9	67.0~70.9	>70.9
α+β/(°)	—	<65.0	65.0~68.6	68.8~72.8	73.0~77.0	77.2~79.2	79.4~80.0	>80.0	—
星刻面长度比/%	—	—	<40	40	45~65	70	>70	—	—
下腰面长度比/%	—	—	<65	65	70~85	90	>90	—	—

C.9 台宽比＝57%

项　目	差	一般	好	很好	极好	很好	好	一般	差
冠角(α)/(°)	<20.0	20.0～22.0	22.2～26.0	26.2～31.0	31.2～36.0	36.2～38.8	39.0～40.0	40.2～41.4	>41.4
亭角(β)/(°)	<37.4	37.4～38.4	38.6～39.6	39.8～40.4	40.6～41.8	42.0～42.4	42.6～43.0	43.2～44.0	>44.0
冠高比/%	<7.0	7.0～8.5	9.0～10.0	10.5～11.5	12.0～17.0	17.5～18.0	18.5～19.5	20.0～21.0	>21.0
亭深比/%	<38.0	38.0～39.5	40.0～41.0	41.5～42.5	43.0～44.5	45.0	45.5～46.5	47.0～48.0	>48.0
腰厚比/%	—	—	<2.0	2.0	2.5～4.5	5.0～5.5	6.0～7.5	8.0～10.5	>10.5
腰厚	—	—	极薄	很薄	薄-稍厚	厚	很厚	极厚	极厚
底尖大小/%	—	—	—	—	<1.0	1.0～1.9	2.0～4.0	>4.0	—
全深比/%	<50.9	50.9～57.0	57.1～58.3	58.4～60.0	60.1～63.2	63.3～64.5	64.6～66.9	67.0～70.9	>70.9
α+β/(°)	—	<65.0	65.0～68.6	68.8～72.8	73.0～77.0	77.2～78.8	79.0～80.0	>80.0	—
星刻面长度比/%	—	—	<40	40	45～65	70	>70	—	—
下腰面长度比/%	—	—	<65	65	70～85	90	>90	—	—

C.10 台宽比＝58%

项　目	差	一般	好	很好	极好	很好	好	一般	差
冠角(α)/(°)	<20.0	20.0～22.6	22.8～26.0	26.2～31.0	31.2～36.0	36.2～38.2	38.4～40.0	40.2～41.4	>41.4
亭角(β)/(°)	<37.4	37.4～38.4	38.6～39.8	40.0～40.4	40.6～41.8	42.0～42.4	42.6～43.0	43.2～44.0	>44.0
冠高比/%	<7.0	7.0～8.5	9.0～10.0	10.5～11.5	12.0～17.0	17.5～18.0	18.5～19.5	20.0～21.0	>21.0
亭深比/%	<38.0	38.0～39.5	40.0～41.5	42.0～42.5	43.0～44.5	45.0	45.5～46.5	47.0～48.0	>48.0
腰厚比/%	—	—	<2.0	2.0	2.5～4.5	5.0～5.5	6.0～7.5	8.0～10.5	>10.5
腰厚	—	—	极薄	很薄	薄-稍厚	厚	很厚	极厚	极厚
底尖大小/%	—	—	—	—	<1.0	1.0～1.9	2.0～4.0	>4.0	—
全深比/%	<50.9	50.9～56.8	56.9～59.1	59.2～59.8	59.9～63.2	63.3～64.5	64.6～66.9	67.0～70.9	>70.9
α+β/(°)	—	<65.0	65.0～68.6	68.8～72.8	73.0～77.0	77.2～78.6	78.8～80.0	>80.0	—
星刻面长度比/%	—	—	<40	40	45～65	70	>70	—	—
下腰面长度比%	—	—	<65	65	70～85	90	>90	—	—

C.11 台宽比＝59％

项　　目	差	一般	好	很好	极好	很好	好	一般	差
冠角(α)/(°)	<20.0	20.0～23.0	23.2～26.6	26.8～31.0	31.2～36.0	36.2～38.2	38.4～40.0	40.2～41.4	>41.4
亭角(β)/(°)	<37.4	37.4～38.4	38.6～39.8	40.0～40.4	40.6～41.8	42.0～42.4	42.6～43.0	43.2～44.0	>44.0
冠高比/％	<7.0	7.0～8.5	9.0～10.0	10.5～11.5	12.0～17.0	17.5～18.0	18.5～19.5	20.0～21.0	>21.0
亭深比/％	<38.0	38.0～39.5	40.0～41.5	42.0～42.5	43.0～44.5	45.0	45.5～46.5	47.0～48.0	>48.0
腰厚比/％	—	—	<2.0	2.0	2.5～4.5	5.0～5.5	6.0～7.5	8.0～10.5	>10.5
腰厚	—	—	极薄	很薄	薄-稍厚	厚	很厚	极厚	极厚
底尖大小/％	—	—	—	—	<1.0	1.0～1.9	2.0～4.0	>4.0	—
全深比/％	<50.9	50.9～56.4	56.5～58.7	58.8～59.6	59.7～63.2	63.3～64.5	64.6～66.9	67.0～70.9	>70.9
α+β/(°)	—	<65.0	65.0～68.6	68.8～72.8	73.0～77.0	77.2～78.2	78.4～80.0	>80.0	—
星刻面长度比/％	—	—	<40	40	45～65	70	>70	—	—
下腰面长度比/％	—	—	<65	65	70～85	90	>90	—	—

C.12 台宽比＝60％

项　　目	差	一般	好	很好	极好	很好	好	一般	差
冠角(α)/(°)	<20.0	20.0～23.6	23.8～27.0	27.2～31.0	31.2～35.8	36.0～37.6	37.8～40.0	40.2～41.4	>41.4
亭角(β)/(°)	<37.4	37.4～38.4	38.6～40.0	40.2～40.6	40.8～41.8	42.0～42.2	42.4～43.0	43.2～44.0	>44.0
冠高比/％	<7.0	7.0～8.5	9.0～10.0	10.5～11.5	12.0～17.0	17.5～18.0	18.5～19.5	20.0～21.0	>21.0
亭深比/％	<38.0	38.0～39.5	40.0～41.5	42.0～42.5	43.0～44.5	45.0	45.5～46.5	47.0～48.0	>48.0
腰厚比/％	—	—	<2.0	2.0	2.5～4.5	5.0～5.5	6.0～7.5	8.0～10.5	>10.5
腰厚	—	—	极薄	很薄	薄-稍厚	厚	很厚	极厚	极厚
底尖大小/％	—	—	—	—	<1.0	1.0～1.9	2.0～4.0	>4.0	—
全深比/％	<50.9	50.9～56.2	56.3～58.0	58.1～58.4	58.5～63.2	63.3～64.5	64.6～66.9	67.0～70.9	>70.9
α+β/(°)	—	<65.0	65.0～68.6	68.8～72.8	73.0～77.0	77.2～77.8	78.0～80.0	>80.0	—
星刻面长度比％	—	—	<40	40	45～65	70	>70	—	—
下腰面长度比％	—	—	<65	65	70～85	90	>90	—	—

C.13 台宽比＝61%

项　　目	差	一般	好	很好	极好	很好	好	一般	差
冠角(α)/(°)	＜20.0	20.0～24.0	24.2～27.6	27.8～32.0	32.2～35.6	35.8～37.6	37.8～40.0	40.2～41.4	＞41.4
亭角(β)/(°)	＜37.4	37.4～38.8	39.0～40.2	40.4～40.6	40.8～41.8	42.0～42.2	42.4～43.0	43.2～44.0	＞44.0
冠高比/%	＜7.0	7.0～8.5	9.0～10.0	10.5～11.5	12.0～17.0	17.5～18.0	18.5～19.5	20.0～21.0	＞21.0
亭深比/%	＜38.0	38.0～40.0	40.5～42.0	42.5	43.0～44.5	45.0	45.5～46.5	47.0～48.0	＞48.0
腰厚比/%	—	—	＜2.0	2.0	2.5～4.5	5.0～5.5	6.0～7.5	8.0～10.5	＞10.5
腰厚	—	—	极薄	很薄	薄-稍厚	厚	很厚	极厚	极厚
底尖大小/%	—	—	—	—	＜1.0	1.0～1.9	2.0～4.0	＞4.0	—
全深比/%	＜50.9	50.9～56.0	56.1～57.7	57.8～58.4	58.5～63.2	63.3～64.5	64.6～66.9	67.0～70.9	＞70.9
α+β/(°)	—	＜65.0	65.0～68.6	68.8～72.8	73.0～77.0	77.2～77.6	77.8～80.0	＞80.0	—
星刻面长度比/%	—	—	＜40	40	45～65	70	＞70	—	—
下腰面长度比/%	—	—	＜65	65	70～85	90	＞90	—	—

C.14 台宽比＝62%

项　　目	差	一般	好	很好	极好	很好	好	一般	差
冠角(α)/(°)	＜20.0	20.0～24.6	24.8～28.0	28.2～32.6	32.8～35.0	35.2～36.8	37.0～40.0	40.2～41.4	＞41.4
亭角(β)/(°)	＜37.4	37.4～39.0	39.2～40.4	40.6～40.8	41.0～41.6	41.8～42.2	42.4～43.0	43.2～44.0	＞44.0
冠高比/%	＜7.0	7.0～8.5	9.0～10.0	10.5～11.5	12.0～17.0	17.5～18.0	18.5～19.5	20.0～21.0	＞21.0
亭深比/%	＜38.0	38.0～40.5	41.0～42.0	42.5	43.0～44.5	45.0	45.5～46.5	47.0～48.0	＞48.0
腰厚比/%	—	—	＜2.0	2.0	2.5～4.5	5.0～5.5	6.0～7.5	8.0～10.5	＞10.5
腰厚	—	—	极薄	很薄	薄-稍厚	厚	很厚	极厚	极厚
底尖大小/%	—	—	—	—	＜1.0	1.0～1.9	2.0～4.0	＞4.0	—
全深比/%	＜50.9	50.9～55.7	55.8～57.3	57.4～58.4	58.5～63.2	63.3～64.5	64.6～66.9	67.0～70.9	＞70.9
α+β/(°)	—	＜65.0	65.0～68.6	68.8～72.8	73.0～77.0	77.2～77.4	77.6～80.0	＞80.0	—
星刻面长度比/%	—	—	＜40	40	45～65	70	＞70	—	—
下腰面长度比/%	—	—	＜65	65	70～85	90	＞90	—	—

C.15 台宽比＝63%

项　目	差	一般	好	很好	好	一般	差
冠角(α)/(°)	<20.0	20.0～25.0	25.2～28.6	28.8～36.2	36.4～40.0	40.2～41.4	>41.4
亭角(β)/(°)	<37.4	37.4～38.8	39.0～40.4	40.6～42.0	42.2～43.0	43.2～44.0	>44.0
冠高比/%	<7.0	7.0～8.5	9.0～10.0	10.5～18.0	18.5～19.5	20.0～21.0	>21.0
亭深比/%	<38.0	38.0～40.0	40.5～42.0	42.5～45.0	45.5～46.5	47.0～48.0	>48.0
腰厚比/%	—	—	<2.0	2.0～5.5	6.0～7.5	8.0～10.5	>10.5
腰厚	—	—	极薄	很薄-厚	很厚	极厚	极厚
底尖大小/%	—	—	—	<2.0	2.0～4.0	>4.0	—
全深比/%	<50.9	50.9～55.4	55.5～56.8	56.9～64.5	64.6～66.9	67.0～70.9	>70.9
α+β/(°)	—	<65.0	65.2～68.6	68.8～76.8	77.0～80.0	>80.0	—
星刻面长度比/%	—	—	<40	40～70	>70	—	—
下腰面长度比/%	—	—	<65	65～90	>90	—	—

C.16 台宽比＝64%

项　目	差	一般	好	很好	好	一般	差
冠角(α)/(°)	<20.0	20.0～25.8	26.0～29.8	30.0～35.8	36.0～40.0	40.2～41.4	>41.4
亭角(β)/(°)	<37.4	37.4～39.2	39.4～40.6	40.8～42.0	42.2～43.0	43.2～44.0	>44.0
冠高比/%	<7.0	7.0～8.5	9.0～10.0	10.5～18.0	18.5～19.5	20.0～21.0	>21.0
亭深比/%	<38.0	38.0～40.5	41.0～42.5	43.0～45.0	45.5～46.5	47.0～48.0	>48.0
腰厚比/%	—	—	<2.0	2.0～5.5	6.0～7.5	8.0～10.5	>10.5
腰厚	—	—	极薄	很薄-厚	很厚	极厚	极厚
底尖大小/%	—	—	—	<2.0	2.0～4.0	>4.0	—
全深比/%	<50.9	50.9～55.2	55.3～56.6	56.7～64.5	64.6～66.9	67.0～70.9	>70.9
α+β/(°)	—	<65.0	65.0～68.6	68.8～76.4	76.8～80.0	>80.0	—
星刻面长度比/%	—	—	<40	40～70	>70	—	—
下腰面长度比/%	—	—	<65	65～90	>90	—	—

C.17 台宽比＝65％

项　　目	差	一般	好	很好	好	一般	差
冠角(α)/(°)	＜20.0	20.0～26.8	27.0～30.4	30.6～35.0	35.2～40.0	40.2～41.4	＞41.4
亭角(β)/(°)	＜37.4	37.4～39.4	39.6～40.8	41.0～42.0	42.2～43.0	43.2～44.0	＞44.0
冠高比/％	＜7.0	7.0～8.5	9.0～10.0	10.5～18.0	18.5～19.5	20.0～21.0	＞21.0
亭深比/％	＜38.0	38.0～41.0	41.5～42.5	43.0～45.0	45.5～46.5	47.0～48.0	＞48.0
腰厚比/％	—	—	＜2.0	2.0～5.5	6.0～7.5	8.0～10.5	＞10.5
腰厚	—	—	极薄	很薄-厚	很厚	极厚	极厚
底尖大小/％	—	—	—	＜2.0	2.0～4.0	＞4.0	—
全深比/％	＜50.9	50.9～54.9	55.0～56.4	56.5～64.5	64.6～66.9	67.0～70.9	＞70.9
α＋β/(°)	—	＜65.0	65.0～68.6	68.8～76.2	76.4～80.0	＞80.0	—
星刻面长度比/％	—	—	＜40	40～70	＞70	—	—
下腰面长度比/％	—	—	＜65	65～90	＞90	—	—

C.18 台宽比＝66％

项　　目	差	一般	好	很好	好	一般	差
冠角(α)/(°)	＜22.0	22.0～27.0	27.2～31.4	31.6～34.4	34.6～40.0	40.2～41.4	＞41.4
亭角(β)/(°)	＜37.4	37.4～39.6	39.8～40.8	41.0～42.0	42.2～43.0	43.2～44.0	＞44.0
冠高比/％	＜7.0	7.0～8.5	9.0～10.0	10.5～18.0	18.5～19.5	20.0～21.0	＞21.0
亭深比/％	＜38.0	38.0～41.0	41.5～42.5	43.0～45.0	45.5～46.5	47.0～48.0	＞48.0
腰厚比/％	—	—	＜2.0	2.0～5.5	6.0～7.5	8.0～10.5	＞10.5
腰厚	—	—	极薄	很薄-厚	很厚	极厚	极厚
底尖大小/％	—	—	—	＜2.0	2.0～4.0	＞4.0	—
全深比/％	＜50.9	50.9～54.8	54.9～56.2	56.3～64.5	64.6～66.9	67.0～70.9	＞70.9
α＋β/(°)	—	＜65.0	65.0～68.6	68.8～75.8	76.0～80.0	＞80.0	—
星刻面长度比/％	—	—	＜40	40～70	＞70	—	—
下腰面长度比/％	—	—	＜65	65～90	＞90	—	—

C.19 台宽比=67%

项　目	差	一般	好	一般	差
冠角(α)/(°)	<22.0	22.0～27.6	27.8～40.0	40.2～41.4	>41.4
亭角(β)/(°)	<37.4	37.4～39.6	39.8～43.0	43.2～44.0	>44.0
冠高比/%	<7.0	7.0～8.5	9.0～19.5	20.0～21.0	>21.0
亭深比/%	<38.0	38.0～41.0	41.5～46.5	47.0～48.0	>48.0
腰厚比/%	—	—	<7.5	7.5～10.5	>10.5
腰厚	—	—	极薄-很厚	极厚	极厚
底尖大小/%	—	—	≤4.0	>4.0	—
全深比/%	<50.9	50.9～54.6	54.7～66.9	67.0～70.9	>70.9
α+β/(°)	—	<65.0	65.0～80.0	>80.0	—
星刻面长度比/%	—	—	—	—	—
下腰面长度比/%	—	—	—	—	—

C.20 台宽比=68%

项　目	差	一般	好	一般	差
冠角(α)/(°)	<23.0	23.0～28.6	28.8～40.0	40.2～41.4	>41.4
亭角(β)/(°)	<37.4	37.4～39.8	40.0～43.0	43.2～44.0	>44.0
冠高比/%	<7.0	7.0～8.5	9.0～19.5	20.0～21.0	>21.0
亭深比/%	<38.0	38.0～41.5	42.0～46.5	47.0～48.0	>48.0
腰厚比/%	—	—	<7.5	7.5～10.5	>10.5
腰厚	—	—	极薄-很厚	极厚	极厚
底尖大小/%	—	—	≤4.0	>4.0	—
全深比/%	<50.9	50.9～54.4	54.5～66.9	67.0～70.9	>70.9
α+β/(°)	—	<68.0	68.0～80.0	>80.0	—
星刻面长度比/%	—	—	—	—	—
下腰面长度比/%	—	—	—	—	—

C.21 台宽比=69%

项　　目	差	一般	好	一般	差
冠角(α)/(°)	<24.0	24.0～29.0	29.2～40.0	40.2～41.4	>41.4
亭角(β)/(°)	<37.4	37.4～40.0	40.2～43.0	43.2～44.0	>44.0
冠高比/%	<7.0	7.0～8.5	9.0～19.5	20.0～21.0	>21.0
亭深比/%	<38.0	38.0～42.0	42.5～46.5	47.0～48.0	>48.0
腰厚比/%	—	—	<7.5	7.5～10.5	>10.5
腰厚	—	—	极薄-很厚	极厚	极厚
底尖大小/%	—	—	≤4.0	>4.0	—
全深比/%	<50.9	50.9～54.2	54.3～66.9	67.0～70.9	>70.9
α+β/(°)	—	<65.0	65.0～80.0	>80.0	—
星刻面长度比/%	—	—	—	—	—
下腰面长度比/%	—	—	—	—	—

C.22 台宽比=70%

项　　目	差	一般	好	一般	差
冠角(α)/(°)	<24.0	24.0～29.0	29.2～40.0	40.2～41.4	>41.4
亭角(β)/(°)	<37.4	37.4～40.0	40.2～43.0	43.2～44.0	>44.0
冠高比/%	<7.0	7.0～8.5	9.0～19.5	20.0～21.0	>21.0
亭深比/%	<38.0	38.0～42.0	42.5～46.5	47.0～48.0	>48.0
腰厚比/%	—	—	<7.5	7.5～10.5	>10.5
腰厚	—	—	极薄-很厚	极厚	极厚
底尖大小/%	—	—	≤4.0	>4.0	—
全深比/%	<50.9	50.9～54.0	54.1～66.9	67.0～70.9	>70.9
α+β/(°)	—	<65.0	65.0～80.0	>80.0	—
星刻面长度比/%	—	—	—	—	—
下腰面长度比/%	—	—	—	—	—

C.23 台宽比=71%～72%

项　　目	差	一般	差
冠角(α)/(°)	<24.0	24.0～41.4	>41.4
亭角(β)/(°)	<37.4	37.4～44.0	>44.0
冠高比/%	<7.0	7.0～21.0	>21.0
亭深比/%	<38.0	38.0～48.0	>48.0
腰厚比/%	—	≤10.5	>10.5
腰厚	—	极薄-极厚	极厚
底尖大小/%	—	—	—
全深比/%	<50.9	50.9～70.9	>70.9
$\alpha+\beta$/(°)	—	—	—
星刻面长度比/%	—	—	—
下腰面长度比/%	—	—	—

附　录　D
（资料性附录）
钻石建议克拉重量表

平均直径/mm	建议克拉重量/ct	平均直径/mm	建议克拉重量/ct
2.9	0.09	6.2	0.86
3.0	0.10	6.3	0.90
3.1	0.11	6.4	0.94
3.2	0.12	6.5	1.00
3.3	0.13	6.6	1.03
3.4	0.14	6.7	1.08
3.5	0.15	6.8	1.13
3.6	0.17	6.9	1.18
3.7	0.18	7.0	1.23
3.8	0.20	7.1	1.33
3.9	0.21	7.2	1.39
4.0	0.23	7.3	1.45
4.1	0.25	7.4	1.51
4.2	0.27	7.5	1.57
4.3	0.29	7.6	1.63
4.4	0.31	7.7	1.70
4.5	0.33	7.8	1.77
4.6	0.35	7.9	1.83
4.7	0.37	8.0	1.91
4.8	0.40	8.1	1.98
4.9	0.42	8.2	2.05
5.0	0.45	8.3	2.13
5.1	0.48	8.4	2.21
5.2	0.50	8.5	2.29
5.3	0.53	8.6	2.37
5.4	0.57	8.7	2.45
5.5	0.60	8.8	2.54
5.6	0.63	8.9	2.62
5.7	0.66	9.0	2.71
5.8	0.70	9.1	2.80
5.9	0.74	9.2	2.90
6.0	0.78	9.3	2.99
6.1	0.81	9.4	3.09

注：计算得出的平均直径，按照数字修约国家标准，修约至 0.1 mm，从本表查得钻石建议重量。